Geschichte der Geologie in Deutschland

Otfried Wagenbreth

Geschichte der Geologie
in Deutschland

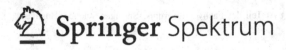

Otfried Wagenbreth
Freiberg, Deutschland

ISBN 978-3-662-44711-6   ISBN 978-3-662-44712-3 (eBook)
DOI 10.1007/978-3-662-44712-3

Die Deutsche Nationalbibliothek verzeichnet diese Publikation in der Deutschen Nationalbibliografie;
detaillierte bibliografische Daten sind im Internet über http://dnb.d-nb.de abrufbar.

Springer Spektrum
© Springer-Verlag Berlin Heidelberg 1999, Nachdruck 2015

Springer-Verlag GmbH Berlin Heidelberg ist Teil der Fachverlagsgruppe Springer Science+Business
Media
(www.springer.com)

Vorwort

Die Geologie, die Wissenschaft von den die Erdkruste formenden Kräften und von der Geschichte der Erde, hat wie jede Naturwissenschaft ihre eigene Vergangenheit. Seit der Antike beobachten und deuten Wissenschaftler Gesteine und Versteinerungen, und seit nun über 200 Jahren gibt es die Wissenschaft Geologie. Jede Geologengeneration hat zwar die gleichen Gesteine vor Augen gehabt, mit neuen Untersuchungsmethoden aber mehr gesehen, die Vorstellungen der Vorgänger von den Vorgängen der Erdgeschichte weiterentwickelt und die geologischen Theorien einer relativen Wahrheit nähergebracht. Die Geschichte der Geologie hat einerseits die innere Logik in dieser Entwicklung der Wissenschaft aufzuzeigen, andererseits aber auch deutlich zu machen, wie die Wissenschaft in einem vielfältigen Netzwerk menschlicher Tätigkeit eingebettet ist. Gezeigt werden müssen deshalb auch die Einflüsse von Bergbau und Bauwesen, Verkehrswesen und Maschinentechnik auf die Geschichte der geologischen Forschung, dazu natürlich die Wechselwirkungen zwischen der Geologie und den Nachbarwissenschaften. So gesehen ist die Geologie ein Teil der Kulturgeschichte der Menschheit.

Die Beschränkung des Buches auf Deutschland hat einen im Wesen der Geologie liegenden Grund: Mehr als Physik und Chemie, auch mehr als Botanik und Zoologie sind die Zeugnisse der Erdgeschichte spezifisch für jede Region, für jeden Ort. Die Erdgeschichte des norddeutschen Flachlandes, des Harzes, der Schwabischen Alb und der Alpen ist jeweils anhand der dort vorkommenden Gesteine und Versteinerungen erforscht worden. So hat es also Sinn, auch die Geschichte der Geologie speziell in Deutschland darzustellen. Natürlich steht die Geologie in Deutschland seit je in Wechselwirkung mit der geologischen Forschung in anderen Ländern. Deshalb sind auch die Einflüsse aus der Forschung von Geologen des Auslandes auf die Geologie in Deutschland deutlich zu machen. Zahlreiche Lehrbücher und auch Deutschland betreffende geologische Erkenntnisse stammen aus anderen deutschsprachigen Ländern und werden hier mitgenannt.

„Deutschland" wird hier in den jeweils bestehenden Grenzen verstanden. So sind für die Zeit 1871/1918 und 1940/44 auch die Universität Straßburg/Elsaß und für die Zeit bis 1945 auch die Universitäten Breslau und Königsberg genannt.

Zeitlich dominiert in dem Buch das 19. Jahrhundert, d.h. die Geologie in der Zeit der klassischen Naturwissenschaften. Die Breite der geologischen Forschung im 20. Jahrhundert und die Fülle des Materials aus den letzten Jahrzehnten legten es nahe, aus dem 20. Jahrhundert (zum Teil vereinfacht) nur die Hauptlinien der Entwicklung der Geologie aufzuzeigen, und zwar etwa bis zur Zeit 1950/1960.

Das Buch soll dem Leser nicht nur die großen Entwicklungslinien bieten, sondern auch eine möglichst große Zahl konkreter Jahreszahlen, Personen, Ereignisse und wissenschaftlicher Arbeiten nennen. Allerdings konnte nicht jede Jahreszahl, nicht bei jedem Begriff die historische Herkunft ermittelt werden. Jeder, der schon einmal historisch gearbeitet hat, weiß um die Mühsal, die manchmal die Klärung einer einzigen Jahreszahl bedeutet.

Wegen der Fülle des ermittelten Materials ist an vielen Stellen die Form der chronologischen Aufzählung gewählt worden. Dadurch werden die Entwicklungen besser überschaubar, und das Buch kann in vielerlei Hinsicht zugleich als Nachschlagewerk benutzt werden. Durch diese konkreten Angaben mag vielleicht der Eindruck der Vollständigkeit hervorgerufen werden. Es sei deshalb betont (wie es an den Aufzählungen auch geschehen ist), daß oft nur einige Beispiele genannt werden, neben denen die zahlreichen anderen nicht vergessen werden dürfen. Insofern kann das Buch nicht als Abschluß geologiegeschichtlicher Forschung gelten, sondern vielmehr als Anregung: Alle Entwicklungsschritte der Erkenntnisse, die in dem Buch genannt werden, sind weiterer geologiegeschichtlicher Forschung wert. Geologen, die hier vielleicht nur mit einer einzigen Veröffentlichung genannt sind, haben selbst in ihrem wissenschaftlichen Schaffen eine Entwicklung durchlebt, die auch Geologiegeschichte darstellt und erforscht werden sollte.

Das Buch spricht einen großen Leserkreis an. Es bietet den Geologen in ihrem Fachgebiet einen Überblick über die Vorgeschichte des heutigen Wissensstandes, den Historikern einen Einblick in die Geschichte einer für Deutschland besonders wichtigen Naturwissenschaft und allen, die aufmerksam die deutschen Landschaften erleben wollen, Einblicke in die jahrhundertelange Forschungsarbeit, die zur Erkenntnis des Werdens dieser Landschaften nötig war.

Hinweise auf Fehler oder notwendige Ergänzungen nehme ich dankbar entgegen.

Danken möchte ich allen, die mir auf meine Anfragen hin Auskünfte gegeben haben, wozu sie oft genug erst einmal mit hohem Aufwand selbst Nachforschungen betreiben mußten. Es sind dies eine solch große Anzahl von Freunden und guten Bekannten aus den verschiedensten Fachgebieten, ferner Vertreter von Universitätsinstituten, Geologischen Landesämtern, Bibliotheken und Archiven, selbst im Ausland, daß ihre namentliche Nennung den hier verfügbaren Raum sprengen würde. Der schönste Dank für alle, die mir zugearbeitet haben, ist es wohl, wenn sie die Daten, die sie ermittelt haben, in dem Buch vorfinden.

Dem Verlag danke ich ebenfalls für die gute Zusammenarbeit, insbesondere für die gute Ausstattung des Buches und sein termingerechtes Erscheinen zum 250. Geburtstag von Abraham Gottlob Werner.

Otfried Wagenbreth
Freiberg, im Sommer 1999

Inhalt

1 Allgemeines zur Einführung

Die Geschichte der Geologie in Deutschland ist ein Teil der Wissenschaftsgeschichte überhaupt. Gesetzmäßigkeiten in der Geschichte der Geologie können so gesehen nur die spezielle Ausprägung allgemeiner Entwicklungsgesetze der Wissenschaft sein. Diese müssen wir uns also zuerst vor Augen führen, ehe wir verfolgen, wie die Geschichte der Geologie in Deutschland abgelaufen ist.

1.1 Wissenschaft: Definition und Entwicklungsgesetze

Wissenschaftsgeschichte ist nicht allein die Aufzählung historischer Fakten, sondern vor allem die Klärung der logischen Folge oder Gesetzmäßigkeiten, nach denen sich Wissenschaft im allgemeinen und damit auch eine konkrete Wissenschaftsdisziplin entwickelt. Dazu ist „Wissenschaft" zu definieren. „Wissenschaft" wandelt sich zwar auch im Laufe der Zeit, doch läßt sie sich relativ allgemeingültig wie folgt definieren:
Wissenschaft ist
• ein relativ vollständiges *System von Erkenntnissen* eines begrenzten Fachgebietes,
• interpretiert durch eine *Hypothese* oder *Theorie*,
• vertreten durch eine eigenständige *Berufsgruppe*
• mit eigenen *Institutionen* wie z.B. Forschungsinstituten, wissenschaftlichen Gesellschaften, Lehrbüchern des Fachgebietes und Fachzeitschriften.

Manchmal wird die Wissenschaft auch nur durch die ersten beiden Punkte definiert.
Der Erkenntnisvorgang umfaßt die Stufen
1. *Sammeln von Beobachtungen* mit dem Ziel der Vollständigkeit,
2. *Klassifizieren* der Beobachtungen mit dem Ziel eines theoretisch begründeten Systems,
3. *Interpretieren* der Beobachtungen mit Hilfe einer Hypothese,
4. *Verifizieren* der Hypothese durch deren Anwendung auf weitere Beobachtungen. Dadurch erfolgt entweder
4a) die Verifizierung der Hypothese zur *Theorie* mit der Möglichkeit, diese zu Prognosen zu benutzen oder
4b) die *Modifizierung* der bisherigen Hypothese zu einer neuen Hypothese, die erneut verifiziert werden muß.

Der Übergang zwischen Hypothese und Theorie ist fließend, je nachdem in welchem Maße einer Interpretation Beweiskraft zugeschrieben wird. Außerdem: Auch jede Theorie ist nur eine *relative Wahrheit*.

In diesem Erkenntnisprozeß beginnt die „Wissenschaft", spätestens mit Stufe 3, in bestimmten Fällen aber schon mit Stufe 2; dies nämlich dann, wenn in einem Fachgebiet Faktenkomplexe mit verschiedenen theoretischen Grundlagen zusammengefaßt sind. In diesen Fällen ist die Herausbildung der Wissenschaft mehr von der *Klassifikation* – dem *System* – geprägt, als von einer ohnehin nur ein Teilgebiet der Wissenschaft betreffenden Theorie.

Bei Stufe 4 des Erkenntnisvorganges, dem *Verifizieren* einer Hypothese (oder Theorie) durch weitere Beobachtungen, gibt es verschiedene Erkenntnismechanismen, die den Gang der Forschung und damit die Wissenschaftsgeschichte bestimmen:
a) Neue Beobachtungen bestätigen die Hypothese, die dann zur Theorie wird.
b) Neue Beobachtungen modifizieren die Hypothese.
c) Neue Beobachtungen engen den Gültigkeitsbereich der Hypothese ein.
d) Neue Beobachtungen widerlegen die Hypothese.
   Variante d) folgt dem Schema (Abb. 1).

Im Zuge der Wissenschaftsentwicklung können sich zuvor einheitliche Forschungsphänomene in Detailfragen aufspalten, deren Erforschung demselben Schema folgt (Abb. 2).

Die Tatsache, daß eine gewonnene Erkenntnis nicht nochmals erforscht zu werden braucht, führt zu den Gesetzmäßigkeiten:
• Die Wissenschaft dringt im Laufe ihrer Geschichte in immer feinere Details ein.
• Im Laufe der Forschung werden immer kleinere Erkenntnisdetails mit immer größerem Aufwand gewonnen.

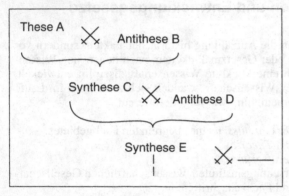

Abb. 1   Schema der Entwicklung neuer Hypothesen und Theorien.

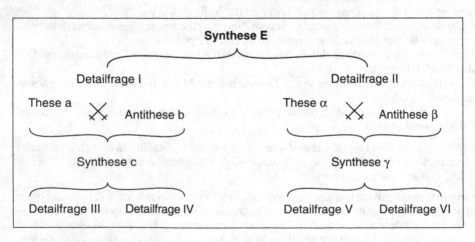

Abb. 2   Schema der Differenzierung der Forschung in Detailfragen.

Zeit	Wissen-schaftstyp	Merkmale	Wissenschaftler	Geologie
12./15. Jh.	Scholastik	Lehre der Kirchen-väter; Antike	ALBERTUS MAGNUS THOMAS VON AQUIN	
16./17. Jh.	Renaissance-Wissenschaft	Antike; eigene Beobachtungen	COPERNICUS VESALIUS	AGRICOLA
17./18. Jh.	Aufklärung	eigene Beobach-tungen; Vernunft	NEWTON LINNÉ	BUFFON WERNER
19. Jh.	Klassische Natur-wissenschaften	Sammelnde Detailforschung	v. HUMBOLDT BERZELIUS	v. BUCH LYELL
20. Jh.	Moderne Natur-wissenschaften	Eindringen in kleinste und größte Dimensio-nen, Grenzgebiete, Integrationen mit Nachbarwissenschaften	PLANCK EINSTEIN	WEGENER STILLE SANDER

Abb. 3 Eine Periodisierung der Wissenschaftsgeschichte in eine Folge von Wissenschaftstypen.

Die Geschichtswissenschaft klassifiziert ihr Beobachtungsmaterial, die historischen Daten, indem sie den Ablauf der Geschichte periodisiert, d.h. in Zeitabschnitte mit jeweils bestimmten Eigenschaften gliedert. In Wirklichkeit gibt es weder in der allgemeinen Geschichte noch in der Wissenschaftsgeschichte absolut und überall vorhandene Zäsuren. Die Zeitabschnitte gehen allmählich ineinander über, und doch haben sich nach einiger Zeit völlig neue Verhältnisse entwickelt und werden – nach erneuter Übergangsphase – von einer wiederum anders gearteten Ära abgelöst. In der Wissenschaftsgeschichte Europas kann man so, ohne mit der Definition der „Wissenschaft" in Widerspruch zu geraten, für die Zeit der letzten tausend Jahre als Periodisierung folgende Wissenschaftstypen nennen (Abb. 3).

Für die *Scholastik* typisch ist die von THOMAS VON AQUINO angestrebte Synthese zwischen Kirchenlehren und der Wissenschaft des ARISTOTELES. In der *Renaissance* griff COPERNICUS auf das Planetensystem des PTOLEMÄUS zurück, veränderte es aber durch eigene Beobachtungen. LUTHER griff in der Theologie allein auf das Evangelium zurück und bemühte sich um die eigene Rechtfertigung durch den Glauben. In der *Aufklärung* entstanden Weltdeutungen mehr oder weniger stark losgelöst von den Kirchenlehren.

Im 19. Jahrhundert füllten sich durch *sammelnde Detailforschung* die zuvor definierten Naturwissenschaften. So wurden in der Chemie die meisten Elemente, in der Biologie zahlreiche Pflanzen und Tiere entdeckt und beschrieben, in der Physik wurde mit Mechanik, Thermodynamik, Elektrodynamik und Optik einschließlich der elektromagnetischen Wellentheorie des Lichts das System der „klassischen Physik" gefüllt. Im 20. Jahrhundert drang z.B. die Physik mit der Atomphysik in die kleinsten, mit der Relativitätstheorie und der Astrophysik in die *größten Dimensionen* vor, weshalb von *Integrationserscheinungen* der Wissenschaften wie z.B. Astrophysik, Biochemie u.a. zu sprechen ist.

In der Geschichte der Geologie, auch in der Geologiegeschichte speziell in Deutschland, ist zu prüfen, ob und wie sich in ihr die Merkmale dieser im Prinzip allgemein gültigen Wissenschaftstypen bemerkbar machen. Diese Wissenschaftsentwicklung wird von zwei Faktorengruppen bestimmt:

Die *internen Faktoren* der Wissenschaftsgeschichte sind solche, die sich aus der inneren Logik einer Wissenschaft ergeben, insbesondere also Folgerungen jeweils aus den Stufen des Erkenntnisprozesses. Zu den internen Faktoren können auch die Wechselwirkungen mit den Wissenschaftsinstitutionen wie Gesellschaften, Hochschulen und Literatur der betreffenden Wissenschaft gerechnet werden.

Als *externe Faktoren* wirken Einflüsse aus anderen Wissenschaften und Einflüsse aus anderen Bereichen des gesellschaftlichen Lebens auf eine Wissenschaft. Auf die Geologie wirkten z.B. ein: die Analytik in der Chemie, die politischen Verhältnisse einschließlich der Bildungspolitik, soziale und juristische Verhältnisse wie z.B. die Stellung von Personen und die Gründung von Institutionen betreffend, technische und industrielle Gegebenheiten wie z.B. Rohstoffanforderungen der Industrie wie z.B. der Erdölbedarf nach Entstehung des Kraftfahrzeugs, sowie konstruktive Möglichkeiten und Geräte.

Gerade durch die Entwicklung neuer Untersuchungsmethoden verläuft die Geschichte einer (Natur-)Wissenschaft nicht kontinuierlich, sondern sprunghaft, wie z.B. die Einführung von Mikroskop und Rasterelektronenmikroskop zeigt. Die Anwendung dieser Geräte erfolgte in verschiedenen Wissenschaften nahezu zur gleichen Zeit. Daraus folgt eine zeitliche Parallelität der Entwicklung in verschiedenen Wissenschaften, was die These von der Möglichkeit einer allgemeinen Periodisierung der Wissenschaftsgeschichte stützt.

1.2   Geologie: Allgemein und in Deutschland

Geologie als Wissenschaft von Bau und Entwicklungsgeschichte der Erdkruste greift von der Sache her auf mehrere heute selbständige Wissenschaften zurück, und zwar auf:
* die *Mineralogie* und *Kristallographie* als Wissenschaften von den Mineralen, den kleinsten Bauelementen der Erdkruste („über" den Molekülen) und ihrer Raumordnung,
* die *Petrographie*, auch *Petrologie* genannt, als Wissenschaft von den Gesteinen,
* die *Paläontologie* als Wissenschaft von den Resten der Lebewesen in der Erdkruste.

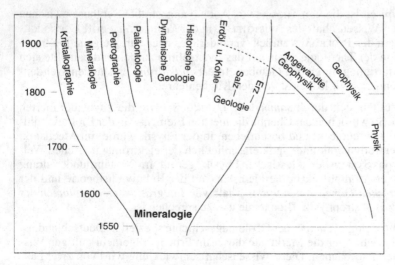

Abb. 4 Ein Stammbaum der geologischen Wissenschaften.

Umgekehrt greifen diese Geowissenschaften auch auf die Geologie zurück, so daß diese Wissenschaften heute enge Wechselwirkungen aufweisen und historisch gesehen gemeinsame Wurzeln haben, wie ein „Stammbaum" der geologischen Wissenschaften zeigt (Abb. 4). Wie man sieht, war die gemeinsame Wurzel die „Mineralogie" des 16. Jahrhunderts, die auch noch die Gesteine und sogar Kunstprodukte umfaßte.

Mineralogie, Petrographie, Paläontologie und Geologie wurden um 1800 eigenständige Wissenschaften. Damit verengte sich die Zuständigkeit der Mineralogie auf die Minerale im heutigen Sinne. Darin zeigt sich eine wissenschaftsgeschichtliche Gesetzmäßigkeit: Entwachsen neue Wissenschaften einer „Mutter"-Wissenschaft, dann verkleinert sich deren Forschungsfeld. Bezeichnenderweise fällt die Herausbildung der Geologie, der Wissenschaft von der Geschichte der Erde, in die Zeit der Aufklärung.

Eine zweite Variante der Herausbildung von Spezialwissenschaften zeigt der „Stammbaum" der geologischen Wissenschaften im Bereich der Geologie: Haben sich genügend viele Beobachtungen angesammelt, kann die Klassifikation die Aufspaltung einer Wissenschaft in Teilgebiete, bei der Geologie z.B. in Dynamische Geologie, Historische Geologie und verschiedene Zweige der Lagerstättenlehre bewirken. Bezeichnenderweise fällt diese Differenzierung der Geologie in die Zeit der sammelnden Detailforschung.

Die integrativen Tendenzen der Wissenschaften im 20. Jahrhundert führen allerdings dazu, daß neue Spezialdisziplinen an zwei Stellen angesiedelt sind, so z.B. Paläoklimatologie und Eiszeitforschung in der Dynamischen Geologie und in der Historischen Geologie, die Sedimentologie in der Dynamischen Geologie und in der Petrographie usw. In diesen integrativen Tendenzen kommt im Grunde nur die Komplexität aller Naturerscheinungen zum Ausdruck, während die Grenzlinien zwischen zwei Wissenschaften – wissenschaftsgeschichtlich bedingt – vom Menschen gezogen worden sind.

Die Angewandte Geophysik hat ihre Wurzeln wie die Geophysik überhaupt in der Physik und wendet deren Methoden auf Bereiche der Erdkruste an, um Bodenschätze im Untergrund zu finden – eine Kombination von Physik und Geologie von enormer wirtschaftlicher Bedeutung im 20. Jahrhundert.

Wie interne und externe Faktoren die Geschichte der Geologie in Deutschland bestimmten, wird in allen Abschnitten dieses Buches dargestellt. Hier noch ein Wort über die Wechselwirkung zwischen der internationalen Geologie und der Geologie in Deutschland:

Die Hypothesen und Theorien einer Wissenschaft und auch ihre Methoden entstehen zwar lokal, gelten aber im Prinzip allgemein. Die Detailbeobachtungen der Geologie sind dagegen stets lokal. Es gibt also Erkenntnisse, Hypothesen und Theorien, die in Deutschland aus hiesigen Beobachtungen gewonnen worden sind, aber auch die Geologie im Ausland beeinflußt haben, und umgekehrt Fortschritte der Geologie im Ausland, die die geologische Forschung in Deutschland befruchtet haben. Diese Wechselwirkungen sind auch für die Geschichte der Geologie in Deutschland wesentlich.

Gerade in der Geologie spielt der geographische Faktor eine entscheidende Rolle. Während Mathematik, Physik und Chemie überall gleich sind, haben geographische Unterschiede in der Biologie schon große Bedeutung, indem man Hochgebirgsflora, Polarfauna usw. unterscheidet. Der geologische Bau der Erdkruste aber ist lokal in noch viel kleineren Dimensionen unterschiedlich. Wo geologische Theorien entstanden sind, hängt damit nicht zuletzt davon ab, wo welche geologischen Beobachtungen gemacht werden konnten. Der geologische Bau Deutschlands ist gegenüber dem vieler anderer Länder auf kleinem Raum so vielgestaltig, daß gerade hier gute Voraussetzungen für die Entstehung der Geologie als Wissenschaft bestanden. Aber auch innerhalb Deutschlands gab es dafür gut und weniger gut prädestinierte Gebiete. Zechstein und Trias in Thüringen und der Jura in Schwaben forderten durch die petrographischen Unterschiede der beteiligten Schichten schon zeitig zu geologischen Beobachtungen geradezu heraus. Die Lockergesteinsflächen in Norddeutschland waren für den Anfang der Geologie zu eintönig, die Alpen zu kompliziert, als daß man dort die Anfänge der Geologie hätte erwarten können.

Die größte Vielfalt im geologischen Bau Deutschlands bot das mittlere Sachsen von Leipzig bis zum Erzgebirge. Hier gibt es auf kürzere Entfernungen u.a. kristalline Magmatite, kristalline Schiefer, stark gestörte Tonschiefer, Grauwacken und Kalksteine, flach liegende Schichten des Rotliegenden, des Zechsteins und der Kreide (Quadersandstein), tertiäre und quartäre Lockergesteine, dazu durch den Bergbau erschlossene Lagerstätten von Erzen, Steinkohle und Braunkohle. So ist es verständlich, daß Sachsen in der Herausbildung der Wissenschaft Geologie in Deutschland eine besondere Rolle spielt.

2 Die Vorgeschichte zur Geologie in Deutschland

Das erste Erfahrungswissen zu geologischen Sachverhalten entstand bei der Nutzung von Bodenschätzen, so
- um 500 000 v. Chr. beim Feuersteinbergbau, z.B. in Ungarn,
- um 20 000 v. Chr. beim Pflastern eines Höhlenvorplatzes mit Grauwackenplatten aus dem Bereich unterhalb der Höhle bei Döbritz / Thüringen,
- um 4000 v. Chr. bei der Metallgewinnung: Gold in Nubien, Kupfer am Sinai, Zinn in England, Eisen in der Steiermark.

Vereinzelt wurden jedoch schon in der Vorgeschichte geologisch-paläontologische Beobachtungen ohne praktische Zielstellung gemacht:

In einem Grab der La-Tène-Zeit (etwa 450 v. Chr.) bei Bernburg/Saale fand man als Grabbeigabe eine Sammlung aller dort im oligozänen Septarienton vorkommender 56 Schneckenarten, je zwei Stück, dazu quasi als Vergleichsmaterial zwei rezente Schnecken. Doch kann man diese „paläontologischen" Erkenntnisse mangels schriftlicher Überlieferung noch nicht als Wissenschaft bezeichnen.

Erste Beobachtungen und Ideen, die man zur Vorgeschichte der Geologie zählen kann, gab es im antiken Griechenland und Rom. Sie wurden durch die Araber übernommen und weiterentwickelt und fanden so Eingang in die scholastische Literatur des europäischen Mittelalters.

Von der Antike bis um 1750 gab es in der Vorgeschichte der Geologie zwei voneinander relativ unabhängige Entwicklungslinien:
1. Einzelbeobachtungen geologischer Fakten, z.T. mit Deutungsversuchen, aber ohne „geologische Theorie" für das Erdganze.
2. Deutungen der Gesamterde ohne Bezug auf geologische Einzelbeobachtungen.

2.1   Antike, Araber, Mittelalter

Aus der Antike sind in beiden Entwicklungslinien folgende Beobachtungen und Denkansätze zur Geologie zu nennen:

Geologische Beobachtungen (und Deutung)	Jonische Naturphilosophen
614 XENOPHANES: Versteinerte Muscheln auf Bergen, Blätter in Gestein (Festland einst überflutet)	um 600 v. Chr. THALES: Urelement Wasser um 550 v. Chr. ANAXIMANDER (Schüler von THALES): Theorie der Weltentwicklung (Abb. 5) um 550 v. Chr. ANAXIMENES: Urelement Luft 580/500 PYTHAGORAS: Zahlenmystik
um 500 XANTHOS: Versteinerte Muscheln in Armenien u.a.O. um 450 HERODOT: Muschelfossilien in Ägypten, Sedimentation des Nil-Deltas	um 500 HERAKLIT: Bewegung, Einheit der Gegensätze 500/428 ANAXAGORAS: Urelement Feuer, die Sonne ein glühender Stein um 450 DEMOKRIT: Urstoff „Atom" 492/432 EMPEDOKLES: 4 Elemente: Feuer, Wasser, Luft, Erde
	Klassische griechische Philosophie 470/399 SOCRATES 427/347 PLATO 384/322 ARISTOTELES
Hellenismus 384/322 ARISTOTELES: Beginn der Sachforschung, Vulkane, Erdbeben 368/284 THEOPHRAST (Schüler des ARISTOTELES): Buch über Minerale und Gesteine	*Hellenismus* 384/322 ARISTOTELES: Naturlehre, Induktive Forschungsmethode, Vier-Elemente-Lehre um 280 Gründung der Bibliothek von Alexandria
	300/230 EUKLID 287/212 ARCHIMEDES
275/195 ERATOSTHENES: Die Erde eine Kugel (erste Gradmessung)	
Römische Literatur 63 v./19 n.Chr. STRABO: Geographie: nennt Elbe u. Saale, Vulkaninseln im Mittelmeer, postuliert Überflutungen, Hebungen u. Senkungen des Festlandes	47 v. Chr. die Bibliothek von Alexandria verbrennt zum großen Teil
4.v./65 n.Chr. SENECA: Buch über Naturwissenschaften, darin Vulkane, Erdbeben 23/79 PLINIUS D. Ä.: (umgekommen bei Vesuvausbruch): Kompendium „Historia naturalis" 62/113 PLINIUS D. J.: beschreibt Tod des Onkels PLINIUS D. Ä. bei Vesuvausbruch (zwei Briefe an TACITUS)	

Insbesondere die Vier-Elemente-Lehre in der von ARISTOTELES vertretenen Form (Abb. 6) hat die Wissenschaft z.T. bis weit über das Mittelalter hinaus beeinflußt.

Den Gegensatz zwischen THALES (Urelement Wasser) und ANAXAGORAS (Urelement Feuer) hat v. GOETHE in der Klassischen Walpurgisnacht (Faust II.) als Anspielung auf den Neptunistenstreit seiner Zeit benutzt.

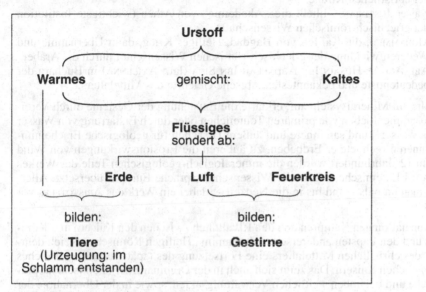

Abb. 5   Die Weltentwicklung nach THALES und ANAXIMANDER.

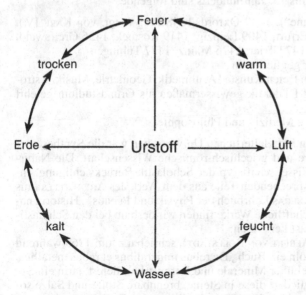

Abb. 6   Die Vier- Elemente-Lehre des ARISTOTELES.

Der Übergang der Wissenschaft der Antike zu der der Araber ist durch folgende historische Daten markiert:

230   ORIGENES gründet in Caesarea eine christliche Schule, lehrt aber auch griechisch-römische Wissenschaften, um gegen diese „heidnischen Lehren" bestehen zu können.

313   Kaiser CONSTANTIN D. GR. verkündet Religionsfreiheit, Beginn des Aufstiegs der christlichen Kirche.

529   Kaiser JUSTINIAN schließt die „Akademie" von Athen (wichtigste Institution der griechisch-römischen Wissenschaft)

610/650   MOHAMMED, die Kalifen von Bagdad, Heiliger Krieg, dann Übernahme und Weiterentwicklung der griechisch-römischen Wissenschaft durch die Araber.

980/1035   ABU ALI AL-HUSAIN IBN ABDALLAH IBN SINA (lat.: AVICENNA) in Buchara der bedeutendste und bekannteste arabische Gelehrte des Mittelalters.

AVICENNA stellte ein Mineralsystem auf, erklärte die Entstehung der Gesteine durch Vereinigung und Zusammenkleben von primären Tonteilchen oder durch Erstarrung von Wasser (Kalkstein aus Wasser!) und sah innere und äußere Ursachen für geologische Erscheinungen. Zu den inneren rechnete er Erdbeben, zu äußeren die Erosionswirkungen von Wind und Wasser. Im 12. Jahrhundert wurden die mineralogisch-geologischen Teile des Werkes von AVICENNA ins Lateinische, d.h. in die Wissenschaftssprache Europas übersetzt. Allerdings glaubte man damals – und bis in die Neuzeit –, dabei ein Werk des ARISTOTELES vor sich zu haben.

Unabhängig von nationalen Kämpfen und den Rivalitäten zwischen den Kaisern und Königen einerseits und den Päpsten andererseits sah man im „Heiligen Römischen Reich deutscher Nation" des christlichen Mittelalters eine Fortsetzung des (spät-)römischen Reiches mit seinen christlichen Kaisern. Das zeigt sich auch in der Dominanz der lateinischen Sprache in der Kirche und bei hohen weltlichen Verwaltungsakten, sowie in der Übernahme der antiken Sprachen und Wissenschaft durch die von Bischöfen, Kaisern oder Königen gegründeten und von den Päpsten bestätigten Universitäten. Die ersten außerdeutschen und die deutschen Universitäten des 12. bis 15. Jahrhunderts sind folgende:

1119 Bologna, 1200 Paris („Sorbonne"), 1249 Oxford, 1348 Prag (gegr. von KARL IV.), 1386 Heidelberg, 1388 Köln, 1392 Erfurt, 1409 Leipzig, 1419 Rostock, 1456 Greifswald, 1457 Freiburg/Br., 1472 Ingolstadt, 1473 Trier, 1476 Mainz, 1477 Tübingen.

Eine mittelalterliche Universität war gegliedert in
• die Artistenfakultät, wo die „sieben freien Künste" Arithmetik, Geometrie, Musik, Astronomie, Grammatik, Rhetorik und Dialektik gewissermaßen als Grundstudium gelehrt wurden, und
• die vier Fakultäten Theologie, Jura, Medizin und Philosophie.

Ziel der Lehre und Forschung an den mittelalterlichen Universitäten war die Synthese der beiden Traditionslinien Kirchenlehre und griechisch-römische Wissenschaft. Die Naturwissenschaften fanden in diesem Wissenschaftstyp der Scholastik Berücksichtigung, indem man in der Philosophie die entsprechenden Teile aus dem Werk des ARISTOTELES (aus den arabischen Überlieferungen), SENECAS Lehrbuch der Physik und PLINIUS' „Historia naturalis" vortrug. Eigene geowissenschaftliche Werke finden wir deshalb bei den Scholastikern kaum. Die berühmtesten Scholastiker waren:

1193...1280   ALBERTUS MAGNUS (ALBERT VON BOLLSTÄDT), schrieb u.a. um 1269 während seiner Tätigkeit in Köln ein Buch „De rebus mineralibus et rebus metallicis libri V" (Fünf Kapitel über Minerale und Bergwerke), liefert darin ein System der Minerale, gliedert diese in Steine, brennbare Stoffe und Salze sowie Erze und erwähnte dabei erstmals das Silber von Freiberg.

1210…1292   ROGER BACON, prägte den Begriff „Scientia experimentalis",
1225…1274   THOMAS VON AQUINO, Hauptwerk „Summa theologiae".
   um 1270   PETRUS PEREGRINUS (PIERRE DE MARICOURT), nennt in seiner „Epistula Ma-
                  gnete" (um 1270) den Magneteisenstein.
1410…1464   NICOLAUS VON CUES, befaßte sich mit der Waage und definierte die Dichte
                  (spez. Gewicht).

Zukunftsweisend für die Wissenschaft der nächsten Epoche, auch in Deutschland, waren
im Mittelalter Existenz und Struktur der Universitäten und das Training wissenschaftlicher
Tätigkeit.

2.2   Geologische Arbeiten in der Zeit der Renaissance

Der Untergang des oströmischen Reiches mit der Eroberung Konstantinopels durch die
Türken 1453, die Flucht griechischer Gelehrter nach Italien, Mittel- und Westeuropa einerseits und die Entdeckungsreisen um Afrika und nach Amerika andererseits haben um 1500
in Mitteleuropa die Aufmerksamkeit der Wissenschaftler auf antike Originaltexte und überhaupt stärker auf die griechische und lateinische Literatur gelenkt, aber auch eine kritische
Haltung zu dieser und den Vergleich eigener Beobachtungen mit den klassischen Texten
provoziert. Selbst in der Theologie wurde das „Zurück zu den Quellen", die „Wiedergeburt"
des Evangeliums, deutlich, wenn man an MARTIN LUTHER und die Reformation denkt.

Der Übergang von der Scholastik zur Renaissancewissenschaft erfolgte jedoch nicht kampf-
los. Vertreter des Neuen mußten sich gegen die der alten Zeit durchsetzen, so JOHANN REUCHLIN
gegen die „Dunkelmänner" und PETRUS MOSELLANUS, ein Anhänger des ERASMUS VON ROT-
TERDAM, gegen die Scholastiker der Universität Leipzig. Aber allein schon die Einführung
selbständiger naturwissenschaftlicher Vorlesungen an Universitäten war eine Neuerung.

An der Universität Wittenberg wurde 1517 JOHANNES RHAGIUS AESTICAMPIANUS der erste
Professor für „Plinianische Naturgeschichte", und 1544 hielt der Theologieprofessor PAU-
LUS EBER eine Vorlesung über „PLINIUS' HISTORIA NATURALIS", typisch Renaissancewissen-
schaft: Naturbeobachtungen in Rückgriff auf die Antike!

Geologische Beobachtungen und Deutungsversuche finden wir bei Männern der Renaissance in verschiedenen Ländern, so von LEONARDO DA VINCI, ALESSANDRO DEGLI ALESSANDRI
und HIERONYMUS FRACASTORO in Italien, CONRAD GESNER in der Schweiz, der das erste illu-
strierte Buch über Versteinerungen schrieb und BERNHARD PALISSY in Frankreich, der 1580
auch die Fischfossilien aus dem Mansfelder Kupferschiefer nennt.

In Deutschland sind zu nennen: ULRICH RÜLEIN VON CALW, geb. 1465/69 in Calw, Studium in
Leipzig, dort Professor für Mathematik, Stadtarzt und mehrfach Bürgermeister in Freiberg,
Professor der Medizin in Leipzig, 1523 gestorben, gab 1500 „Ein nützlich Bergbüchlein"
heraus, das kein wissenschaftliches Werk, sondern eine in deutsch verfaßte Werbeschrift
für den Bergbau ist, darin die ersten, noch etwas primitiven Zeichnungen von Erzgängen
und ihren Lagerungsverhältnissen. RÜLEIN definiert in seinem Büchlein erstmals für die
Lagerungsverhältnisse der Erzgänge die von den Bergleuten gebrauchten Begriffe „Streichen" und „Fallen".

GREGOR REISCH, geb. 1467 in Balingen, Studium in Freiburg, Geistlicher, 1525 in Freiburg
gestorben, behandelte 1504 in seiner „Margarita Philosophica" u.a. Astronomie, Naturphilo-
sophie und Naturlehre, darunter die Erdbeben.

SEBASTIAN MÜNSTER, geb. 1489 in Ingelheim/Rhein, Studium in Heidelberg, Minoritenmönch in Ruffach und Pforzhein, 1514 nochmals Student in Tübingen u.a. bei MELANCHTHON und REUCHLIN, 1524 Professor für Hebräisch, Mathematik und Geographie in Heidelberg, dann in Worms und Basel, zahlreiche Veröffentlichungen und Reisen, 1552 in Basel gestorben, behandelte in seiner 1544 erstmals, dann bis 1657 in 57 Auflagen erschienenen „Cosmographia", einer Weltbeschreibung, auch Bergbau, Erze und geologische Erscheinungen wie Erdbeben, Vulkane, Vergletscherungen, Thermalquellen u.a. Er liefert erstmals das Bild einer Versteinerung (*Palaeoniscus freieslebeni*, Mansfeld, Abb. 7).

Abb. 7   Die erste Abbildung einer Versteinerung, *Palaeoniscus freieslebeni* aus dem Kupferschiefer von Mansfeld, in SEBASTIAN MÜNSTERS Cosmography, 1544.

JOHANNES BAUHINUS bildete 1548 in seinem Werk über die Quellen und Gesteine von Bad Boll erstmals Fossilien aus dem Posidonienschiefer des Schwäbischen Jura ab (Abb. 8).

CHRISTOPHORUS ENCELIUS (CHRISTOPH ENTZELT), geb. 1517 in Saalfeld/Thüringen, Studium in Wittenberg, Rektor und Pfarrer in Saalfeld, Wittenberg, Tangermünde und Rathenow, 1558 Oberpfarrer in Osterburg/Altmark, dort 1583 gestorben, gab 1551 ein Buch „De re metallica" heraus, in dem er Gesteine und Erze, z.B. die Kobalterze der Gegend von Saalfeld, sowie Fossilien beschreibt und abbildet.

GEORGIUS ARGRICOLA (GEORG BAUER), geb. 1494 in Glauchau/Sachsen, Studium bei MOSELLANUS in Leipzig, 1518 Lehrer und Rektor in Zwickau, 1522/23 Studium der Medizin in Leipzig und Promotion in Italien (vermutlich Bologna), 1524 Lektor im Verlag Asulanus, Venedig, 1527 Stadtarzt in Joachimsthal, 1531 Arzt und mehrmals Bürgermeister in Chemnitz, 1555 in Chemnitz gestorben, im Dom von Zeitz beigesetzt. (Vgl. S. 14!)

JOHANNES KENTMANN, geb. 1518 in Dresden, Studium in Leipzig, Wittenberg und Padua, Promotion in Bologna, 1551 Stadtarzt in Meißen, dann Torgau, dort 1574 gestorben, sammelte 600 sächsische Pflanzen, schuf das erste beschreibende Buch über Fische, beschrieb die erste ornithologische Lokalfauna Mitteleuropas und legte eine große Sammlung von Mineralen und Gesteinen an, deren Katalog der Schweizer Naturforscher CONRAD GESNER 1565 veröffentlichte. Die Sammlung umfaßte 1608 Stücke von 135 Fundorten. KENTMANN schickte seinem Freund GESNER auch einen Bericht über den Basalt von Stolpen/Sachsen, fügte eine Zeichnung der dortigen Basaltsäulen bei (Abb. 9) und GESNER veröffentlichte Text und Zeichnung 1565 im 5. Teil seines Buches über Gesteine und Erze. Noch heute ist die von KENTMANN gezeichnete Säulengruppe im Hof des Schlosses Stolpen am Coselturm zu identifizieren.

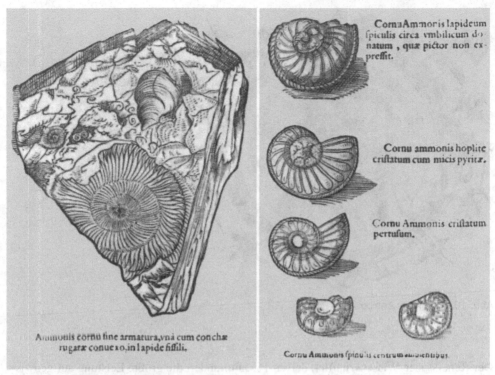

Abb. 8   Ammoniten aus dem Posidonienschiefer des Lias von Bad Boll, abgebildet von JOHANNES BAUHINUS 1548 (aus der Ausgabe von 1612).

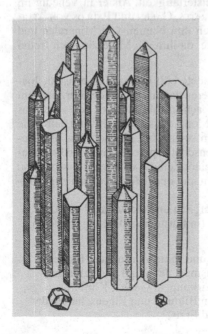

Abb. 9   Basaltsäulen im Hof der Burg Stolpen bei Dresden, gezeichnet von KENTMANN 1565 in einem Brief an CONRAD GESNER, heute noch erhalten.

Abb. 10   GEORGIUS AGRICOLA.

Der Renaissance-Wissenschaftler, der im 16. Jahrhundert die größte Leistung auf geowissenschaftlichem Gebiet erbracht hat, war GEORGIUS ARGRICOLA (Abb. 10) Schon ARGRICOLAS Weg zur Mineralogie war typisch für einen Renaissance-Wissenschaftler: Die Alten Sprachen kannte er vom Studium und von seiner Schulmeistertätigkeit. Als er in Venedig im Verlag Asulanus die Schriften der antiken Ärzte HIPPOKRATES, GALEN und PAULOS VON AEGINA für die Neuausgabe vorzubereiten hatte, begegneten ihm Namen von Mineralen und dazu medizinische Angaben, die er nicht prüfen konnte, da ihm die Minerale noch fremd waren.

Er ging deshalb 1527 als Stadtarzt in die 1516 gegründete böhmische Bergbaustadt Joachimsthal (heute: Jáchymov, Tschechische Republik), deren damals blühender Bergbau ihm reichlich Einblick in die Welt der Minerale bot. In Joachimsthal faßte er den Plan, das Montanwesen wissenschaftlich zu bearbeiten und die Montanwissenschaft (und damit die erste Technikwissenschaft) in das Wissenschaftssystem seiner Zeit einzuordnen. Demgemäß schrieb er alle seine Werke in der damaligen Wissenschaftssprache Latein und widmete sein Erstlingswerk dem führenden Wissenschaftler seiner Zeit, ERASMUS VON ROTTERDAM. ARGRICOLAS direkt oder indirekt den Geowissenschaften und dem Montanwesen zugehörige Werke und ihr Inhalt sind folgende:

1) 1530: Bermannus sive de re metallica (Bermannus oder ein Gespräch vom Bergbau)

Über den Bergbau und die Minerale von Joachimstal (in Form eines Dreiergesprächs)

2) 1546: De ortu et causis subterraneorum (Die Entstehung der Stoffe im Erdinnern)

Das Wasser und seine Wirkungen, Erdbeben und Vulkanismus, der Wind und seine geologischen Wirkungen, Gänge, Klüfte, Schichtfugen,Bildung und Eigenschaften der Gesteine und Erze

3) 1546: De natura eorum, quae effluunt ex terra (Die Natur der aus dem Erdinneren hervorquellenden Stoffe)

Eigenschaften des Wassers und Bestimmungsmethodik, medizinische Wirkungen von „einfachem" und „gemischtem" Wasser, Entstehung der Gewässer (Lauf, Bett, Ströme), Luft in der Erde, Ausdünstungen, Vulkanismus, Erdbrände

4) 1546: De natura fossilium (Die Minerale)

Mineraldiagnose, Mineralklassifikation und Beschreibung der Minerale

5) 1546: De veteribus et novis metallis (Erzlagerstätten und Erzbergbau in alter und neuer Zeit)

Aufzählung von Erzlagerstätten nach Metallen und Angaben zur Bergbaugeschichte

6) 1549: De animantibus subterraneis (Die Lebewesen unter Tage)

z.B. Menschen, Kaninchen, Maulwurf, Würmer, Berggeister, Dämonen

7) 1556: (posthum erschienen): De re metallica (Bergbau und Hüttenwesen)

Systematische Klassifikation und Beschreibung des Bergbaus und Hüttenwesens. Einleitend: Die Lagerungsverhältnisse der Erzkörper

ARGRICOLAS geowissenschaftliche Schriften sind Vorstudien für sein montanwissenschaftliches Hauptwerk „De re metallica". In den Werken 2 (1516), 3 (1546), 4 (1546) und 6 (1549) behandelt er die Materien, denen der Bergmann gegenübersteht: Das Feste (Gesteine und Minerale), die Flüssigkeiten und das Lebendige. Das Werk über die Flüssigkeiten, 3 (1546), ist eine auf der antiken Vier-Elemente-Lehre basierende Gewässer- und Quellenkunde. Im Werk über die Erzlagerstätten und Bergbaugeschichte, 5 (1546), kommt das Vollständigkeitsstreben zum Ausdruck, das beim Sammeln für eine Wissenschaft erforderlich ist. Sein Hauptwerk „De re metallica" enthält – wie auch alle späteren Lehrbücher der Bergbaukunde – einen einleitenden Abschnitt über die Lagerungsformen der Bodenschätze.

Die Verdienste ARGRICOLAS für die Entwicklung der Geowissenschaften sind:
In der *Mineralogie* hat er ein System der „äußerlichen Kennzeichen" für die Mineraldiagnose geschaffen, und zwar nach Farbe, Kristallform, Glanz, Durchsichtigkeit, Härte u.a. Merkmalen. Im Mineralsystem hat er gegenüber AVICENNA die Erden (Lockergesteine) verselbständigt und die Metalle von ihren Verbindungen getrennt.

In der *Geologie* hat er – allerdings weit entfernt von der späteren Systematik der Geologie und ihren Deutungsmöglichkeiten – zahlreiche Vorgänge der exogenen und endogenen Dynamik beschrieben, wie die Erosion durch das Wasser, Erosion und Sedimentation durch den Wind, Erdbeben und Vulkane. Diese führte er auf Kohlenbrände im Erdinneren zurück, wozu er den „Flözbrand von Planitz" bei Zwickau (brennende Steinkohlenflöze) aus eigener Anschauung kannte. „Gänge, Klüfte und Gesteinsschichten" beschreibt er in seinem Werk zur Geologie, 2 (1546), aber auch und mit Zeichnungen versehen im „3. Buch" von „De re metallica", 7 (1556). Dabei beschreibt er die verschiedenen Gangmächtigkeiten, Streichen und Fallen, Gangscharungen, Gangkreuze, Nebentrümer, Flöze und Stöcke, sowie das Verhältnis von Ausbiß der Lagerstätten und Geländeform (Abb. 11). Einige der Holzschnitte sind erste Versuche einer raumbildlichen Darstellung.

GEORGIUS ARGRICOLA war ein Universalgelehrter der Renaissance. Neben seinen Werken zu den Geowissenschaften und zum Montanwesen lieferte er eine lateinische Schulgrammatik, Werke zur Metrologie und Ökonomie (Preis der Metalle und die Münzen), zur Medizin (Pestbuch), zur Geschichte (sächsische Fürsten), sowie 1531 eine Stellungnahme zu einem

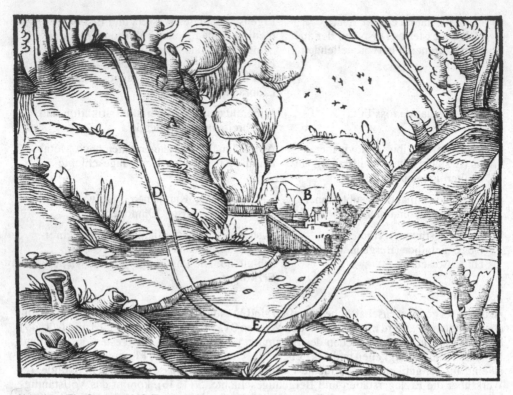

Abb. 11   Ein Gangausbiß (D–E–C) auf beiden Seiten eines Tales, in G. AGRICOLA, De re metallica, 1556.

politischen Hauptproblem seiner Zeit, zur Türkengefahr, eine „Rede von der Notwendigkeit des Krieges gegen die Türken", die bekanntlich 1529 vor Wien standen. AGRICOLA veröffentlichte nicht nur in lateinischer Sprache, sondern zitierte – typisch für einen Renaissancegelehrten – zahlreiche antike und arabische Schriftsteller, so für die Mineralogie deren hundert, u.a. ARISTOTELES, AVICENNA, DEMOKRIT, EMPEDOKLES, HERODOT, HOMER, PLINIUS D. Ä., SENECA, STRABO und THEOPHRAST, für die geologischen Fragen u.a. dieselben und ANAXAGORAS , ANAXIMANDER , CICERO, HIPPOKRATES, JULIUS FRONTINUS, LIVIUS, METRODOR, OVID, PLINIUS D. Ä., PLINIUS D. J., PLUTARCH, TACITUS, THALES, VERGIL und VITRUV, stets kritisch kommentierend. Darüber hinaus schöpfte ARGRICOLA seine Darstellung aber auch aus eigenen Beobachtungen und aus einem umfangreichen Briefwechsel, in dem Freunde ihm Beobachtungen mitteilten. So schenkte der Wittenberger Theologieprofessor PAULUS EBER 1545 bei einem Besuch in Chemnitz ARGRICOLA eine Tafel, auf der die Gesteine der Mansfelder Kupferschiefer-Schichtfolge befestigt waren (obwohl ihm die Tafel eigentlich gar nicht gehörte).

ARGRICOLAS geowissenschaftliche Bücher erlebten bis 1657 mehrere Auflagen, waren also bis zu dieser Zeit offenbar aktuell.

2.3   Geologische Arbeiten in der Zeit der Aufklärung

Die Wissenschaft der Renaissance ging allmählich in die der Aufklärung über, indem der Bezug auf die Schriften der Antike immer schwächer wurde. Aber noch 1664 berief sich ATHANASIUS KIRCHER auf ARISTOTELES, und 1667 empfahl der in Florenz tätige Däne NIKOLAUS STENSEN (genannt STENO), auf die Äußerungen „der Alten" zu achten.

Doch nun bekommen die eigenen Beobachtungen immer größeres Gewicht, und die Deutungen werden an der Vernunft geprüft.

Von etwa 1650 bis um 1780 gab es drei für die Herausbildung der Geologie wichtige Arbeitsrichtungen:
1. *Beschreibendes Forschen*: Insbesondere Fossilien, aber auch einzelne geologische Sachverhalte, werden beschrieben und nur im Detail – ohne zusammenfassende Weltsicht – gedeutet (*induktives Forschen*). Solche Arbeiten betreffen in der Regel enger begrenzte Gebiete.
2. *Physikotheologie*, oder – auf die Gesteinswelt bezogen besser – *Lithotheologie*: Fossilien und einzelne geologische Sachverhalte werden beschrieben und in das theologische Weltbild der Zeit eingeordnet (in die spezifische Theologie der Aufklärungszeit). Damit erfuhren die geologischen Beobachtungen eine theoretische Begründung und die theoretische Aussage, z.B. die Sintflut, eine Bestätigung.
3. *Spekulativ-theoretische Ideen*: Sie wurden von Wissenschaftlern der Aufklärung entwickelt, die sich vom theologischen Weltbild der Zeit gelöst hatten. Geologische Sachverhalte wurden in diese Ideen womöglich eingeordnet (*deduktives Forschen*).

Diese drei Arbeitsrichtungen liefen in der Zeit von 1650 bis 1780 nebeneinander her. Allerdings dominierte bei den Lithotheologen, ebenso wie bei den vorrangig beschreibenden Forschern, das exakte Registrieren von Beobachtungen, so daß diese beiden Arbeitsrichtungen gewissermaßen gemeinsam den Vertretern spekulativ-theoretischer Vorstellungen gegenüberstanden. Alle drei Arbeitsrichtungen haben aber den Fortschritt der Wissenschaft so gefördert, daß daraus um 1780 die *Wissenschaft Geologie* resultierte. Einige deutsche und maßgebliche ausländische Vertreter der drei Richtungen sind:

Beobachtende Forscher	Lithotheologen	„Theoretiker"
1669 N. STENO: Toskana		1664 A. KIRCHER
1669 F. LACHMUND: Hildesheim		
1675 v. ALBERTI: Mansfeld	1681 TH. BURNET	1681 TH. BURNET
1687 J.D. GEYER: Alzey		1685 (veröff.) R. DESCARTES
1696 J.E. TENTZEL: Gotha	1695 J. WOODWARD	1691 G.W. LEIBNIZ
1704 G.F. MYLIUS: Zechstein Thüringen		1705 (veröff.) R. HOOKE
1706 G.W. LEIBNIZ: Fische u. Pflanzen, Kupferschiefer Mansfeld	1710 D.S. BÜTTNER: Fossilien im Thüringer Becken sind Zeugnisse der Sintflut.	
1719 P. WOLFART: Foss. Niederhessen	1712 J.J. BAIER: Jura-Fossilien Franken	
1720 J.H. SCHÜTTE: Jena		

1727 F.C. LESSER: Nordhausen	1726 J.J. SCHEUCHZER	
1727 B. ERHART: Belemniten Schwaben		
1730 J.J. LERCHE: verschiedene Schichtfolgen, Halle	1735 F.C. LESSER: „Lithotheologie", Sintflut	
1740 J.G. BUCHNER: Gesteine Vogtland	1745 T.C. HOPPE: Foss. Zechstein Gera	1716/1748 DE MAILLET
1758 RITTERMANN: Erfurt	1755 G.W. KNORR	1751 L. MORO
1759 J.G. LIEBKNECHT: Hessen	1759 J.G. LIEBKNECHT	
1763 J.W. BAUMER: Thüringen		
1768 J.S. SCHRÖTER: Foss. Weimar u.a.O.		1771 J.H.G. V. JUSTI
1776 J.S. SCHRÖTER: Foss. Devon Eifel	1774 J.F. ESPER: Höhlen-Foss. Muggendorf/Fränk. Schweiz	1749/78 G.L. LECLERC DE BUFFON
1782 J.S. SCHRÖTER: Foss. Jura Ansbach		

Zu den drei Richtungen noch folgende Bemerkungen: Bei den *Beobachtungen* handelt es sich meist um Fossilien. Das waren die auffälligsten Gebilde im Untergrund. These und Gegenthese der Deutungen sind hier:

• Versteinerungen sind Naturspiele oder im Schlamm gewachsen, ohne zu Lebewesen zu werden (also vergleichbar der von ARISTOTELES vermuteten Urzeugung von Lebewesen im Schlamm). Dafür schien zu sprechen, daß Versteinerungen aus Mineralien wie Kalkspat, Eisenspat oder Pyrit bestehen, die andernorts eindeutig anorganischer Entstehung sind. Vertreter dieser Meinung: KIRCHER 1664 (z.T.), LACHMUND 1669, SCHEUCHZER 1702, LANG 1708.

• Versteinerungen sind Reste einstiger Lebewesen.
Vertreter dieser Meinung: KIRCHER 1664 (z.T.), STENO 1669, LEIBNIZ 1691, WOODWARD 1695, TENZEL 1696, LOCHNER 1711 (Fossilien in den Lokalgeschieben von Sternberg/ Mecklenburg), VALLISNERI 1721, SCHEUCHZER 1726.

Um 1750 wurde allgemein anerkannt, daß Versteinerungen Reste von Lebewesen sind. Nun erschienen auch zusammenfassende Werke, die eine möglichst vollständige Erfassung aller Fossilien anstrebten und damit die letzte Vorstufe zur *Wissenschaft Paläontologie* darstellen. Solche Werke mit erstklassigen Fossilabbildungen stammen von G.W. KNORR und dem Jenaer Professor der Philosophie, Eloquenz und Dichtkunst JOHANN ERNST EMANUEL WALCH (Abb. 12 und 13) 1755/1775, sowie von dem Thüringer Pfarrer JOHANN SAMUEL SCHRÖTER 1774/1784.

Die regionalgeologischen Beobachtungen im 17./18. Jahrhundert umfassen aber nicht nur Fossilvorkommen, sondern auch Gesteine, Schichtfolgen und Sachverhalte der Dynamischen Geologie. So schloß der Geraer Kaufmann T.C. HOPPE 1751 aus der Lage der Schichten auf beiden Seiten der Täler, daß diese durch Erosion entstanden sind.

Die bedeutendste, auf Beobachtungen basierende und verallgemeinerungsfähige Leistung für die Geologie jener Zeit ist der 1669 in Florenz erschienene „Vorläufer einer Dissertation

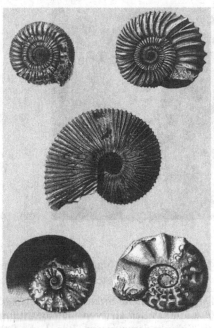

Abb. 13   Beispiel einer Fossiltafel aus KNORR-WALCH: „Sammlung von Merkwürdigkeiten dor Natur und Altertümer des Erdbodens", 1755.

Abb. 12   JOHANN ERNST IMMANUEL WALCH.

über die in Festgestein natürlicherweise enthaltenen festen Teile" (Originaltitel: „De solido intra solidum naturaliter contento dissertationis prodromus") des Dänen NIKOLAUS STENSEN, genannt STENO (Abb. 14). Nach einem Medizinstudium in Kopenhagen und Paris und mehreren Reisen war STENO bis 1672 Leibarzt des Großherzogs FERDINAND II. von Florenz, dann Professor der Anatomie in Kopenhagen und schließlich – 1667 zur katholischen Kirche übergetreten – als apostolischer Generalvikar in Hannover, Münster, Hamburg und Schwerin tätig. Dort starb er, wurde aber in Florenz in der Kathedrale S. Lorenzo beigesetzt.

STENO erkannte bei seinen geologischen Beobachtungen in der Toscana anhand von Verwitterungserscheinungen an im Gestein eingeschlossenen Fossilien (Haifischzähnen), daß diese nicht im Gestein gewachsen sein können und deshalb als Reste von echten Lebewesen zu deuten sind. Salz, Seetiere und Schiffsplanken im Gestein weisen nach seiner Meinung auf Meeressedimente hin, Gräser und Holz in Gestein dagegen auf Süßwassersedimente. Fossilfreie Sedimente – ein solches war nach seiner Meinung auch der Granit – seien vor der Existenz von Lebewesen abgelagert worden. Ein Wechsel im Material der Schichten zeugt von verschiedenen Feststoffen in der sedimentierenden Flüssigkeit, wobei die schweren Teile sich zuerst ablagern. Aus seinen Überlegungen zur Sedimentation folgerte er das „Schichtgesetz" in der Form folgender Thesen:
1. Jede Schicht kann sich nur auf fester Unterlage bilden.
2. Die untere Schicht mußte also fest sein, ehe sich die darüber liegende Schicht ablagerte.
3. Eine Schicht muß seitlich durch feste Körper begrenzt sein oder sich über die ganze Erde ausbreiten.

Abb. 14   NIELS STENSEN, gen. NICOLAUS STENO.

4. Während der Ablagerung einer Schicht kann sich darüber kein Gestein, sondern nur Flüssigkeit befinden.

Damit formulierte STENO das *Altersgesetz der Schichten*, das heute noch selbstverständliche Grundlage aller relativen Altersbestimmungen der Sedimente ist: Jede Schicht ist jünger als die Schicht darunter und älter als die Schicht darüber (bei ungestörter oder wenig gestörter Lagerung). Für schräggestellte Schichten nahm STENO Hebungsvorgänge oder lokale Einbrüche an. Indem er aus seinen Beobachtungen eine Erdgeschichte der Toscana ableitete, lieferte er die ersten geologischen Profile einschließlich der Prinzipskizze einer Diskordanz (Abb. 15). STENO war damit der erste, der die Ableitung der Erdgeschichte einer Gegend durch induktive Forschung versuchte. Das in Florenz erschienene Werk des Dänen hätte auch in Deutschland Wirkung zeigen können, denn während seiner Zeit in Hannover war STENO auch mit LEIBNIZ zusammen gekommen und dieser kannte STENOS „PRODROMUS ...". Aber weder auf die geologischen Überlegungen von LEIBNIZ noch auf die anderer deutscher Wissenschaftler hat der „Prodromus ..." damals wesentlichen Einfluß gehabt.

Für die *Lithotheologen* ist der Professor am Gymnasium Zürich, JOHANN JACOB SCHEUCHZER, ein typischer Vertreter. Er glaubte, in den (jungtertiären) Ablagerungen des Maarsees bei Öhningen am Bodensee das Skelett eines in der Sintflut umgekommenen Menschen gefunden zu haben (Abb. 16), dessen graphische Darstellung mit dem Vers versehen wurde: „Betrübtes Beingerüst von einem alten Sünder, erweiche Herz und Sinn der neuen Bosheitskinder". Heute ist SCHEUCHZERS Fund als Riesensalamander gedeutet und *„Andrias Scheuchzeri"* benannt.

Die Lithotheologen waren großenteils Pfarrer, beispielsweise D.S. BÜTTNER in Querfurt, F.C. LESSER in Nordhausen (Abb. 17) und J.F. ESPER in Uttenreuth und Wunsiedel. Dabei war aber auch der geographische Faktor, die Nachbarschaft zu attraktiven Fundorten, von Bedeutung. Die naturwissenschaftliche Aktivität von Pfarrern war übrigens nicht auf die Zeit der Physikotheologie beschränkt, sondern war bekanntlich noch im 19. Jahrhundert, der Zeit der sammelnden Detailforschung, beachtlich.

Wie im 18. Jahrhundert die Lithotheologen ihre geologischen Beobachtungen an ihr wichtigstes berufliches Arbeitsmittel, die Bibel, banden, zeigen zwei ihrer Buchtitel: „Lithotheologie, das ist: Natürliche Historie und geistliche Betrachtung derer Steine, also abgefaßt, daß daraus die Allmacht, Weisheit, Güte und Gerechtigkeit des großen Schöpfers ge-

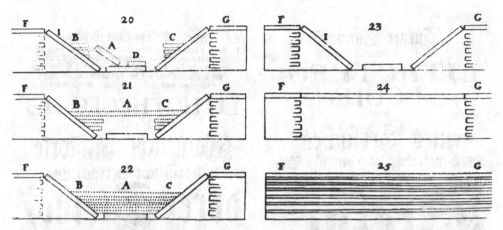

Abb. 15   Eine genetische Profilreihe von N. STENO, den Wechsel von Sedimentation und Verformung zeigend, in chronologischer Folge: 1(25) Sedimentserie, 2 (24) untere Schichten gelöst oder ausgeschwemmt, 3 (23) Einbruch der obersten Schicht, 4 (22) in der Senke neue Sedimentation und diskordante Auflagerung, 5 (21) erneute Höhlenbildung, 6 (22) Verstürzung der jüngeren Schichten.

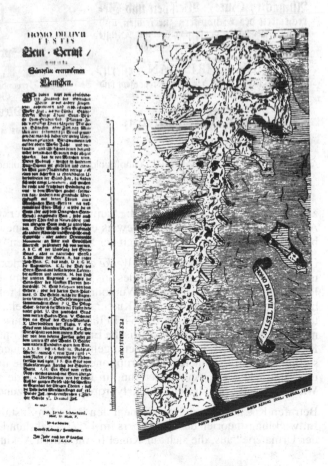

Abb. 16   Fossiler Riesenmolch aus dem Tertiär von Öhningen, veröffentlicht von J.J. SCHEUCHZER 1726 als „Beingerüst eines in der Sündflut ertrunkenen Menschen", von G. CUVIER als *Andrias Scheuchzerii* benannt.

Abb. 17   Titelblatt von F.C. LESSERS „Lithotheologie" 1732, 2. Auflage 1751.

zeuget wird ..." (LESSER 1751). Und: „Sammlung von Merkwürdigkeiten der Natur und der Altertümer des Erdbodens, zum Beweis einer allgemeinen Sündfluth, nach Meinung der berühmtesten Männer aus dem Reich der Steine erwiesen" (KNORR 1755).

Die *„theoretischen", spekulativen Werke* zur Geologie des 17./18. Jahrhunderts beginnen mit dem 507 Seiten starken Buch des aus der Rhön stammenden, als Student in Köln und Paderborn weilenden, 1630 nach Würzburg berufenen Professors, dann aber in Italien lebenden Jesuitenpaters ATHANASIUS KIRCHER mit dem Titel „mundus subterraneus" (Die unterirdische Welt) aus dem Jahre 1664. In Italien hat KIRCHER u.a. Reisen nach Sizilien unternommen und dort das große kalabrische Erdbeben 1683 miterlebt. In dem Buch beschreibt KIRCHER neben Kristallen, Versteinerungen, „Figurensteinen" und Drachen auch seine Vorstellungen vom Erdinneren. Die Eruptionen der Vulkane und die Quellen, und zwar nicht nur Thermalquellen, veranlaßten ihn, im Innern der Erde Vorratskammern von Lava und Wasser, die „Pyrophylacien" und „Hydrophylacien" anzunehmen (Abb. 18).

Betrafen KIRCHERS Vorstellungen mehr den Bau, den Zustand des Erdkörpers, so gehen die Entwicklungstheorien des Erdkörpers im 17. /18. Jahrhundert von „Chaos" oder „wirbelnder Urmaterie" aus, die sich zur Kugel formt, durch Abkühlung erstarrt und rings um ein

Abb. 18   Die Erde mit Zentralfeuer und „Pyrophylaclen", die die Vulkane speisen, nach A. Kircher 1664.

„Zentralfeuer" eine Kruste bildet. Auf dieser schlägt sich Wasser nieder, bilden sich Sedimente und ringsum die Lufthülle (Burnet 1681, Descartes 1685, Leibniz 1691/1749, v. Justi 1771).

Für die Bildung der Festländer, Gebirge und Inseln gibt es damals zwei diametral entgegengesetzte Deutungen:
• Inseln und Festländer steigen aus dem Meere auf, schließen Vallisneri (1721) und Moro (1751) verallgemeinernd aus der Bildung vulkanischer Inseln im Mittelmeer.
• Gebirge, Festland und Inseln entstehen beim Sinken des Wasserspiegels eines Urozeans, indem zuerst die höchsten Spitzen, dann die tieferen Bereiche des Ozeanbodens trocken fallen. Das Verschwinden des Wassers erklären Descartes (veröff. 1685) und Leibniz (1691, veröff. 1693, 1749) mit dem Einbruch von Hohlräumen in der Erdkruste, de Maillet (1716, veröff. 1748) aber mit Verdunstung.

De Maillet betrachtet alle Gesteine als Sedimente in einem solchen Urozean mit sinkendem Wasserspiegel, weist darauf hin, daß die höchsten Berge als älteste Gesteine natürlicherweise fossilfrei sind, betrachtet die biblisch überlieferte Sintflut als nur lokales Ereignis und erklärt die Vulkane mit unterirdischem Brand von Öl, Fett und Kohle.

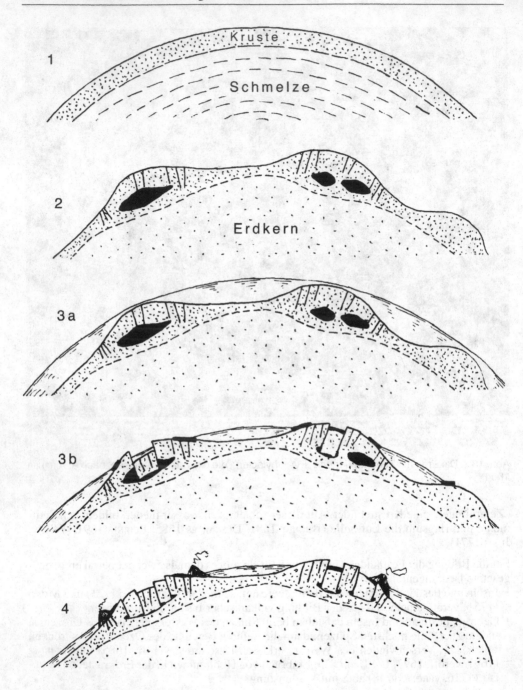

Abb. 19   Schematische genetische Profilreihe zu BUFFONS THEORIE DER ERDGESCHICHTE.
1 erste Erdkruste, 2 Becken, Hauptgebirge, Hohlräume, Erdkern erstarrt, 3 a Wasserhülle,
3 b erste Einbrüche und Steinkohlenflöze, 4 weitere Einbrüche, dadurch weiteres Sinken des
Meeresspiegels, 4 Vulkane über Steinkohlenflözen.

Die Theorie vom Urozean mit sinkendem Wasserspiegel finden wir auch in der jüngsten spekulativen Theorie jener Zeit, der von BUFFON. Der „Intendant des Pflanzengartens" in Paris G.L. LECLERC DE BUFFON entwickelte 1749/1778 folgende „Geschichte der Erde", die ungefähr 75 000 Jahre gedauert haben soll (Abb. 19):

1. *Phase*: Zusammenstoß eines Kometen mit der Sonne, Planeten werden herausgeschleudert, sind zuerst schmelzflüssig, nach etwa 3 000 Jahren hat die Erdkugel eine Kruste.

2. *Phase*: In 35 000 Jahren ist die Erde bis zum Mittelpunkt verfestigt und hat eine Gesteinsrinde. In dieser entstehen durch Gasentwicklung Hohlräume, durch unregelmäßige Zusammenziehung Becken und Hauptgebirge. Die Atmosphäre bildet sich. In Spalten scheiden sich Erze und Minerale aus.

3. *Phase*: In 15 000 bis 20 000 Jahren schlägt sich Wasser nieder und bedeckt das Land etwa 2 000 Toisen (=3 900 m) hoch. Das heiße Wasser verwandelt die Gesteine in Ton, Schiefer, Mergel und Sand. Im Meer existieren Lebewesen. Durch Einbrüche von Hohlräumen sinkt der Meeresspiegel. Pflanzen auf dem frei werdenden Festland bilden Steinkohlenflöze.

4. *Phase*: Etwa 5 000 Jahre lang Anhäufung und Erhitzung brennbarer Substanz führt zu Vulkanismus. Weitere Einbrüche, weiterer Rückgang des Meeres.

5. *Phase*: Weitere Abkühlung führt zu Klimazonen, macht den Äquatorbereich milder und läßt Flora und Fauna nach Süden wandern.

6. *Phase*: Durch erneute Einbrüche trennen sich die Kontinente, die jetzige Verteilung von Land und Meer entsteht. Der Mensch erlebt diese Umwälzung als Sintflut.

7. *Phase:* Herrschaft des Menschen. Sie dauert an, bis die Erde 25 mal kälter ist als jetzt und alles erstarrt

Es war die letzte spekulative Theorie, in welcher Erdentstehung und Erdgeschichte gekoppelt waren. KANT und LAPLACE formulierten 1755/1796 nur noch Theorien über die *Entstehung* des Planetensystems einschließlich der Erde, überließen aber deren weitere *Geschichte* der sich nun formierenden Geologie. Die Herauslösung aus der Physik im aristotelischen Sinne und die Abgrenzung von der Kosmogenie ist ein wesentliches Merkmal für die Herausbildung der Geologie um 1780.

Die Geologie als Ableitung der Geschichte der Erde aus Beobachtung und Deutung der Gesteine wurde unmittelbar vorbereitet durch das Werk von JOHANN GOTTLOB LEHMANN und GEORG CHRISTIAN FÜCHSEL.

Der Sachse JOHANN GOTTLOB LEHMANN (Abb. 20) hatte in Leipzig und Wittenberg Medizin studiert, war zunächst Arzt in Dresden, dann preußischer Bergrat und ging 1761 an die Akademie der Wissenschaften nach St. Petersburg. In preußischen Diensten veröffentlichte er 1756 seinen „Versuch einer Geschichte der Flözgebirge" und beschrieb darin aus dem Raum von Ilfeld bei Nordhausen bis Mansfeld die dortige Schichtfolge des Rotliegenden und Zechsteins (Abb. 21). Er betrachtete diese „Flözgebirge" als Anlagerungen an die älteren höheren Berge, die aus fossilarmen, steil- und schräggestellten Schichten mit Erzgängen bestanden.

Der Thüringer GEORG CHRISTIAN FÜCHSEL war Arzt in Rudolstadt, beschrieb die dortigen Schichtfolgen und die von Ilfeld und Mansfeld (Abb. 22), fügte dabei dem oberen Teil von LEHMANNS Profil noch Buntsandstein und Muschelkalk, nach unten Steinkohle und Gesteine des Altpaläozoikums hinzu, die ja gerade die Umgebung von Rudolstadt beherrschen, und definierte die *Formation* als zusammengehörende Folge von Schichten, die einen Zeitabschnitt der Erdgeschichte darstellen. Nach ZITTEL (1899) ist FÜCHSELS „...Gedanke, daß eine Serie von Schichten oder Formation zugleich eine bestimmte Periode in der Entwicklung unserer Erde bezeichne, in der Folge von fundamentaler Bedeutung geworden".

Um die Wissenschaft Geologie zu schaffen, waren nun mit FÜCHSELS Formationsbegriff, also durch weitestgehend induktive Forschung, alle Gesteine zu erfassen und damit eine Periodisierung der Erdgeschichte aufzustellen.

Ein Vergleich mit der jetzigen Schichtfolge in Thüringen zeigt, daß GEORG CHRISTIAN FÜCH- SEL die stratigraphische Zuordnung der Schichten schon weitestgehend richtig erfaßt hatte. Nur hat er den Dachschiefer zu hoch eingestuft und die Vulkanite des Rotliegenden (wie dann auch WERNER und seine Schüler) den alten Gesteinen des Grundgebirges zugezählt.

Abb. 20   JOHANN GOTTLOB LEHMANN.

Abb. 21   J.G. LEHMANNS Profil von der Grauwacke (links) durch Rotliegendes und Zechstein bis zum Buntsandstein (rechts) am Südharzrand bei Nordhausen, 1756.

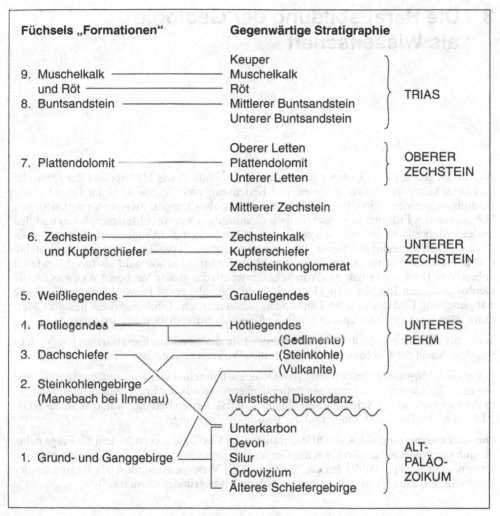

Füchsels „Formationen"	Gegenwärtige Stratigraphie	
	Keuper	TRIAS
9. Muschelkalk ————————	Muschelkalk	
und Röt ————————	Röt	
8. Buntsandstein ————————	Mittlerer Buntsandstein	
	Unterer Buntsandstein	
	Oberer Letten	OBERER ZECHSTEIN
7. Plattendolomit ———————	Plattendolomit	
	Unterer Letten	
	Mittlerer Zechstein	
6. Zechstein ———————	Zechsteinkalk	UNTERER ZECHSTEIN
und Kupferschiefer ———————	Kupferschiefer	
	Zechsteinkonglomerat	
5. Weißliegendes ———————	Grauliegendes	UNTERES PERM
4. Rotliegendes ———————	Rotliegendes	
	(Sedimente)	
3. Dachschiefer ———————	(Steinkohle)	
	(Vulkanite)	
2. Steinkohlengebirge (Manebach bei Ilmenau)	Varistische Diskordanz	
	Unterkarbon	ALT-PALÄO-ZOIKUM
	Devon	
1. Grund- und Ganggebirge ———	Silur	
	Ordovizium	
	Älteres Schiefergebirge	

Abb. 22   Füchsels „Formationen", verglichen mit der jetzigen Stratigraphie (in dieser der Zechstein im Übertageprofil mit älteren Bezeichnungen).

3 Die Herausbildung der Geologie als Wissenschaft

Als die Begründer der Geologie werden oft der Schotte JAMES HUTTON und der Deutsche ABRAHAM GOTTLOB WERNER genannt. Die Bedeutung von HUTTON wird auf Grund seiner zukunftsweisenden Vorstellungen über die Wechselwirkungen zwischen magmatischen Vorgängen des Erdinneren (einschließlich Granitintrusionen und Metamorphose) und den an der Erdoberfläche ablaufenden geologischen Vorgängen nicht angezweifelt. Bei WERNER dagegen gibt es negative Urteile, da sich seine neptunistische Theorie der Erdgeschichte und insbesondere seine Deutung des Basalts als Sediment schon bald als falsch erwiesen haben. AMI BOUÉ wird sogar das Wort zugeschrieben, das größte Verdienst WERNERS für die Geologie sei sein Tod gewesen. Das heißt, bis dahin habe er die Entwicklung der Geologie nur gehemmt. Und noch im 20. Jahrhundert haben deutsche Geologen diese negative Meinung über WERNER vertreten, ein Ausfluß völlig ahistorischer Betrachtungsweise!

WERNERS damalige Leistung ist nicht mit der Elle des heutigen Kenntnisstandes, sondern mit dem Stand der Geologie am Beginn seines Wirkens zu messen.

Ob er als Mitbegründer der Wissenschaft Geologie betrachtet werden kann, ergibt sich nicht aus dem Wahrheitsgehalt seiner Vorstellungen, sondern aus der Frage, in welchem Maße er in der Geologie an der Schaffung der Wissenschaftskriterien beteiligt war, d.h. an der Klassifikation, der Theorienbildung und der Institutionalisierung.

Die starke regionale und lokale Differenzierung der Geologie legt außerdem die Frage nahe, ob sich die Wissenschaftskriterien der Geologie in den verschiedenen Ländern unabhängig voneinander herausgebildet haben. So kann A.G. WERNER zumindest als Begründer der Geologie in Deutschland gelten, was im Folgenden begründet werden soll.

3.1 ABRAHAM GOTTLOB WERNER: Mineralogie, Petrographie, Geologie, geologische Kartierung

ABRAHAM GOTTLOB WERNER wurde am 25. 9. 1749 in Wehrau bei Bunzlau (heute Osiecznica bei Boleslawiec in Polen), etwa 30 km nordöstlich von Görlitz im damaligen Kurfürstentum Sachsen geboren. Sein Vater war in einer Eisenhütte tätig, wodurch der Sohn früh mit dem Montanwesen in Berührung kam. Im Jahre 1769 wurde WERNER mit 15 weiteren Studienbewerbern an der 1765 gegründeten Bergakademie Freiberg immatrikuliert. Er studierte hier bis 1771, ging dann zum Studium der Kameralwissenschaften (ein damals übliches Aufbaustudium der Montanstudenten) an die Universität Leipzig, bearbeitete hier – angeregt durch seinen Mineralogielehrer an der Leipziger Universität, Prof. J. C. GEHLER – seine erste mineralogische Veröffentlichung „Von den äußerlichen Kennzeichen der Fossilien" (1774) und wurde auf Grund dieses Buches 1775 an die Bergakademie Freiberg berufen.

Abb. 23   ABRAHAM GOTTLOB WERNER
(Ölbild von MÜLLER-STEINLA, DRESDEN, UM
1815).

Von 1775 an war WERNER „Inspektor", also sozusagen Direktor der dem sächsischen Oberbergamt in Freiberg unterstellten Bergakademie (Abb. 23). An dieser hielt er Vorlesungen
in mehreren Fächern, und zwar

Zeit	Vorlesung	nach heutiger Terminologie
1775/1817	Oryctognosie	Mineralogie
1776/1718	Bergbaukunst	Bergbaukunde
1781/1782	Mineralogische Geographie, speziell Sachsens	Regionale Geologie von Sachsen
1782	Gebirgslehre,	Geologie
1786/1817	Geognosie	Geologie
1789/1817	Eisenhüttenkunde	Eisenhüttenkunde
1799	Versteinerungslehre	Paläontologie
1800	Geschichte des kursächsischen Bergbaus	Bergbaugeschichte
1803	Literaturgeschichte der Mineralogie	Geschichte der Mineralogie

Am 30. 6. 1817 starb WERNER in Dresden. Er wurde feierlich nach Freiberg überführt und
dort im Domkreuzgang beigesetzt.

In WERNERS wissenschaftlichem Werk folgen auf Grund wissenschaftsinterner Logik die
Mineralogie, Petrographie, Geologie und geologische Kartierung aufeinander.

Für die *Mineralogie* schuf er in seinem Buch „Über die äußerlichen Kennzeichen der Fossilien" (= Mineralien) 1774 ein System der „äußerlichen" Diagnosemerkmale Farbe, Kristallform, Glanz, Bruch, Spaltbarkeit, Durchsichtigkeit und Doppelbrechung, Strich, Härte,

Dichte u.a., die er noch in zahlreiche Untergruppen gliederte. Aus der Sicht der heutigen Mineraldiagnose mit chemischer Analyse und Röntgenstrukturanalyse erscheint uns WERNERS Mineralbestimmung „mit äußerlichen Kennzeichen" als recht altertümlich. Doch erstens waren damals die meisten Elemente und chemischen Analyseverfahren noch nicht bekannt, und zweitens war für den Bergmann untertage und für den Mineralogen/Geologen im Gelände die Schnellbestimmung der Minerale mit den äußerlichen Kennzeichen genau die passende Methode. Für die Arbeit im Gelände hat WERNERS Vorgehensweise noch heute Bedeutung. Mit seiner Methode hat WERNER zahlreiche Minerale neu bestimmt und einige überhaupt erst entdeckt.

WERNER stellte auch ein eigenes System der Minerale auf und wählte als Gliederungsprinzip (wie AVICENNA und AGRICOLA und wie noch heute üblich) die chemische Zusammensetzung. Da sich die Analytische Chemie zur selben Zeit stark entwickelte, mußte WERNER sein Mineralsystem laufend den neuesten chemischen Erkenntnissen anpassen. Ein Beispiel dafür sind Uranminerale:

1565 KENTMANN erwähnt „Pechblende".
1778 CHARPENTIER vermutet in der Pechblende ein Zinkmineral.
1786 WERNER beschreibt nach äußerlichen Kennzeichen das Mineral „Torbernit" (heute bekannt als Kupferuranglimmer).
1789 WERNER stuft die Pechblende in das „Eisengeschlecht" seines Mineralsystems ein, vermutete wegen der hohen Dichte aber einen Wolframanteil.
1789 Der Berliner Chemiker MARTIN HEINRICH KLAPROTH entdeckt in der Pechblende von Johanngeorgenstadt das Element Uran (benannt nach dem 1781 entdeckten Planeten Uranus).
1791 WERNER fügt seinem Mineralsystem das „Urangeschlecht" mit den Mineralen Uranpecherz, Uranglimmer und Uranocker ein.

Abb. 24   Titelblatt von A.G. WERNERS petrographischem und geologischem Hauptwerk.

So verbesserte WERNER bis zu seinem Tod sein Mineralsystem, das die Grundlage für die Systeme des 19. Jahrhunderts wurde. Während seiner Zeit erhöhte sich die Zahl der bekannten Minerale von 183 auf 317.

Schüler WERNERS entwickelten die Mineralogie in gültiger Weise weiter: C.S. WEISS und C.F. NAUMANN quantifizierten die Kristallographie durch Einführung von Kristallindizes, C.F.C. MOHS DIE „HÄRTE" der Minerale durch Aufstellung der „Ritzhärte-Skala". L. EMMERLING, H. STEFFENS, C.C. HABERLE und C.F. NAUMANN veröffentlichten Lehrbücher der Mineralogie.

WERNER schuf die *Petrographie* als selbständige Wissenschaft, indem er die Mineralogie auf die Minerale (im heutigen Sinne) beschränkte und die „Gebirgsarten" (Gesteine im heutigen Sinne) als Massen definierte, die aus zahlreichen verschiedenen Mineralkörnern (z.B. beim Granit) oder aus zahlreichen Körnern eines Minerals (z.B. beim Marmor) zusammengesetzt sind. WERNER hat diesen Schritt in seinen Vorlesungen schon vor 1779 getan, denn für dieses Jahr kündigt er zur „Gebirgslehre" eine eigenständige Vorlesung an und JOHANN CARL WILHELM VOIGT , der 1776/79 bei ihm studiert hatte, veröffentlichte 1785 „Drei Briefe über die Gebirgslehre für Anfänger und Unkundige", in denen WERNERS Gesteinssystem dargeboten wird. WERNER selbst gab sein Gesteinssystem mit dem Titel „Kurze Klassifikation und Beschreibung der Gebirgsarten" heraus, und zwar 1786 als Zeitschriftenaufsatz und 1787 in einem nur 28 Seiten langen Buch (Abb. 24). Beide Bücher, das von VOIGT und das von WERNER, können damit als die ersten Lehrbücher der Petrographie (und damit in gewissem Sinne auch der Geologie) gelten.

WERNER beschrieb 1786/87 jeweils Mineralbestand und Gefüge und machte Fundortangaben von folgenden Gesteinen:
• „uranfängliche Gebirgsarten": Granit, Grünstein (später Syenit), Gneis, Glimmerschiefer, Tonschiefer, Porphyrschiefer (später Phonolith), Porphyr, Basalt, Mandelstein, Urkalk, Quarz (heute Quarzit), Topasfels,
• „Flözgebirgsarten": Flözkalk, Sandstein, Steinkohlen, Kreide, Steinsalz, Gips, Eisenton,
• „Vulkanische Gebirgsarten": und zwar erstens „echtvulkanische Gebirgsarten" wie Bimsstein, vulkanische Asche, Tuff und Lava, und zweitens „pseudovulkanische Gebirgsarten" wie lavaähnliche Erdbrandgesteine, die er im nordböhmischen Braunkohlenrevier kennengelernt hatte.
• „Aufgeschwemmte Gebirgsarten": Seifen, Raseneisenstein (beides zeigt den Bergmann WERNER!), Sand, Lehm, Torf.

Die *Dynamische Geologie* behandelte WERNER in seinen Vorlesungen, und zwar fast alle Teilgebiete der exogenen *Dynamischen Geologie* wie das Wasser, den Wasserkreislauf, die erodierenden und sedimentierenden Wirkungen des Wassers auf dem Festland, Spaltenfrost, Karstgeologie, die „zerstörende Wirkung" des Windes „in großen Sandgegenden", die Dünenbildung und anderes mehr. Von der endogenen Dynamischen Geologie finden wir in den Vorlesungen den Vulkanismus (den er aber auf brennende Kohlenflöze in der Tiefe zurückführte und damit unterschätzte) und die Erdbeben. Ferner behandelte er die Lagerungsverhältnisse der Gesteine einschließlich der Diskordanzen und der Verschiedenheit des Ausbisses schräg gestellter Schichten je nach Geländerelief. Tektonische Bewegungen der Erdkruste verneinte er, da er für die Erdgeschichte die Theorie vom Urozean mit sinkendem Wasserspiegel von DE MAILLET, BUFFON und LEHMANN übernommen hatte.

Seine *Stratigraphie (Historische Geologie)* war bestimmt durch eine Kombination seiner zugleich als Altersgliederung aufgefaßten Gesteinssystematik mit der Theorie vom Urozean mit sinkendem Wasserspiegel (Abb. 25). Mit dieser neptunistischen Erdgeschichte folgte er den Schweden J.G. WALLERIUS und T. BERGMAN. Um 1790 fügte WERNER seinen Ge-

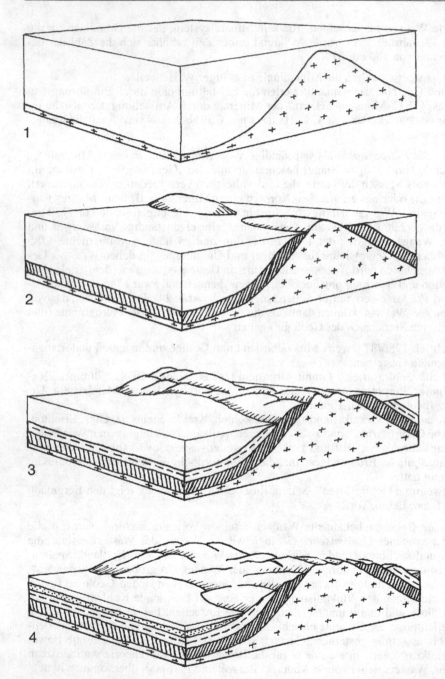

Abb. 25   Schematische genetische Profilreihe zu WERNERS neptunistischer Erdgeschichtstheorie vom Urozean mit sinkendem Wasserspiegel. 1 bis 4 Stadien beim Sinken des Wasserspiegels. 1 bei Sedimentation der Urgesteine, 2 bei der des Übergangsgebirges, 3 bei der der
Flözgebirge, 4 bei der Sedimentation der Aufgeschwemmten Gebirge. Die aus dem Urozean
herausragenden Gesteinsmassen werden jeweils erodiert, zertalt und erniedrigt.

steinsgruppen das Übergangsgebirge ein und bezeichnete damit Gesteine, die unter dem Flözgebirge lagen und sich von diesem durch Beschaffenheit und Lagerung stark unterschieden, im Gegensatz zu den Urgebirgen aber Fossilien enthielten. Solche hatte F.W.H. v. TREBRA 1785 aus Grauwacken und Tonschiefern des Harzes beschrieben. WERNERS petrographisch abgeleitete Schichtfolge lautete nun wie folgt:

WERNER, um 1790	heutige Stratigraphie
Aufgeschwemmtes Gebirge	Quartär
(Kies, Sand, Lehm,	Tertiär
Braunkohle, Torf)	
Flözgebirge	
Basalt	Tertiär
Pläner	Kreide
Quadersandstein	Kreide
Steinkohle	Wealdenkohle
Zweiter Flözkalk	Muschelkalk / Jurakalk
Toneisenstein	Dogger, Lias
Zweiter Flözgips	Röt (Ob. Buntsandstein)
Bunter Sandstein	Buntsandstein
Salzgebirge	Zechstein-Salinar
Erster Flözgips	Zechstein-Gips
Stinkstein	Stinkschiefer / Plattendolomit
Erster Flözkalkstein	Unterer Zechsteinkalk
Kupferschiefer	Kupferschiefer
Rotliegendes	Rotliegendes
Steinkohle	Oberkarbon-Steinkohle
Übergangsgebirge	
(Grauwacken, Trapp = Diabas,	Unterkarbon (Kulm)
Kieselschiefer, Über-	Devon (mit Kalk u. Diabas)
gangskalkstein)	Silur (Kieselschiefer u.a.)
	Ordovizium
	(Kambrium)
Urgebirge	
(Granit, Gneis, Glimmer-	Kristallines Grundgebirge
schiefer, Phyllit, Marmor)	

Da WERNER Granit und Quarzporphyr als Sedimente betrachtete, ihren intrusiven bzw. vulkanischen Charakter also noch nicht erkannt hatte, reihte er sie in das Urgebirge ein, zumal sie oft die höchsten Berge bilden und demgemäß nach seiner Theorie zu den ältesten Gesteinen gehören mußten. Die oft zu beobachtende waagerechte oder flach geneigte Bankung von Granit, Gneis und Quarzporphyr bestärkte ihn in der sedimentären Deutung dieser Gesteine.

WERNER selbst hat seine Vorstellungen zur Dynamischen und Historischen Geologie nie als Lehrbuch veröffentlicht, doch kennen wir sie aus erhalten gebliebenen Vorlesungsnachschriften und aus den Lehrbüchern seiner Schüler R. JAMESON (1808) und J.F. D'AUBUISSON (1819) (Abb. 26), sowie seines Anhängers F.A. REUSS (1801/03). Geologielehrbücher verfaßten auch seine Schüler A.J. BROCHANT DES VILLIERS (1800), C.C. HABERLE (1807), G.H. SCHUBERT (1813), K.F. RICHTER (1818), G.G. PUSCH (1819) und K.A. KÜHN (1833/36). Den Ansichten WERNERS folgen auch die Geologielehrbücher von J. BRUNNER (1803) und L.C. SCHREIBER (1809).

Abb. 26 Neptunistisches Gebirgsprofil im Geologie-Lehrbuch des Franzosen D'AUBUISSON, einem Schüler A.G. WERNERS, von 1819.

Gegenüber den Dokumentationen seiner Vorläufer LEHMANN und FÜCHSEL erhob WERNER für die von ihm aufgestellte Schichtfolge den Anspruch der universellen Gültigkeit und fand diesen Anspruch und damit auch die Theorie vom Urozean mit sinkendem Wasserspiegel durch die damals möglichen Beobachtungen auch bestätigt (Abb. 27). So bildet im Harz der Brockengranit als Urgestein die höchste Erhebung, abwärts folgen Tonschiefer und Grauwacken des Übergangsgebirges auf der Harzhochfläche, die Flözgebirge (Trias, Jura und Kreide) im Harzvorland und die Aufgeschwemmten Gebirge im norddeutschen Flachland, so daß der Nordseespiegel den heutigen Stand des sinkenden Urozeans darstellt. Ähnliches gilt für die Gesteinsverteilung im Thüringer Wald (mit Quarzporphyr als „Urgestein" auf den höchsten Bergen), im Frankenwald und Fichtelgebirge sowie im Erzgebirge und den jeweiligen Vorländern dieser Gebirge. Selbst die Alpen schienen nach den Untersuchungen des Schweizers H.B. DE SAUSSURE um 1790 WERNERS Theorie zu bestätigen, indem man die Kalkalpen und die Grauwackenzone den kristallinen Zentralalpen angelagert fand.

WERNERS *geologische Kartierung* des Kurfürstentums Sachsen erwuchs aus dem 1788 von der Regierung an das Oberbergamt erteilten Auftrag, im Lande Steinkohlenvorkommen aufsuchen zu lassen. WERNER selbst hatte schon 1786 auf die Notwendigkeit hingewiesen, das Land genauer auf Bodenschätze zu untersuchen. Als der Kurfürst 1791 die Leitung einer solchen Aufgabe an WERNER übertrug, erweiterte dieser sie zu einer generellen geologischen Landesuntersuchung. Theoretische Grundlage der Kartierung war die aus dem Neptunismus resultierende Altersfolge der Gesteine, die WERNER eben durch die Kartierung bestätigt sehen wollte. WERNER gab seinen Schülern für die Kartierungsarbeit genaue Instruktionen, schuf für die flächenhafte Darstellung der Gesteinsverbreitung eine Farbskala, die auch für spätere Kartierungen maßgeblich blieb, und legte 107 Untersuchungsgebiete fest. Als WERNER 1817 starb, war diese erste moderne geologische Landesaufnahme noch unvollendet, insbesondere die geplante ausführliche kartographische und textliche Zusammenstellung des Gesamtwerks noch nicht erfolgt. Sein Nachfolger KARL AMANDUS KÜHN führte die Arbeiten zwar fort, doch forderte die weitere Entwicklung der Geologie um 1835

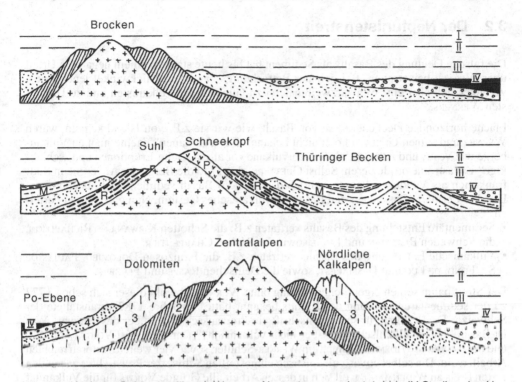

Abb. 27   Konkrete Gebirgsprofile mit WERNERS Neptunismus gedeutet. I bis IV Stadien des Ur-
ozeanspiegels. Kreuze: Granit (nach WERNER Urgebirge), schräg schraffiert: Altpaläozoikum (nach
WERNER Übergangsgebirge), punktiert: Flözgebirge, Kreise: Junge Lockergesteine des Tertiärs
und Quartärs (nach WERNER Aufgeschwemmtes Gebirge), schwarz: Meer.
Oben: Vom Harz zur Nordsee. Punkte: Trias, Jura und Kreide des Subherzyns und Südharzvor-
        landes (WERNERS Flözgebirge).
Mitte: Von Südthüringen über den Thüringer Wald bis Leipzig. P Quarzporphyr, R rotliegende
        Sedimente (WERNERS Flözgebirge), M Muschelkalk, darunter Buntsandstein, darüber
        Keuper (WERNERS Flözgebirge).
Unten: Von der Adria bis ins nördliche Alpenvorland. 2 Grauwackenzone (WERNERS Übergangs-
        gebirge), 3 Kalkalpen (als „Bergkalk" zum „Übergangsgebirge" gehörig), 4 Molasse, mit
        Pechkohlenflözen (WERNERS Flözgebirge).

methodisch und theoretisch einen Neubeginn, den der WERNER-Schüler C.F. NAUMANN und
sein Mitarbeiter B. COTTA unternahmen.

WERNERS Arbeiten zur Dynamischen und Historischen Geologie und die von ihm geleitete
geologische Kartierung waren nach unserem Verständnis *Geologie*. WERNER selbst lehnte
dieses Wort ab und sprach von *Geognosie* (wörtl.: Erderkennung, Erdbeobachtung), weil
1778 der Schweizer DE LUC zwar DAS WORT „GEOLOGIE" geprägt, es aber seiner nur spekula-
tiv-theoretischen Erdgeschichte gegeben hatte. Insofern hat sich WERNER zu Recht von der
„Geologie" DE LUCS distanziert. Daß später doch nicht WERNERS Bezeichnung „Geognosie",
sondern das Wort Geologie üblich geworden ist, beruht zum einen wohl auf dem späteren
Dominieren der Gegner WERNERS über dessen Lehre, zum andern auf der sprachlichen Analogie zu Wörtern wie Biologie und Zoologie.

3.2   Der Neptunistenstreit

Die falsche Deutung des Basalts als Sediment hat bis heute stark zu einem negativen Urteil über WERNER beigetragen. Bei genauer Betrachtung – aus dem Blickwinkel jener Zeit – verbietet sich aber eine Schwarzweißmalerei zu Gunsten der Vulkanisten und zu Ungunsten WERNERS.

Flache horizontale Deckenergüsse von Basalt, wie wir sie z.B. von Island kennen, waren WERNER und seinen Gegnern noch nicht bekannt. Bei „Vulkanen" dachte man an Vulkanberge wie Vesuv und Ätna, die als Schichtvulkane vor allem Asche-Eruptionen und „schlakkige" Lavaströme produzieren. Selbst GUETTARD, der 1756 die Berge der Auvergne in Südfrankreich als Vulkane erkannte, schrieb damals dem Basalt sedimentäre Entstehung zu. Erst 1771 erklärte DESMAREST den Basalt als vulkanisches Gestein. Nun gab es zwei Parteien:

• Sedimentäre Entstehung des Basalts vertraten z.B. die Schotten KIRWAN UND RICHARDSON, die Schweden BERGMAN und LINNÉ sowie der Sachse CHARPENTIER.
• Vulkanische Entstehung des Basalts vertraten z.B. die Franzosen DOLOMIEU, FAUJAS DE ST. FOND, DE LUC und DESMAREST, sowie die Deutschen RASPE und FERBER.

Der Streit nahm seinen eigentlichen Anfang ohne WERNER, obwohl dieser sich schon 1777 zu der sedimentären Deutung des Basalts bekannt hatte. Im Jahre 1787 veranstaltete der Schweizer Dr. HÖPFNER für seine Zeitschrift ein Preisausschreiben über das Thema: „Was ist Basalt? Ist er vulkanisch oder ist er nicht vulkanisch?" Der Vulkanist VOIGT (Abb. 28) und der Neptunist WIDENMANN, auch ein WERNER-Schüler, sowie vier weitere Autoren reichten Arbeiten ein. Die selbst etwas vulkanistisch eingestellten Schweizer Preisrichter gaben den ersten Preis an WIDENMANN, weil sich in dessen Arbeit alle Gründe VOIGTS für die Vulkanität des Basalts „sattsam widerlegt befanden".

Nun gab WERNER am 20. 10. 1788 die „Bekanntmachung einer am Scheibenberger Hügel über die Entstehung des Basalts gemachten Entdeckung" heraus (Abb. 29), der VOIGT am

Abb. 28   JOHANN CARL WILHELM VOIGT.

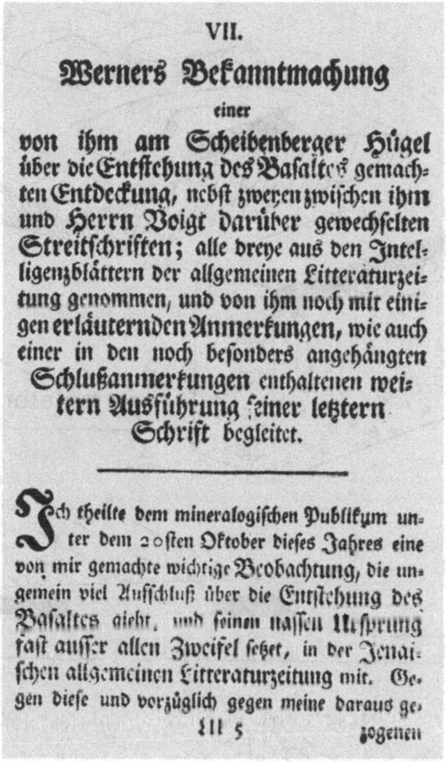

VII.

Werners Bekanntmachung

einer

von ihm am Scheibenberger Hügel über die Entstehung des Basaltes gemachten Entdeckung, nebst zweyen zwischen ihm und Herrn Voigt darüber gewechselten Streitschriften; alle dreye aus den Intelligenzblättern der allgemeinen Litteraturzeitung genommen, und von ihm noch mit einigen erläuternden Anmerkungen, wie auch einer in den noch besonders angehängten Schlußanmerkungen enthaltenen weitern Ausführung seiner letztern Schrift begleitet.

Ich theilte dem mineralogischen Publikum unter dem 20sten Oktober dieses Jahres eine von mir gemachte wichtige Beobachtung, die ungemein viel Aufschluß über die Entstehung des Basaltes giebt, und seinen nassen Ursprung fast ausser allen Zweifel setzet, in der Jenaischen allgemeinen Litteraturzeitung mit. Gegen diese und vorzüglich gegen meine daraus gezogenen

III 5

Abb. 29   Titelseite von WERNERS Veröffentlichung über den Basalt des Scheibenborges, in Köhlers bergmännischem Journal, Freiberg, 1789.

23. 11. 1788 eine „Berichtigung, Über die neue Entdeckung von ... WERNER" folgen ließ. Es folgten weitere scharfe Streitschriften, auch zwischen WIDENMANN und VOIGT. Stellungnahmen für oder gegen die Vulkanität des Basalts oder Kompromißvorschläge kamen noch von A. v. HUMBOLDT, v. GOETHE, REUSS, KARSTEN, v. BORN, RÖSSLER, FAUST, EVERSMANN, BEROLDINGEN und NOSE.

Für eine Wertung des Streits um 1790 muß man die Argumente der Parteien betrachten (Abb. 30). Bei den Vulkanisten gab es drei Deutungen der Basaltberge:

• Jeder Basaltberg ist ein Vulkan, deshalb ist auf ihm nach einem Krater zu suchen. Mit dieser Vorstellung besuchte DE LUC einen Basaltberg bei Unkel am Rhein, und A. v. HUMBOLDT berichtet darüber: „In der festen Überzeugung, daß jeder Basalt ausgespiene Lava sei, lief er den Berg hinan, um den großen Krater zu sehen. Er fand – ein kleines Kotloch, dessen Grundfläche man mit der Hand bedecken konnte".

• Mehrere Basaltberge sind Erosionsreste eines riesigen Vulkans. VOIGT sah in den Basaltbergen also Reste eines Schichtvulkans vom Typ des Vesuv oder Ätna, wenn er 1789 schreibt, er habe sich immer mehr davon überzeugt, „daß die meisten gegenwärtig freistehenden Basaltkuppen ehedem in weichen Lava- und andern Gebirgsmassen eingeschlossen gewesen".

• Alle Basaltberge sind nur die inneren Kerne von Vulkanen, entweder an der Basis der vulkanischen Aufschüttungen oder sogar im Innern der Erdkruste. HAMILTON, ein Vertreter dieser Theorie, betont 1776 das Fehlen deutlicher Basaltsäulen am Ätna und Vesuv, meint, die „Kristallisation" des Basalts (zu den Säulen!) „habe nicht bei ausgebrochenen

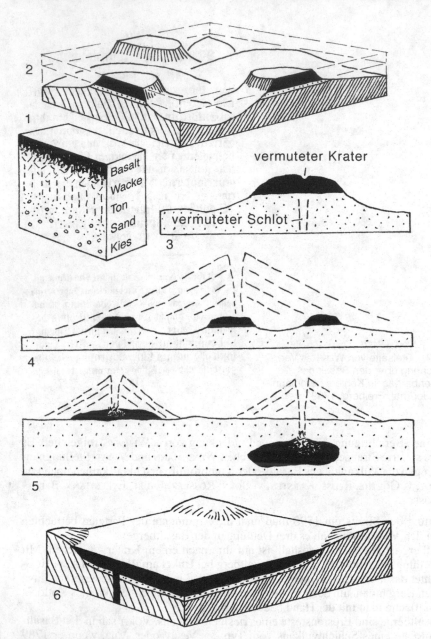

Abb. 30   Die Basaltberge des Erzgebirges im Neptunistenstreit.
1 Die von A.G. WERNER am Scheibenberg beobachtete Gesteinsfolge mit Übergängen, **2** WERNERS Deutung mehrerer Basaltberge als Reste einer flach liegenden Schicht. 3 bis 5 Theorien der Vulkanisten: **3** Kleine Vertiefung auf dem Berg ist der Krater, **4** mehrere Basaltberge sind Reste eines großen Vulkankegels, **5** Basaltberge sind innere Kerne von Vulkanen, links unter den Ascheaufschüttungen, rechts in der Erdkruste. 6 und 1 jetzige Deutungen: **6** Basalt ist als schichtähnlicher Deckenerguß entstanden, **1** die Basaltberge sind Abtragungsreste solcher Deckenergüsse.

Strömen" stattgefunden, sondern „in dem Innern der Berge selbst", derart unter der Oberfläche, „daß wir es erst abwarten müssen, bis die vulkanischen Berge, welche jetzt mit so
vieler Heftigkeit brennen, das Ende ihres Daseins erreicht haben und die unermeßlichen
Gewölbe, die jetzt über ihren Eingeweiden liegen, das von oben drückende Gewicht nicht
länger tragen können, sondern einstürzen müssen und dadurch die Wunder der unterirdischen Welt aufdecken". Auch v. VELTHEIM betrachtete die Basaltsäulen als Gebilde, die
nur im Innern der Vulkane entstehen.

Gegen diese z.T. stark spekulativen vulkanistischen Theorien hatte WERNER zwei Beobachtungen an den Basaltbergen des Erzgebirges für sich:
1. Im Jahre 1788 hatte WERNER mit seinem Schüler WIDENMANN auf einer Exkursion zum
   Scheibenberg in der dortigen Sandgrube einen allmählichen Übergang von Sand (unten)
   über Ton und „Wacke" in Basalt gefunden und schloß daraus: „Dieser Basalt, Wacke,
   Ton und Sand sind alle von einer Formation, sind alle durch nassen Niederschlag aus
   einer und derselben ehemaligen Wasserbedeckung dieser Gegend entstanden ...". Wir
   wissen heute, daß die „Wacke" eine tonige Verwitterungsbildung im untersten Bereich
   des Basalts ist (über echtem sedimentären Ton), doch stand diese Erkenntnis damals
   noch nicht zur Verfügung.
2. WERNER wies auf die Tafelbergform der erzgebirgischen Basaltberge hin und darauf, daß
   man sie ungefähr in eine Ebene einordnen könne, und meinte: „Aller Basalt machte
   ehedem ein einziges, ungeheuer weit verbreitetes mächtiges Lager aus, das von der Zeit
   größtenteils wiederum zerstört worden, und wovon alle Basaltkuppen Überbleibsel sind".
   Diesen Eindruck hat man noch heute beim Blick auf die drei Basaltberge des oberen
   Erzgebirges: Scheibenberg, Pöhlberg und Bärenstein. Wir deuten heute den Basalt dieser Berge als Reste eines völlig flachliegenden Ergusses dünnflüssiger Basaltlava in
   flache weite Täler der tertiären Landschaft (also tatsächlich ohne die Vulkanberge der
   Vulkanisten). Derart flach liegende basaltische Deckenergüsse waren den Geologen damals noch unbekannt.

Gleiche Lagerungsverhältnisse des Basalts gibt es am Hohen Meißner und anderen Basaltbergen bei Kassel, sowie in der Rhön.

So hatten in gewissem Sinne die Neptunisten in der Deutung der Lagerungsform des Basalts, die Vulkanisten in dessen Deutung als vulkanische Substanz recht, wobei letztere
streng genommen endgültig erst mit der Klärung von Mineralbestand und Gefüge erfolgen
konnte, was bei dem dichten Basalt erst mit der Gesteinsmikroskopie möglich wurde. So
wird der Sieg der Neptunisten in dem Streit um 1790 von der Sache her verständlich. Ebenso verständlich ist, was am 19. 9. 1789 GOETHE an seinen Ministerkollegen C.G. VOIGT, den
Bruder des Vulkanisten, schrieb: „Mit Herrn WERNER haben wir einige angenehme Stunden
zugebracht, ich habe nun seine Meinung über die Vulkane gefaßt. Er hat die Materie sehr
durchdacht und mit vielem Scharfsinn zurecht gelegt. Er wird immer mehr Beifall finden
und wir müssen nur sehen, wie wir Ihrem Bruder zu ehrbaren Friedensbedingungen hel-
fen".

Die neptunistische Basaltdeutung wurde endgültig erst von LEOPOLD VON BUCH, auch einem
WERNER-Schüler, überwunden, als er, von WERNER im Beobachten geschult, 1802/1815 die
Auvergne, den Vesuv und die Kanarischen Inseln bereiste. In seiner Geschichte der Geo-
gnosie schreibt F. HOFFMANN darüber 1838: BUCHS Untersuchungen seien „ein glänzendes
Beispiel, wie WERNERS Grundsätze der Beobachtung sich selbst da noch bewähren, wo ihre
Anwendung zu Resultaten führt, die von seinen theoretischen Ansätzen gänzlich abwei-
chen."

3.3 GOETHES geologische Studien

Wie allgemein bekannt, war J.W. v. GOETHE nicht nur Dichter und Minister im Herzogtum Sachsen-Weimar-Eisenach, sondern auch Naturforscher. Er entdeckte beim Menschen den Zwischenkiefer, befaßte sich in der Physik mit der Farbenlehre, in der Biologie mit der „Urpflanze" und in der Meteorologie mit den Wolkenformen. In der Geologie hat GOETHE zwar wenig veröffentlicht, aber seine handschriftlichen Notizen lassen bemerkenswerte Studien erkennen.

Mit der Geologie kam er in Berührung, als Herzog CARL AUGUST und er ab 1776 den 1739 eingegangenen Kupfer- und Silberbergbau von Ilmenau wieder aufnehmen wollten. Um für diesen einen tüchtigen Beamten zu bekommen, schickte GOETHE den jüngeren Bruder seines Kollegen CHRISTIAN GOTTLOB VOIGT, JOHANN CARL WILHELM VOIGT, 1776/79 zum Studium an die Bergakademie Freiberg, wo er einer der ersten Schüler WERNERS war. Da VOIGT danach in Ilmenau noch nicht gebraucht wurde, unternahm er 1779/1783 nach Instruktionen von GOETHE Reisen durch das Herzogtum, weitere Gebiete in Thüringen, die Rhön, das Rheinland, die Eifel und den Harz und veröffentlichte geologische Reisebeschreibungen. GOETHE hielt mit VOIGT bis zu dessen Tod engen Kontakt.

Besondere Bedeutung für GOETHES geologische Studien bekam der Harz, den er dreimal besuchte. Bei der ersten Harzreise im Dezember 1777 befuhr er Gruben, z.B. den Rammelsberg bei Goslar und die Grube Samson bei Andreasberg, um sich für den Ilmenauer Bergbau zu bilden. Bei seiner zweiten Harzreise, im September 1783, besuchte er seinen lebenslangen Freund F.W.H. v. TREBRA, der seit 1779 Bergmeister in Zellerfeld war. Beide besichtigten damals die Rehberger Klippen bei St. Andreasberg und fanden dort die Kon-

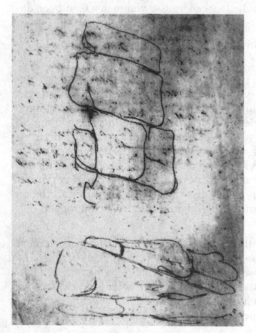

Abb. 31   Granitfelsen mit Klüftung, Königsberg am Brocken (Harz), Handzeichnung GOETHES, vermutlich September 1783. Auch 1784 zeichnete GOETHE im Harz Granitfelsen und -klüftung.

taktfläche zwischen dem Granit und dem Hornfels. Dieser Kontakt ist noch heute oberhalb des GOETHE-Platzes am Rehberger Graben aufgeschlossen. Zur dritten Harzreise von August bis Oktober 1784 nahm GOETHE den Weimarer Maler G.M. KRAUS mit. Neben zahlreichen verschiedenen Beobachtungen zu Geologie und Bergbau des Harzes und Harzvorlandes widmete GOETHE diesmal seine Aufmerksamkeit dem Granit und seiner Klüftung. KRAUS mußte mehrere Granitfelsgruppen zeichnen und GOETHE skizzierte auch Granitfelsen mit ihrer Klüftung (Abb. 31). Für ihn war gemäß den neptunistischen Vorstellungen WERNERS das Urgestein Granit „das Höchste und Tiefste" (vgl. Abb. 25). Zu diesem Gebirgsprofil des Neptunismus lieferte GOETHE gewissermaßen die neptunistische Klufttektonik – wissenschaftsgeschichtlich bemerkenswert, auch wenn GOETHE dies nicht veröffentlicht hat (Abb. 32). Granit und Gesteinsklüftung haben GOETHE auch an anderen Orten und bis ins hohe Alter beschäftigt.

Im Neptunistenstreit 1788/1790 formulierte GOETHE „Vergleichsvorschläge, die Vulkanier und Neptunier über die Entstehung des Basalts zu vereinigen", zumal er sowohl WERNER wie auch VOIGT persönlich nahestand. So schlug er vor, zur Sedimentation des Basalts ein siedendes Meer anzunehmen, in dem Basalt als „heißer ausgebrannter Niederschlag im allgemeinen vulkanischen Meer" zu betrachten sei. Die Materie habe unter den sedimentierten Krusten vulkanisch weitergewirkt und so besonders an den Meeresküsten Vulkane gebildet. Eine so verschwommene Vorstellung konnte nicht diskutiert werden, und GOETHE hat sie auch nicht veröffentlicht.

Auch im Gebiet von Karlsbad, Marienbad und Franzensbad in Nordböhmen trieb GOETHE bei Kuraufenthalten geologische Studien. In LEONHARDS „Taschenbuch der Mineralogie" veröffentlichte er 1807 geologische Beobachtungen in der Umgebung von Karlsbad. Bei Franzensbad interessierte ihn zwischen 1808 und 1822 der kleine Schlacken- und Aschenvulkan Kammerbühl, den er zeichnete, 1809 im „Taschenbuch für die Mineralogie" beschrieb und in dem der Freund GOETHES, Graf KASPAR VON STERNBERG, 1834/37 einen Stollen zum Nachweis eines etwaigen Vulkanschlotes vortreiben ließ.

Schließlich sind Überlegungen GOETHES in die Vorgeschichte des Faziesbegriffes (1817) und die der Eiszeitforschung (1823) einzuordnen.

Noch in seinem vorgerücktem Alter, als Vorstellungen gewaltsamer Hebungen der Erdkruste die Geologie beherrschten, fügte GOETHE der Klassischen Walpurgisnacht im zweiten Teil des Faust einen Dialog ein, der seine Zuneigung zur Annahme einer langsamen, stetigen Entwicklung erkennen läßt:

ANAXAGORAS: Dein starrer Sinn will sich nicht beugen,
(zu THALES)   Bedarf es weiteres, dich zu überzeugen?

THALES: Die Welle beugt sich jedem Winde gern,
               Doch hält sie sich vom schroffen Felsen fern!

ANAXAGORAS: Hast Du, o THALES, je in einer Nacht
               Solch einen Berg aus Schlamm hervorgebracht?

THALES: Nie war Natur und ihr lebendiges Fließen
               Auf Tag und Nacht und Stunden angewiesen.
               Sie bildet regelnd jegliche Gestalt
               Und selbst im Großen ist es nicht Gewalt.

Bis heute erhalten geblieben sind GOETHES Sammlungen zur Mineralogie, Geologie und Paläontologie, eine der wertvollsten Sammlungen der Zeit um 1800 und ein wissenschaftsgeschichtlich wichtiger Bestand im Goethehaus am Frauenplan in Weimar.

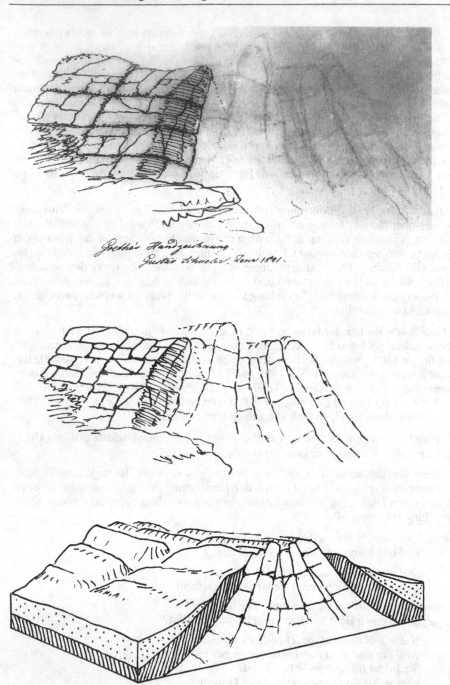

Abb. 32   GOETHES Schema der Granitklüftung in einem neptunistischen Gebirgsprofil.
Oben: Handzeichnung GOETHES, teils Feder, teils Bleistift, vermutlich 1785, Mitte: GOETHES
Bleistiftstriche deutlicher gemacht. Unten: Einordnung der von GOETHE gezeichneten Granitklüftung
(obere Bilder) in ein neptunistisches Gebirgsprofil.

3.4 WERNERS Schüler

Der berühmte englische Geologe CHARLES LYELL schrieb 1833 über WERNER und seine Lehrtätigkeit: „In wenigen Jahren erlangte die vorher in Europa unbekannte Bergakademie (zu
Freiberg) den Ruf einer großen Universität, und Männer, die sich schon in wissenschaftlicher Hinsicht ausgezeichnet hatten, studierten die deutsche Sprache und kamen aus ent-
fernten Gegenden herbei, um das große Orakel der Geologie zu hören".

WERNER hat wenig veröffentlicht, vermittelte aber in den 41 Jahren seiner Lehrtätigkeit
seine Wissenschaft an etwa 600 Studenten. Davon kamen, bezogen auf heutige Länder und
Grenzen, 342 aus Sachsen, 112 aus Preußen, Anhalt und dem Harz (einschließlich Mansfeld), 44 aus Thüringen, 20 aus Bayern, 14 aus Baden-Württemberg, 12 aus Hessen, 9 aus
Rheinland-Pfalz und 9 aus Niedersachsen (Braunschweig und Hannover), d.h. 220 aus
Deutschland außerhalb von Sachsen. Ausländer kamen aus folgenden Gebieten: 12 aus
England und Irland, 4 aus Frankreich, 13 aus der Schweiz, 7 aus Italien, 9 aus Österreich, 6
aus Ungarn, 9 aus Polen, 12 aus Rußland, 7 aus Norwegen und Schweden, 6 aus Dänemark,
12 aus Spanien, 3 aus Portugal und 1 aus Brasilien, d.h. insgesamt 101 Ausländer.

Folgende Studenten WERNERS sind mit ihrem geowissenschaftlichem Wirken bekannt geworden:

Studienjahre in Freiberg	Name	spätere Tätigkeit
1776/79	JOH. CARL WILH. VOIGT	Bergrat in Ilmenau, Vulkanist
1778	FAUSTO D'ELHUYAR	span. Bergbeamter, Mitentdecker des Elements Wolfram
1782/83	DIETR. LUDW. GUST. KARSTEN	Prof. f. Mineralogie, Univ. Berlin
1785	WILLIAM MACLURE	schuf die erste geolog. Karte der USA
1786	JOHN HAWKINS	Paläontologe in England
1786/89	JOH. FRIEDR. WIDENMANN	Neptunist, Stuttgart, Prof. an der Karlsschule
1787	MATHIAS V. FLURL	Begründer der Mineralogie und Geologie in Bayern
1787	HEINRICH STRUVE	Mineraloge, Prof. f. Chemie, Lausanne
1789	JOH. RUD. MEYER	Aarau / Schweiz, erstieg 1811 erstmalig die „Jungfrau"
1788/91	FRANZ V. BAADER	Prof. f. Philosophie München
1790/93	LEOPOLD V. BUCH	nach A. V. HUMBOLDT „der größte Geognost seines Zeitalters"
1790	THOMAS WEAVER	Geologe, England
1790/92	JOH. CARL FREIESLEBEN	sächs. Bergbeamter, Minera-loge, Geologe in Freiberg
1790	JOH. CHRISTOPH ULLMANN	Prof. für Philosophie, Staatswissen-schaften, Bergbau und Mineralogie in Marburg
1791/92	ALEXANDER V. HUMBOLDT	preuß. Oberbergmeister, Forschungs-reisender
1791/93	ERNST FRIEDR. V. SCHLOTHEIM	Gotha, Begründer der Paläobotanik
1792	JENS ESMARK	Prof. f. Mineralogie, Univ. Oslo
1792	G. FISCHER V. WALDHEIM	Prof. f. Mineralogie, Moskau

1792	José Bonifacio d'Amdrada	Prof. f. Geognosie, Coimbra/Portugal
1792/95	E.F. de Camera	portugies. Mineraloge u. Geologe in Brasilien
1793	P. J. Meder	Prof. f. Mineralogie, St. Petersburg
1793	Lippi	Neptunist, Italien
um 1795	André Jean M. Brochant de Villiers	Prof. f. Mineralogie, Paris, école des mines, schuf geol. Karte von Frankreich
1797/99	Georg Phil. Friedr. v. Hardenberg (Novalis)	Dichter, Salinenassessor, untersuchte Braunkohlenvorkommen
1798/1801	Carl Friedr. Christian Mohs	Prof. für Mineralogie, Freiberg, schuf die „Mohssche Härteskala"
1798	George Mitchel	Englischer Geologe
1799/1802	Henrik Steffens	Prof. in Halle, Breslau und Berlin, Naturphilosoph
1799/1802	Carl Glenck	Gotha, Bohrmeister, erbohrte u.a. drei Solevorkommen in Thüringen
1800	Karl Amandus Kühn	Prof. f. Geologie, Bergakad. Freiberg
1800	Heinr. Aug. Rothe	Prof. f. Mathematik, Erlangen
1800	Robert Jameson	Prof. f. Mineralogie, Edinburgh, gründete dort die „Wernerian Society"
um 1800	George Bellas Greenough	Geologe, gründete 1807 die „Geological Society" in London
1800/1801	Jean Fr. d'Aubuisson de Voissins	französischer Geologe und Bergingenieur
1801	Paul Steenstrup	dänischer Geologe
1802/03	Christian Sam. Weiss	Prof. f. Mineralogie, Berlin
1803	Joh. Nepomuk Fuchs	Prof. f. Mineralogie, München
1804	Joh. Ernst Friedr. Germar	Prof. f. Mineralogie, Halle
1804	Karl Georg v. Raumer	Prof. f. Mineralogie, Breslau, ab 1827 Erlangen
1804	Hans v. Charpentier	Gletscherforscher in der Schweiz, Prof. Lausanne
1804/05	Christian Zimmermann	Priv.-Doz. f. Mineralogie, Heidelberg, dann Clausthal
1805	Otto Moritz Ludw. v. Engelhardt	Prof. f. Mineralogie, Dorpat
um 1805	Gotthilf Heinrich Schubert	Prof. in Erlangen und München
1806	Georg Gottlieb Pusch	Geologe, Prof. an der Bergakademie Kielce/Polen
1809/13	Jozef Tomaszewski	Prof. f. Mineralogie u. Geologie, Bergakademie Kielce/Polen 1810
	Giovanni Battista Brocchi	italienischer Geologe
1811/13	August Breithaupt	Prof. f. Mineralogie, Freiberg
1813	Karl Gust. Adalb. v. Weissenbach	sächs. Bergmeister, Erzlager-stättenkundler
1816	Bernhard Studer	Prof. f. Mineral. u. Geol., Bern
1816/20	Carl Friedr. Naumann	Prof. f. Mineral. u. Geol., Leipzig
1816/21	Ferdinand Reich	Prof. f. Physik u. Versteinerungs-lehre, Bergakademie Freiberg

Es kamen also nicht nur Studenten aus den verschiedensten Ländern nach Freiberg, um WERNER zu hören, sondern viele seiner Hörer verbreiteten dann die mineralogischen und geologischen Lehren ihres Meisters an mehreren Universitäten.

3.5 WERNER und HUTTON

Ein Vergleich zwischen ABRAHAM GOTTLOB WERNER und JAMES HUTTON ergibt:
JAMES HUTTON hatte Medizin studiert, bewirtschaftete bis 1768 ein ererbtes Landgut und beschäftigte sich danach, als Privatgelehrter in Edinburgh lebend, mit Chemie und Geologie. Er erkannte durch Beobachtungen auf Reisen in Schottland die Gesteinsbildung durch Schmelzen in der Erdkruste ("subterraneous volcanism"), die Umwandlung von Gesteinen durch Hitze und Druck in der Erdkruste, das Aufsteigen von Schmelzen aus der Tiefe und das Aufschmelzen von Sedimenten in der Tiefe und damit den Kreislauf des Erdkrustenmaterials in der exogenen und endogenen Dynamik geologischer Vorgänge. Da alles zu beobachtende Material aus einem solchen Kreislauf stammt, sah HUTTON in der Erdgeschichte kein Zeichen des Anfangs und keines des Endes, also keine gerichtete Entwicklung der Erde. HUTTONS zugehörige physikalische Überlegungen waren teilweise recht unbestimmt oder, wo sie bestimmter waren, hielten sie der Kritik nicht stand. Sein Freund JAMES HALL versuchte 1798 die Theorie durch Schmelzversuche zu untermauern.

Nachdem HUTTON seine Vorstellungen 1785 der Edinburgher Royal Society vorgetragen hatte, wurde er zur Veröffentlichung seiner „Theorie der Erde" gedrängt, die 1788 erstmals und in verbesserter Form 1795, zwei Jahre vor seinem Tode, erschien. Sein Freund, Prof. JOHN PLAYFAIR, gab 1802 HUTTONS Theorie in allgemeinverständlicher Form heraus. In Deutschland hatte der Göttinger Professor BLUMENBACH HUTTONS Theorie schon 1790 durch eine Veröffentlichung bekannt gemacht. HUTTON selbst ist weder lehrend noch als kartierender Geologe tätig geworden.

ABRAHAM GOTTLOB WERNER hat zwar keinerlei Vorstellungen von Gesteinsschmelzen im Untergrund, von ihrer geologischen Wirksamkeit und von den Kreisläufen des Erdkrustenmaterials in der endogenen und exogenen Dynamik der geologischen Vorgänge gehabt, aber er hat
* die Petrographie gegenüber der Mineralogie verselbständigt,
* mit seiner Altersfolge der Gesteine eine Formationsreihe geschaffen, die im 19. Jahrhundert zu der noch heute gültigen Schichtgliederung der Erdgeschichte weiterentwickelt und spezifiziert werden konnte,
* erstmals versucht, eine Theorie der Erdgeschichte (wenn auch mit dem Neptunismus eine falsche) durch systematische geologische Beobachtungen im Gelände zu verifizieren und dabei
* erstmals eine detaillierte geologische Kartierung und Landesuntersuchung durchgeführt, schließlich
* erstmals eine Vorlesung speziell über Geologie gehalten und dabei
* mehrere hundert Studenten speziell in Geologie ausgebildet.

ABRAHAM GOTTLOB WERNER kann deshalb trotz seiner falschen Vorstellungen über die Natur des Basalts und die neptunistische Erdgeschichte als Mitbegründer der Wissenschaft Geologie überhaupt und als Begründer der Geologie in Deutschland gelten.

4   Die Geologie als klassische Naturwissenschaft des 19. Jahrhunderts in Deutschland

WERNERS Methodik der Mineralbestimmung (auch der in den Gesteinen erkennbaren Minerale), seine Kartierungsmethodik und seine universal gültig gedachte petrographische Formationsreihe der Erdgeschichte haben über seine zahlreichen Schüler, aber auch über seine Gegner so ausgestrahlt, daß das Lehrgebäude der jungen Wissenschaft Geologie im 19. Jahrhundert auch in Deutschland mit zahlreich erforschten Details angereichert und damit verändert wurde.

So sehr die Detailforschung in der Geologie auch lokal bestimmt ist, so sehr wirkten Forschungsprinzipien, Methoden und Theorien international, d.h. ausländische auch in Deutschland befruchtend und umgekehrt.

So entstand bis zum Ende des 19. Jahrhunderts ein in sich geschlossenes Lehrgebäude der Geologie, so daß es schien, man könne um 1900 – ähnlich wie bei der klassischen Physik oder Chemie – in das Gesamtsystem dieser klassischen Geologie mühelos weitere Details einfügen, ohne daß das System sich wesentlich verändern würde.

Die Formierung der Wissenschaften Mineralogie und Geologie durch A.G. WERNER führte im frühen 19. Jahrhundert an vielen Universitäten zur Schaffung von Lehrstühlen für die geologischen Wissenschaften. Die Professoren forschten vor allem im Umfeld ihrer Universitätsstädte und förderten damit in besonderem Maße die regionale Detailforschung.

4.1   Professoren, Institute, Gesellschaften, Zeitschriften

Nachdem A.G. WERNER 1786/1817 an der Bergakademie Freiberg die Mineralogie reformiert und die Geognosie/Geologie als Wissenschaft geprägt hatte, beide Wissenschaften dadurch und durch ihren praktischen Nutzen sehr populär geworden waren und mit Mineraldiagnose und -systematik, Stratigraphie, Petrographie und geologischer Kartierung eine eigene Forschungsmethodik entwickelt hatten, erforderte das Prinzip der universitas literarum nun auch Lehrstühle dieser Wissenschaften an den Universitäten.

Die mittelalterliche Universitätsstruktur mit den Fakultäten Theologie, Jura, Medizin und Philosophie hatte bis in das 19. Jahrhundert Bestand. Lehrstühle für Physik, Chemie und Biologie waren vor 1800 oft in den medizinischen Fakultäten entstanden, die diese „Hilfswissenschaften" benötigten. Ebenfalls dort, insbesondere bei den Chemikern, kam die Mineralogie im 18. Jahrhundert in die Reihe der an Universitäten gepflegten Wissenschaften. An den philosophischen Fakultäten waren der Geisteshaltung der Aufklärung gemäß manchenorts Lehrstühle für „Naturgeschichte" eingerichtet worden. Die Gliederung dieses Faches in „Tierreich", „Pflanzenreich" und „Steinreich" förderte ebenfalls die Emanzipation von Mineralogie, Geologie und Paläontologie. Aus den medizinischen Fakultäten oder aus der „Naturgeschichte" kommend entwickelten sich im 19. Jahrhundert Lehrstühle für Mineralogie und Geologie an den philosophischen Fakultäten. Bis ins 20. Jahrhundert hinein erwarb man mit einer mineralogischen oder geologischen Dissertation den „Dr. phil."

Auch an den technischen Bildungsanstalten wurden schon im 19. Jahrhundert Lehrstühle für Mineralogie und Geologie geschaffen. Sie dienten der naturwissenschaftlichen Allgemeinbildung der Ingenieure und vermittelten den Bauingenieuren Kenntnisse von Baustoffen und Baugrund. Daß die Bergakademien noch vor den Universitäten differenzierte Lehrstühle für Mineralogie und Geologie hatten, ist in der Bedeutung dieser Fächer für den Bergbau begründet. Die Biographien einzelner Forscher und ihre persönlichen Spezialgebiete beeinflußten natürlich auch die Entwicklung der Wissenschaften an den Universitäten. Im folgenden werden in alphabetischer Reihenfolge der Hochschulen – soweit erkundbar – die im 19. Jahrhundert für geologische Wissenschaften berufenen Professoren mit ihren Dienstjahren und Berufungsgebieten aufgeführt, ferner Daten aus der Vorgeschichte der Lehrstühle sowie die Jahre der Institutsgründungen, die oft genug die Verselbständigung und die Differenzierung der geologischen Wissenschaften zeigen:

Aachen: 1870 Polytechnische Schule, 1920 Rheinisch-Westfälische Technische Hochschule; 1870/84 H. Laspeyres Lehrer Min. Geol., 1884/98 A. Arzruni Min. u. Geol., 1894/1907 E. Holzapfel Geol. u. Paläont., 1894/1934 A. Dannenberg Geol. u. Paläont., 1898/1923 F. Klockmann Min. u. Lagerstättenkunde.

Berlin: 1770 Bergakademie, 1810 Universität; 1770/77 Oberbergrat C. A. Gerhard Min., 1789/1810 D.L. Karsten Min., 1810/56 C.S. Weiss Min. u. Geol., 1826/73 G. Rose Min., ab 1823 Petrogr., 1832/45 H. Steffens Naturphil., 1833/36 F. Hoffmann Min. u. Geol., 1834/41 H. v. Dechen Geol., 1837 F.A. quenstedt Min., Geol. u. Paläontol., 1846/96 E. Beyrich Min., ab 1841 Geol. u. Paläontol., 1869/92 J. Roth Geol. u. Petrogr., 1874/86 M Werysky Min. u. Petrogr., 1878/91 W. Dames Geol. u. Paläontol., 1882/87 W. Branca Paläontol. u. Geol., 1887/1907 K. Klein Min. u. Petrogr., 1888 Museum f. Naturkunde, dabei Trennung: Institut f. Min. u. Petrogr., Institut f. Geol. u. Paläontol.

Bonn: 1786/94 u. ab 1818 Universität; 1789/94 A.W. Arndts Min., 1818/72 J.J. Noeggerath Min. u. Bergwerkswissenschaften, 1818/48 G.A. Goldfuss Zool. u. Min., 1819/63 G. Bischof Chem. (Lehrbuch „Chemische Geologie"), 1848/55 Ferd. Roemer Pr.-Doz. Min., 1863/88 G. vom Rath Min., 1863/64 H. Vogelgesang Pr.-Doz. Petrogr., 1867/79 F. Mohr Pharmazie, (geolog. Veröff.), 1873/1906 C.A. Schlüter Geol. u. Paläontol., 1880/86 A. v. Lasaulx Min. u. Geol., 1886/1906 H. Laspeyres Min. u. Geol. u. Dir. Min.-Geol. Institut.

Braunschweig: 1745 Collegium Carolinum, 1864 Polytechn. Schule, 1878 Techn. Hochschule, 1968 Techn. Universität; 1746/50 J.M. Witt liest in Vorlesung Materia medica auch über Min., 1745/65 J.L. Oeder (Math.) liest Naturgesch., darin Min., 1740/71 Bergamtsass. H.M. Kaulitz liest u.a. Min., 1766/1802 E.A.W. Zimmermann liest Naturgesch. (Zool. Bot. Min.), 1771/73 L. v. Crell liest Chem. u. Min., 1789/1818 A.W. Knoch Naturgesch. u. Min., 1822/52 G.P. Sillem Min. u.a., 1836/70 J.H. Blasius Zool. Bot. Geol. Min., 1872/86 J. Ottmer Min. u. Geol., 1886/1901 J.H. Kloos Min., Geol.

Breslau: 1811 Universität: um 1815/19 Bergrat C.J.B. Karsten liest Min., 1811/19 K.G. v. Raumer Min., 1819/32 H. Steffens Phys. u. philos. Naturkunde, 1832/54 E. F. Glocker Min., 1855/91 Ferd. Roemer Min. u. Geol. u. Dir. Min. Inst., 1875/80 A. v. Lasaulx Min., 1880/83 TH. Liebisch Min., 1891/1916 C. Hintze Min., 1893/1917 F. Frech Geol. u. Paläontol.

Clausthal-Zellerfeld: 1775 Bergschule, 1864 Bergakademie; 1775/1806 C.H.G. Rettberg Min., 1780/1810 J.C. Ilsemann Min., 1807/30 C.F. Bauersachs Min. u. Petrogr., 1811/46

C. Zimmermann Min. u. Geol., 1846/66 Fr.A. Roemer Min. u. Geol., 1853/67 J.A. Streng chem. Min., 1866/87 A. v. Groddeck Bergbaukunde, Min., Geol. u. Paläontol., 1887/99 F. Klockmann Min. u. Geol., 1899/1909 A. Bergeat Min. u. Geol.

Darmstadt: 1868 Polytechn. Schule, 1877 Techn. Hochschule; 1876/1915 R. Lepsius Geol. u. Min.

Dresden: 1828 Techn. Bildungsanstalt, 1851 Polytechn. Schule, 1890 Techn. Hochschule; 1828/38 H. Ficinus techn. Min., 1838/94 H.B. Geinitz Min. u. Geol., 1894/1920 E. Kalkowski Min. u. Geol.

Erlangen: 1743 Universität; 1743/63 C.C. Schmidel Bot., Chem. u. Min., 1743 J.F. Weismann, Prof. f. Naturgeschichte, liest Chemie der Metalle u. Minerale, 1749 H.F. Delius, Prof. f. Naturgesch., liest Naturgesch. u. Min., 1782/1810 E.J.C. Esper, Prof. f. Naturgesch., liest auch Min. u. Paläontol., 1786/99 G.F. Hildebrandt, Prof. f. Med. bzw. Phys. u. Chem., liest 1796 Naturgesch. mit Geol., 1810/18 G.A. Goldfuss, Prof. f. Naturgesch., liest Naturgesch., Geol., Paläontol. u. Min., 1819/27 G.H. Schubert Naturgesch., 1827/59 K.G. v. Raumer Naturkunde, Min. u. Geol. (erster min. Lehrstuhl), 1863/86 F. Pfaff Min. u. Geol., liest auch Paläontol., 1886/95 K. Oebbeke Min. u. Geol., 1895/1933 H. Lenk Min. u. Geol.

Freiberg: 1765 Bergakademie; 1775/1817 A.G. Werner Lehrer f. Min. u. Bergbaukunde, 1782 Werner hält die erste geol. Vorlesung überhaupt (ab 1786 regelmäßig), 1799 Werner hält erste paläontol. Vorlesung, 1818/25 C.F.C. Mohs Min., 1817/34 K.A. Kühn Geol., 1826/ 42 C.F. Naumann Kristallogr., 1826/66 A. Breithaupt Min., 1834/42 C.F. Naumann Geol., 1842/74 B. v. Cotta Geol. u. Paläontol., 1866/1900 A. Weisbach Min., 1874/95 A.W. Stelzner Geol., Erzlagerstättenlehre u. Paläontol., 1895/1919 R. Beck Geol., Lagerstättenlehre u. Paläontol.

Freiburg/Br.: 1457 Universität; 1775 J. Wülbertz (Prof. d. Med.) kauft min.-paläontol. Sammlung, 1812/21 F. v. Ittner Prof. f. Naturgeschichte, 1822/25 F. Walchner Pr.-Doz. f. Chem. u. Min., hält erste Geol.-Vorlesungen, 1835/55 K. Frommerz Min., legte ab 1832 geol. Sammlung an, 1887 aus der philos. Fak. zweigt sich Fak. f. Math. u. Naturwiss. ab; 1886/1906 G. Steinmann Geol. u. Paläontol., um 1900 Geol.-Paläontol. Inst.

Gießen: 1607 Universität; 1765/88 Dr. med. J.W. Baumer Min., 1766/96 Dr. med. F.A. Cartheuser Phys., Min. u.a., 1791/93 L. Emmerling (Werner-Schüler) Bergwerkswiss. (1793 Lehrbuch d. Min.), 1818/25 W.L. Zimmermann Chem. u. Min., 1821/35 Dr. med. F.C. Wernekink Med. u. Min., 1834/65 A. v. Klipstein Min. u. Geol., 1846/56 K.J. Ettling Min., 1856/66 A. Knop, Geol., 1867/95 A. Streng Min. u. Geol., 1895/1904 R. Brauns Min.

Göttingen: 1737 Universität; 1766/1811 J. Beckmann u. J.F. Gmelin lesen Min. im Rahmen der Naturgesch., Chem. oder Technologie, 1776/... J.F. Blumenbach (Prof. d. Med.) Inspektor der Naturaliensammlung u. paläontol. Veröff., 1811/59 J.F.L. Hausmann Min. u. Technologie, 1847/76 W. Sartorius von Waltershausen Min. u. Geol., 1863/80 K.A.L. v. Seebach Geol. u. Paläontol, 1877/... C. Klein Min. u. Petrogr., Dir. des Min.-Petrogr. Inst., 1881/1913 A. v. Koenen Geol. u. Paläontol., 1887/1908 TH. Liebisch Min.

Greifswald: 1456 Universität; 1775 bei med. Fak: CH.G. Weigel Chem. u. Pharmazie einschl. Min., 1826 F.C. Hünefeld Chem. u. Min., 1828/82 F.L. Hünefeld Min., 1860 Min. Inst., 1882/84 TH. Liebisch Min., 1883/92 M. Scholz Geol., 1884/1905 E. Cohen Min., 1886/1906 W. Deecke Geol. u. Paläontol.

Halle/Saale: 1694 Universität; 1724 erste „paläontol." Diss., um 1730 geol Diss.-Themen, 1769/... J.F.G. Goldhagen Prof. f. Naturgesch., 1780/98 J.R. Forster Prof. f. Philos., Naturgesch. u. Min., 1805/11 H. Steffens Min., las auch Philos. u. Geol., begründete min.-

geol. Sammlung, 1819/23 K.G. v. RAUMER Min., 1823/53 E.F. GERMAR Min. u. Geol., 1824/ 32 F. HOFFMANN Geol., 1837/60 C.H.C. BURMEISTER Zool. (geol. Veröff.), 1854/78 C.A.H. GIRARD Min. u. Geol., Dir. d. Min. Mus., 1858/81 C.G.A. GIEBEL Zool. u. Dir. d. Geol. Mus., 1873/1906 K. v. FRITSCH Geol., 1884/1911 O. LUEDECKE Min.

Hannover: 1831 Höh. Gewerbeschule, 1879 Techn. Hochschule; 1831/53 F. HEEREN Min., 1845/73 CHR. K. HUNÄUS (Math.) liest Geol. u. Petrogr., 1853/73 H.A.W. GUTHE Min., 1873/ 94 J.F.T. ULRICH Geol. u. Min., 1878 Min.-Geol. Inst., 1894/1908 F. RINNE Min. u. Geol.

Heidelberg: 1386 Universität: 1818/... C.C. v. LEONHARD Min. u. Geol., 1828/62 H.G. BRONN Zool. u. Gewerbewissenschaften (Paläontologe!), 1858/78 G. LEONHARD Min. u. Geol., 18../ 86 C.W.C. FUCHS Geol., 1878/1908 H. ROSENBUSCH Min. u. Petrogr., 18../94 A. ANDREAE Geol. u. Paläontol., 1893/... V. GOLDSCHMIDT Min. u. Kristallogr.

Jena: 1548/58 Universität; 1779 J.G. LENZ Inspektor der herzogl. Min.-Sammlung, 1782 LENZ liest Min., 1794/1832 LENZ Min., 1812/19 Dr. med. L. OKEN Naturgeschichte, 1849/55 K.G. SCHUELER Min. u. Technologie, 1855/85 E.E. SCHMID Naturgesch., Min. u. Geol. (auch kartierender Geologe, genannt „Stein-SCHMID"), 1885/86 G. STEINMANN Geol., 1885/96 E. KALKOWSKI Min. u. Geol., 1890/1906 J. WALTHER Geol. u. Paläontol., 1894/1930 G. LINCK Min. u. Geol.

Karlsruhe: 1825 Polytechn. Institut, 1885 Techn. Hochschule; 1825/54 F.A. WALCHNER Min. u. Geol., 1854/63 F. SANDBERGER Geol., 1863/65 K. ZITTEL Geol., 1866/93 A. KNOP Geol., 1893/95 R.A. BRAUNS Geol. u. Min., 1895/1905 K. FUTTERER Min. u. Geol.

Kiel: 1665 Universität; 18../.. G. KARSTEN Phys. u. Min., 1868/70 F. ZIRKEL Min. u. Geol., 1872/86 H. LASPEYRES Min. u. Geol., 1886/1903 J. LEHMANN Min. u. Geol.

Königsberg: 1544 Universität; 1829/95 F.E. Neumann Min. u. Geol., 1875/84 M. BAUER Min. u. Geol., 1884/87 TH. LIEBISCH Min., 18../91 W. BRANCA Geol. u. Min., 1889/99 A. JENTZSCH Geol., 1891/95 E. KOKEN Min. u. Geol.

Leipzig: 1409 Universität; 17.../... J.C. GEHLER Botan., liest auch Min., 1842/70 C.F. NAUMANN Min. u. Geol, 1868 HERMANN CREDNER hält erste paläont. Vorlesung, 1870/1912 HERMANN CREDNER Geol. u. Paläontol., 1870/1909 F. ZIRKEL Min. u. Geol., 1870 F. ZIRKEL hält erste petrogr. Vorlesung, 1895 Paläontol. Inst., 1909 Geol.-Paläontol. Inst.

Marburg: 1527 Universität; 1774/95 J.G. WALDIN Phil. u. Math., Vorles. Naturgesch., 1788/ 1800 C. MOENCH Bot. u. Naturgesch., 1795/1821 J.C. ULLMANN Philos. u. Finanzwiss., Vorles. Min. (WERNER-Schüler), 1821/72 J.F.C. HESSEL Min. u. Bergbaukunde, 1849/54 C.A.H. GIRARD Min. u. Geol., 1854/85 R.W. DUNKER Min. u. Geol., 1873/81 A. v. KOENEN Min., 1881/84 F. KLOCKE Min., 1881 Min. u. Geol. Institute getrennt, 1884/1915 M. BAUER Min., 1885/1917 E. KAYSER Geol. u. Paläontol.

München: 1826 Universität, zuvor in Landshut; 1807/... J.N. FUCHS Chem. u. Min., 1823 FUCHS Konservator der min. Staatssammlung München, 1826/... F. v. KOBELL Min., 1827/ 53 G.H. SCHUBERT Prof. f. Naturgeschichte, 1843/61 J.A. WAGNER Zool. u. Paläontol., 1839/ 40 J.A. WAGNER liest Geol. u. Paläontol., 1843/85 K.E. SCHAFHÄUTL Geol., Bergbau u. Hüttenkunde, 1843 paläontol. Sammlung aus zool. Sammlung ausgegliedert, 1844 Graf MÜNSTERS paläont. Sammlung angekauft, 1862/65 A. OPPEL Paläontol., 1863/98 C.W. v. GÜMBEL Geol., 1866/1904 K.A. v. ZITTEL Geol. u. Paläontol., 1883/1924 P. v. GROTH, Min., 1894/ 1918 A. ROTHPLETZ Geol. u. Paläontol., 18..../... E. WEINSCHENK Petrogr.

Münster: 1780/1818 Universität, neu gegr. 1902; 1797/1822 Prof. Dr. med. F. WERNEKINK Naturgesch., 1807 erste Vorles. Min., 1806 ROLING Naturgesch., Vorles. Astronomie, Meteorologie, Geol., 1829/47 F.C. BECKS Geol. u. Paläontol., 1847/62 Dr. med. A. KARSCH

Naturwiss., auch Min. u. Geol., 1862/96 A. Hosius Min. u. Geol., 1886/1906 O. Mügge Min. u. Geol., 1896/1928 K. Busz Min.

Rostock: 1419 Universität; um 1790 A.CH. Siemssen, Pr.-Doz., arbeitet zur Geol. Mecklenburgs, 1831 H. Karsten Math. u. Phys., hält um 1845 erste min. Vorlesung, später Prof. f. Min., Geol. u. Paläontol., 1878/1925 F.E. Geinitz Min. u. Geol., 1881 Min.-Geol. Inst., Dir. F.E. Geinitz.

Straßburg/Elsaß: 1621 Universität, 1872 neu gegründet (1871/1918 u. 1940/44 deutsch); 1872/83 P. Groth Min., 1872/1917 E.W. Benecke Geol. u. Paläontol., 1873/78 H. Rosenbusch Min. u. Petrogr., 1878/85 E.W. Cohen Min. u. Petrogr., 1880/85 G. Steinmann Pr.-Doz. Geol., 1892/1908 A. Tornquist Geol. u. Paläont.

Stuttgart: 1829 Gewerbeschule, 1840 Polytechnikum, 1890 Techn. Hochschule; 1833/70 J.G. Kurr Min. u. Geol., 1870/1900 H. Eck Min. u. Geol.; 1891/1907 K. Endriss techn. u. region. Geol.

Tübingen: 1477 Universität; 1722 J.C. Creiling, Prof. f. Math. u. Phys., liest an med. Fak. über das „Steinreich", 1750/1802 verschied. Prof. lesen „Naturgeschichte", (nicht 1755/58), 1806/30 F.G. Gmelin, Prof. d. Med., liest Min. u. Geol., 1830/35 C.G. Gmelin liest Min., 1830/34 G. Schübler, Prof. f. Botan. u. Naturkunde an med. Fak., liest Geol., 1837/89 F. A. Quenstedt Min. u. Geol., 1863 naturwiss. Fak., 1890/95. W. Branco Geol., Paläontol. u. Min., 1895/1912 E. Koken Geol.

Würzburg: 1582 Universität; 1785 M.A. Schwab hält erste min. Vorlesung, 1829 L. Rumpf, Prof.. f. Min. u. Pharmazie, hält erste geol. Vorlesung, 1863/96 F. Sandberger Min., 1864 F. Sandberger hält erste geol. Vorlesung.

Viele der hier genannten Professoren haben für die Entwicklung der Geologie solche Verdienste erworben, daß sie auch in den folgenden, die Erkenntnisfortschritte behandelnden Abschnitten zu nennen sind.

Der wissenschaftlichen Kommunikation dienten in Europa vom 16. Jahrhundert an auch Akademien und wissenschaftliche Gesellschaften, die sich der Gesamtheit der Wissenschaften, damit auch den geologischen Wissenschaften, widmeten. So wurden gegründet:

1520	die Academia in Padua;
1560	die Academia secretorum naturae, Neapel;
1652	die Academia naturae curiosorum in Deutschland, die 1677/78 von Kaiser Leopold ihre Statuten bestätigt bekam und (seit 1878 in Halle) als „Leopoldina" noch heute besteht;
1645/62	die Royal Society, London;
1666	die Académie des Sciences, Paris;
1700	die Brandenburgische Societät der Wissenschaften, Berlin;
1750	die Societät der Wissenschaften, Göttingen;
1759	die Bayrische Akademie der Wissenschaften, München. (In ihrer Zeitschrift erschienen 1759/60 die ersten paläontologischen Beiträge, ihre paläontologische Sammlung wurde 1829 erstmals beschrieben.)
1846	die Sächsische Akademie der Wissenschaften mit C.F. Naumann und F. Reich als Gründungsmitgliedern.

Ebenfalls wissenschaftsintegrierend waren die von Lorenz Oken, Jena, 1822, ins Leben gerufenen „Versammlungen deutscher Naturforscher und Ärzte", die jeweils in verschiedenen deutschen oder deutschsprachigen Städten stattfanden. Tagungsorte waren z.B. 1822 Leipzig als erster, dann 1823 Halle, 1824 Würzburg, 1825 Frankfurt/M., 1826 Dresden, 1836 Jena (Vortrag: Cotta über Schürfe an der Lausitzer Überschiebung), 1837 Prag, 1839

Freiburg/Br. (v. Buch verkündet auf dieser Versammlung die Gliederung des Jura in schwarzen, braunen und weißen Jura), 1842 Mainz, 1843 Graz, 1851 Gotha (Geologische Vorträge von Zerenner, Strombeck, Beyrich, Heinrich Credner, Schauroth, Zinkeisen, Carnall, Reinh. Richter u. Cotta), 1877 München, 1882 Eisenach, 1888 Köln und 1908 Köln.

Ab 1878 fanden im Abstand von etwa vier Jahren die Internationalen Geologen-Kongresse statt, der erste in Paris, der dritte 1885 in Berlin.

Um 1800 entstanden in verschiedenen Ländern auch spezifisch geowissenschaftliche Gesellschaften, so

1796   in Jena die „Societät für die gesamte Mineralogie", gegr. von J.G. Lenz, mit Goethe als Präsident. Sie gab 1802/1825 Schriften heraus, hatte um 1810 etwa 1800 Mitglieder und bestand bis um 1850;

1807   in London die Geological Society, gegr. vom Werner-Schüler G.B. Greenough;

1808   in Edinburgh die „Wernerian Natural History Society", gegr. vom Werner-Schüler R. Jameson, bestehend bis um 1850;

1816   in Dresden die Gesellschaft für Mineralogie, angeregt durch A.G. Werner, tätig bis 1826;

1830   die Société géologique de France;

1848   die Deutsche Geologische Gesellschaft in Berlin mit den Gründungsmitgliedern Beyrich, Breithaupt, v. Buch, Carnall, Cotta, Ehrenberg, Girard, v. Humboldt, G. Rose, Schueler und C.S. Weiss u.a. Der erste Vorsitzende war L. v. Buch, Carnall und H. Karsten seine Stellvertreter.

1888   die Geological Society of America.

Auch regionale Gesellschaften widmeten sich entweder den Naturwissenschaften insgesamt, also auch den Geowissenschaften, oder speziell diesen. Genannt seien die Naturforschende Gesellschaft des Osterlandes, Altenburg/Thür. (gegr. 1817, mit H.B. Geinitz u. J. Zinkeisen), die Dresdener „Isis, Verein zur Beförderung der Naturkunde" (gegr. 1833, mit H.B. Geinitz), der Bonner „Naturhistorische Verein der Rheinlande" (gegr. 1843 von H. v. Dechen), der „Verein für vaterländische Naturkunde in Württemberg", Stuttgart (gegr. 1844) und der „Oberrheinische Geologische Verein" (gegr. 1871, seit 1882 mit eigener Zeitschrift). Viele der Gesellschaften und Vereine haben eigene Zeitschriften herausgegeben, die allerdings unterschiedlich lange erschienen sind. Die „Zeitschrift der Deutschen Geologischen Gesellschaft" (1. Band 1849) ist noch heute ein führendes Fachorgan der Geologie.

Am Beginn geowissenschaftlicher Fachzeitschriften standen allerdings solche von Einzelpersonen als Herausgebern. Als Kriterium einer Zeitschrift ist dabei die Frage zu beachten, ob der Herausgeber andere Autoren zur Einreichung von Manuskripten auffordert und er auch solche erhält. Anfangs erschienen Arbeiten zur Mineralogie, Geologie und Paläontologie in Zeitschriften für die gesamten Natur- oder Montanwissenschaften, ehe – eben durch Einzelpersonen – spezifisch geowissenschaftliche Fachzeitschriften herausgegeben wurden. Beispiele für die Entwicklung sind:

1774/1804   *Der Naturforscher* (Hg. J.E.I. Walch), mit geologischen Beiträgen von Walch, J.F. Gmelin, J.S. Schröter, J.C. Meineke (also ohne Beiträge damals führender Geologen;

1785/1799   *Magazin der Bergbaukunde* (Hg. J.F. Lempe), mit geologischen Beiträgen von Lempe, D.L.G. Karsten, J.H. Weiss;

1788/1816   *Bergmännisches Journal* (Hg. A.W. Köhler u. C.A.S. Hoffmann, ab 1795 *Neues bergmännisches Journal),* mit geologischen Beiträgen u.a. von A.G. Werner, J.C.W. Voigt, J.C. Freiesleben;

1789/1791   *Mineralogische und bergmännische Abhandlungen* (Hg. J.C.W. Voigt) mit geologischen Beiträgen einiger anonymer Autoren. (Voigt wollte „auch andere Arbeiten mineralogischen Inhalts hier mit einflechten, wobei (er sich) ein Vergnügen daraus machen werde, Beiträge von bewährten Gebirgs- und Steinkundigen hier aufzunehmen");

1801   (vier Teile) *Magazin für die gesamte Mineralogie, Geognosie und mineralogische Erdbeschreibung* („verfaßt von einer Gesellschaft von Gelehrten", Hg. v. Hoff), mit geologischen Beiträgen u.a. von v. Hoff, Schlotheim, C.R.W. Wiedemann, Voigt, Klaproth (kein weiterer Jahrgang);

1807/29   *Taschenbuch für die gesamte Mineralogie* (Hg.: C.C. v. Leonhard), mit Beiträgen u.a. von C.C. v. Leonhard, Goethe, L. v. Buch, A. v. Humboldt, J.C.W. Voigt, C.E.A. v. Hoff, Schlotheim, Keferstein, Germar, Oeynhausen;

1818/1830   *Archiv für Bergbau und Hüttenwesen* (Hg.: C.J.B. Karsten), mit geologischen Beiträgen u.a. von F. Schmidt, Oeynhausen, C.S. Weiss, C.C. Martini;

1821/31   Teutschland, geognostisch-geologisch dargestellt ... „eine Zeitschrift", Hg. Chr. Keferstein, Weimar, Bd. 1 (1821)-7 (1831), mit Beiträgen von Keferstein, C. Prevost, W. Buckland, L. v. Buch, Fr. Hoffmann, A. Boué u.a;

1830/32   *Jahrbuch für Mineralogie, Geognosie, Geologie und Petrefaktenkunde (Fortsetzung des Taschenbuchs der ges. Mineralogie)* (Hg.: K.C. v. Leonhard u. H.G. Bronn), weitergeführt

ab 1833 als: *Neues Jahrbuch für Mineralogie, Geologie und Paläontologie* (Hg.: 1833/61 K.C. v. Leonhard u. H.G. Bronn, 1862: H.G. Bronn u. G. Leonhard, 1863/79: G. Leonhard u. H.B. Geinitz, 1879/84: E.W. Benecke, C. Klein u. H. Rosenbusch, 1885/98: M. Bauer, W. Dames, Th. Liebisch, 1899 ff: M. Bauer, E. Koken u. Th. Liebisch);

ab 1849   *Zeitschrift der deutschen Geologischen Gesellschaft.*

4.2   Grundprinzipien und Leitlinien

Schon in der Zeit 1800/1833 wurden vor allem in England, aber auch in Deutschland für die weitere geologische Forschung Grundprinzipien und Leitlinien entwickelt, die in Werners System allenfalls angedeutet, aber nicht bestimmend wirksam waren:

- Die *Altersgesetze* der Gesteinslagerung waren und wurden noch mehr selbstverständliche Grundlagen geologischer Forschung.
- Das *Leitfossilprinzip* hat an die Stelle der petrographisch orientierten Erdgeschichte Werners die paläontologisch gliederbare Erdgeschichte gesetzt.
- Der *Aktualismus* brachte die konsequente Deutung der Sedimentgesteine mit den entsprechenden beobachtbaren geologischen Vorgängen der Gegenwart.
- Der *Fazies*-Begriff resultierte aus der Erkenntnis, daß zur gleichen Zeit in verschiedenen Gegenden verschiedene Gesteine entstehen können, die aber mit der durch die Leitfossilien gegebenen Leitlinie der Erdgeschichte altersmäßig relativ einander zugeordnet werden konnten.

Leitfossilprinzip, Aktualismus und Faziesbegriff haben aus der Wernerschen Geologie die klassische Geologie der Zeit um 1900 werden lassen.

4.2.1   Altersgesetze der Gesteinslagerung

Zur Erforschung der Erdgeschichte müssen in erster Linie die relativen Altersverhältnisse der Gesteine zueinander geklärt werden.

Für die Gesteinsschichten (Sedimentgesteine) hatte schon STENO 1669 das *Schichtgesetz* aufgestellt: Bei nicht oder wenig gestörter Lagerung ist *jede Schicht jünger als ihr Liegendes und älter als ihr Hangendes.*

Für die Analyse stärker gestörter Schichten hat WERNER aus der Bergbaupraxis die Begriffe *Streichen* (Winkel zwischen einer Geraden auf einer geneigten Fläche und magnetisch Nord), *Fallen* (Richtung der stärksten Neigung einer geneigten Schicht) und *Fallwinkel* (Winkel zwischen der Fall-Linie und der Horizontalen) in die Geologie übernommen. Diese Begriffe sind seitdem Hilfsmittel zur Bestimmung der Lagerungsverhältnisse der Gesteine.

WERNER hat in den Vorlesungen über die Lagerungsverhältnisse auch die *Diskordanzen* behandelt (Abb. 33), aber auf Grund seiner atektonischen Erdgeschichtsvorstellung noch nicht so interpretiert, wie es eine Diskordanz eigentlich nahelegt. Das uns geläufige Altersgesetz: *Eine tektonische Störung ist jünger als die jüngste noch mit gestörte Schicht und älter als die älteste ungestört aufgelagerte Schicht,* finden wir sinngemäß schon bei HUTTON 1795 (bei GEIKIE 1899 abgebildet), etwas deutlicher als Altersgesetz dann 1832 bei E. DE BEAUMONT. Doch ist dieses Altersgesetz umfassend erst im 20. Jahrhundert durch H. STILLE für die Forschung genutzt worden, vermutlich, weil zwischen der jüngsten gestörten und der ältesten ungestört aufliegenden Schicht einer Diskordanz meist ein so großer Altersunterschied besteht, daß für die tektonische Störung nur eine sehr ungenaue Zeitangabe resultiert.

Das uns auch als selbstverständlich erscheinende Altersgesetz der Gänge (Mineral- und Gesteinsgänge): *Jeder Gang ist jünger als sein Nebengestein,* hat erstmals WERNER 1791 ausführlich abgehandelt. Vorher und vereinzelt danach gab es auch die Meinung, die Gangmasse könne vielleicht auch gleichalt mit dem Nebengestein sein (z.B. TREBRA 1785, NAU-

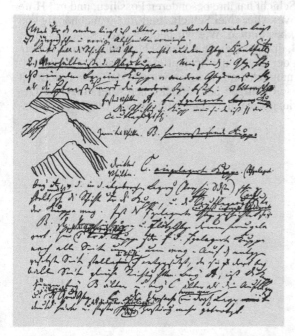

Abb. 33   Die Diskordanz und andere Lagerungsformen der Gesteine, von A.G. WERNER in der Geologievorlesung 1813 vorgetragen. (In der Vorlesungsnachschrift des WERNER-Schülers A. BREITHAUPT.)

MANN 1824). Doch WERNER sah die Gänge (richtig) als nachträglich ausgefüllte Spalten an. Nach diesem Altersgesetz muß also auch der Granit, der in Gängen vorkommt, jünger sein als sein Nebengestein. Wenn man – wie naheliegend – Granitgänge mit darunter liegenden Granitmassiven in Verbindung brachte, verlor der Granit seine Rolle als „Höchstes und Tiefstes" und als ältestes aller Urgesteine, und der Neptunismus büßte so seine stärkste Stütze ein. WERNERS Schüler VOIGT glaubte 1789 kleine Gänge von Granit im Hornblendeschiefer des Ehrenbergs bei Ilmenau gefunden zu haben und sah darin (ohne sich auf das Altersgesetz zu berufen) einen „…Beweis, daß hier Granit nicht allemal die älteste Gebirgsart sein kann". Der Norweger H.C. STRÖM, ein WERNER-Schüler, fand nahe Naundorf bei Freiberg auch etwa 6 cm mächtige Granitgänge im Gneis und folgerte 1814 mit dem Altersgesetz: „Da der Satz, daß die Gänge jünger sind als die umschließende Gebirgsart, wohl als allgemein geltend betrachtet werden muß, so folgte aus ... dieser Tatsache, daß dieser Granit jünger als der Gneis ... sei". Auch A. BOUÉ deutete 1827 (deutsch 1829) Granitgänge im Nebengestein bei Schneeberg, im Frankenwald und im Harz (Brockengebiet) als jüngere Intrusionen. Ältere und jüngere Granite nahmen auf Grund des Altersgesetzes der Gänge auch die WERNER-Schüler v. RAUMER (1811) und MOHS (1805) an.

Diese Altersgesetze waren im 19. Jahrhundert unbestrittene Grundlage aller geologischen Forschung.

4.2.2   Leitfossilprinzip und vergleichende Stratigraphie

Das Leitfossilprinzip ist 1799/1819 von dem englischen Ingenieur und Vermessungstechniker WILLIAM SMITH (Abb. 34) nach genau dokumentierter Aufsammlung zahlreicher Fossilien wie folgt formuliert worden: Jede Schicht hat ihre besonderen Fossilien, und mit Hilfe der Fossilien kann man daher das (relative) Alter einer Schicht (im Prinzip unabhängig von ihrer petrographischen Beschaffenheit) bestimmen. Wie wir heute wissen, sind nicht alle Fossilien als Leitfossilien geeignet, z.B. die nicht, die in vielen Schichten gleich auftreten. Als Leitfossilien, d.h. zur Bestimmung der Lage einer Schicht in der Gesamtschichtenfolge, sind solche Fossilien geeignet, die möglichst nur in einer Schicht, dafür aber weltweit auftreten. D.h. an die Stelle der universell gültigen petrographischen Altersfolge der Gesteine WERNERS ist mit dem Leitfossilprinzip die universell gültige paläontologische Altersfolge getreten.

Abb. 34   WILLIAM SMITH.

Das Leitfossilprinzip finden wir angedeutet schon vor WILLIAM SMITH, so bei R. HOOKE (1705) und bei GOETHE. Dieser schreibt 1782 an MERCK: „ ... Es wird nun bald die Zeit kommen, wo man Versteinerungen nicht mehr durcheinanderwerfen, sondern verhältnismäßig zu den Epochen der Welt rangieren wird". Und WERNER notierte um 1790: „In Flözkalkgebirgen ist es merkwürdig, daß verschiedene Schichten auch verschiedene Versteinerungen führen". In Frankreich gliederten A. BRONGNIART und G. CUVIER 1808 das Tertiär des Pariser Beckens mit Hilfe von Leitfossilien.

In Deutschland hat der herzogliche Rat in Gotha, E.F. v. SCHLOTHEIM (Abb. 35), das Leitfossilprinzip 1813 wie folgt ausgesprochen: „Offenbar kann uns das Vorkommen der Versteinerungen die wichtigsten Aufschlüsse zur näheren Bestimmung des relativen Alters mehrerer Gebirgsarten und der gleichzeitigen oder ungleichzeitigen Bildung derselben und ihrer untergeordneten Schichten verschaffen ... . Es gibt unendlich verschiedene Ammoniten, Terebrateln usw., von welchen gewisse Arten vielleicht nur den Übergangsgebirgen, gewisse dem Alpenkalkstein, andere dem Jurakalkstein ... angehören dürften. Sollte sich diese Vermutung bestätigen, so werden wir dadurch hauptsächlich in Stand gesetzt werden, die für mehrere Gebirgsarten charakteristischen Versteinerungen zu bestimmen, und alsdann manche unerwarteten Aufschlüsse über die zu einer Formation gehörigen Gebirgslager und Schichtenglieder zu erlangen, und in Verbindung mit den übrigen geognostischen Untersuchungen über das relative Alter der Erdrevolutionen und der organischen Schöpfungsgeschichte selber höchst interessante Belehrungen erwarten können". SCHLOTHEIM lieferte 1813 auch Fossil-Listen zu den Abschnitten der Erdgeschichte nach WERNERS Gliederung. SCHLOTHEIM spricht also klar aus, daß verschiedene Schichten nicht nur unterschiedliche Fossilien aufweisen, sondern daß dadurch umgekehrt auch das relative Alter einer Schicht durch die Bestimmung der in ihr enthaltenen Versteinerungen festgestellt werden kann.

Das Wort „Leitfossil" ist auf LEOPOLD v. BUCH (1837/39: „Leitmuschel") zurückzuführen. In England haben, W. SMITH folgend, CONYBEARE und PHILLIPS 1822 für die gesamte Schichtfolge Leitfossilien bestimmt und Schichtgruppen mit Namen versehen. Der Franzose D' ORBIGNY hat 1849/52 die Gültigkeit des Leitfossilprinzips und die daraus abgeleitete Altersgliederung für die ganze Erde postuliert. Heute können Schichten weltweit mittels Leitfossilien in eine Zeitskala der Erdgeschichte eingeordnet werden.

Die gegenwärtig übliche relative Altersgliederung der Gesteine durch die bekannte Periodenreihe ist historisch durch Wechselwirkung verschiedener Faktoren entstanden:

Abb. 35   ERNST FRIEDRICH VON SCHLOTHEIM.

Die Altersgliederung der Schichten nach A.G. WERNER wirkte in Deutschland lange nach, zumal die Zäsuren zwischen dem Übergangsgebirge, Flözgebirge und Aufgeschwemmten Gebirge echte stratigraphische Zäsuren sind.

- Im 19. Jahrhundert wurden viele lokal oder regional gültige Schichtfolgen mit ihrem Fossilinhalt beschrieben und mit lokalem Namen versehen. Erst danach stand die Frage, welche Leitfossilien eine zeitliche Einstufung dieser lokalen oder regionalen Schichtfolgen relativ zu andernorts dokumentierten Schichtfolgen ermöglichen.
- Diese stratigraphische Forschung begann dort, wo fossilreiche Schichten eine ebene Lagerung aufweisen und damit leicht eine Altersfolge aufgestellt werden konnte, z.B. eben in England und im „Flözgebirge" Deutschlands. Erst dann stand die Frage, wie tektonisch kompliziert gelagerte und fossilarme Schichtfolgen in die allgemeine Altersgliederung eingeordnet werden können.
- Die Gesamtzahl der Schichten ist so groß, daß eine hierarchische Gliederung vorgenommen werden mußte. Die Zäsuren zwischen Schichtgruppen, deren Vereinigung zu größeren Einheiten und ihre Benennung waren durchweg subjektiv und deshalb oft umstritten. Für viele Schichtfolgen gab es daher mehrere unterschiedliche Gliederungen. Vereinheitlichung war schließlich nur durch Übereinkunft zu erzielen. Dabei bekamen Lokalnamen oft überregionale, ja globale Bedeutung.

Die Entwicklung sei an zwei deutschen und der heute allgemeingültigen Gliederung gezeigt.

Der Privatgelehrte KEFERSTEIN in Halle bot 1825 eine Formationsfolge, die ihre Herkunft von WERNER noch deutlich erkennen läßt. Die nun allgemein als vulkanisch angesehenen Gesteine ordnete er parallel zu den Sedimenten an:

Neptunische Formationen	Vulkanische Formationen
I. *Jüngstes oder aufgeschwemmtes Gebirge* Lehm, Sand u.a.	I. Lavagebirge
II. *Tertiäre Flözgebirge* z.B. Pariser Gipsformation, Braunkohlenformation	II. Basaltgebirge
III. *Jüngeres Flöz- oder Kreidegebirge* z.B. Kreideformation, Grünsand- und Quadersandsteinformation	III. Trachytgebirge
IV. *Mittleres Flöz- oder Muschelkalkgebirge* Lias- oder schwarze Mergelformation, Keuper- oder bunte Mergelformation Muschelkalkformation Bunte Sandsteinformation Zechstein- (oder Alpenkalkstein-) Formation Rote Sandsteinformation	IV. Augitporphyrgebirge
V. *Altes Flöz- oder Bergkalkgebirge* Hauptsteinkohlenformation Bergkalkformation	V. Porphyrgebirge
VI. *Ganggebirge* Rote Konglomeratformation Grauwackenformation Tonschieferformation ... Gneisformation	VI. Granit- und Syenitgebirge

Abb. 36   HEINRICH GEORG BRONN.

Dazu noch folgende Bemerkungen:
Den Begriff „Tertiäre Gebirge" hat KEFERSTEIN von BRONGNIART und CUVIER (1808), diese haben ihn von dem Italiener G. ARDUINO übernommen, der 1760 bei Verona „primitive, sekundäre, tertiäre" (als jüngste Sedimente) und vulkanische Gesteine unterschied. Sein Buch ist 1778 in deutscher Übersetzung erschienen

KEFERSTEINS Schichtgruppen III bis V entsprechen im Prinzip schon der heutigen Gliederung. Beim Ganggebirge (VI) hat KEFERSTEIN als „Rote Konglomeratformation" die oberkarbonischen Konglomerate der Halleschen Gegend stratigraphisch richtig eingestuft. Die Grauwacken-, Tonschiefer- und Gneisformation konnte KEFERSTEIN mangels Leitfossilien und wegen zu komplizierter Lagerungsverhältnissen noch nicht weiter untergliedern. Auch A. BOUÉ gliederte noch 1829 die Schichten nach der WERNERschen Terminologie.

In den stratigraphischen Tabellen der Folgezeit werden Leitfossilien immer stärker beachtet, insbesondere in den Gliederungen des Franzosen DESHAYES, des Engländers LYELL und des Deutschen BRONN (Abb. 36). Dieser gliederte 1835/38 die Gesamtschichtfolge in:

5. Molassegebirge	Alluvialgruppe	44. Geschichtliche Alluvionen
		43. Vorgeschichtliche Alluvionen
	Tegelgruppe	42. Tegelbildungen
		41. Oberer Meeressand
	Grobkalkgruppe	40. Grobkalkformation
		39. Unterbraunkohle, Ton, Sandstein
4. Kreidegebirge	Grünsandgruppe	38. Kreidetuff
		37. weiße Kreide
		36. Kreidemergel
		35. Obergrünsand
		34. Untergrünsand
	Eisensandgruppe	33. Waldton
		32. Eisensand
		31. Purbeck-Kalk
3. Oolithgebirge	Obere Juragruppe	30. Portland-Stein
		29. Kimmeridge-Ton
	Mittlere Juragruppe	28. Lithographischer Schiefer
		27. Korallenkalk
		26. Weißer Jurakalk
		25. Oxfordton

	Untere Juragruppe	24. Cornbrash
		23. Forest Marble
		22. kleinkörniger Oolith
		21. Walkerde
		20. unterer dichter Jurakalk
		19. oberer Liassandstein
	Liasgruppe	18. Liasschiefer
		17. Liaskalk
		16. unterer Liassandstein
2. Salzgebirge	Keuper	15. Keupersandstein
		14. Gipskeuper
		13. Keuperdolomit
		12. Lettenkohle
	Muschelkalk	11. Muschelkalk
		10. Buntsandstein
1. Kohlengebirge	Kupferschiefergruppe	9. Zechstein
		8. Kupferschiefer
		7. Totliegendes (=Rotliegendes)
	Bergkalkgruppe	6. Kohlensandstein mit Steinkohle
		5. Bergkalk
		4. alter roter Sandstein
	Tonschiefergruppe	3. Grauwacke u. Grauwackenschiefer
		2. Übergangskalk
		1. Tonschiefer

BRONNS Gliederung nähert sich der heutigen weiter. Nur die in Deutschland kompliziert gelagerten Tonschiefer und Grauwacken (bei BRONN Nr. 1–5) sind nach wie vor zu grob gegliedert. Eine detailliertere Gliederung dieser Schichtfolgen wurde in Deutschland erst möglich, nachdem die gleichalten, aber nicht so gestört gelagerten Schichten in England durch SEDGWICK, MURCHISON und LONSDALE nach Leitfossilien 1835/39 in Kambrium, Silur und Devon gegliedert worden waren. MURCHISON und SEDGWICK bereisten 1839 das Rheinische Schiefergebirge, den Harz, das Thüringische Schiefergebirge und den Frankenwald und bestätigten die Zugehörigkeit der vorgefundenen Schichten zum Kambrium, Silur und Devon. Analoge Schichten wurden um 1845 von dem Franzosen J. BARRANDE südwestlich von Prag erforscht. Auch das stützte die Alterseinstufung der betreffenden Gesteine in Deutschland.

Die für die Zeitabschnitte gewählten Namen sind teils von historischen oder geographischen Bezeichnungen (Kambrium, Ordovizium, Silur, Devon, Perm, Jura), teils von wichtigen Gesteinen der Zeit (Karbon, Kreide) entlehnt.

Indem in der Folgezeit die jüngsten Sedimente durch den Schweizer A. v. MORLOT als „Quartär" abgegrenzt und die präkambrischen Schichten in den USA, Kanada, England und Schweden erforscht, benannt und untergliedert wurden, war gegen Ende des 19. Jahrhunderts die Erdgeschichtsgliederung in der noch heute gültigen Form vollendet.
(In Klammern Autor und Jahr der Begriffe):

Gruppe (Ära)	System (Periode)	Abteilung (Epoche)	Bearbeiter in Deutschland (19. Jahrh.), z.B.
Känozoikum (PHILLIPS 1841)	Quartär (MORLOT 1854)	Holozän	
		Pleistozän (LYELL 1839)	
	Tertiär (ARDUINO 1760) Neogen (HOERNES 1853)	Pliozän (LYELL 1833) Miozän (LYELL 1833)	v. DECHEN 1825 v. OEYNHAUSEN 1825 BOUÉ 1829 BRAUN 1842
	Palaeogen (NAUMANN 1866)	Oligozän (BEYRICH 1854) Eozän (LYELL 1833) Paläozän (SCHIMPER 1874)	F. SANDBERGER 1847 BEYRICH 1853, 1885 ETTINGSHAUSEN 1868 u.a.
Mesozoikum (PHILLIPS 1841)	Kreide (RAUMER 1815) Oberkreide	Dan Senon (D' ORBIGNY 1842) Emscher Turon (D' ORBIGNY 1842) Cenoman	HAUSMANN 1824 HOFFMANN 1830 F.A. ROEMER 1836/41 H.B. GEINITZ 1840/75 v. BUCH 1849 BEYRICH 1849 F. ROEMER v. STROMBECK, 1849 u.a.
	Unterkreide	Gault Neokom (THURMANN 1838)	
	Jura (A. v. HUMBOLDT 1795, BRONGNIART 1829)	Weißer Jura (v. BUCH 1839) = Malm (OPPEL 1854) Brauner Jura (v. BUCH 1839) = Dogger (OPPEL 1854) Schwarzer Jura (v. BUCH 1839) = Lias (W. SMITH, OPPEL 1854)	SCHÜBLER 1821/24 HAUSMANN 1824 HOFFMANN 1830 MANDELSLOHE 1836 FROMHERZ 1838 v. BUCH 1839 QUENSTEDT 1845/58 PFIZENMAYER 1853 v. STROMBECK 1853 v. ACHENBACH 1856 FERD. ROEMER 1858 u.a.
	Trias (v. ALBERTI 1834)	Keuper (H.G. HORNSCHUCH um 1795) Muschelkalk (LEHMANN 1756) Buntsandstein (LEHMANN 1756)	HAUSMANN 1824 OEYNHAUSEN u.a. 1825 SCHMID 1842 ff QUENSTEDT 1843 v. STROMBECK 1849 BORNEMANN u.a.

Paläozoikum (PHILLIPS 1841)	Perm (MURCHISON 1841)	Zechstein (LEHMANN 1756) Rotliegendes (LEHMANN 1756)	FREIESLEBEN 1807 GEINITZ 1848/61 WEISS 1869 BEYRICH u.a.
	Karbon (CONYBEARE u. PHILLIPS 1822)	Oberkarbon (OMALIUS D'HALLOY 1808) Unterkarbon = Kulm (MURCHISON u. SEDGWICK 1841)	v. DECHEN GEINITZ 1856 LOTTNER 1868 LASPEYRES 1875 REINH. RICHTER 1854/56 HOLZAPFEL u.a.
	Devon (LONSDALE 1837)	Oberdevon Mitteldevon Unterdevon	E. BEYRICH, F. SANDBERGER F.A: ROEMER, 1850/66 F. ROEMER, LOSSEN u.a.
	Silur (MURCHISON 1835)		REINH. RICHTER 1854/56 v. GÜMBEL 1879
	Ordovizium (LAPWORTH 1879)		REINH. RICHTER 1854/56 v. GÜMBEL 1879 u.a.
	Kambrium (SEDGWICK 1836)	Oberkambrium Mittelkambrium Unterkambrium	v. GÜMBEL 1879 u.a.
Algonkium (VAN HISE 1892) Archaikum (DANA 1872)			v. GÜMBEL 1868

Abb. 37   FRIEDRICH AUGUST QUENSTEDT.

Diese auf Leitfossilien beruhende Altersgliederung der Erde wurde schon im 19. Jahrhundert und auch in Deutschland bis in kleinere Einheiten gegliedert. So teilte QUENSTEDT (Abb. 37) 1843/51 in Schwaben die Abteilungen des Jura in je sechs Stufen α bis ζ und A. OPPEL 1856 die Stufen in Zonen. Jede Stufe bzw. Zone war durch ein Leitfossil bestimmt, so z.B. der Lias in Schwaben nach QUENSTEDT (in CREDNER 1902):

Stufe	Schichtbezeichnung (und Mächtigkeit)	Leitfossil
ζ	Jurensismergel (4 m)	*Lytoceras jurensis*
ε	Posidonienschiefer (10 m)	*Posidonomya Bronni*
δ	Amaltheenton (10 m)	*Ammonites amaltheus*
γ	Spiriferenbank und	*Spiriferina verrucosa*
	Numismalenmergel (15...20 m)	*Terebratula numismalis*
β	Schwarze Tone und Schiefertone (10 m)	*Ammonites raricostatus*
		Ammonites oxynotus
		Ammonites obtusus
α	Arietenschichten	*Arietites Bucklandi*
	Angulatenschichten	*Ammonites angulatus*
	Psilonotenschichten	*Ammonites psilonotus*

Umstritten waren zeitweise Grenzziehungen der Gliederungen und Bezeichnungen. So hatte MURCHISON 1841 für die in Mitteleuropa auftretenden Schichtfolgen des Rotliegenden und Zechsteins den Namen *Perm* vorgeschlagen, weil im gleichnamigen russischen Gouvernement gleichalte Schichten besonders weite Verbreitung haben. Analog zu der Dreiheit *Trias* schlug dagegen 1859 der Franzose MARCOU für die Zweiheit Rotliegendes und Zechstein den Namen *Dyas* vor. GEINITZ folgte dem, doch dann bürgerte sich doch der Terminus „Perm" ein. In der Trias Thüringens wurden die *Myophorienschichten* von F. v. ALBERTI 1834 und H. PRÖSCHOLDT 1879 dem Unteren Muschelkalk, von E.E. SCHMID 1852 und H. EMMRICH 1873 (wie noch heute) dem Oberen Buntsandstein zugerechnet. Der Rhät-Sandstein von Gotha-Eisenach wurde erst dem Lias zugezählt und erst 1870 von K. v. FRITSCH als oberste Stufe des Keupers definiert.

Waren die Schichten erst einmal mit Leitfossilien definiert, konnten mit solchen falsche Einstufungen korrigiert werden. Die steinkohleführenden Schichten von Freital bei Dresden, die zunächst als karbonisch gegolten hatten, konnte so J.T. STERZEL 1881 mit pflanzlichen Leitfossilien als unterpermisch einstufen. Umstritten waren manchmal auch die Parallelisierungen etwa gleichalter Schichtgruppen in verschiedenen Gebieten. So diskutierten E. BEYRICH und H.B. GEINITZ 1850 „... über die Beziehungen der Kreideformation bei Regensburg zum Quadergebirge" in Sachsen.

So gut sich das Leitfossilprinzip bei der Altersgliederung der Schichten über hunderte von Kilometern hinweg bewährte, so gab es doch auch Probleme, z.B. bei der Analyse der Schichten in den Alpen. Hierzu lag der Schlüssel in der Erkenntnis des Faziesbegriffs.

Trotz dieser Probleme ist das Periodensystem der Erdgeschichte und ihre Gliederung in Ären, Perioden, Epochen, Stufen und Zonen, jeweils mit Eigennamen und in einer relativen Altersfolge, eines der wichtigsten Ergebnisse der „klassischen" Geologie und seitdem in jedem Lehrbuch enthalten (z.B. CREDNER 1902). Standardwerk der vergleichenden Stratigraphie in der Zeit der Vollendung der klassischen Geologie ist E. KAYSERS 1891 erschienene „Geologische Formationskunde", in vielen Auflagen noch im 20. Jahrhundert das verbreitetste Geologie-Lehrbuch deutscher Sprache.

4.2.3 Aktualismus, Fazies, exogene Dynamik

Unter *Aktualismus* versteht man in der Geologie folgendes Erkenntnisprinzip:*Gesteine als Zeugen aus erdgeschichtlicher Vergangenheit sind Produkte von Vorgängen,* die *heute noch zu den gleichen Gesteinsbildungen führen.* Dieses uns selbstverständlich erscheinende geologische Prinzip hat selbst eine lange Geschichte.

Als noch unbewußte Anwendung des Aktualismus finden wir z.B. in der Antike die sedimentäre Deutung des Nildeltas bei HERODOT, Beobachtungen zur Einbettung von Lebensresten bei LEONARDO DA VINCI, Deutungen der Sedimente bei NIKOLAUS STENO und die Untersuchung rezenter Meeressedimente zwecks Deutung von Sedimentgesteinen 1715 durch DE MAILLET und weitere. Exzeptionalistisch, also von der Annahme anderer Kräfte und Vorgänge in der Erdgeschichte als heute beobachtbar geprägt, waren dagegen alle Erdentstehungs- und Erdgeschichtstheorien des 17. und 18. Jahrhunderts bis hin zu WERNERS Theorie vom Urozean mit sinkendem Wasserspiegel.

Doch finden wir wie bei HUTTON und PLAYFAIR so auch bei WERNER Ansätze aktualistischen Denkens, u.a. in den Notizen: „Bekannte, fast vor unsern Augen vorgehende Erzeugungen von Fossilien" (hier = Gesteinen) oder „Bildende Wirkungen des Wassers, die wir tagtäglich noch sehen". Allerdings findet man bei WERNER auch die Bemerkung, daß in früheren Perioden der Erdgeschichte „… der Zustand der Erdoberfläche von dem jetzigen in mancherlei Dingen ganz verschieden sein mußte". Eine extrem exzeptionalistische Theorie kurz vor der bewußten Formulierung des Aktualitätsprinzips war die Katastrophentheorie des Franzosen GEORGES CUVIER. Er hatte 1812 im Tertiär des Pariser Beckens von Schicht zu Schicht scharfe Wechsel im Fossilinhalt festgestellt und daraus ein Aussterben der jeweiligen Lebewelt durch eine Katastrophe gefolgert, der – bis zur nächsten Katastrophe – eine neue Fauna folgte.

Die bewußte Formulierung des Aktualismus als Forschungsprinzip wird dem in Gotha tätigen Kammerpräsident CARL ERNST ADOLF V. HOFF (Abb. 38) zugeschrieben. Die Gesellschaft der Wissenschaften in Göttingen hatte 1818, wohl auf Anregung von BLUMENBACH, einen Preis ausgeschrieben für eine Arbeit, enthaltend eine „Untersuchung über die Veränderungen der Erdoberfläche, welche in der Geschichte sich nachweisen lassen, und die Anwendung, welche man von ihrer Kunde bei Erforschung der Erdrevolutionen, die außer dem Gebiet der Geschichte liegen, machen kann". HOFF schrieb daraufhin sein dreibändiges Werk über die „Geschichte der durch Überlieferung nachgewiesenen natürlichen Veränderungen der Erdoberfläche" (1822–1834). In diesem Werk behandelt er kritisch alle historischen Nachrichten über geologische Vorgänge und schließt, daß die noch jetzt wirkenden Kräfte, wenn sie nur lange genug tätig sind, ausreichen, um die meisten Erscheinungen der Urzeit zu erklären. Man dürfe darum nur dann zu Hypothesen von außergewöhnlichen Ereignissen seine Zuflucht nehmen, wenn die jetzigen Agentien schlechterdings nicht mehr ausreichen.

HOFFS Buch fand nicht die verdiente Beachtung, obwohl der Autor selbst durchaus auch als Geologe im Gelände tätig war. Das Werk, mit dem sich der Aktualismus in den Vorstellungen der Geologen Bahn brach, waren die „Principles of Geology" (1830…1833) des schottischen Privatgelehrten CHARLES LYELL (Abb. 39). LYELL hatte für die Bearbeitung seines Lehrbuchs zahlreiche Länder, darunter auch Deutschland, bereist. Sein dreibändiges Werk erschien bis 1875 in zwölf Auflagen, dabei schon 1833/35 und erneut 1841/49 in deutscher Übersetzung vom Braunschweigischen Bergkommissar Dr. CARL HARTMANN, auch mit dem für den Aktualismus bezeichnenden Untertitel des Originals: „Ein Versuch, die früheren Veränderungen der Erdoberfläche durch noch jetzt wirksame Ursachen zu erklären". Eine weitere deutsche Übersetzung kam 1857/58 mit einer Einleitung von B. COTTA heraus. Auch

Abb. 38   CARL ERNST ADOLF VON HOFF.   Abb. 39   CHARLES LYELL.

LYELL ersetzte wie v. HOFF die Annahme ungeheurer, heute nicht bekannter Kräfte durch die Annahme langer Zeiträume zur Erklärung der geologischen Phänomene.

LYELL ging jedoch noch weiter: Er forderte nicht nur, frühere Veränderungen der Erdoberfläche mit jetzt wirksamen Ursachen zu erklären, sondern stellte die These auf: In früheren Perioden der Erdgeschichte hat es keine von den heutigen unterschiedliche Kräfte und Vorgänge gegeben, leugnete also eine gerichtete Erdgeschichte und sah wie sein Landsmann HUTTON in der Geschichte der Erde keinen Anfang und kein Ende. Mit dieser Anschauung des „Uniformitarismus"

• überwand er die Katastrophentheorie von CUVIER,
• fand aber selbst Gegner, die den Aktualismus als Forschungsprinzip anerkannten, den Uniformitarismus als Negierung einer gerichteten Erdgeschichte aber ablehnten.

Einer dieser Gegner des Uniformitarismus war der Freiberger Geologieprofessor B. COTTA, der (unter Vernachlässigung v. HOFFS) 1848 schrieb: „Die Geologen haben lange Zeit … angenommen, in der präadamitischen Welt sei alles ganz anders gewesen und geschehen als jetzt. Sie verschmähten es, die Gegenwart als unmittelbare Fortsetzung der Vergangenheit zu betrachten, und ließen vielmehr ihrer Phantasie alle Zügel schießen, um sich abenteuerliche Erdbildungshypothesen auszudenken, die kaum eine andere Grundlage hatten, als eben ihre Phantasie. Der berühmte englische Geologe C. LYELL hat zuerst diesen maßlosen Phantasien ein Ziel gesetzt, indem er zeigte, daß die Vorgänge der Gegenwart ausreichen, um das zu erklären, was zur Zeit in der Geologie überhaupt erklärbar ist. LYELL ist wohl etwas zu weit gegangen, wenn er behauptet, auch das Maß der geologischen Vorgänge sei von jeher dasselbe gewesen, und eine Entwicklungsgeschichte des Erdkörpers sei in der Natur überhaupt nicht nachweisbar, sondern nur eine beständige, stets gleichmäßige Umbildung seiner Oberfläche".

Die Geologen nehmen heute an, daß
• die Erdgeschichte durchaus langdauernde gerichtete Abläufe aufweist,
• der Aktualismus deshalb nur als Forschungsprinzip anwendbar ist, und
• der Aktualismus auch als Forschungsprinzip der Geologie nur begrenzt anwendbar ist, nicht z.B. auf Vorgänge in den dem Menschen unzugänglichen Bereichen in und unter der

Erdkruste und bei Bildungen aus Zeiten, in denen auf der Erdkruste andere Bedingungen herrschten als heute.

Der mit dem Aktualismus gegebene Zusammenhang zwischen den Eigenschaften eines Sedimentgesteins und ihren Bildungsbedingungen mußte mit der inneren Logik der Wissenschaft zum Begriff der „Fazies" führen, d.h. zur Benennung aller zur Bildung eines bestimmten Gesteins notwendigen Bedingungen. Der Schweizer GRESSLY hatte 1838 im Schweizer Jura, der Franzose PRÉVOST 1840 theoretisch und im Tertiär des Pariser Beckens erkannt, daß Gesteine, die mit Leitfossilien als gleichalt erkannt waren, petrographisch verschieden sein und auch unterschiedliche Versteinerungen enthalten können. PRÉVOST leitete daraus das gleichzeitige Auftreten u.a. von Meeres-, Küsten-, Süßwasser-, Fluß- und Landablagerungen ab.

Auch der Faziesbegriff hatte seine Vorgeschichte:
GOETHE sah in WERNERS petrographisch-neptunistischem System der Erdgeschichte in jedem Zeitabschnitt besondere Bildungsbedingungen für den „Trapp", unter welchem man dunkle, eisenreiche Gesteine verstand, also die Amphibolite im Kristallin (Urgebirge), die Diabase im Devon (Übergangsgebirge) und die Basalte des Tertiärs (Flözgebirge). Er deutete sie in einer Zeichnung (Abb. 40) mit der Notiz „Trappformation jederzeit nahe der Oberfläche der sinkenden Wassermasse" 1817 als „Flachmeerfazies". War GOETHE so im neptunistischen Weltbild WERNERS zugunsten eines Faziesbegriffs von der Annahme erdumspannender Schichten von gleicher Beschaffenheit abgekommen, so sprach sich 1830/33 auch LYELL gegen die Annahme von Sedimentärformationen mit gleichmäßiger Verbreitung über die ganze Erdoberfläche aus.

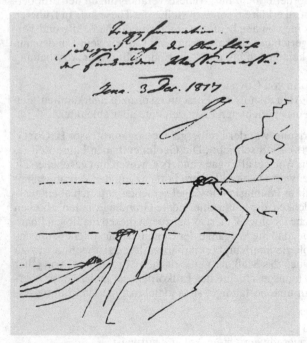

Abb. 40   GOETHES Vorstellung von der „Trappformation jederzeit nahe der Oberfläche der sinkenden Wassermasse", der Faziesgedanke im Erdgeschichtsbild des Neptunismus. Handzeichnung GOETHES vom 3. 12. 1817.

Damit entstand ein neues Problem für die relative Altersgliederung. Wie sollte die Gleichaltrigkeit von Schichten festgestellt werden, wenn WERNERS petrographische Altersgliederung nichts mehr taugte, aber verschiedene Fazies unterschiedlichen Fossilinhalt hatten, also das Leitfossilprinzip auch nicht funktionierte? Man löste das Problem, indem man durchgehende Schichten mit Leitfossilien („Leithorizonte") suchte und damit relative Altersaussagen zu den faziell verschiedenen Schichtgruppen bekam. So erkannte E. BEYRICH 1847 mittels Leitfossilien das oligozäne Alter des norddeutschen Septarientons und seine Gleichartigkeit mit dem westeuropäischen Rupelton. Damit konnten in den verschiedenen Tertiärvorkommen Deutschlands faziell ganz verschiedene Gesteine teils dem Eozän und Unteroligozän zugewiesen werden, wenn sie unter dem Septarienton lagen, andernfalls dem Oberoligozän und Miozän bei Lagerung über dem Septarienton.

Ein Faziesproblem großen Ausmaßes war die Parallelisierung des „Alpenkalksteins", den man um 1830 noch summarisch zum Jura gestellt hatte, mit den besser gliederbaren Schichtfolgen nördlich der Donau. Als L. v. BUCH an Graf MÜNSTER Versteinerungen aus Südtirol zur Bestimmung gab, erkannte dieser 1834 die meisten dieser Fossilien als triassisch. Nun galt es die „alpine Trias" als Hochseefazies mit der „germanischen Trias" als Sedimentfolge in einem Binnenbecken unter aridem Klima zu vergleichen. Dieser Parallelisierung widmeten sich von deutscher Seite u.a. H.G. BRONN 1831/45, L. v. BUCH 1834, A. v. KLIPSTEIN 1843, H. EMMRICH 1844, QUENSTEDT 1845, SCHAFHÄUTL 1846 und GÜMBEL 1854/74, der 1861 die Verschiedenheit der alpinen Trias von den Triasschichten im sonstigen Deutschland mit der Annahme eines „vindelizischen Gebirgszuges" im Bereich Bayrischer Wald-Frankreich erklärte, der beide Triasbereiche getrennt haben sollte.

A. OPPEL fand 1856/58 im Jura Süddeutschlands, Frankreichs und Englands Faziesunterschiede und bestätigte damit den Faziesbegriff von GRESSLY.

Fazieswechsel auf geringe Entfernungen wurden z.B. an Riffen beobachtet, so 1853 durch LIEBE an den „Bryozoenriffen" des Zechsteins in Ost-Thüringen und auch im 19. Jahrhundert durch E. FRAAS an den „Spongienriffen" im Oberen Jura der Schwäbischen und Fränkischen Alb (Abb. 41). Auch engräumig ist der Fazieswechsel zwischen Quader (Sandstein) und Pläner (Mergel) in der sächsischen Kreide. Während NAUMANN und COTTA 1835 in diesen Schichten noch eine Altersfolge von Unterem Quader, Pläner, Oberem Quader sahen, erkannte W. PETRASCHECK 1899, daß der Pläner (im Raum Dresden-Meißen) eine tonig-kalkige Fazies neben der sandigen Quaderfazies im Raum Pirna-Bad Schandau ist (Abb. 42).

Eine theoretische Grundlage für die Faziesanalyse in der Erdgeschichte lieferte JOHANNES WALTHER 1894 (Abb. 43) mit seiner Faziesregel: „... daß primär sich nur solche Fazies und Faziesbezirke geologisch überlagern können, die in der Gegenwart nebeneinander zu beobachten sind". Diese Regel folgt wie selbstverständlich aus der Deutung vertikaler Fazieswechsel mit einer seitlichen Verschiebung der Faziesbereiche (Abb. 44).

Der Faziesbegriff hat die Weiterentwicklung der Geologie in zweierlei Richtung gefördert:
• Die beobachtbaren Gesteinsbildungsbedingungen, also in heutiger Terminologie die exogene Dynamik, wurde stärker erforscht und allmählich immer mehr in die Geologielehrbücher aufgenommen. Zu nennen sind Arbeiten z.B. von J. WALTHER über Kalkalgen und Korallenriffe (1885/88) und Wüstenfazies (1900), von G. BISCHOF über chemische Sedimente (1846/47), von v. RICHTHOFEN über Löß als Steppensediment (1873), aber auch über Talbildung und Erosion (BÜCKING 1880, PENCK 1888, BRANCO 1892). Bei der exogenen Dynamik der Geologie ergaben sich Berührungspunkte und Überschneidungen mit der Geographie, wie die Arbeiten der Geographen R. CREDNER über die Delta-Sedimentation (1878) und A. PENCK über die Morphologie (1894) zeigen.

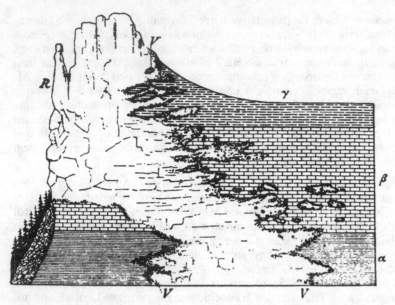

Abb. 41   Schwammriff-Fazies (R) zwischen der geschichteten Fazies (α, β, γ) des Malm in der Schwäbischen Alb (nach EB. FRAAS AUS HERM. CREDNER 1902).

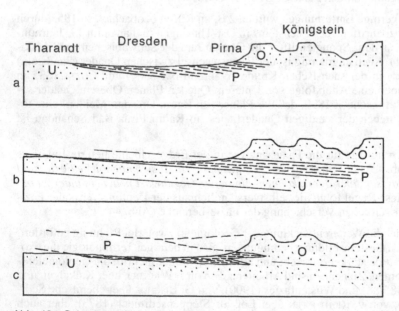

Abb. 42   Schemazeichnungen zum Fazieswechsel in der Oberen Kreide der Elbtalzone.
a geologischer Befund: U Unterquader (Sandstein), P Pläner (Mergel), O Oberquader (Sandstein); b Deutung von C.F. NAUMANN und B. COTTA: Pläner als durchgehende Schicht zwischen Unter- und Oberquader. c Pläner als kalkig-tonige Fazies im Nordwesten, Quader als sandige Fazies im Südosten, miteinander verzahnt.

Abb. 43   JOHANNES WALTHER (1895 in Jena).

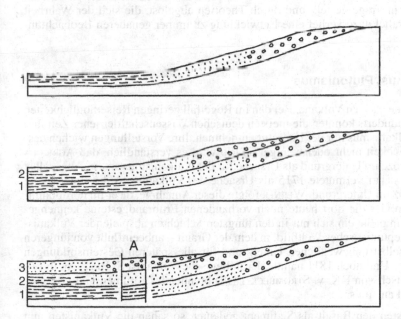

Abb. 44   Schema zur Faziesregel von JOHANNES WALTHER, 1 bis 3 drei Schichten mit je drei Faziesbereichen, die sich jeweils nach links verschieben. Beim Aufschluß A liegen die Fazies übereinander, die in jeder Schicht nebeneinander bestehen.

• Die verschiedenen Fazies von Sedimenten einer bestimmten Zeit der Erdgeschichte hätten nach der inneren Logik der Wissenschaft die Frage nach der Geographie jener Zeit aufwerfen, also die Formierung der Spezialdisziplin Paläogeographie anregen müssen. Ansätze dazu gab es zwar um 1850, wie z.B. GÜMBELS Postulat des vindelizischen Gebirgszuges. Intensiver wandte man sich paläogeographischen Arbeiten aber erst im 20. Jahrhundert zu.

4.3   Vulkanismus und Gebirgsbildung, endogene Dynamik

Die endogene Dynamik ist zum großen Teil nicht mit der Forschungsmethode des Aktualismus zu fassen, weil es sich dabei um Vorgänge handelt, die ihre Ursache in oder unter der Erdkruste haben und die die Erdkruste auch im Innern verändern. Beobachtbar waren im 19. Jahrhundert beim Vulkanismus die Vorgänge auf der Erdoberfläche und der Bau der Vulkanberge, bei der Gebirgsbildung nicht die Entstehung, sondern nur der innere Bau der Gebirge (und auch dies nur oberflächennah) und von den Erdbeben die Orte der Beben und ihre Schäden.Infolge dieser eingeschränkten Beobachtungsmöglichkeiten hatten die Vorstellungen über die endogene Dynamik bis zum Ende des 19. Jahrhunderts noch stark hypothetischen Charakter.

Der Vulkanismus und die Gebirgsbildung, beides wichtige Teilgebiete der endogenen Dynamik, waren die Problemkreise, in denen WERNERS Vorstellungen schon zu seinen Lebzeiten gründlich überwunden wurden. Allerdings traten nicht etwa nun richtige Theorien an die Stelle von WERNERS Anschauungen, sondern die neuen Theorien waren der Wahrheit gewissermaßen nur ein Stück näher und wurden im Lauf des 19. Jahrhunderts wiederum durch Gegenthesen in Frage gestellt und durch Theorien abgelöst, die sich der Wahrheit weiter näherten. Parallel dazu verlief eine Entwicklung zu immer genaueren Beobachtungen im Gelände.

4.3.1   Vulkanismus, Plutonismus

Deutschland hat keine aktiven Vulkane. Bei den im Regelfall geringen Reisemöglichkeiten des 16. bis 18. Jahrhunderts konnten die meisten deutschen Wissenschaftler jener Zeit ihre Kenntnisse über Vulkanismus nur der Literatur entnehmen. Ihre Vorstellungen wichen deshalb von der Wirklichkeit mehr oder weniger ab. So wird es verständlich, daß AGRICOLA brennende Kohlenflöze im Untergrund als Ursache für den Vulkanismus ansah. Aber selbst der Franzose DE MAILLET vermutete 1715 als Ursache des Vulkanismus die Entzündung organischer Substanz im Untergrund. WERNER folgte dieser Annahme, da er im nordböhmischen Braunkohlenrevier die dort heute noch vorhandenen Erdbrandgesteine kennengelernt hatte. Außerdem paßte ein sich nur in den jüngsten Schichten abspielender Vulkanismus besser in sein neptunistisches Weltbild, in dem der Granit – unbeeinflußt von jüngeren Ereignissen – den selbst unbeweglichen Untergrund für alle späteren Gesteinsbildungen und Vorgänge abgab. Und noch 1811 nannte der italienische Vulkanist S. BREISLAK in seinem Lehrbuch (deutsch von F.K. v. STROMBECK 1819) brennendes Bitumen und „Bergöl" als Ursache des Vulkanismus.

Hatten die Neptunisten den Basalt als Sediment gedeutet, so sahen die Vulkanisten nun sogar im Gips ein eruptives Gestein (COTTA 1842, KOCH 1856 bei Lübtheen, sicher angeregt durch die dortigen Salzstockstrukturen). Granit, Quarzporphyr u.a. Gesteine galten nun bei den meisten, nicht bei allen, als Eruptivgesteine.

Die nächst höhere Erkenntnisstufe beim Phänomen des Vulkanismus lieferten nicht WERNERS Gegner, sondern seine Schüler ALEXANDER VON HUMBOLDT und LEOPOLD VON BUCH (Abb. 45).

HUMBOLDT hatte auf den Kanarischen Inseln und in Südamerika die reihenförmige Anordnung der Vulkane erkannt und daraus auf tief in die Erdkruste reichende Spalten als Ursachen für den Vulkanismus geschlossen (veröff. z.B. 1808).

Abb. 45   LEOPOLD VON BUCH.

BUCH hatte 1798 den Vesuv und 1802 die Auvergne in Südfrankreich besucht. Hier fand er die Vulkane dem Granit aufsitzend, wodurch brennende Kohlen im Untergrund als Ursache für den Vulkanismus selbst bei neptunistischer Deutung des Granits widerlegt waren. BUCH betrachtete nach seinen Studien in der Auvergne den Basalt als vulkanisch umgeschmolzenen Granit. Auch er nahm für den Vulkanismus tief liegende Ursachen an. In der Auvergne und 1815 bei seiner Reise auf die Kanarischen Inseln entwickelte er seine 1821 veröffentlichte Vulkantheorie der „Erhebungskrater". Er fand Lavaschichten, die nach seiner Meinung stärker geneigt waren als es das Ausfließen aus einem Vulkan möglich gemacht hätte, schloß daraus auf eine blasenförmige Erhebung des Gebiets infolge Druck der Lava von unten und sah Radialtäler, die Barrancos, als radiale Spalten und damit als Beweis der Hebung an (Abb. 46). Manchmal (nicht immer) sei dann im Zentrum durch einen Einbruch eine Caldera, oft auch noch ein Aufschüttungskegel entstanden. So deutete er am Vesuv den Monte Somma als den Rest eines Erhebungskraters, den Vesuv als den Aufschüttungskegel in dessen Zentrum. BUCH sah schließlich ab 1835 alle Vulkane als Erhebungskrater an, so daß sich Gegnerschaft fand und – ähnlich wie beim Neptunistenstreit eine Generation zuvor – ein Streit entbrannte, ob die Vulkane Erhebungskrater oder Aufschüttungskegel seien. Für die Annahme von Erhebungskratern waren die Deutschen L. v. BUCH und H. ABICH, der Franzose E. DE BEAUMONT und der Engländer DAUBENY. Gegner, die in den Vulkanen nur Aufschüttungskegel sahen, waren die Engländer POULETT-SCROPE (1825) und LYELL (1833), der Franzose PRÉVOST (1832) und der Deutsche FR. HOFFMANN (1839). BUCH war 1834 nochmals in Italien, sammelte „Beweise" für seine Theorie und sagte 1835: „Erhebungskrater sind Reste einer großen Kraftäußerung aus dem Erdinnern, die ganze Quadratmeilen große Inseln auf ansehnliche Höhe erheben kann. Von ihnen gehen keine Eruptionserscheinungen aus. Es ist durch sie kein Verbindungskanal mit dem Erdinnern eröffnet, und nur selten findet man noch in der Nachbarschaft oder im Innern eines solchen Kraters Spuren von noch wirkender vulkanischer Tätigkeit. (...) Unsere Reise hat uns den vollständigen Beweis in die Hände geliefert, daß niemals ein vulkanischer Kegel durch aufbauende Lavaströme hervorgebracht werden kann, daß seine Höhe sich allein durch plötzliches Erheben fester Massen vermehrt, und daß der ganze Kegel selbst, der Ätna wie der Vesuv, Volcano wie Stromboli, ihre erste Erhebung durch plötzliches Hervortreten über die Fläche erhalten haben."

BUCHS Gegner behielten recht und wir kennen alle diese Vulkane als Aufschüttungskegel.

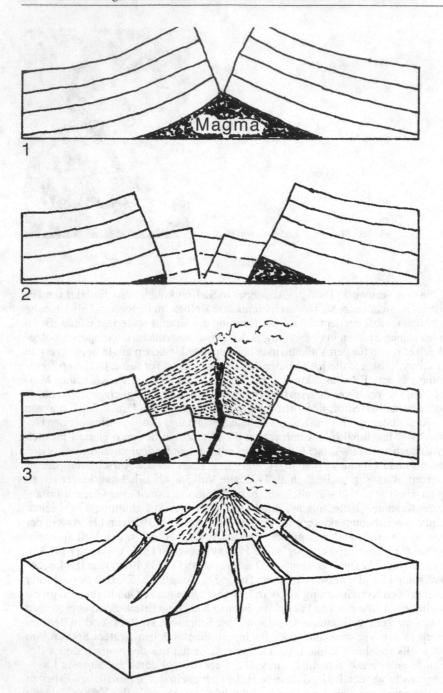

Abb. 46   Schemazeichnungen zu L. v. Buchs „Erhebungskratern". 1 zuvor waagerechte Schichten durch aufsteigendes Magma hochgepreßt und oben zu einem Krater aufgerissen („Erhebungskrater"), 2 Zentralteil zu einer „Caldera" eingebrochen, 3 in der Caldera ein Vulkan, ein „Aufschüttungskegel". Unten: Blockbild mit mehreren Barrancos (Radialspalten).

Die von K. v. Seebach 1865/1866 vorgeschlagene Klassifikation der Vulkane in
* Stratovulkane (Schichtvulkane) aus Schichten von Lavaflüssen und losen Auswurfspro-
  dukten, mit Krater,
* „homogene" Vulkane ohne Krater (offenbar Quellkuppen), sowie in
* Zentralvulkane und
* Reihenvulkane
gilt noch heute. Nur sind darin die Schildvulkane noch nicht enthalten, die erst 1906/07 von
W. v. Knebel und K. Sapper an isländischen Beispielen flacher Schilde aus dünnflüssiger
Basaltlava definiert worden sind. Deutsche Wissenschaftler haben auch weiter Vulkane im
Ausland erforscht, so Sartorius von Waltershausen 1840/61 den Ätna und 1847 auf Is-
land, 1851 Bunsen und 1834 Krug von Nidda ebenfalls auf Island, A. Stübel 1867 die
Vulkaninsel Santorin.

Die deutlichsten Vulkanformen besitzt Deutschland in der Eifel und im Siebengebirge. Sie
wurden u.a. von Steininger (1820–1824), Nöggerath (1822–1826) und v. Dechen (1852–
1864) beschrieben.

Zahlreiche Vorkommen von tertiärem Basalt, z.B. in der Rhön, in Hessen, im Hegau und in
Sachsen, liegen heute in Erosionslandschaften. Noch ältere, z.B. devonische und permische
Eruptivgesteine sind von tektonischen Verformungen und Erosion betroffen. In diesen Fällen reduzieren sich vulkanologische Studien nach der Kartierung der Gesteinsvorkommen
und ihrer petrographischen Analyse bestenfalls noch auf die gedankliche Rekonstruktion
der einst vorhanden gewesenen Vulkanformen.

Die eigentlichen Ursachen des Vulkanismus wurden weder durch die Annahme von Erhebungskratern noch durch die Feststellung von Aufschüttungskegeln erklärt. Um 1830 deutete Lyell die Explosionskraft der Vulkane und ihre Lage bevorzugt in Meeresnähe mit
dem Zutritt von Meerwasser zum heißen, schmelzflüssigen Erdinneren. Um 1870 vermutete der Engländer R. Mallet die Entstehung von Vulkanen durch die Kontraktion der Erde,
die daraus resultierende Deformation der Erdkruste und die Entstehung von Bruchlinien, an
denen durch lokalen Druck und Zerquetschung geschmolzene Gesteinsmassen, beeinflußt
durch Wasserdampf zur Eruption kommen können. Ähnlich dachte sich E. Suess 1885 das
Aufsteigen des Magmas. Blieb es in der Erdkruste stecken und erstarrte es in der Tiefe, war
es nach einem Terminus von E. Suess ein „Batholith", das Gestein ein Plutonit.

Solche durch „Plutonismus" entstandene Tiefengesteinskörper, z.B. Granitmassive, sind,
durch die Abtragung heute freigelegt, seit Beginn der Kartierung und damals neptunistisch
gedeutet, in mehreren Gebirgen Deutschlands bekannt (z.B. Bayer. Wald, Schwarzwald).

Erdbeben, seit langem mit dem Vulkanismus, seit E. Suess 1873 auch (unabhängig vom
Vulkanismus) mit tektonischen Verformungen der Erdkruste in Verbindung gebracht, sind
in Deutschland zunächst von Geologen bearbeitet worden. So richtete Hermann Credner
1902 eine Erdbebenwarte in Leipzig ein. Mit dieser registrierte der Observator Franz Etzold nicht nur Fernbeben, sondern auch die bekannten „Schwarmbeben" des Vogtlandes.

Das Nördlinger Ries, ein kreisrundes flaches Gebiet mit 25 km Durchmesser und jungen
Sedimenten, umgeben von einem Wall aufragender älterer Gesteine, wurde anfangs, 1868
durch O. Fraas, 1870 durch C.W. Gümbel als Vulkankrater gedeutet. Insbesondere der
Aufbau des Walles und das Vorkommen sonst unbekannter Gesteine, z.B. des Suevits, zwan-
gen dabei zur Annahme besonderer Umstände bei der Bildung des Rieses oder gar zu tektonischen oder glazialgeologischen Deutungen. Gegenüber diesen Erklärungen vermutete
erstmals E. Werner 1904, dann O. Stutzer 1936 im Ries einen Meteoriteneinschlag, eine
Deutung, die – sicher durch den Aufschwung der Raumfahrt etwas beeinflußt – 1964 durch
den amerikanischen Spezialisten für Meteoritenkrater, W.A. Bucher, Allgemeingut wurde.

4.3.2 Gebirgsbildung

Zentrale Bedeutung für die Vorstellungen über Gebirgsbildung hatte auch noch im 19. Jahrhundert die Frage, ob das Auftauchen von Festland aus dem Meer auf ein Sinken des Meeresspiegels oder auf eine echte Hebung des Festlandes zurückzuführen ist. Vertreter beider Deutungen gab es im 18. Jahrhundert, aber auch noch im 19. Jahrhundert.

LEOPOLD V. BUCH hatte auf seiner Reise 1807 durch Skandinavien alte Strandlinien beobachtet, die geneigt zum heutigen Meeresspiegel verlaufen, und schloß daraus richtig, daß nicht der Meeresspiegel sinkt, sondern Skandinavien sich hebt, und zwar ungleichmäßig, im Norden stärker, im Süden weniger. Dieser Deutung folgten u.a. in England CH. LYELL 1834, in Deutschland C.F. NAUMANN 1850. Damit war das Phänomen richtig beobachtet, das wir als *Epirogenese* kennen, von HERMANN CREDNER 1872, aber noch als säkulare Hebung bzw. Senkung bezeichnet (im Gegensatz zu den „instantanen", plötzlichen Bewegungen).

Über die Ursachen solcher Meeresspiegelbewegungen gab es im ganzen 19. Jahrhundert noch recht altertümliche Vorstellungen. HUTTON hatte Aufwölbungen der Erdkruste durch Ewärmung und Wärmedehnung angenommen. H.G. BRONN und der Amerikaner DANA vermuteten um 1844 ungleichmäßige Abkühlung und Schrumpfung des Erdkörpers als Ursache der Relativbewegung von Festland und Meeresspiegel. Trotz BUCHS klarer Beobachtung und Deutung ging der Streit um Hebung des Festlandes oder Senkung des Meeresspie-

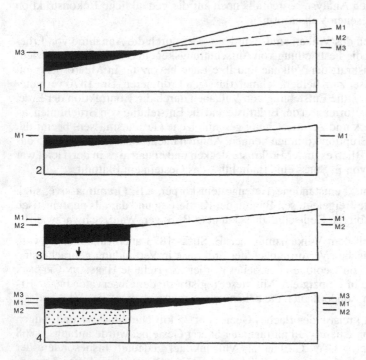

Abb. 47 Schemazeichnungen zur Diskussion Hebung oder Senkung des Festlandes oder des Meeresspiegels, 1 die Neigung der ehemaligen Strandlinien M1 und M2 gegen die Horizontale, den heutigen Meeresspiegel M3, beweist nach L. v. BUCH, daß sich nicht der Meeresspiegel gesenkt, sondern das Festland (ungleich) gehoben hat, 2/3 Regression des Meeres durch Senkung einer untermeerischen Erdkrustenscholle, 3/4 Transgression des Meeres durch Sedimentbildung auf dem Meeresboden.

gels bis gegen Ende des 19. Jahrhunderts weiter. EDUARD SUESS, mit seinem dreibändigen Buch „Das Antlitz der Erde" (1885–1909) Repräsentant für die Vollendung der klassischen Geologie, schrieb echten Hebungsvorgängen nur eine ganz untergeordnete Bedeutung zu. Er nahm an Stelle der Ozeane Einbrüche der Erdkruste an, so daß sich nach seiner Meinung das Wasser von den Festländern in die Ozeane zurückzog (Abb. 47). Transgressionen, das Steigen des Meeresspiegels mit entsprechender Überflutung des Festlandes erklärten er und 1872 A. TYLOR durch Auffüllung des Meeresbodens mit Sedimenten. Erst um 1900 sprachen sich DRYGALSKI, BRÜCKNER, PENCK und KAYSER wieder für die Existenz echter Hebungsvorgänge aus.

Grundlage dieser Diskussion war bis um 1900 die Annahme der klassischen Geologie, daß es unter Festländern und Meeren eine einheitliche Erdkruste gibt. Diese Annahme wurde erst im 20. Jahrhundert – mit besseren Forschungsmethoden und Erkenntnis der Ozeanböden – überwunden.

Entscheidend für das 19. Jahrhundert war – trotz allen Streits um die Hebung des Festlandes oder das Sinken des Meeresspiegels – LEOPOLD V. BUCHS Erkenntnis der Hebung von Skandinavien. Sie war Voraussetzung seiner tektonischen Theorie, die die Vorstellungen über Gebirgsbildung jahrzehntelang bestimmt hat.

LEOPOLD V. BUCH hatte 1824 im Fassatal in Südtirol Dolomit und Quarzporphyr gestört über Augitporphyrit gefunden (Abb. 48), sah in diesem Gestein die Ursache für die Lagerungsstörungen und erweiterte hier seine für die Deutung der Vulkane entwickelte Theorie der Erhebungskrater zu seiner „Erhebungstheorie" der Gebirge. Er und E. DE BEAUMONT waren die Hauptvertreter dieser Theorie, die damals aber allgemein anerkannt wurde. Sie besagt: Gebirge sind durch linear (in einer großen Spalte) aktiv aufsteigendes Magma emporgehoben worden, wobei sich die älteren Gesteine auf dem Gebirge in gestörter Lagerung befinden, an den Rändern der Gebirge aber beiderseits aufgerichtet sind. Die in oder neben den Gebirgen auftretenden Kalksteine sollen bei der Hebung durch vulkanische Dämpfe in Dolomit umgewandelt worden sein.

L. V. BUCH und E. DE BEAUMONT sahen auch die Richtungen der geradlinig gestreckten Gebirge als gesetzmäßig an. Sie schrieben gleich gerichteten Gebirgen gleiches Alter zu. L. V. BUCH gliederte Mitteleuropa in Gebiete mit vorherrschenden Streichrichtungen. E. DE BEAUMONT bekam bei übermäßiger Extrapolation der Richtungen Schwierigkeiten mit der Erdkrümmung. (Auch HUMBOLDT hatte schon 1794/1808 auf die Dominanz des Südwest–Nordost-Streichens im Fichtelgebirge, Erzgebirge, Rheinischen Schiefergebirge und in den Salzburger Alpen hingewiesen und fand diese Richtung sogar in Kolumbien und Mexiko bestätigt.)

Wie man sich ein Nord–Süd-Profil durch die Alpen nach BUCHS Erhebungstheorie insgesamt vorzustellen habe, zeichnete B. COTTA 1854 (Abb. 49).

BUCH fand seine Erhebungstheorie schon 1824 auch am Thüringer Wald und Harz bestätigt. Der Thüringer Wald – wie ein Grat SO–NW gestreckt – sei wie die Alpen durch „schwarzen Porphyr" gehoben worden. Er beobachtete beim „roten Porphyr" im Thüringer Wald Veränderungen durch die Einwirkungen des „schwarzen Porphyrs" und – auch wie in den Alpen – am Rande des Thüringer Waldes bei Liebenstein Dolomit. HEINRICH CREDNER zeichnete 1846/54 Profile durch den Thüringer Wald (Abb. 50), wo die Gesteinsgrenzen ganz gemäß der Erhebungstheorie, nämlich steil, vermutet werden. COTTA schrieb 1833 dazu passend: „Von den Flözgebirgen findet man nur gehobene Überreste … auf der Höhe des Porphyrrückens. Das ist auch ganz natürlich, denn die übrigen Flözschichten mußten bei Öffnung einer solchen weiten Spalte seitwärts und gänzlich aus dem Bereiche des Porphyrs entfernt werden, ehe er noch die Spalte erfüllte". Schon auf den ersten Blick haben die von JOHAN-

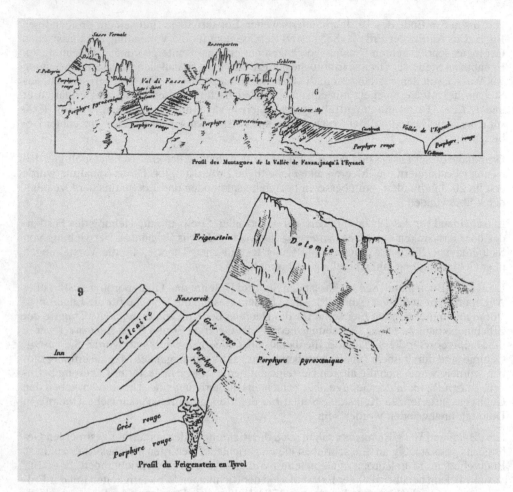

Abb. 48   LEOPOLD V. BUCHS Profil durch Rosengarten und Schlern in Südtirol mit dem hebenden Augitporphyr („Porphyre pyroxenique") und den gehobenen Gesteinen Roter Porphyr („Porphyre rouge") und Dolomit (aus L. V. BUCH 1824).

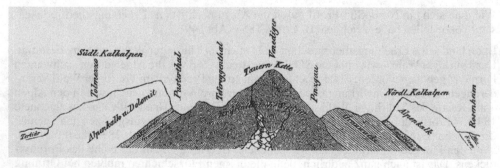

Abb. 49   BERNHARD COTTAS Profil durch die Alpen, unter den Zentralalpen der das Gebirge hebende Magmaschmelzfluß.

NES WALTHER 1910 auf Grund neuerer tektonischer Vorstellungen gezeichneten Profile einen wesentlich höheren Wahrheitsgehalt. Auch beim Harz fand L. v. BUCH 1824 – bei Ilfeld – „Augitporphyr" (Melaphyr), den er als hebendes Agens beim Aufstieg des Harzes betrachtete. Auch der Harz fügte sich mit seiner NW–SO-Richtung dem Richtungssystem von BUCH und DE BEAUMONT ein. Auch der Harz hatte im Vorland Aufrichtungszonen. Aber der Harz zeigte auch schon, wie BUCH mit seiner Theorie den Boden des Akzeptablen verließ: Das Bodetal soll eine aufgerissene Spalte sein, und der Gips südlich von Ilfeld sei Kalkstein gewesen, der durch vulkanische Dämpfe bei der Hebung des Gebirges zu Gips geworden sei.

Der Engländer BUCKLAND veröffentlichte 1836 ein generalisiertes Gebirgsprofil nach BUCHS Erhebungstheorie, das in Deutschland modifiziert nachgedruckt wurde, z.B. durch B. COTTA, 1842 bis 1856 (Abb. 51). In diesem Profil werden nach wie vor Falten und Verwerfungen vernachlässigt. Es gleicht weitgehend dem neptunistischen Gebirgsprofil, nur sind „aktiv hebende" Magmaintrusionen eingezeichnet.

Auch COTTAS Profile von 1842/52 durch das Erzgebirge lassen ihn deutlich als Anhänger der Erhebungstheorie erkennen (Abb. 52). Er lieferte 1851 ein Lehrbuch der Tektonik (nach damaligem Stand) und verfolgte dabei u.a. die Abhängigkeit der Zahl und Ausdehnung der Granitanschnitte von der Tiefe des Erosionsanschnittes.

Um 1860 mehrte sich der Widerspruch gegen BUCHS Erhebungstheorie. COTTA schrieb 1866 treffend über die nun in Frage gestellte Theorie: „Fast alle Schichtaufrichtungen, Verwerfungen und Biegungen, fast alle Gebirgserhebungen wurden eruptiven Gesteinen Schuld gegeben, und wo man dergleichen nicht als Ursache an der Oberfläche auffinden konnte, da setzte man sie wenigstens in der Tiefe oder in der Nachbarschaft als vorhanden voraus. Wo irgend die ursprünglichen Lagerungsverhältnisse erkennbar stark verändert waren, da glaubte man, es müsse ein eruptives Gestein die Ursache gewesen sein, und wo irgend die gewöhnliche Beschaffenheit sedimentärer Gesteine lokal bemerkbar verändert war, da nahm man ebenfalls an, es müsse wohl ein eruptives Gestein die Ursache davon sein". Das fiel nun weg. Die Eruptivgesteine erwiesen sich als selbst durch die Tektonik deformiert. Auch der um 1860 genauer erkannte Faltenbau der Gebirge sprach gegen die Hebungstheorie. Rückblickend schreibt E. SUESS 1901: „Es war eine Zeit, in welcher jede einzelne Antiklinale des Juragebirges als eine selbständige Hebungsachse angesehen wurde. Dann begriff man, daß so viele parallele Sättel einen gemeinsamen Ursprung haben müssen" (eben nicht eine Kraft von unten, sondern den Seitenschub der Alpen).

Überwunden wurde BUCHS Erhebungstheorie, als E. SUESS 1875 die von dem Amerikaner J.D. DANA 1846/49 vom Bau der Appalachen und Rocky Mountains abgeleiteten theoretischen Anschauungen nach Europa übertrug. DANA nahm 1873 die Schrumpfung der Erde durch Abkühlung an, rechnete demgemäß mit Senkungen der Erdkruste und leitete daraus horizontale Spannungen ab, die durch Seitenschub zu Faltengebirgen führen sollten. Diese entstehen nach DANA in „Geosynklinalen", d.h. sich senkenden Sedimentbecken, wogegen „Geantiklinalen" weitgespannte Gewölbe darstellen. Neue Gebirge fügen sich den älteren an und vergrößern damit das Festland. In Europa hatte E. DE BEAUMONT auch schon 1852 die Kontraktionstheorie vertreten. Der Züricher Geologie-Professor A. HEIM berechnete 1878 aus den Falten der Alpen und der Faziesverteilung konkret, um welche Beträge zu welcher Zeit der Raum der Alpen eingeengt worden ist und kennzeichnete die Kontraktionstheorie mit einem seither oft zitierten Vergleich: „Wie die Haut eines eintrocknenden Apfels allmählich für denselben zu groß wird und feine Falten bildend auf den schwindenden Kern nachsinkt, so mußte sich auch die Erdrinde verhalten". Am Ende des 19. Jahrhunderts schuf der Wiener Geologie-Professor EDUARD SUESS (Abb. 53) mit seinen Büchern „Die Entstehung der Alpen" (1875) und „Das Antlitz der Erde" (1883/1909) ein geschlossenes geologi-

u.R. = unteres, koblenführendes Rothliegendes.   o.R. = oberes Rothliegendes.
Z. = Zechstein.   B.S. = Buntsandstein.   M.K. = Muschelkalk.   P. = Quarzporphyr.   G.P. = Glimmerporphyr.

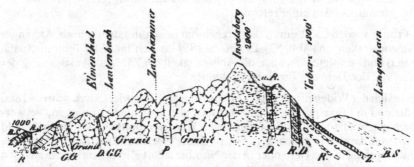

u.R. = unteres Rothliegendes.   R. = oberes Rothliegendes.   Z. = Zechstein.
B.S. = Buntsandstein.   G.G. = jüngerer Granit (Granitgänge).   P. = Quarzporphyr.   D. = Grünstein.

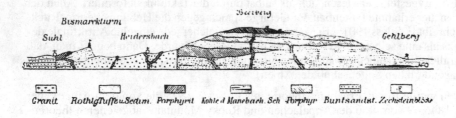

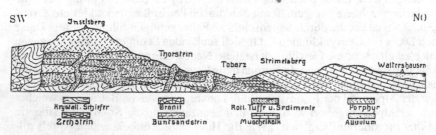

Abb. 50   Oben: Zwei Profile durch den Thüringer Wald von Heinrich Credner und B. Cotta, 1854/
58, entworfen nach L. v. Buchs Hebungstheorie.
Unten: Die entsprechenden Profile durch den Thüringer Wald von J. Walther, 1902/27, Porphyr
und Granit passiv von Verwerfungen betroffen.

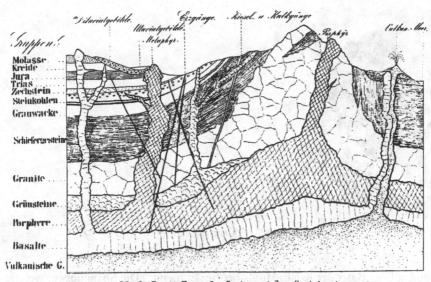

Abb. 51   Schematisches Gebirgsprofil auf der Basis von L. v. Buchs Hebungstheorie, aus B. Cotta 1842.

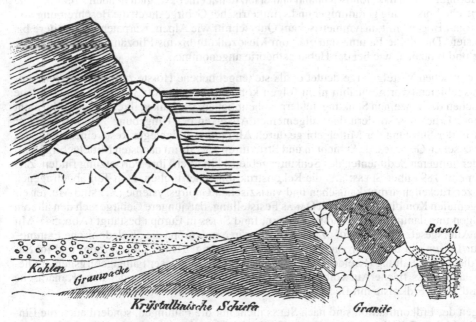

Abb. 52   Die Erklärung des Erzgebirges mit L. v. Buchs Hebungstheorie durch B. Cotta. Oben: Prinzipskizze einer einseitigen Hebung durch „emporquellende Gesteinsmassen" (Cotta 1842). Unten: Detailliertes Profil (Cotta 1852).

Abb. 53   EDUARD SUESS.

sches Weltbild auf der Basis der Kontraktionstheorie. Er meint: „Die Spannungen, welche aus der Kontraktion der äußeren Teile des Erdkörpers hervorgehen, zerlegen sich in tangentiale Faltung und vertikale Senkung".

SUESS analysierte den tektonischen Bau der Gebirge viel mehr bis ins Detail. Er übernahm von DANA die Vorstellung, daß Faltengebirge aus Geosynklinalen hervorgehen, definierte die Thethys als die große mesozoische Geosynklinale zwischen Eurasien und Afrika-Indien, definierte auch das Gondwanaland und ersetzte mit einer „vergleichenden" Tektonik die BUCHsche Vorstellung geradliniger und symmetrischer Gebirge durch die Beschreibung von Gebirgs-„Bogen" mit unsymmetrischem Querschnitt wie Alpen, Karpaten und weitere bis Ostasien. Die alpine Faltung dauerte vom Mesozoikum bis ins Pliozän, war also nicht so kurz und plötzlich, wie bei der Hebungstheorie angenommen.

Die deutschen Mittelgebirge deutet er als stehengebliebene Horste zwischen großen Senkungsgebieten (worin wir ihm nicht folgen können). Er schreibt: „... die Horste, welche zwischen den einzelnen Senkungsfeldern stehenblieben, verdanken ihre heutige Höhe nicht eigener Erhebung, sondern dem allgemeinen Absinken der Umgebung". Richtig sieht er aber in der Substanz der Mittelgebirge durch Abtragung freigelegte Reste eines alten, des Variszischen Gebirges, da Schichten und Strukturen jeweils im nächsten Mittelgebirge (unter den jüngeren Sedimenten des Senkungsgebietes hindurch) ihre Fortsetzung finden. ZITTEL meint 1899 über SUESS: „... die Rekonstruktionen der uralten, zum Teil abgetragenen und zerstückelten armorikanischen und variszischen Gebirgssysteme (...) sind Muster einer genialen Kombination". Auch DANAS Feststellung, daß jüngere Gebirge sich den älteren anfügen und damit das Festland vergrößern, fand SUESS in Europa bestätigt (Abb. 54). Mit dem Altersgesetz der Diskordanzen erkannte er in Nordeuropa die „Kaledonische Faltung" (Silur/Devon), in Mitteleuropa die „Variszische Faltung" (Unter/Oberkarbon) und im Süden die Alpine Faltung (Kreidezeit und Tertiär). Außerhalb dieser Faltengebirgsgebiete liegen nach SUESS flache Aufwölbungen wie der „Baltische Schild" oder der „Kanadische Schild" oder Erdkruste mit flachgelagerten Schichten wie die „Russische Tafel".

Folgen der Erdkontraktion sind nach SUESS nicht nur die Faltungen, sondern auch die Einbrüche kleiner Schollen auf dem Festland, wie der Egertalgraben, der Oberrheingraben und das Nördlinger Ries, sowie der Einbruch großer Erdkrustenschollen dort, wo sich heute die Ozeane befinden.

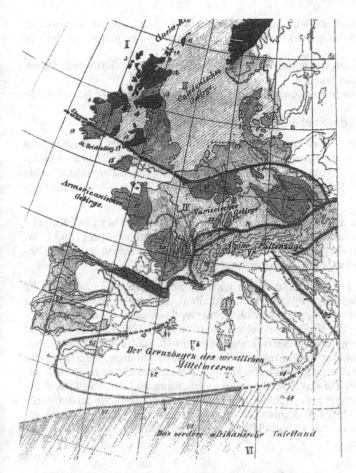

Abb. 54   Die Gliederung Europas in Gebiete verschieden alter Faltengebirge, aus E. SUESS 1893.

SUESS' Fazit: „Der Zusammenbruch des Erdballs ist es, dem wir beiwohnen. Er hat freilich schon vor sehr langer Zeit begonnen und die Kurzlebigkeit des menschlichen Geschlechts läßt uns dabei guten Mutes bleiben. (…) Die Einbrüche sind es, welche die Wässer in tiefen Weltmeeren gesammelt haben. Hierdurch erst sind Kontinente entstanden und sind Wesen möglich geworden, welche durch Lungen atmen".

Dieses auf der Kontraktionstheorie basierende Weltbild der klassischen Geologie ist im 20. Jahrhundert durch verschiedene, in Konkurrenz stehende Theorien abgelöst und schließlich durch die Erforschung der Ozeanböden und die Aussagen neuer geophysikalischer Methoden überwunden worden.

4.3.3   Tektonik im Gelände

Die Dokumentation tektonischer Lagerungsstörungen im Gelände war nicht der Folge der tektonischen Theorien untergeordnet, sondern Theorien und Geländearbeit standen miteinander in Wechselwirkung, teils hemmend, teils fördernd. Hier soll es nicht um idealisierte, an Theorien angepaßte Darstellungen tektonischer Lagerungsstörungen gehen, sondern es soll verfolgt werden,

- wann und durch wen Lagerungsstörungen hinreichend genau dokumentiert worden sind,
- wie diese Störungen gedeutet wurden,
- wie die Dokumentation von Störungen und die Theorien sich gegenseitig beeinflußten und
- wie sich auf diesem Gebiet das Streben nach Vollständigkeit bemerkbar machte.

STENOS Diskordanz (vgl. Seite 20) erweist sich als so mit Absicht idealisiert, daß darin kein konkreter Aufschluß wiederzuerkennen ist. Konkret gemeint sind dagegen die von JOHANN SCHEUCHZER 1708 dokumentierten und von seinem Bruder JOHANN JACOB SCHEUCHZER veröffentlichten Gesteinsfalten am Vierwaldstätter See, wenn auch als Zeugnis der Sintflut gedeutet (Abb. 55).

Noch etwas primitive Zeichnungen konkreter Verwerfungen veröffentlichte 1782 KESSLER VON SPRENGSEYSEN aus dem Steinkohlenrevier von Stockheim (Oberfranken) und 1786 J.C.W. VOIGT aus dem Kupfer-Kobalt-Revier von Schweina-Glücksbrunn am Thüringer Wald. Dieselbe Situation zeichnete v. HOFF 1814 schon genauer (Abb. 56).

In WERNERS neptunistischer Erdgeschichte hatten tektonische Vorgänge keinen Platz. Er deutete Verwerfungen und Faltungen des Gesteins deshalb als Setzungserscheinungen der Sedimente beim Trockenfallen des Gebirges infolge Sinkens des ozeanischen Wasserspiegels. Vom Bergbau her hatte die Freiberger Schule aber mit Streichen, Fallrichtung und Fallwinkel (und ihrer Messung mit dem Setzkompaß seit dem 15. Jahrhundert) die methodische Grundlage für die Dokumentation tektonischer Elemente geliefert. H. STRÖM, ein Schüler WERNERS, lieferte 1814 eine geologische Karte, auf welcher schon ebenso wie auf späteren Karten auch, Zeichen für das Streichen, die Fallrichtung und den Fallwinkel des Gneises eingetragen sind. Der WERNER-Schüler und dann in Siegen als Bergmeister tätige F. SCHMIDT veröffentlichte 1823/24 Dokumentationen von Verwerfungen, Harnischen, einer Diskordanz und des Winkels zwischen Schieferung und Schichtung (Abb. 57).

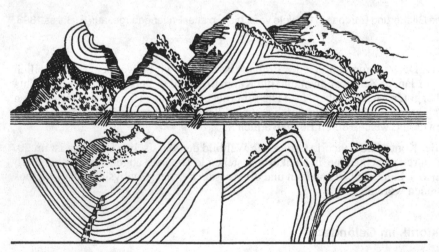

Abb. 55   Gebirgsfaltung am Vierwaldstätter See, von JOHANN und J.J SCHEUCHZER 1708 gezeichnet und veröffentlicht.

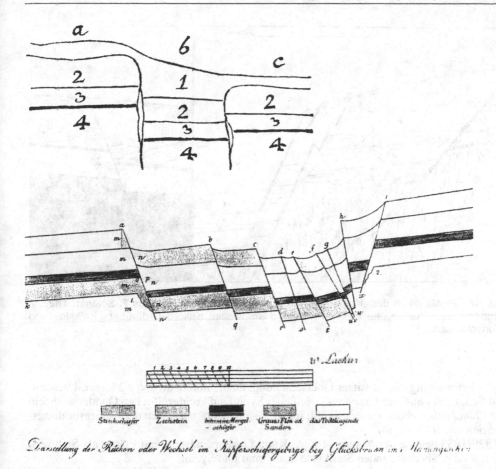

Abb. 56   Frühe Beispiele für die Erkenntnis von Verwerfungen im Gelände.
Oben: 1786 von J.C.W. Voigt veröffentlicht: Grabenbruch im Zechstein von Kupfersuhl bei Eisenach.
Unten: 1814 von C.E.A. v. Hoff veröffentlicht: Verwerfungen im Zechstein von Glücksbrunn bei
Eisenach.

Im Bergbau, und zwar im Steinkohlenrevier von Aachen, wurden 1824 Faltungen erkannt.
K. V. OEYNHAUSEN nennt dort 13 „Hauptsättel", 12 „Hauptmulden" und noch viele Sättel
und Mulden zweiter Ordnung. Er findet die durch die Faltung bedingte Einengung auf ein
Drittel „unbegreiflich" und hält die sattel- und muldenförmige Lagerung für „eine der merk-
würdigsten geognostischen Erscheinungen, die bis jetzt in den meisten Lehrbüchern der
Geognosie … noch bei weitem nicht gehörig gewürdigt worden ist".
Falten paßten nicht in WERNERS neptunistische Gebirgsbildungstheorie, aber auch nicht in
die sich ab 1824 entwickelnde Erhebungstheorie der Gebirge von L. V. BUCH. Je mehr sol-
che Falten aber entdeckt und dokumentiert wurden, umso mehr Zweifel hätten an dieser
Theorie entstehen müssen. Doch bei den Kartierungsarbeiten, die 1825/1860 in der Zeit der
BUCHSchen Erhebungstheorie stattfanden, wurde man erst einmal – theoriekonform – auf
Erhebungslinien aufmerksam, d.h. auf Verwerfungen, Horste, Grabenbrüche und auf flache
Aufwölbungen.

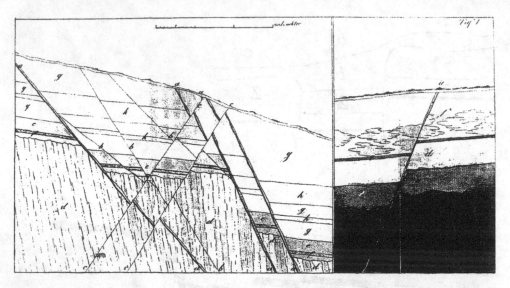

Abb. 57   Profile durch das „Kupferschiefergebirge" von Stadtbergen, aus F. Schmidt, 1823. a Erzgänge, b gleichalte Klüfte, c jüngere Klüfte, d Grauwacke, diskordant darüber g Kalkstein und h Tonschichten.

In der Erforschung der Lausitzer Überschiebung, an der nordöstlich von Meißen-Dresden-Bad Schandau Lausitzer Granit und Meißener Syenit auf kreidezeitlichen Quadersandstein und Pläner aufgeschoben worden sind, spiegeln sich mehrere Etappen der Gebirgsbildungstheorien wider (Abb. 58):

- 1829/1833 deutete der Neptunist K.A. Kühn Quadersandstein und Pläner als Sediment unter einer überhängenden Steilküste aus Granit und Syenit.
- Um 1830 betrachteten die Vulkanisten E. de Beaumont und C.F. Naumann Granit und Syenit als Schmelzflüsse, die – jünger als Quadersandstein und Pläner – sich gemäß der Hebungstheorie auf diese aufgelagert hätten. Naumann glaubte bei Meißen Plänereinschlüsse im Granit gefunden zu haben und hielt deswegen sogar diesen jünger als den auflagernden Pläner.
- 1834 hielt der Vulkanist v. Leonhard den Syenit für älter als Quadersandstein und Pläner und vermutete einen jüngeren Granitschmelzfluß, der bei Meißen die Plänereinschlüsse enthält und den Syenit über den Pläner, bei Hohnstein die dortigen Juraschichten über den Quadersandstein geschoben hat.

1836/38 klärte der dort kartierende Geologe B. Cotta das Problem in der noch heute gültigen Weise: Er projektierte eine Bohrung und Schürfe und finanzierte beides mit Spendengeldern in Höhe von 356 Thalern (davon A. v. Humboldt 10 Th., Kaspar v. Sternberg 10 Th., C.S. Weiss 10 Th., L. v. Buch 10 Th., Ch. Lyell 5 Th. usw.). Die Aufschlüsse erwiesen den „Granit und Syenit des rechten Elbufers als feste fertige Gesteinsmassen emporgehoben und hie und da zugleich mit einigen anhängenden Jurateilen über den Quadersandstein und Pläner hinweggeschoben", wie Cotta auf der Versammlung deutscher Naturforscher und Ärzte 1836 in Jena vortrug. Allerdings sah er die Ursache für die Überschiebung noch in einem „unbekanntem Agens", worin man doch noch eine Reminiszenz an die Rolle von Schmelzflüssen in der damals noch anerkannten Hebungstheorie erkennen kann.

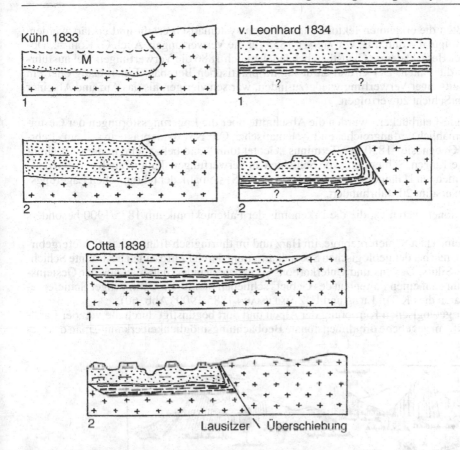

Abb. 58   Der Wandel in der Deutung der Lausitzer Überschiebung bei Hohnstein/Sächsische Schweiz in schematischen Profilen.
Links oben der Neptunist K.A. Kühn: Im Meer (M) wird auf dem Urgestein Granit (Kreuze) und unter einem unterhöhlten Granitsteilhang Quadersandstein des Flözgebirges (Punkte) sedimentiert. Rechts oben der Vulkanist C.C. v. Leonhard: 1 Juraschichten (gestrichelt) und Quadersandstein (punktiert) lagern sich auf unbekanntem Untergrund ab, 2 ein Aufsteigen schmelzflüssigen (also jüngeren) Granits (Kreuze) hebt die Juraschichten aktiv empor. Unten die jetzige Deutung seit Cotta 1838: 1 Jura und Quadersandstein lagern sich dem (älteren!) Granit auf. 2 Dieser wird an der (jüngeren) Lausitzer Überschiebung passiv auf die jüngeren Schichten geschoben und schleppt diese mit hoch.

Bei seinen Kartierungsarbeiten in Thüringen erkannte Cotta 1840/1847 die NW–SO streichenden saxonischen Störungszonen in der Trias des Thüringer Beckens sowie die dortigen Triasaufwölbungen und dokumentierte sie auch in tektonischen Details (Abb. 59).

E. Beyrich beschrieb 1849 saxonische Störungszonen im nördlichen Harzvorland und die Aufrichtungszone am Harz-Nordrand, F. Roemer die saxonische Faltung im Weserbergland.

Die Randstörungen des Oberrheingrabens hatte E. de Beaumont erkannt.

Nun mußten die erkannten tektonischen Formen systematisch erfaßt und erklärt werden. Zuerst erfolgte das durch R. v. CARNALL 1835 für die Verwerfungen. Auch G. KÖHLER, Dozent an der Bergakademie Clausthal, behandelte noch 1886 die Verwerfungen viel ausführlicher als die Falten. Der Grund dafür lag im praktischen Bergbau: Einen Gang oder ein Flöz jenseits einer Verwerfung wiederzufinden, war schwieriger, als das Auf und Ab einer gefalteten Schicht zu verfolgen.

In Geologie-Lehrbüchern wurden die Abschnitte über die Lagerungsstörungen der Gesteine nur allmählich umfangreicher und systematischer. C.F. NAUMANN prägte in seinem „Lehrbuch der Geognosie" 1850 den Terminus „Geotektonik" und behandelte in dem Abschnitt u.a. Verwerfungen, Schleppung von Schichten an Verwerfungen, Falten (auch verschiedene Faltenformen) und Gänge. Voll ausgebildet war die Systematik der tektonischen Lagerungsstörungen erst im 20. Jahrhundert.

Zwei Regionen waren es, die die Erkenntnis der Faltentektonik um 1875/1900 besonders förderten:
1. Im Rheinischen Schiefergebirge, im Harz und im thüringisch-fränkischen Schiefergebirge fand man bei der geologischen Spezialkartierung durch Leitfossilien bestimmte Schichten des Silurs, Devons und Unterkarbons so nebeneinander, daß man aus der Gesteinsverteilung auf einen Faltenbau des Gebiets schließen mußte. Im Ostthüringer Schiefergebirge taten dies K.TH. LIEBE und E. ZIMMERMANN 1885/1900 (Abb. 60).
2. Bei der geologischen Kartierung der Alpen und dort begünstigt durch die von der Landschaftsform gegebene dreidimensionale Beobachtungsmöglichkeit erkannte man das Ge-

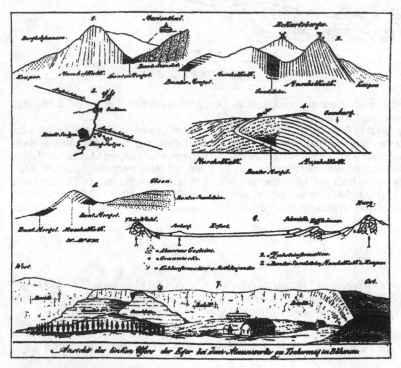

Abb. 59   Die Lagerungsverhältnisse des Buntsandsteins und Muschelkalks an der Finnestörung, der wichtigsten saxonischen Störung in Nordthüringen, veröffentlicht von B. COTTA, 1840.

birge als *Faltengebirge*; GÜMBEL beschrieb 1875 für die Teilnehmer der Münchener Tagung der Deutschen Geologischen Gesellschaft die gefaltete kohlenführende Molasse im nördlichen Alpenvorland. Der Schweizer Geologe ALBERT HEIM lieferte 1878 hervorragende Profile von den tektonischen Strukturen in den Alpen, wovon die „Glarner Doppelfalte" – zwei gegeneinander gerichtete Falten (Abb. 61) – besonders berühmt geworden ist. E. SUESS erkannte sie aber schon 1883 als flache, weitreichende Überschiebung, und 1892/94 folgte selbst A. HEIM der Vorstellung von „Deckenüberschiebungen" an Stelle eines ortsgebundenen Faltenbaus. Ihre volle Bedeutung erlangte die Deckenlehre aber erst im 20. Jahrhundert.

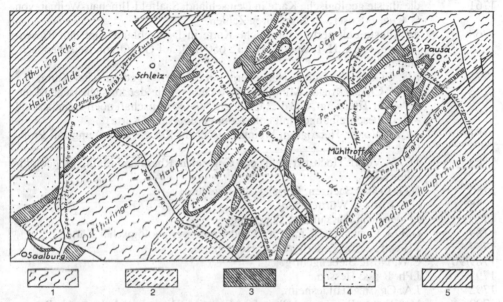

Abb. 60   Vereinfachte Darstellung der von K.TH. LIEBE und E. ZIMMERMANN um 1885/1900 kartierten Blätter Schleiz und Lössau der geologischen Spezialkarte 1 : 25 000 im Thüringischen Schiefergebirge mit dem aus dem Kartenbild abgeleiteten tektonischen Bau. Stratigraphische Bezeichnungen n. E. ZIMMERMANN: 1 Kambrium, 2 Untersilur, 3 Mittel- und Obersilur, 4 Devon, 5 Kulm.

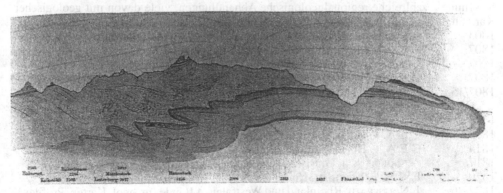

Abb. 61   Die „Glarner Doppelfalte", Schweiz, in der Darstellung von A. HEIM 1878.

4.4 Regionale Geologie, geologische Kartierung und Geologische Landesämter

Regionale Geologie beginnt mit Feststellungen, wo welche Gesteine vorkommen, und es lag nahe, dies in Karten festzuhalten. Parallel zur Herausbildung der Geologie als Wissenschaft gab es allerdings schon im 18. Jahrhundert geologische Reisebeschreibungen und erste geologische Karten. Für beides sind zu nennen:

1743	die älteste geologische Karte: Ost-Kent (England) von CHR. PACKE, als Signaturen Zeichen und Linien,
1761	die älteste geologische Karte in Deutschland: Saalfeld-Ilmenau-Weimar, von G. CHR. FÜCHSEL, als Signaturen Zahlen,
1768	die älteste colorierte geologische Karte in Deutschland: Dresden-Riesengebirge, von C.H. LOMMER, etwa 1 : 650 000, auf Grund von Reisebeobachtungen,
1775	F.G. GLÄSER: Grafschaft Henneberg, mit colorierter geologischer Karte,
1778	J.F.W. CHARPENTIER: „Mineralogische Geographie der kursächsischen Lande" – der Titel zeigt, daß die „Geologie" als Wissenschaft noch nicht bestand – Reisebeschreibungen mit colorierter geologischer Karte,
1781	J.C.W. VOIGT: Herzogtum Weimar-Eisenach, Reisebeschreibung mit Profilen,
1783	J.C.W. VOIGT: Hochstift Fulda und Gegend an Rhein und Main, mit geologischer Karte,
1785	N.G. LESKE: Sachsen, Reisebeschreibungen,
1788	G.F. RÖSLER: Württemberg,
1789	J.P. BECHER: Nassau und Siegerland,
1789	G.S.O. LASIUS: Harz, mit Profil und colorierter geologischer Karte,
1789	J.H.S. LANGER: Paderborn und Hildesheim,
1789/90	C.W. NOSE: Siebengebirge,
1791	J.Ph. RIESS: Hessen,
1792	J.A. CRAMER: Hildesheim,
1792	M.v. FLURL: Bayern und Oberpfalz, FLURL ein WERNER-Schüler und in Bayern „… der erste, der sich an ein solches Unternehmen wagt" (Vorwort),
1796/1812	J.L. HEIM: Thüringer Wald (6 Bände),
1799	J.C. FREIESLEBEN: Harz.

Ab etwa 1800 erschienen – typisch für das 19. Jahrhundert als Zeit der sammelnden Detailforschung – zahlreiche regionalgeologische Abhandlungen, viele davon mit geologischer Karte, teils als Zeitschriftenartikel, teils als selbständige Werke. Zu nennen sind:

1803	J.L. JORDAN: Hessen, Thüringen und Rhein-Altenkirchen,
1807	C.C. LEONHARD: Hanau-Frankfurt /M. (mit geol. Karte),
1807	C.E.A. v. HOFF: Der Seeberg bei Gotha (mit geol. Karte),
1807	H.H. STRUVE: Württemberg und Schwarzwald,
1807/15	J.C: FREIESLEBEN: Kupferschiefergebirge in Mansfeld und Thüringen, 4 Bände (mit geol. Karte),
1808	J. NÖGGERATH: Gebirge am Niederrhein,
1813	C.E.A. v. HOFF: Thüringer Wald und Frankenwald (mit geol. Karte),
1814	C.E.A. v. HOFF: Rand des Thüringer Waldes,
1817	A. GOLDFUSS u. G. BISCHOF: Fichtelgebirge,
1820	F.W.W. v. VELTHEIM: Halle,
1822/26	J. NÖGGERATH: Rheinland und Westfalen, 4 Bände (m. geol. Karten, Profilen),

1829	H. v. BLÜCHER: Mecklenburg und Vorpommern (mit geol. Karte),
1830	H.G. BRONN: Heidelberg (mit geol. Karte),
1835	C.F. BECKS: Münsterland,
1837	J.G. ZEHLER: Siebengebirge (mit geol. Karte, etwa 1 : 25 000),
1843	F.A. QUENSTEDT: Württemberg,
1844	FERD. ROEMER: Rheinisches Schiefergebirge,
1846	E. BOLL: Ostseeländer zwischen Eider und Oder,
1847	F. SANDBERGER: Herzogtum Nassau (mit geol. Karte)
1852	H. v. DECHEN: Siebengebirge (mit geol. Karte 1: 25 000, 2. Aufl. 1861).

Ganz Deutschland betreffende Übersichten der regionalen Geologie bearbeitete 1821/31 CHR. KEFERSTEIN und veröffentlichten 1829 A. BOUÉ und 1854 B.COTTA (2. Aufl. 1858).

In der Zeitschrift der Deutschen Geologischen Gesellschaft findet man von Anfang an zahlreiche regionalgeologische Veröffentlichungen, die geologische Karten enthalten. Über deutsche Orte und Regionen sind es (bis 1873) folgende:

1849	E. BEYRICH: Kreideformation bei Halberstadt, Blankenburg und Quedlinburg (Karte 1 : 100 000 zeigt Quedlinburger Sattel sowie Blankenburger und Halberstädter Mulde)
1851	E. BOLL: Mecklenburg, Karte mit Endmoränen,
1851	REINH. RICHTER: Ostthüringer Schiefergebirge (in der Karte noch wenig gegliedert),
1851	H. ROEMER: Erläuterungen von zwei geol. Karten des Raumes Hildesheim-Nordheim,
1853	C. v. SCHAUROTH: Herzogtum Gotha,
1854	FERD. ROEMER: Kreidebildungen in Westfalen (Karte 1 : 400 000)
1854	H. MÜLLER: Braunkohle bei Eisleben
1855	TH. LIEBE: Zechstein in Reuss-Gera,
1856	A. ACHENBACH: Hohenzollern (Karte 1 : 150 000),
1856	F.E. KOCH: Domitz an der Elbe,
1857	TH. LIEBE: Zechsteinriff bei Köstritz,
1857	FERD. ROEMER: Die Weserkette,
1858	G. JENTZSCH: Melaphyr und Quarzporphyr bei Zwickau,
1858	A. STRENG: Melaphyr am südlichen Harzrand,
1860	A. HOSIUS: Westfalen,
1860	K. v. FRITSCH: Ilmenau (Karte 1 : 60 000 mit Profilen),
1860	R. STEIN: Brilon (Karte 1 : 40 000),
1861	… HEINE: Ibbenbüren,
1862	F. SENFT: Gipsstock Kittelsthal b. Eisenach,
1863	A. v. STROMBECK: Zeltberg bei Lüneburg,
1863	R. MITSCHERLICH: Roderberg bei Bonn,
1867	G. ROSE: Neurode/Schlesien,
1867	C.A. LOSSEN: Kreis Kreuznach,
1869	REINH. RICHTER: Thüringisches Schiefergebirge,
1870	B.K. EMERSON: Markoldendorf b. Einbeck,
1872	L. MEYN: Stade und Umgebung.

Externe und interne Faktoren führten im 19. Jahrhundert zur Gründung staatlicher geologischer Landesanstalten und zur geologischen Spezialkartierung 1 : 25 000.
Externe Faktoren waren:
• der Aufschwung der Industrie ab etwa 1800 mit einem stark ansteigenden Bedarf an Rohstoffen, insbesondere an Kohle,

- die Intensivierung des Bauwesens, Straßenbaus und Eisenbahnbaus mit steigendem Bedarf an Gesteinsbaustoffen,
- die für das Bauwesen und beim Verkehrsbau entstehenden zahlreichen Aufschlüsse, die eine geologische Durchforschung geradezu anregten (Abb. 62),
- die Erfindung der Farblithographie 1845, die den Farbdruck geologischer Karten an Stelle der Handcolorierung ermöglichte,
- die Einführung der topographischen Meßtischblätter 1 : 25 000 um 1850 mit den Höhenlinien als der für geologische Karten am besten geeigneten Höhendarstellung,
- die Landesgrenzen und politische Entwicklungen, die z.B. im Deutschland des 19. Jahrhunderts auch in den geologischen Staatsaufgaben Preußen dominieren ließen.

Interne Faktoren, d.h. solche der logischen Folge, die in der Entwicklung der Geologie zur Entstehung der geologischen Dienste und der geologischen Spezialkartierung führte, waren:

- hinreichende theoretische Grundlagen für die Gesteinsdiagnose, die Fossilbestimmung und damit die stratigraphische Einordnung von Schichten, sowie für die Analyse tektonischer Lagerungsstörungen,
- das Streben nach Vollständigkeit der Beobachtungen (hier organisatorisch gegliedert durch die Landesgrenzen),
- das Eindringen in immer feinere Details, das tendenziell einen Übergang zu immer größeren Maßstäben und schließlich die Einführung der geologischen Spezialkarte 1 : 25 000 bewirkte,
- der Übergang zu den geologischen Spezialkarten mit größerem Maßstab erforderte den koordinierten Einsatz einer größeren Zahl von Geologen und gab damit Anlaß zur Gründung geologischer Landesanstalten ab etwa 1870,
- das Vorhandensein von Geologen an den Universitäten, auf die man bei Vorhaben einer flächendeckenden Kartierung zurückgreifen konnte.

Zu diesen externen und internen Faktoren einige Beispiele:

1786 hatte A.G. WERNER die dringende Notwendigkeit der Lagerstättenerkundung betont, 1788 beauftragte die sächsische Regierung das sächsische Oberbergamt mit der Steinkohlenerkundung, und daraus resultierte 1790 WERNERS Untersuchung der Steinkohle von Hainichen bei Chemnitz und anschließend seine geologische Landesuntersuchung Sachsens.

1871 beschrieb D. BRAUNS in der Zeitschrift der Deutschen Geologischen Gesellschaft „die Aufschlüsse der (damals in Bau befindlichen) Eisenbahnlinie von Braunschweig nach Helmstedt nebst Bemerkungen über die dort gefundenen Petrefakten, insbesondere über jurassische Ammoniten". Die beim Eisenbahnbau und Straßenbau entstehenden Einschnitte waren im 19. Jahrhundert noch frisch, nicht verwachsen und geologisch dokumentierbar.

Im 19. Jahrhundert gab es – der damaligen Steinbruchs- und Ziegeleitechnik gemäß – viele kleine Steinbrüche, Kies-, Sand- und Lehmgruben, die entsprechend zahlreiche Ansatzpunkte für die Kartierung boten, im Gegensatz zu den wenigen Großbetrieben unserer Zeit (Abb. 62).

Nach der Erfindung der Farblithographie 1845 wurde schon 1847 die geologische Übersichtskarte des Großherzogtums Hessen 1 : 50 000 mit diesem Verfahren hergestellt. Als Farblithographien wurden dann auch alle geologischen Spezialkarten gedruckt.

Topographische Meßtischblätter 1 : 25 000 wurden in Preußen ab etwa 1850, in Sachsen 1872/85 geschaffen, und zwar in Preußen mit Höhenlinien in Dezimalfuß, in Sachsen sogleich mit Höhenlinien in Metern. Fast unmittelbar darauf benutzte die geologische Spezialkartierung diese neuen topographischen Unterlagen. H. V. DECHEN veröffentlichte in sei-

ner „Geognostischen Beschreibung des Siebengebirges" 1852 eine geologische Karte
1 : 25 000 ohne Höhenlinien und in der 2. Auflage des Buches 1861 die erste geologische
Karte 1 : 25 000 mit Höhenlinien.

Die theoretischen Grundlagen für das Kartieren entwickelten sich in Wechselwirkung mit
dem Kartieren selbst. Beispiele sind die monotonen Schiefer- und Grauwackenserien des
Rheinischen Schiefergebirges, des Harzes und des Thüringischen Schiefergebirges. In diesem wurde von COTTA 1844/47 und dem Saalfelder Gymnasiallehrer REINH. RICHTER 1851
die „Grauwackenformation" stratigraphisch ungegliedert auf den Karten dargestellt. RICH-
TER erkannte die Notwendigkeit, eine stratigraphische Gliederung mit Leitfossilien zu versuchen, sammelte solche, beschrieb sie von 1849 bis 1875 in der Zeitschrift der Deutschen
Geologischen Gesellschaft und konnte schon 1869 eine geologische Karte vorlegen, in der
das Gebiet der Grauwackenformation in Untersilur, Obersilur, Devon und Unterkarbon dif-
ferenziert war. Bei der weiteren Kartierung ergab sich das Gesamtprofil des Thüringer Altpaläozoikums. Aufbauend auf diesem konnten dann K.TH. LIEBE und E. ZIMMERMANN bei
der Spezialkartierung den tektonischen Bau des Gebietes analysieren (vgl. Abb. 60). Im
Harz und Harzvorland lieferte 1850/66 F.A. ROEMER mit seinen paläontologischen Arbeiten

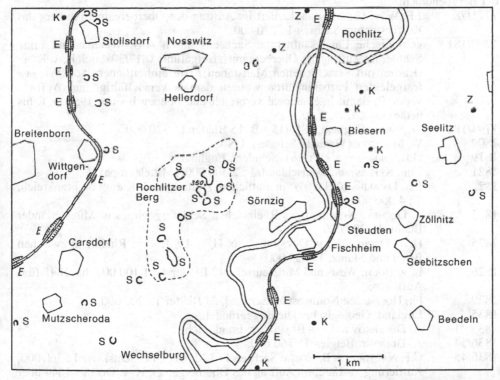

Abb. 62   Ein Beispiel für die Häufigkeit künstlicher Aufschlüsse zur Zeit der geologischen Kartierung
im 19. Jahrhundert: Ausschnitt aus der geologischen Karte 1 : 25 000, Blatt Rochlitz/Sachsen,
Erstkartierung durch A. ROTHPLETZ und E. DATHE 1877, Revision zur 2. Auflage durch TH. SIEGERT
und E. DANZIG 1896: E. Eisenbahneinschnitte der Bahnlinien Narsdorf-Rochlitz (links), gebaut
1872, und Glauchau-Großbothen (rechts), gebaut 1877, S Steinbrüche, K Kies- und Sandgruben,
Z Ziegeltongruben; auf dem Rochlitzer Berg (gestrichelt umgrenzt) Werksteinbrüche von
überörtlicher Bedeutung.

über die Fossilien in Paläozoikum und Kreide die Grundlagen für die bei der Kartierung zu benutzende Stratigraphie. Zur Wechselwirkung zwischen geologischer Theorie und Kartierung in der Eiszeitforschung siehe S. 124.

Bei der geologischen Kartierung wurden auch Entdeckungen gemacht, die die künftige Forschungsrichtung bestimmten. Mit seiner Entdeckung von „Geröllgneis" bei seiner Kartierung im sächsischen Erzgebirge 1879 wies A. SAUER die Möglichkeit sedimentärer Ausgangsgesteine bei der Bildung von Metamorphiten nach und gab Anlaß, ab nun in der Petrographie zwischen Ortho- und Parametamorphiten zu unterscheiden. Für H. STILLE waren seine Kartierungsarbeiten ab 1899 im Dienste der Preußischen Geologischen Landesanstalt im westfälischen Mesozoikum Ausgangspunkt für seine Forschungen zur saxonischen Tektonik.

Ähnliches gilt für den Harz und das Rheinische Schiefergebirge, sowie für Trias, Jura und Kreide in den Alpen.

Eine Übersicht über die chronologische Folge der Gründung geologischer Dienste und der wichtigsten geologischen Karten vor der Spezialkartierung zeigt (abgesehen von den Übersichtskarten) das allmähliche Größerwerden der Kartenmaßstäbe und die fördernde Rolle der Bergbehörden:

1771/78	J.Fr.W. v. CHARPENTIER kartiert im Auftrag des Oberbergamts Freiberg das Kurfürstentum Sachsen 1 : 720 000,
1790/1817	geologische Landesaufnahme Sachsens durch A.G. WERNER und seine Schüler im Auftrag des Oberbergamts, fortgeführt 1817/30 durch K.A. KÜHN (Karten mit verschiedenen Maßstäben). Die einheitlichen, von WERNER festgelegten Farbsignaturen wurden damals vervielfältigt, auf Anfrage verkauft, damit international verbreitet und blieben bis um 1950 (z.T. bis heute) üblich,
1794/1821	W. SMITH: England, 1813/15 z.B. 15 Blätter 1 : 320 000,
1809	W. MACLURE (WERNER- Schüler): USA,
1819	G.B. GREENOUGH (WERNER-Schüler): England,
1821	CHR. KEFERSTEIN: Deutschland, 1 : 2 300 000, (Mitteleuropa)
1822	J.B. OMALIUS D' HALLOY: in amtlichem Auftrag geol. Karte von Frankreich, 1 : 4 000 000,
1823	v. DECHEN: Nordrand des Rheinischen Schiefergebirges u. Münsterländer Bucht, 1 : 200 000,
1825	H. v. DECHEN, K. v. OEYNHAUSEN u. H. v. LA ROCHE: Rheinland zwischen Basel und Mainz, 1 : 350 000,
1826	L. v. BUCH: West- und Mitteleuropa, 42 Blätter 1 : 1 100 000, bis 1845 fünf Auflagen,
1829	FR. HOFFMANN: Nordwestdeutschland, 24 Blätter 1 : 200 000,
1835	England: Geologischer Dienst gegründet,
1835/41	A. DUFRENOY u. E. DE BEAUMONT: Frankreich,
1836/54	A. DUMONT: Belgien 1 : 160 000,
1836/45	C.F. NAUMANN u. B. COTTA: Sachsen 1 : 120 000, Übersichtskarte 1 : 360 000, Kartierung ab 1832, im Auftrag des Oberbergamts, H. v. DECHEN 1844 über die Karte: „Die vorzüglichste, welche bis jetzt in ihrer Art ausgeführt worden ist" (Abb. 63),
1839	H. v. DECHEN: Deutschland, Frankreich, England und angrenzende Länder, 1 : 2 500 000,
1843	HEINR. CREDNER: Thüringen, 1 : 975 000,
1844/47	B. COTTA: Thüringen, 4 Blätter 1 : 120 000,

1846	HEINR. CREDNER: Thüringer Wald, zwei Blätter 1 : 200 000 (2. Aufl. 1854)
1849	Österreich: K. u. K. Geologische Reichsanstalt in Wien gegründet, Dir. W. v. HAIDINGER (Österreich damals noch deutsches Bundesland),
1850	Bayern: Geognostische Landesuntersuchung als Abt. der Oberen Bergbehörde gegründet,
1851/72	Mittelrheinischer geol. Verein, insbesondere Salineninspektor LUDWIG, Nauheim: Hessen, 17 Blätter 1 : 50 000 ,
1852/58	F.A. ROEMER u. FR. HOFFMANN: Hannover, 1 : 100 000,
1853	Kurhessen: Geologische Landesuntersuchung gegründet,
1855/65	H. v. DECHEN u.a.: Rheinland, 35 Blätter 1 : 80 000, Kartierung im Auftrag der Oberbergämter Bonn u. Dortmund ab 1841, später Neuauflagen,
1856	A. v. STROMBECK: Braunschweig 1 : 100 000,
1864	J. EWALD: Magdeburg-Harz, 4 Blätter 1 : 100 000,
1865/71	G. BERENDT u. A. JENTZSCH: Norddeutsches Flachland 1 : 100 000,
1865/79	Ost- und Westpreußen werden im Auftrag der Physikal.-Ökonom. Gesellschaft Königsberg kartiert, 17 Blätter 1 : 100 000,
1868	Frankreich: Geologischer Dienst gegründet,
1869	H. v. DECHEN: Deutschland 1 : 1 400 000,
1869	Ungarn: Geolog. Landesanstalt gegründet (im Zuge der relativen Verselbständigung Ungarns gegenüber Österreich),
1872	Sachsen: Geologische Landesuntersuchung gegründet,
1873	Preußen: Geologische Landesanstalt gegründet.

Die Preußische Geologische Landesanstalt, die bis 1939 in Deutschland führend war, hatte eine längere Vorgeschichte und erlebte in der Zeit Ihres Bestehens Wandlungen wie folgt:

1841   Denkschrift von H. v. DECHEN (Abb. 64) über eine „Geognostische Landesuntersuchung des Preußischen Staates", wohl in Anlehnung an die Kartierung Sachsens durch C.F. NAUMANN und COTTA. Das Ministerium für Handel, Gewerbe und öffentliche Arbeiten entscheidet positiv. Die Landesuntersuchung wird der Verwaltung des Berg-, Hütten- und Salinenwesens unterstellt. E. BEYRICH, G. ROSE, J. ROTH und … RUNGE beginnen mit der Kartierung 1 : 100 000 in Niederschlesien (Karten veröff. 1848/67), H. v. DECHEN beginnt ebenfalls 1841 mit der Kartierung 1 : 80 000 im Rheinland, seine Mitarbeiter: F. BAUR, K. BECKS (dieser liefer-

Abb. 63   CARL FRIEDRICH NAUMANN.

Abb. 64   HEINRICH VON DECHEN.

te die Grundzüge der Kreide-Stratigraphie Westfalens), A. HOSIUS (ab 1850), FERD. ROEMER, H. GIRARD.

1860   Gründung der Bergakademie Berlin.

1861   Auf Anordnung werden weitere Landesteile Preußens in die Kartierung einbezogen: z.B. Oberschlesien und die Provinz Sachsen.

1862   E. BEYRICH (Abb. 65) und H. ECK kartieren im Südharz, ab 1863 auch G.M. BERENDT, 1866/92 auch K.A. LOSSEN.

1863   Der preußische Generalstab stellt Meßtischblätter 1 : 25 000 für die Kartierung zur Verfügung.

1863   Preußen übernimmt vertraglich die Kartierung der thüringischen Länder Sachsen-Weimar-Eisenach, Sachsen-Coburg-Gotha und Sachsen-Meiningen.

1866   Auf Vorschlag von BEYRICH ab nun in Preußen generell geologische Spezialkartierung 1 : 25 000.

1866   Preußen übernimmt vertraglich die Kartierung der thüringischen Länder Sachsen-Altenburg, Schwarzburg-Sondershausen, Schwarzburg-Rudolstadt, Reuß ält. Linie und Reuß jüng. Linie.

1867/70 „Lieferung 1" der geologischen Spezialkarte Preußens 1 : 25 000 erscheint, erst die Blätter Nordhausen und Benneckenstein, dann Zorge, Ellrich, Hasselfelde und Stolberg, sämtlich im Südharz.

1867   Das Ministerium für Handel, Gewerbe und öffentliche Arbeiten verfügt die geologische Aufnahme von ganz Preußen 1 : 25 000. Beratung norddeutscher Geologen über die Methodik der Flachlandkartierung.

1873   Gründung der Preußischen Geologischen Landesanstalt mit 5 hauptamtlichen und 14 auswärtigen Mitarbeitern, der Bergakademie Berlin angeschlossen, Dir. 1873/1900 Oberbergrat W. HAUCHECORNE, wiss. Dir. 1873/96 E. BEYRICH. HAUCHECORNE leitet eine „Beratung des Planes für die Untersuchung des nördlichen Flachlandes", wo L. MEYN in Schleswig-Holstein und G.M. BERENDT in Ostpreußen kartieren.

1875/99 G.M. BERENDT Leiter der Flachlandkartierung, schuf Farbskala der geologischen Karten für Pleistozän und Holozän.

1878   Umzug in das neue Gebäude, Berlin, Invalidenstraße 44 (bis 1945).

Abb. 65   ERNST BEYRICH.

Abb. 66   CARL WILHELM VON GÜMBEL.

1883   W. HAUCHECORNE und E. BEYRICH werden auf dem Internationalen Geologenkongreß in Bologna mit der Bearbeitung einer geologischen Karte von Europa beauftragt.

1893   Die Landesanstalt hat 21 hauptamtliche und 9 auswärtige Mitarbeiter.

Um 1900 waren in der Spezialkartierung der Preußischen Geologischen Landesanstalt 11 Landesgeologen, 6 Bezirksgeologen, 20 außeretatmäßige Geologen und 8 auswärtige Mitarbeiter tätig.

Bis 1900 waren von den 2973 Blättern des Kartierungsgebietes 445 veröffentlicht und weitere 370 bearbeitet.

Die geologische Spezialkartierung entwickelte sich in den einzelnen Regionen Deutschland – bezogen auf die heutigen Bundesländer – bis 1900 wie folgt:

Baden-Württemberg: 1805 Großherzogtum Baden (B) und Königreich Württemberg (W); B: 1856 Min. d. Inneren ordnet geol. Landesaufnahme an, Leiter 1856/63 F. SANDBERGER, Mitarbeiter M. VOGELGESANG, K.A. V. ZITTEL, 1858/73 15 der 55 Blätter 1 : 50 000 als „Geologische Karte des Großherzogtums Baden" veröffentlicht; W: Min. d. Finanzen beruft „Kommission zur Herstellung einer geognostischen Spezialkarte", 1859/83 Kartierung durch H. BACH, K. DEFFNER, O. FRAAS, J. HILDEBRAND, K.E. PAULUS, 1863/92 Druck des „Geognostischen Atlas" (für ganz Württemberg); 1863/66 B: K.A. V. ZITTEL Dir. d. Landesaufnahme, 1888 Badische Geol. Landesanstalt in Heidelberg gegr., Dir. 1888/1907 H. ROSENBUSCH, 1889 Beginn der Kartierung 1 : 25 000 durch F. SCHALCH (bis 1918) u. A. SAUER, ab 1893 II. THÜRACH, 1894 erste Blätter 1 : 25 000 veröff., bis 1900 17 Karten.

Bayern: 1805 Königreich; 1849 „Auf Allerhöchsten Befehl" schlägt eine aus den Professoren E. V. SCHAFHÄUTL, F. V. KOBELL und J.A. WAGNER bestehende Kommission die Gründung einer geologischen Landesuntersuchung vor. 1850 beauftragt König MAX II. die Obere Bergbehörde mit der „geologischen Landesuntersuchung". Mit der Kartierung wird auf Vorschlag der drei Professoren der Berging. C.W. V. GÜMBEL (Abb. 66) beauftragt. Dieser kartiert teils 1 : 5 000 (Steuerkatasterkarten), teils 1 : 25 000 (Forsteinrichtungskarten), teils 1 : 100 000 (in den Alpen), liefert 1858 eine Übersichtskarte (4 Blätter) 1 : 500 000 und veröffentlicht 1861/94 17 Blätter 1 : 100 000 (sog. „GÜMBEL-Karte") mit vier Erläuterungsbänden. Ablauf der Kartierung und Veröffentlichung: 1851/54 Bayr. Wald u. Oberpfalz (veröff. 1868), 1854/59 bayr. Alpen (veröff. 1861), 1860/74 Fichtelgebirge u. Frankenwald (veröff. 1879), 1865/76 fränkischer Jura u. Keuper (veröff. mit L. V. AMMON u. H. THÜRACH 1891), 1876 ff. übriges Gebiet, Mitarbeiter u.a. M. NEUMAYR, H. LORETZ, A. LEPPLA, E. FRAAS, A. PENCK, 1894 GÜMBEL: Übersichtskarte 1 : 1 000 000, 1898/1913 Dir. L. V. AMMON.

Brandenburg (mit Berlin): 19. Jh. preußische Provinz; Berlin Hauptstadt Preußens und (ab 1871) des Deutschen Reiches; um 1870 Kartierung 1 : 25 000 um Berlin, ab 1873 Preuß. geol. Landesanstalt zuständig, 1886/1902 F. WAHNSCHAFFE, W. WEISSERMEL u.a. kartieren die Prignitz, 1888/95 G.M. BERENDT, L. BEUSHAUSEN, F. WAHNSCHAFFE u.a. kartieren die Uckermark, weitere kartierende Geologen u.a. C. GAGEL, K. KEILHACK, M. KORN, P. KRUSCH, H. SCHRÖDER, bis 1900 von 291 Blättern (einschließlich Randblättern) über 100 Blätter kartiert.

Elsaß-Lothringen: 1871/1918 u. 1940/45 zum Deutschen Reich gehörend; Vor 1871 französische Übersichtskarten 1 : 80 000, 1873 Kommission für geol. Landesuntersuchung gegr., Dir. 1873/1907 W. BENEKE, Mitarbeiter: L. VAN WERVEKE, G. LINCK, G. MEYER, H. BÜCKING, ab 1881 Kartierung 1 : 25 000, 1887 erste Karte 1 : 25 000 veröff., 1894 19 Blätter von 142 erschienen.

Hessen: 19. Jahrh.: Kurhessen (K) (1853 gegr., 1866 an Preußen), Großherzogtum Hessen (G) und einige weitere Territorien; K: 1853 Auf Vorschlag von H. GIRARD „Landesanstalt für die geologische Untersuchung des Kurstaates" in Marburg gegr., Dir. 1853/54 H. GI-RARD, 1854/69 W. DUNKER, 1866 mit Anschluß Kurhessens an Preußen unter dortiger Regie, 1867 Beginn der Kartierung 1 : 25 000, 1871 C. KOCH kartiert bei Wiesbaden 1 : 25 000, 1876 erste Karte 1 : 25 000 veröffentl.; G: 1855/72 läßt der Mittelrheinische geol. Verein kartieren und veröff. 17 Blätter 1 : 50 000, 1882 Geolog. Landesanstalt in Darmstadt gegr., Dir. 1882/1915 R. LEPSIUS, ab 1882 Kartierung 1 : 25 000, 1886 erste zwei Blätter 1 : 25 000 veröff.; kartierende Geologen in Hessen (und ihre Kartierungszeit) u.a.: A. v. KOENEN (um 1860/1914), F. MOESTA 1868/82, E. KAYSER (1870/um 1890), H. BÜCKING (1873/1927), C. KOCH (1873/81), E. HOLZAPFEL (1887/1901), A. LEPPLA (1888/1922), A. DENCKMANN (1890/ 1918), G. KLEMM (1891/1927).

Mecklenburg-Vorpommern: Bis 1918 Großherzogtümer Mecklenburg-Schwerin u. M.- Stre-litz (M), Vorpommern (V) seit 1813 preußisch; V: 1873 Preuß. Geol. Landesanstalt auch für Vorpommern zuständig, 1883/84 M. SCHOLZ kartiert von Greifswald aus Rügen; M: 1882/ 83 F. KLOCKMANN veröff. geol. Karte von Schwerin 1 : 25 000 u. F.E. GEINITZ veröff. geol. Karte vom Warnowtal 1 : 100 000, 1887 u. 1888 lehnt Landtag Anträge für Spezialkartie-rung Mecklenburgs ab, 1889 Mecklenburger Geol. Landesanstalt in Rostock gegr., Dir. 1889/1925 F.E. GEINITZ; V: 1889 M. SCHOLZ veröff. Karte der Osthälfte von Rügen 1 : 100 000.

Niedersachsen: Teile von Preußen, Königreich Hannover (1866 preuß: Provinz Hannover), Herzogtum Braunschweig, Großherzogtum Oldenburg; 1862 E. BEYRICH und H. ECK begin-nen Kartierung 1 : 25 000 im Südharz, 1870 erste Kartenblätter 1 : 25 000 veröff. (Zorge u. Ellrich), ab 1973 Preuß. Geol. Landesanstalt für den größten Teil des Gebietes zuständig, kartierende Geologen im Bergland: u.a. K.A. LOSSEN (Abb. 67), L. BEUSHAUSEN, E. BEY-RICH, A. BODE, A. DENCKMANN, A. v. GRODDECK. O. GRUPE, E. KAYSER, C. KOCH, A. v. KOE-NEN, im Flachland: u.a. K. KEILHACK, W. KOERT, H. MENKE, F. SCHUCHT, J. STOLLER, 1870/84 Südharz-Karten 1. Aufl. veröff., 1877/81 K.A. LOSSEN: Übersichtskarte des Harzes 1: 100 000.

Nordrhein-Westfalen: Preußische Provinzen; 1841 H. v. DECHEN beginnt die amtliche Kar-tierung, 1855/65 34 Blätter 1 : 80 000 der DECHEN-Karte veröff., 1893/1900 H. LORETZ

Abb. 67   KARL AUGUST LOSSEN.

kartiert 1 : 25 000 im Rheinischen Schiefergebirge, 1895 E. HOLZAPFEL beginnt Kartierung 1: 25 000 bei Aachen.

Rheinland-Pfalz: Im 19. Jahrh. (bis 1948) Teile der preußischen Rheinlande, Hessens und Bayerns; 1855/72 geol. Karte des Mittelrheinischen geol. Vereins, 17 Blätter 1 : 50 000, ab 1873 Preuß. Geol. Landesanstalt für Teile des Gebietes zuständig (weiter vgl. Bayern u. Hessen), 1880 Blatt Freudenberg erste geol. Karte 1 : 25 000 von H. GREBE, kartierende Geologen bis 1900 u.a. W. BENECKE, H. GREBE, E. HOLZAPFEL, A. LEPPLA, (Kartierung 1. Aufl. noch nicht abgeschlossen).

Saarland: Im 19. Jahrh. preußisch; 1862/71 CHR. E. WEISS u. H. GREBE kartieren 1 : 25 000, ab 1873 Preuß. Geol. Landesanstalt zuständig.

Sachsen: Im 19. Jahrh. Königreich, durch Wiener Kongreß 1815 auf die Hälfte (etwa die heutige Fläche) des Gebietes reduziert; 1870 B. V. COTTA, H.B. GEINITZ und C.F. NAUMANN beantragen geol. Spezialkartierung 1:25 000, 1872 die „Sächsische Geol. Landesuntersuchung" in Leipzig gegr., Dir. 1872/1912 HERMANN CREDNER, ab 1873 kartieren sieben hauptamtl. Mitarbeiter 1:25 000, bis 1895 30 kartier. Geologen; u.a. E. WEISE (1872/1928), A. JENTZSCH (1872/75), TH. SIEGERT (1873/1908), E. DATHE (1874/79), J. LEHMANN (1875/77), F. SCHALCH (1876/88), A. SAUER (1877/88), K. DALMER (1878/91), J. HAZARD (1880/95), G. KLEMM (1886/92), E. Weber (1886/92), L. SIEGERT (1896/1901); 1895 Sachsen vollendet als erster deutscher Staat die geol. Kartierung 1 : 25 000 (127 Blätter).

Sachsen-Anhalt: Im 19. Jahrh. die preußische Provinz Sachsen und das Fürstentum Anhalt; 1843 H. GIRARD kartiert in amtlichem Auftrag den Raum Magdeburg u. Fläming, 1862 E. BEYRICH u. H. ECK beginnen die Kartierung des Harzes, 1866/70 H. LASPEYRES kartiert unter BEYRICHS Leitung 1 : 25 000 im Raum Halle, 1867 als erste Karte 1 : 25 000 Blatt Benneckenstein vollendet, wird mit den Karten Stolberg u. Hasselfelde u.a. als „Lieferung 1" 1870 veröffentlicht, bis 1900 kartierten im Gebirge E. BEYRICH, K. V. FRITSCH, E. KAYSER, K.A. V. LOSSEN, im Flachland K. KEILHACK, bis 1900 wurden von den 205 Kartenblättern 35, d.h. etwa 21 % veröffentlicht, und zwar vor allem der Ostharz und das Gebiet nordöstlich Magdeburg.

Schleswig-Holstein: Herzogtümer, 1866 an Preußen; um 1870 L. MEYN auswärtiger Mitarbeiter der Preuß. Geol. Landesuntersuchung, ab 1873 Preuß. Geol. Landesanstalt zuständig, 1876 L. MEYN: Geol. Karte von Sylt 1 : 100 000, 1882 L. MEYN: Geol. Karte von Schleswig-Holstein 1 : 300 000, 1898/99 H. MONKE u. H. SCHRÖDER kartieren Bl. Uetersen, R. BÄRTLING u. C. GAGEL Bl. Zarrentin als erste Blätter 1 : 25 000 (veröff. 1904).

Thüringen: Im 19. Jahrhundert noch mehrere Kleinstaaten, kurmainzische, kursächsische u.a. Gebiete ab 1815 preußisch (zur Provinz Sachsen gehörend); 1862 E. BEYRICH u. H. ECK beginnen die Kartierung 1 : 25 000 bei Nordhausen, 1863 Preußen übernimmt durch Vertrag die geol. Kartierung 1 : 25 000 von Sachsen-Weimar-Eisenach, Sachsen-Coburg-Gotha u. Sachsen- Meiningen, 1866 ebenso von Sachsen-Altenburg, Schwarzburg-Sondershausen, Schwarzburg-Rudolstadt, Reuß ält. Linie u. Reuß jüng. Linie; nach Vorarbeiten von REINH. RICHTER im Schiefergebirge u. H. EMMRICH im südthüringischen Muschelkalk kartierten 1 : 25 000 u.a. E. BEYRICH (1862/93), F. BEYSCHLAG (1887/1913), H. ECK (1862/94), K.TH. LIEBE (Gymnasialprofessor in Gera) (1859/94), E.E. SCHMID (1872/85), F. MOESTA (1862/84), K. V. SEEBACH (1877/80), H. LORETZ (1883/1906), H. BÜCKING (1879/1925), R. SCHEIBE (1889/1924), H. PRÖSCHOLDT (1892/98), E. ZIMMERMANN (1888/1925) u.a., 1895 F. BEYSCHLAG: Geol. Übersichtskarte des Thüringer Waldes 1 : 100 000. 1872 Bl. Jena erste Karte 1 : 25 000, um 1900 Kartierung fast vollendet.

Nach „linearen" Kartierungen der Reisebeschreibungen im 18. und frühen 19. Jahrhundert erforderten der Übergang zur Erforschung feinerer Details und zur Kartierung durch Geologische Landesanstalten die flächenhafte Kartierung, d.h. die Dokumentation aller Aufschlüsse, im Gebirge die Interpretation von Lesesteinen auf den Äckern und im Wald, im Flachland Handbohrungen bis etwa 2 m Tiefe. Koehne (1915) beschreibt die um 1900 übliche Kartierungsarbeit wie folgt: Nun „war es nicht mehr angängig, im Sturmschritt große Gebiete zu durcheilen; es mußte vielmehr jeder Weg und Steg abgesucht, mancher Sturzakker mit anhänglichem Boden begangen, manches Waldesdickicht durchquert, mancher steile Hang erklettert, manche unwegsame Schlucht im Bach watend bezwungen werden".

Die Kartierung dauerte länger als anfangs angenommen. Hatte man 1875 angenommen, daß ein Geologe in einem Sommer zwei Blätter 1 : 25 000 kartieren könne, so brauchte um 1900 ein Geologe für nur ein Kartenblatt mindestens einen Sommer. Da im Winter petrographische und paläontologische Laborarbeiten zu machen und die Erläuterungen zu schreiben waren, brauchte ein Geologe für ein Kartenblatt 1 : 25 000 damals mindestens ein Jahr. Mit der geologischen Spezialkartierung war der Beruf des Geologen (außerhalb der Universitäten) entstanden. Kartierende Geologen wechselten auch die Arbeitsstellen, so z.B. E. Dathe und A. Jentzsch 1880/81 von der Sächsischen Geologischen Landesanstalt zur Preußischen, A. Sauer und F. Schalch 1889 von Sachsen nach Baden, A. Leppla und H. Loretz 1888 von Bayern nach Preußen. Geologische Kartierung war aber auch Forschungsarbeit von Professoren, z.B. von K. v. Seebach in Göttingen und E.E. Schmid in Jena. Kartierende Geologen wurden auf Professuren berufen, so z.B. 1885 A. Penck auf eine Geographieprofessur nach Wien, 1885 Emanuel Kayser nach Marburg, 1895 Richard Beck nach Freiberg, 1904 H. Stille und 1912 O.H. Erdmannsdörffer an die TH Hannover. Die Professoren Hermann Credner, F.E. Geinitz, H. Rosenbusch u.a. wurden im Nebenamt Direktoren der betreffenden Landesanstalten.

Die Resonanz der Kartierung in der Öffentlichkeit war groß: Nachdem in Sachsen 1877 die ersten Karten 1 : 25 000 gedruckt worden und bis 1893 etwa 100 weitere gefolgt waren, hatte man bis dahin 17 000 dieser Karten verkauft.

Gegen Ende des 19. Jahrhunderts konnten Übersichtskarten und regionalgeologische Bücher von der Spezialkartierung profitieren. Davon zeugen u.a. folgende Karten und Bücher:

1881   E. Beyrich: Geol. Übersichtskarte von Europa,
1882   O. Fraas über Württemberg, Baden und Hohenzollern,
1884   Hermann Credner über das Granulitgebirge in Sachsen, mit Übersichtskarte 1 : 100 000,
1887   R. Lepsius: Geologie von Deutschland,
1888/94 C.W. v. Gümbel: Geologie von Bayern, 2 Bände und Übersichtskarte,
1894/97 R. Lepsius: Geologische Karte des Deutschen Reiches, 27 Blätter 1 : 500 000,
1898   C. Regelmann: Tektonische Karte von Südwestdeutschland, 4 Blätter, 1 : 500 000.

4.5 Petrographie

Die drei Begriffe „Petrographie" (Naumann 1850), „Petrologie" (Durocher 1857) und „Lithologie" (Jenzsch 1858) bedeuten die Gesteinslehre. Es ist wohl müßig, Unterschiede der drei Termini sehen zu wollen.

Kompetent für die Gesteinslehre sind hinsichtlich der Gesteinsbestandteile die Mineralogen, hinsichtlich der Form, der Entstehung und des Alters der Gesteinskörper die Geologen.

Die Petrographie hat zwar in ihrer Geschichte enge Wechselbeziehungen mit Mineralogie und Geologie, aber doch auch eigene Höhepunkte.

Gesteine erhielten schon in der Antike und durch Bergleute früherer Jahrhunderte eigene Namen. Da dem aber in jenen Zeiten noch keine wissenschaftlichen Definitionen zugrunde lagen und selbst WERNERS „Kurze Klassifikation … der Gebirgsarten" (1786/87) keine Übereinkünfte zu Namen und Definitionen zur Folge hatte, wurden noch im 19. Jahrhundert gleiche Gesteine mit verschiedenen Namen und verschiedene Gesteine bei einer gewissen Ähnlichkeit mit gleichem Namen belegt. Ursache für dieses Dilemma war auch, daß feinkörnige und dichte Gesteinsmassen vor Einführung des Mikroskops sich einer exakten Analyse entzogen.

Trotz dieser Probleme mußten alle Gesteine, auch ohne daß sie genau bekannt waren, mit Namen versehen werden, da ihre Vorkommen bei der um 1790 einsetzenden geologischen Kartierung darzustellen waren.

Im folgenden einige Beispiele für die Prägung von Gesteinsnamen und Beschäftigung mit dem Gestein (auch unter anderem Namen). (Jahreszahlen ohne Gesteinsnamen bedeuten: Gebrauch des vorn angegebenen Namens):

Granit:	1596 A. CAESALPINUS, 1786/87 A.G. WERNER,
Syenit:	um 70 PLINIUS D. ÄLT., 1788 A.G. WERNER, 1849 G. ROSE,
Diorit:	1819 R.J. HAUY,
Gabbro:	alte italien. Bezeichnung, 1810 L. v. BUCH,
Norit:	1838 J. ESMARK, 1877 H. ROSENBUSCH,
Granitporphyr:	1836 C.F. NAUMANN,
Minette:	1822 E. DE BEAUMONT,
Lamprophyr:	1874 C.W. v. GÜMBEL,
(Quarz-) Porphyr:	1786/87 A.G. WERNER,
Porphyrit:	um 70 PLINIUS D. ÄLT., 1546 G. AGRICOLA, 1860 C.F. NAUMANN,
Diabas:	um 1790 A.G. WERNER: Grünstein, Trapp, 1807 AL. BRONGNIART,
Melaphyr:	um 1790 A.G. WERNER: Trapp, 1813 AL. BRONGNIART, 1856 F. v. RICHT-HOFEN,
Rhyolith:	1859 F. v. RICHTHOFEN,
Liparit:	1861 J. ROTH, 1862 B. v. COTTA: Trachytporphyr,
Trachyt:	1813 R.J. HAUY, 1816 L. v. BUCH: Trapp-Porphyr, 1821 L. v. BUCH: Trachyt,
Phonolith:	alte Bezeichnung: Klingstein, 1778 J.F.W. v. CHARPENTIER: Hornschiefer, 1786/87 A.G. WERNER: Porphyrschiefer, 1801 M.H. KLAPROTH: Phonolith,
Andesit:	1835 L. v. BUCH, 1861 J. ROTH,
Basalt:	1546 G. AGRICOLA, 1786/87 A.G. WERNER,
Basanit:	um 70 PLINIUS D. ÄLT., 1827 AL. BRONGNIART,
Grauwacke:	bergmänn., 1786/87 A.G. WERNER, 1789 G. S.O. LASIUS,
Arkose:	1850 C.F. NAUMANN: Feldspatpsammit,
Dolomit:	1795 J.C. DELAMETHERIE,
Anhydrit:	1803 A.G. WERNER,
Gips:	1749/59 J.G. WALLERIUS,
Gneis:	bergmänn., 1786/87 A.G. WERNER,
Granulit:	um 1800 A.G. WERNER: Weißstein, 1803: CHR.S. WEISS, 1874 MICHEL-LÉVY: Granulit = feinkörniger Muskowitgranit,
Glimmerschiefer:	1786/87 A.G. WERNER,
Phyllit:	1786/87 A.G. WERNER: Urtonschiefer, 1850 C.F. NAUMANN,
Tonschiefer:	1786/87 A.G. WERNER,
Serpentin:	um 1500 bei Zöblitz, 1747 J.G. WALLERIUS, 1786/87 A.G. WERNER,
Marmor:	um 70 PLINIUS D. ÄLT., 1546 G. AGRICOLA, 1786/87 A.G. WERNER,
Eklogit:	1822 R.J. HAUY,
Knotenschiefer:	1838 C.F. NAUMANN. (kontaktmetamorphes Gestein).

Bei den Sedimentgesteinen dominieren allgemein gebräuchliche Namen wie Sandstein, Kalkstein, Sand und Ton, wenn auch diese Begriffe im Lauf der Zeit präzisiert und besser definiert wurden. Da die Entstehung der Sedimentgesteine großenteils beobachtet und damit aktualistisch geklärt werden konnte, war ihre Erforschung im 19. Jahrhundert weniger spektakulär. Das Wort Sedimentgestein erscheint erstmals bei STENO 1669 („sedimentum").

Die wichtigsten Fortschritte der Petrographie betrafen im 19. Jahrh. die magmatischen und dann die metamorphen Gesteine. Nach L. v. BUCHS und A. v. HUMBOLDTS Vulkanstudien, nach der Beobachtung von Granit- und Quarzporphyr-Intrusionen im Nebengestein, nach dem Nachweis von Feldspat und Olivin in Kupferhochöfen und Schlacken durch J.F.L. HAUSMANN 1810 und E. MITSCHERLICH 1823/24 und nach der Basalt-Monographie von C.C. v. LEONHARD 1832 stufte man um 1840 alle Magmagesteine fast allgemein als solche ein.

Bei den *grobkörnigen Magmagesteinen* wie Granit oder Gabbro konnte man die Minerale mit WERNERS Diagnose nach äußerlichen Kennzeichen bestimmen und damit die Substanz der Gesteine klären. Allerdings sahen einige, z.B. J.N. FUCHS 1838, ein Argument gegen die Annahme magmatischer Entstehung des Granits: Aus den Kornformen der Minerale im Granit ergab sich nämlich die Ausscheidungsfolge Glimmer-Feldspat-Quarz, wogegen sie nach den Erstarrungstemperaturen dieser Minerale aus der Schmelze gerade umgekehrt zu erwarten war. TH. SCHEERER erklärte 1847 das Phänomen mit dem Erstarren der Minerale im Beisein von Wassser und unter hohem Druck, und R. BUNSEN wies 1861 darauf hin, daß die Minerale aus einer „gemeinsamen Schmelze" nicht in der Reihenfolge der Erstarrungstemperaturen der Einzelminerale auskristallisieren – beides erste Gedankenansätze für die Erkenntnis der Magmen-Differentiation, die dann im 20. Jahrhundert erforscht wurde.

Für das 19. Jahrhundert bedeutete SCHEERERS Erklärung in gewissem Sinne eine Abkehr von den extrem vulkanistischen Vorstellungen, wie sie nach WERNER entstanden waren, natürlich auf höherer Ebene. Denn die extremen Vulkanisten billigten dem Wasser keinerlei Rolle bei der Entstehung dieser Gesteine zu. Doch schlug auch hier das Pendel wieder zu weit aus: Der Chemiker G. BISCHOF betrachtete 1851 Granit, Syenit, Diabas und Melaphyr als unter wässrigem Einfluß umgewandelte Tonschiefer oder Grauwacken. Für die Harzgranite folgte ihm darin 1862 C.W.C. FUCHS.

Dichte Gesteine und Gesteine mit dichter Grundmasse wie Quarzporphyr und Basalt glaubte man – nachdem BERZELIUS 1824 das Element Silizium entdeckt hatte – mit chemischen Analysen erforschen zu können. Gesteinsanalysen wurden u.a. von W.H. ABICH 1841, G. BISCHOF 1851/54, R. BUNSEN 1851 veröffentlicht, und J. ROTH stellte 1861 fast 1000 Gesteinsanalysen zusammen. Weitere folgten, z.B. bei G. v. RATH (1864), E. MITSCHERLICH, H. LASPEYRES (1866) u.v.a. Für die Umrechnung der chemischen Analyse in den Mineralbestand sah J. ROTH 1862 noch Probleme, doch 1898 gab H. ROSENBUSCH in seinen „Elementen der Gesteinslehre" dafür Formeln und Beispiele an.

Die entscheidenden Fortschritte der Petrographie im 19. Jahrhundert brachte die *Gesteinsmikroskopie*, über die F. ZIRKEL 1879 schrieb: „Kein einsichtsvoller Petrograph verschweigt sich augenblicklich mehr, wie ungemein mangelhaft es mit unserer Kenntnis der eigentlichen mineralogischen Zusammensetzung und Struktur auch der älteren mikro- oder kryptokristallinischen Felsarten, der Diabase und Diorite, der Aphanite, Melaphyre, Augitporphyre, Porphyrite usw. bestellt sei und daß das Mikroskop wohl das einzige Rettungsmittel in diesen Schwierigkeiten bilde, denen die Diskussion von unzähligen chemischen Analysen nicht gerecht zu werden vermochte." ZIRKEL hatte selbst an der Einführung der Gesteinsmikroskopie Anteil. Diese entwickelte sich wie folgt:

1673   A. v. LEEUWENHOEK begründet die Mikrobiologie.
1731   In Italien erstmals Mikrofossilien unter dem Mikroskop beobachtet.

1808   Entdeckung des polarisierten Lichtes.

1815   Vorschlag des Franzosen P.L.A. CORDIER, die scheinbar homogenen Gesteine zu pulverisieren, die verschiedenen Minerale des Pulvers in Schwereflüssigkeit zu trennen und getrennt unter dem Mikroskop zu bestimmen.

1828   Der Schotte WILLIAM NICOL entwickelt Doppelspatprismen (sog. „Nicols") zur Untersuchung von Mineralen in polarisiertem Licht. Er stellt Dünnschliffe zur Untersuchung der Proben in durchfallendem Licht her und benutzt Kanadabalsam für die Einbettung des Präparates im Dünnschliff.

1831   Der Engländer WITHAM veröffentlicht mikroskopische Untersuchungen von Dünnschliffen verkieselter Hölzer nach NICOLS Methode.

1833   Im Neuen Jahrbuch für Mineralogie werden WITHAMS Dünnschliffuntersuchungen rezensiert und damit NICOLS Methode zur Herstellung von Dünnschliffen den deutschen Lesern bekannt gemacht.

1839   Der Professor der Medizin an der Berliner Universität C.G. EHRENBERG begründet die Mikropaläontologie durch die Entdeckung von Foraminiferen in der Schreibkreide mit Hilfe mikroskopischer Untersuchungen.

1851/56 Der Berliner Privatgelehrte A. OSCHATZ stellt bei Sitzungen der Deutschen Geologischen Gesellschaft und bei der Tagung deutscher Naturforscher und Ärzte in Gotha Dünnschliffuntersuchungen vor, auch von Gesteinen, z.B. vom Granit des Brockens im Harz und vom Marmor von Carrara.

1853   H. DEICKE untersucht Rogenstein von Bernburg mikroskopisch, vermutlich in Form von Dünnschliffen.

1858   Der Engländer H.C. SORBY veröffentlicht seine für die Gesteinsmikroskopie bahnbrechende Arbeit „Über die mikroskopische Struktur der Kristalle und ihre Aussage zur Entstehung der Minerale und Gesteine".

1861   Der Bonner Geologe F. ZIRKEL lernt SORBY in England und in Bonn kennen. SORBY hält auf der Versammlung deutscher Naturforscher und Ärzte in Speyer einen Vortrag über „Die Anwendung des Mikroskops zum Studium der physikalischen Geologie".

1863/64 F. ZIRKEL und sein Schwager H. VOGELSANG führen mit ihren Veröffentlichungen die Gesteinsmikroskopie in Deutschland ein.

1860   und Folgejahre: Zahlreiche petrographische Spezialarbeiten unter Benutzung der Gesteinsmikroskopie, z.B. von G. V. RATH (1860, 1862), M. DEITERS (1861), J. ROTH (1864), H. VOGELSANG (1864, 1867), F. ZIRKEL (1867, 1867, 1870) (Abb. 68).

1872   Der kartierende Geologe K.A. LOSSEN betont, daß die Gesteinsmikroskopie nicht alle Probleme löst, sondern bei jedem Gestein auch die geologischen Zusammenhänge im Gelände beachtet werden müssen.

Standardwerke der Gesteinsmikroskopie und der auf ihr aufbauenden Petrographie lieferten F. ZIRKEL (Abb. 69):
• 1866 Lehrbuch der Petrographie,
• 1873 Die mikroskopische Beschaffenheit der Mineralien und Felsarten,
• 1893/94 Lehrbuch der Petrographie.

H. ROSENBUSCH (Abb. 70):
• 1873 Mikroskopische Physiographie der petrographisch wichtigen Minerale (2.bis 5. Auflage: 1885, 1892, 1904, 1921/27),
• 1877 Mikroskopische Physiographie der massigen Gesteine (2. Aufl. 1887),
• 1898 Elemente der Gesteinslehre.

Anfangs mußten die Petrographen die Dünnschliffe selbst herstellen, wozu ZIRKEL und ROSENBUSCH in ihren Werken Anleitungen gaben. Um die kraftraubende Schleifarbeit zu

Abb. 68   Fluidalstruktur im Quarzporphyr von Wurzen. Gesteinsdünnschliff von H. VOGELSANG, 1867.

mechanisieren, entwickelten J.G. BORNEMANN und sein Neffe L.G. BORNEMANN in Eisenach 1873 eine „Schleifmaschine" und benutzten zu deren Antrieb zunächst eine der damals üblichen Spielzeugdampfmaschinen, später ein im Treppenhaus installiertes Turmuhrwerk, dessen Gewichte 20 bis 40 Minuten Antriebsenergie lieferten. Um 1890/1900 boten die Firma R. Fuess, Berlin-Steglitz, Steinschneide- und Schleifmaschinen mit Handkurbel bzw. mit Schwungrad und Fußkurbel, sowie diese und die Firma Voigt & Hochgesang, Göttingen, die Herstellung von Dünnschliffen an. Elektromotoren als Antrieb der Dünnschliffschleifmaschinen kamen erst nach 1900 und allmählich zum Einsatz.

Durch die Einführung der Gesteinsmikroskopie entwickelte sich im 19. Jahrhundert auch die *Gesteinssystematik*. Neben Systemvorschlägen u.a. von R. BUNSEN 1851, F. v. RICHTHO-FEN 1861, B. v. COTTA 1862, G. BISCHOF 1866, H. VOGELSANG 1872, A. v. LASAULX 1875 und J. ROTH 1891 standen sich dabei mineralogisch, d.h. auf die Bestandteile, und geologisch, d.h. auf die Entstehung der Gesteine orientierte Systeme und manchmal in einem System beide Aspekte gegenüber:

Abb. 69   FERDINAND ZIRKEL.

Abb. 70   HARRY ROSENBUSCH.

Mineralogische Gesteinssysteme	Geologische Gesteinssysteme
1786/87 A.G. WERNER: – Einfache Gesteine, – Gemengte Gesteine mit: Hauptgemengteilen, Nebengemengteilen	1786/87 A.,G. WERNER: Altersgliederung: Urgebirge, Flözgebirge, Aufgeschwemmte Gebirge
	1788 J. HUTTON: Plutonische Gesteine, Vulkanische Gesteine, Sedimentäre Gesteine.
1823/24 C.C. v. LEONHARD: – Ungleichartige Gesteine (Körnige, schiefrige, porphyrische) – Gleichartige (monomineralische) Gesteine – Trümmergesteine – lose Gesteine	
1850 C.F. NAUMANN – Kristalline Gesteine, – Klastische Gesteine, – Hyaline Gesteine, – Porodine Gesteine	1850 C.F. NAUMANN zoogene Gesteine phytogene Gesteine
1851 R. BUNSEN nach chemischer Zusammensetzung: – kieselsäurereiche (sauere) Gesteine bis – kieselsäurearme (basische) Gesteine	

1855 B. COTTA
zur *Gesteinsdiagnose*:
Gesteinsbildende Minerale:
 	
– Hauptgemengteile
– Nebengemengteile
– Texturen:
  körnig, dicht, amorph,
  (kristallin-körnig, mechanisch-körnig)
  porphyrisch, schiefrig, flaserig
	1855 B. COTTA
	System:
	Eruptivgesteine: vulkanische
	                plutonische,
	
	Sedimente: mechanische, chemische,
	zoogene, phytogene
	Metamorphe Gesteine (weiter gefaßt
	als heute): metamorph durch
	– Kontaktwirkungen
	– allgemeine Erdwärme

ZIRKEL 1866
Ursprüngliche (kristallinische) Gesteine
I   einfache, z.B. Steinsalz
II   gemengte
        1) kristallin-körnige u. porphyrische,
            z.B. Granit, Quarzporphyr
        2) kristallin-schiefrige, die kristallinen
            Schiefer
Klastische Gesteine
z.B. Konglomerate, Sandsteine

ROSENBUSCH 1877
Orthoklasgesteine:
    Granite, Quarzporphyre, Syenite,
    Liparite, Trachyte u.a.

Orthoklas-Nephelin-Leucit-Gesteine:
  Phonolith u.a.
Plagioklasgesteine,
Plagioklas-Nephelin-Leucit-Gesteine,
Nephelin-Gesteine
Leucit-Gesteine
Feldspatfreie Gesteine (Peridotite)

1887 ROSENBUSCH
 – Tiefengesteine,
 – Ganggesteine,
 – Ergußgesteine:
   paläovulkanische,
   neovulkanische

ZIRKEL 1983/94
I   Massige Erstarrungsgesteine
      (nach Mineralbestand)
II   Kristalline Schiefer
III   Kristalline oder nicht-klastische
      Sedimentgesteine z.B. Steinsalz, Kalkstein
IV   Klastische Gesteine
      z.B. Sandstein, „sedimentäre Schiefer",
      Kaolin, Ton, Löß

Im Jahre 1898 lieferte H. ROSENBUSCH in seinen „Elementen der Gesteinslehre" ein geologisch orientiertes, aber nach Mineralbestand und Gefüge mineralogisch untermauertes System der magmatischen Gesteine, das als Vollendung der Petrographie in der Zeit der klassischen Geologie (19. Jahrhundert) gelten kann (vereinfacht):

Gefügemerkmale

Nach Anteil kristalliner bzw. glasiger Substanz:
• holokristallin, hypokristallin, hyalin.
Je nach mehr oder weniger vollständiger Ausbildung der Kristallform der Minerale im Gestein:
• idiomorph, hypidiomorph, xenomorph.
  Größere Kristalle in Grundmasse: porphyrisch.

System der Gesteine (nach geologischer Position und Mineralbestand)

SiO_2:	sauer			basisch
Feldspäte:	Orthoklas	Orthoklas	Plagioklas	Plagioklas
Tiefengesteine :	Granit	Syenit	Diorit	Gabbro
Ganggesteine :	Granitporphyr u.a. …		…	Lamprophyr
Ergußgesteine – paläovulkanisch:	Quarzporphyr	quarzfreier Porphyr Keratophyr	Quarzporphyrit Porphyrit	Diabas Melaphyr
– neovulkanisch:	Rhyolith Liparit	Trachyt Phonolith	Dazit Andesit	Basalt

Allerdings war schon damals umstritten, ob die Ganggesteine eine eigenständige Gruppe im System darstellen und ob eine Trennung der Ergußgesteine in alt- und jungvulkanische berechtigt ist.

Eine vergleichbare Systematik der Sedimente und Metamorphite gab es damals noch nicht, obwohl G. Bischof in seinem „Lehrbuch der physikalischen und chemischen Geologie" die chemischen Sedimente, A. Delesse 1871 in Frankreich die marinen Sedimente und C.F. Naumann 1850 und A. Jentzsch 1873 die klastischen Gesteine behandelt haben. H. Rosen-busch schrieb 1877: „Für eine systematische Behandlung der geschichteten Gesteine, zumal der kristallinen Schiefer, dürfte die Zeit noch lange nicht gekommen sein", und noch 1898 war er dieser Meinung.

Die Entstehung der *Metamorphite*, insbesondere der *Kristallinen Schiefer*, war im 19. Jahrhundert noch umstritten, da sie nicht aktualistisch beobachtet werden konnte. Die einen deuteten sie als erste Erstarrungskruste der Erde, die anderen als einst normale, dann metamorph gewordene Sedimente oder Magmatite. Im Lauf des 19. Jahrhunderts trat die Deutung als Erstarrungskruste in dem Maße zurück, wie Erkenntnisse über die Metamorphose zunahmen, was beispielhaft an folgenden Autoren deutlich wird.:

Kristalline Schiefer = erste Erstarrungs-kruste der Erde	Kristalline Schiefer einst normale Sedimente oder Magmatite
1811 S. Breislak (Italien): Werners „Urgesteine" sind erste Erstarrungs-kruste.	1788 J. Hutton: Kristalline Schiefer sind von Erdwärme umgewandelte Sedimente.
	1820 A. Boué: prägt Begriff Metamorphose
	1826/28 B. Studer u. E. de Beaumont finden in den Alpen Fossilien in Kristallinen Schiefern und erkennen damit deren jüngeres Alter.
1833 J. Fournet: Glimmerschiefer ist Erstarrungs-kruste, darunter erstarrte Granit, der einen Teil des Glimmerschiefers in Gneis umwandelte.	1830 F. Hoffmann: Grauwackenschichten zwischen Gneis und Glimmerschiefer sind von Umwandlung verschonte Streifen.
1835 B. Cotta: Phyllit ist erste Erstarrungskruste, darüber die Sedimente, darunter erstarren nacheinander nach der Tiefe zu die „plutonischen Schiefergesteine" (Glimmerschiefer, Gneis) und die „plutonischen Massengesteine", und zwar erst die sauren, dann die basischen, die auch die heutige Lava liefern (Basalt).	1833 Ch. Lyell: Kristalline Schiefer entstanden im Erdinneren durch hohe Temperaturen und Drücke; Begriff „metamorphische Gesteine".
1847 Th. Scheerer 1850 C.F. Naumann	1850 E. de Beaumont unterscheidet: – allgemeinen oder normalen Metamorphismus (Daubrée: Regionalmetamorphismus) – Kontaktmetamorphismus
1866 F. Zirkel unterscheidet zwischen „ursprünglichem Gneis" als Erstarrungskruste und:	„metamorphem Gneis" als Umwandlungsgestein

1867 K.A. LOSSEN: Umwandlung der
Gesteine durch tektonische Bewegungen
= „Dislokationsmetamorphismus".

1889 H. ROSENBUSCH:
Allenfalls die tieferen Teile des
Grundgebirges könnten Teile der ersten
Erstarrungskruste sein.

1879 A. SAUER entdeckt im Erzgebirge bei
der Kartierung „Konglomerate im Glimmerschiefer" und weist damit die sedimentäre
Entstehung dieses Kristallinen Schiefers nach.

J. LEHMANN und H. ROSENBUSCH vertreten 1884 bzw. 1889 für die Kristallinen Schiefer die noch heute gültige Meinung: Kristalline Schiefer können unabhängig vom Alter der Gesteine durch die entsprechenden Bedingungen der Regional- oder Dynamometamorphose entstehen, und zwar sowohl aus Magmatiten wie auch aus Sedimentgesteinen. Eine erste Erstarrungskruste der Erde wird von HERMANN CREDNER 1902 nur noch theoretisch gefordert, weil „die ganze Reihe der sedimentären Formationen von einer noch älteren (...) Fundamentalformation getragen werden muß, und diese kann nicht anders gedacht werden, denn als ursprüngliche Erstarrungskruste des einst glutflüssigen Erdballes (...). Es erscheint zweifelhaft, ob diese primitive Kruste irgendwo an der Erdoberfläche unserer Beobachtung zugängig ist". CREDNER postuliert also eine erste Erstarrungskruste, sieht sie aber nicht in den beobachtbaren Kristallinen Schiefern.

Ein Spezialproblem der Metamorphose war die *Transversalschieferung*. Während diese von GÜMBEL noch 1868/1888 als primäre Schichtung betrachtet wurde, machte COTTA schon 1843 im Devon am Bohlen bei Saalfeld und im Unterkarbon bei Ziegenrück die Beobachtung, daß die Schieferung die Schichtung schräg durchsetzt (Abb. 71) und daß die Schieferung gleichmäßiger ist als die (oft gefaltete) Schichtung. In einem 1842 gehaltenen, aber erst 1852 gedruckten Vortrag vermutet er richtig, die Schieferung „sei das Resultat einer zeitlich der Schichtung lange nachfolgenden Absonderung, etwa durch seitlichen Druck veranlaßt".

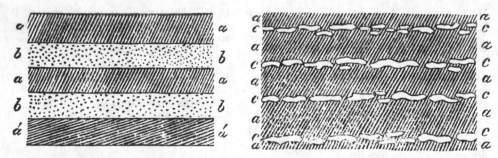

Abb. 71 Schichtung (horizontal) und Schieferung (schräg) in dem „Grauwackengebiet des östlichen Thüringer Waldes".
Links: Tonschiefer und Grauwacke des Kulms von Ziegenrück.
Rechts: Kalkknotenschiefer des Oberdevons von Saalfeld-Obernitz, aus COTTA, 1846.

In einer von E. TRÖGER 1950 aufgestellten Tabelle der von verschiedenen Autoren beschriebenen Gesteine erweist sich das 19. Jahrhundert auch in der Petrographie als die Zeit der sammelnden Detailforschung:

	Magmatite	Sedimente	Metamorphite	Summe
A.G. WERNER (1786/87)	10	14	7	31
C.C. v. LEONHARD (1823/24)	22	55	18	95
C.F. NAUMANN (1849/50)	48	81	34	163
F. ZIRKEL (1866)	97	90	30	217
H. ROSENBUSCH (1898)	242	105	140	487

Im 19. Jahrhundert sind also alle wichtigen und die meisten Gesteine überhaupt nach Mineralbestand und Gefüge erforscht und definiert worden. Das 20. Jahrhundert drang dann auch in der Petrographie in kleinere Dimensionen und in größere Zusammenhänge ein.

4.6   Paläontologie und Evolution

Im 16./17. Jahrhundert hatte man Fossilien mit Namen ohne Bezug zu heutigen Lebewesen belegt. Im 18. Jahrhundert beschrieb man echte Fossilien zusammen mit auffallenden anorganischen Bildungen und Naturspielen. Noch im 18. Jahrhundert diskutierte man, ob fossile Überreste von Lebewesen Zeugen der Sintflut seien. Der französische Zoologe GEORGES CUVIER hatte 1784/88 als Karlsschüler in Stuttgart Mammutknochen aus Cannstatt kennengelernt und 1796 durch Vergleich der Knochen mit rezenten Elefantenknochen die Mammute als ausgestorben erkannt. Dies und sein Buch „Recherches sur les ossements fossiles" (1812) gelten als Beginn der Paläontologie.

Die erste selbständige Vorlesung über Versteinerungslehre hielt 1799 A.G. WERNER, dessen Schüler L. v. BUCH, E.F. v. SCHLOTHEIM und F.E. GERMAR bedeutende Paläontologen wurden. Diese Wissenschaft war aber von Anfang an durch zwei verschiedene Aspekte, den geologischen und den biologischen, gespalten, was sich in mehrerlei Hinsicht bemerkbar machte. Dem Wissenschaftsnamen „Naturgeschichte der Versteinerungen" (SCHLOTHEIM 1813) folgte die Übersetzung ins Lateinische: „Petrefaktenkunde". Diese von SCHLOTHEIM ab 1822 benutzte Bezeichnung blieb in Deutschland bis um 1870 (QUENSTEDT 1867) üblich. Der mehr auf den biologischen Aspekt zielende Terminus „Paläontologie" wurde erstmals 1822 durch ADOLPHE BRONGNIART in Frankreich geprägt, setzte sich aber in Deutschland nur langsam durch.

Beim *geologischen Aspekt* nutzte man gemäß den Überlegungen von W. SMITH und E.F. v. SCHLOTHEIM die Fossilien als Leitfossilien. Dabei sammelten die Geologen in den Schichten und Schichtgruppen sämtliche Fossilien, bestimmten sie nach den schon vorhandenen Fossilbeschreibungen und beschrieben und benannten die bisher unbekannten Fossilien. Mit einer solchen Bearbeitung des Fossilinhalts konnten sie an Hand der Leitfossilien das relative Alter der Schicht bestimmen. Darüber hinaus trugen sie damit zur sammelnden Detailforschung in der Paläontologie bei.

Beim *biologischen Aspekt* der Petrefaktenkunde ging es um die anatomische Interpretation der versteinerten Lebensreste, um deren Vergleich mit noch lebenden Formen und damit um die Einordnung in das von Biologen geschaffene System der jetzigen Lebewesen, oder besser gesagt um die Aufstellung eines biologisch begründeten Systems, das die jetzige und die vorzeitliche Lebewelt umfassen sollte. Für die Bearbeitung des biologischen Aspekts der Paläontologie waren Botaniker und Zoologen kompetenter als die Geologen, und so finden wir unter den führenden Paläontologen tatsächlich viele Botaniker und Zoologen, z.B. in Frankreich AD. BRONGNIART und G. CUVIER, in Deutschland die Professoren C.H.C. BURMEISTER und C.G.A. GIEBEL in Halle, H.R. GOEPPERT in Breslau, G.A. GOLDFUSS in Erlangen und Bonn, A. SCHENK in Würzburg und Leipzig, sowie in Österreich F. UNGER in Graz. Allerdings haben diese Botaniker und Zoologen durchaus auch Aussagen zu geologischen Aspekten der Paläontologie gemacht.

Die biologisch orientierten Paläontologen erhielten 1846 in Deutschland die Fachzeitschrift „Palaeontographica" (Hg. W. DUNKER und H. V. MEYER), die bis heute erscheint, 1847 in England eine eigene „Paläontographische Gesellschaft".

In der Entwicklung der Paläontologie ließen sich der geologische und der biologische Aspekt nicht absolut trennen, was im Folgenden ersichtlich wird:
Der *geologische Aspekt* behandelt nach ZITTEL (1899) „die Versteinerungskunde lediglich als Hilfswissenschaft der Geologie. Die fossilen Organismen dienen als Leitfossilien zur Altersbestimmung der verschiedenen Schichtgesteine und haben den gleichen Wert wie andere zu diesem Ziel führende Merkmale. Viele der hierher gehörigen Abhandlungen besitzen geringen biologischen Wert und sind nicht selten von Autoren abgefaßt, denen jede Vorbildung in Zoologie und Botanik fehlte". Zahlreiche Geologen, die die Stratigraphie zu klären oder geologisch zu kartieren hatten, haben sich aber so auch zu Paläontologen qualifiziert, eben weil sie die gefundenen Fossilien exakt zu bestimmen oder noch nicht bestimmte ebenso exakt zu beschreiben hatten. Solche paläontologischen Bearbeitungen des Fossilinhaltes bestimmter Schichten hatten großenteils bleibenden Wert, z.B.

1832   G. GRAF ZU MÜNSTER: Beiträge zur Petrefaktenkunde (paläontol. Arbeiten zur Gliederung des Paläozoikums im Frankenwald),
1836   F.A. ROEMER: Norddeutscher Jura („Oolithengebirge"),
1837   R. BEYRICH: Versteinerungen im Rheinischen Schiefergebirge (Devon),
1841   F.A. ROEMER: Versteinerungen im norddeutschen Kreidegebirge,
1843   F.A.ROEMER: Versteinerungen im Harz,
1844   FERD. ROEMER: Rheinisches Schiefergebirge,
1848   H.B. GEINITZ: Versteinerungen des deutschen Zechsteins,
1849/50 H.B. GEINITZ: Quadersandsteingebirge oder Kreidegebirge in Deutschland,
1850   G. u. F. SANDBERGER: Versteinerungen des Rheinischen Schiefergebirges (Nassau),
1852/53 H.B. GEINITZ: Versteinerungen der Grauwackenformation in Sachsen,
1858   F.A. QUENSTEDT: Der Jura,
1858   C.G. GIEBEL: Die silurische Fauna des Unterharzes,
1864   REINH. RICHTER: Der Kulm in Thüringen,
1864   H.B. GEINITZ: Dachschiefer von Wurzbach bei Lobenstein,
1867   C. V. ETTINGSHAUSEN: Kreidezeitliche Flora von Niederschöna bei Freiberg,
1867   W. TRENKNER: Nordwestharz,
1871   E. KAYSER: Die Brachiopoden im Mittel- und Oberdevon der Eifel,
1878   E. KAYSER: Die Fauna im ältesten Devon des Harzes,
1884   L. BEUSHAUSEN: Die Fauna des Spiriferensandsteins im Oberharz.

Die die Erdgeschichte erforschenden Geologen waren sich dessen bewußt, daß zur Beschreibung der einzelnen erdgeschichtlichen Epochen auch deren Lebewelt gehört. Es entwickelte sich deshalb eine bis heute übliche eigene Gattung geologischer Literatur, nämlich Bücher über die Historische Geologie mit Abschnitten, meist auch mit Tafeln, über die Fossilien einer geologischen Formation, z.B.:

1835/38   H.G. Bronn: Lethaea geognostica (2 Bände u. Tafelband), 629 Fossilien aufge-
           teilt nach Fossilien im Tonschiefer-, Kohlen- und Kupferschiefergebirge, Mu-
           schelkalk und Keuper, Lias und Jura, Kreide, Molassegebirge (Tertiär und Quar-
           tär),
1850   C.F. Naumann: Lehrbuch der Geognosie (Fossiltafeln: Abb. 72) 2. Aufl.: 1862
           (mit Fossil-Listen),

Abb. 72 „Abbildungen der wichtigsten Leitfossilien" aus dem Devon, Schnecken und Ammoniten.
Taf. XII aus C.F. Naumann, Lehrbuch der Geognosie, 1850.

1856   B. COTTA: Lehre von den Flözformationen (Fossil-Listen, keine Tafeln),
1861   F.A. QUENSTEDT: Epochen der Natur (Fossilabbildungen im Text),
1866   O. FRAAS: Vor der Sündfluth, eine Geschichte der Urwelt (Abbildungen im Text),
1872/1902 HERMANN CREDNER: Elemente der Geologie (Fossilabbildungen im Text der For-
               mationen),
1886/87   M. NEUMAYR: Erdgeschichte (Fossilabbildungen im Text),
1891   E. KAYSER: Lehrbuch der geologischen Formationskunde (2. bis 4. Aufl.: 1902/
               12).

Die Einbeziehung der Fossilien in die Darstellung der erdgeschichtlichen Perioden wurde
als klassische geologische Arbeitsrichtung in den Lehrbüchern des 20. Jahrhunderts beibe-
halten, z.B.:
1915   E. KAYSER: Abriß der allgemeinen und stratigraphischen Geologie (2. bis 5- Aufl.
               1920, 1922, 1925),
1940/48   R. BRINKMANN: Neubearbeitung von E. KAYSERS Abriß der allgemeinen und stra-
               tigraphischen Geologie,
1940/49   S. V. BUBNOFF: Einführung in die Erdgeschichte (1. u. 2. Aufl.; bei jeder Formati-
               on Tafeln mit Fossilien).

Die Faunenlisten für die einzelnen Schichten bzw. Schichtgruppen regten im 19. und 20.
Jahrhundert Geologen und Paläontologen an, „Lebensbilder", d.h. Landschaftsbilder jener
Zeit mit den jeweiligen Pflanzen und Tieren zu zeichnen. Lebensbilder mit vorweltlicher
Flora machen dabei meist einen glaubhaften Eindruck. Bei Landschaftsbildern mit Tieren
führte der Drang, möglichst viele der aus der betreffenden Zeit bekannten Tiere darzustellen, zu den sogenannten *Menageriebildern*, denen der Abstand von der Realität deutlich
anzusehen ist. In seinen für interessierte Laien geschriebenen „Geologischen Bildern" (1852/
76) übernimmt B. COTTA aus dem vierten, 1846 erschienenen Band der Paläontologie des
Franzosen F.J. PICTET das offenbar mit französischem Temperament gezeichnete Lebens-
bild des Jurameeres (Abb. 73) und schreibt dazu: „Der Holzschnitt zeigt uns die größeren
Bewohner der Jurameere und ihrer Ufer auf einen kleinen Raum zusammengedrängt und
nach allen Richtungen in voller Lebenstätigkeit. Diese vorweltliche Szene ist freilich etwas
phantastisch, dadurch aber vielleicht besonders geeignet, die Aufmerksamkeit auf sich zu
lenken. Oben in der Luft sehen wir zwei große fliegende Eidechsen aus der drachenähnli-
chen Gattung *Pterodactylus*. Das unglückliche *Pterodactylus*-Weibchen erliegt dort hinten
links am Ufer soeben der hungrigen Sehnsucht eines langhalsigen *Plesiosaurus*. (…) Weiter nach vorn lagert am Ufer unter Palmen, Musen, Cycadeen und Farrenbäumen ein mächtiges Krokodil, das, nach der Rundung seines Leibes zu schließen, wohl schon zu Mittag
gespeist hat. (…) Eine durch tüchtige Panzer geschützte Seeschildkröte hat ein prächtiges
Belemnitentier erhascht. (…) Im Hintergrund verschlingt ein *Mystriosaurus* einen breiten
Fisch aus der Ordnung der Ganoiden, ganz vorn aber, und schon halb über dem Wasser, hat
Ichthyosaurus, der stämmige und grausame Beherrscher des Jurameeres, einen *Plesiosaurus* beim Schwanenhalse gepackt …". Schon in dem Buch des Schwaben O. FRAAS (1866)
sehen die Lebensbilder der Tierwelt viel glaubwürdiger aus.

Die Fossilführung ist in den verschiedenen Sedimentgesteinen wie bekannt sehr unterschiedlich. Man kennt fossilfreie bis fossilarme Schichten und solche mit zahlreichen Fossilien.
Für Geologen und Paläontologen gleichermaßen attraktiv sind bzw. waren einige Fund-
punkte, die durch ihre Fossilien schon in früherer historischer Zeit allgemein berühmt geworden sind. In Deutschland z.B.:

Kupferschiefer von Mansfeld-Eisleben:
Etwa 20 cm starker, erzführender, bituminöser schwarzer Mergel, der seit der Zeit um 1200
bis 1990 untertage abgebaut wurde. Bis zur Einführung moderner, das Gestein stark zer-

Abb. 73   „Tierszene aus der Juraperiode", Menageriebild aus B. COTTA: GEOLOGISCHE Bilder, 1856.

kleinernder Gewinnungsmethoden lieferte der Kupferschiefer zahlreiche Fossilien, die in fast jeder Sammlung vertreten sind, vor allem Fische (*Palaeoniscus, Platysomus*), Coniferen, selten auch Saurier (*Protorosaurus*).

Verkieselte Hölzer, Chemnitz-Hilbersdorf:
Im Porphyrtuff des Rotliegenden, erster Fund 1737 durch Vize-Edelstein-Inspektor J.G. KERN, weitere 1751/52 durch Edelstein-Inspektor D. FRENZEL, die meisten etwa 1860 bis 1912 durch J.T. STERZEL, als durch die Bevölkerungszunahme der Industriestadt Chemnitz weite Flächen des Porphyrtuffs durch Baugruben aufgeschlossen wurden. STERZEL bearbeitete die Funde auch wissenschaftlich (u.a. 1875), 1900 am Museum ein „versteinerter Wald" aufgestellt, 1971 im Museum das Sterzeleanum als moderne Schausammlung der Chemnitzer Kieselhölzer (u.a. *Psaronius, Medullosa*).

Tonschiefer bei Bundenbach/Hunsrück:
Dachschiefer des Unterdevons, Schiefergewinnung möglicherweise schon in der Römerzeit, urkundlich nachgewiesen ab 1540, heute nur noch geringer Abbau, dazu Schaubergwerk. Ab 1875 Literatur über Fossilfunde bei Bundenbach. Als Fossilien insbesondere Seesterne, Schlangensterne, Seelilien, Trilobiten, Panzerfische, Orthoceren, Ammoniten u.a.

Plattenkalke („Lithographischer Schiefer") von Solnhofen und Eichstätt:
Plattenkalke als Lagunensedimente zwischen den Riffen im Oberen Jura, das Gestein 1738 entdeckt, Fossilien seit etwa 1750 bekannt. 1793 erfand ALOIS SENEFELDER den Steindruck (Lithographie), deshalb ab 1802 Aufschwung der Förderung von „Lithographischem Schiefer" für den Steindruck und Fund zahlreicher Fossilien (Beispiel für einen auf die Paläontologie wirkenden „externen" Faktor). Ab 1828 Produktion von „Dachziegeln" aus den Plat-

tenkalken. Fossilien insbesondere: Fische (*Leptolepis*), Libellen, Pfeilschwanzkrebse (*Limulus*), Quallen, Ammoniten, sowie die Flugsaurier *Pterodactylus* und *Rhamphorhynchus* u.a., insgesamt etwa 580 Arten. Die berühmtesten Fossilien von Solnhofen sind die Exemplare des Urvogels *Archaeopterix*. 1860 fand man eine Feder, 1861 ein Skelett, das A. WAGNER als Saurier *Griphosaurus problematicus* beschrieb, H. v. MEYER aber als Vogel erkannte und mit dem Namen *Archaeopterix lithographica* belegte. R. OWEN veranlaßte den Kauf dieses damals einmaligen Exemplares durch das Britische Museum und nannte den Vogel *Griphornis longicaudatus*. Dem *Archaeopterix* zugeschriebene Fährten im Solnhofener Plattenkalk beschrieb A. OPPEL als *Ichnites lithographicus*. 1877 fand man bei Eichstätt ein noch besser erhaltenes Skelett von *Archaeopterix*, das 1884 von DAMES beschrieben wurde und sich heute im Naturkundemuseum Berlin befindet (Abb. 74).

Posidonienschiefer von Holzmaden, Württemberg:
Schwarze, bitumenhaltige Schiefertone aus dem Lias, Steinbrüche bei Holzmaden und Ohmden, früher auch bei Bad Boll, verwendet seit dem Mittelalter als Baustein und für Tische und Bodenplatten (früher auch Dachplatten) sowie 1854/59 zur Gewinnung von Öl. Erste Fossilien 1596 durch J. BAUHINUS gefunden (vgl. Abb. 8), dann auch Seelilien, z.B. das „Medusenhaupt Schwabens", 1724 von E.F. HIEMER beschrieben, Fische, Meereskro-

Abb. 74 *Archaeopterix macrura*, Lithographischer Schiefer von Solnhofen, „restauriert in der Stellung des Berliner Exemplars" (STEINMANN, Paläontologie, 1903).

kodile (1720), Plesiosaurier, Flugsaurier und vor allem Ichthyosaurier (ab 1749, 1824 durch G.F. JÄGER richtig gedeutet, nachdem W. BUCKLAND um 1820 die Gattung *Ichthyosaurus* aufgestellt hatte). Meisterhafte Präparation der Funde ab 1883 durch B. HAUFF.

Der *biologische Aspekt* der Paläontologie wird dort am deutlichsten, wo Paläontologen tierische oder pflanzliche Fossilien ebenso untersuchen und Gattungen und Arten definieren, wie dies Zoologen und Botaniker bei lebenden Tieren und Pflanzen tun, insbesondere mit der z.B. 1813 von SCHLOTHEIM auf Fossilien angewandten binären Nomenklatur LINNÉS und mit der von CUVIER und LAMARCK, aber auch von BLUMENBACH, SCHLOTHEIM und STERNBERG in die Paläontologie übernommenen Methode der vergleichenden Anatomie.

Da es bei der Anatomie der Fossilien nicht um das geologische Umfeld der Fundstelle geht, hat diese Arbeitsrichtung der Paläontologie seit je mehr internationalen Charakter. Insbesondere Paläontologen aus Frankreich, England und den USA lieferten wichtige Arbeiten. Trotz dieser mehr allgemeinen, weniger regionalen Erkenntnisse der Paläontologie seien neben einigen ausländischen Standardwerken einige Beispiele deutscher Arbeiten zur Anatomie und Systematik fossiler Pflanzen und Tiere in chronologischer Folge genannt:

1804   E.F. V. SCHLOTHEIM : Pflanzenversteinerungen von Manebach/Thür. Wald, ausgestorbene Formen, „ein Beitrag zur Flora der Vorwelt",

1812   G. CUVIER: „Recherches sur les ossements fossiles". Grundlegendes Werk zur vergleichenden Anatomie in der Paläontologie,

1826   A. GOLDFUSS u. G. GRAF ZU MÜNSTER: 75 Spongienarten in „Petrefacta Germaniae",

1828   A. SPRENGEL : Fossile Hölzer (Diss. Halle),

1828   G.F. JÄGER: Salamander in Trias von Gaildorf,

1828   G.F. JÄGER: Fossile Reptilien in Württemberg,

1829   G.F. JÄGER: Pflanzen im Schilfsandstein bei Stuttgart,

1829/39 L. v. BUCH: Systematik der Cephalopoden,

1830   H. v. MEYER: Systematik der Reptilien,

1832   B. COTTA: Dendrolithen (verkieselte Hölzer),

1832/61 J.J. KAUP: Säugetiere im Tertiär des Mainzer Beckens,

1833/49 L. AGASSIZ: Standardwerk über fossile Fische,

1834   L. v. BUCH: Terebrateln,

1835   A. GOLDFUSS u. G.F. JÄGER: Säugetiere aus Diluvium und schwäbischem Tertiär,

1837   F.A. QUENSTEDT: Trilobiten (Terminus „Trilobiten" 1771 von J.E.I. WALCH),

1838/75 C.G. EHRENBERG: Radiolarien, Foraminiferen,

1840/45 R. OWEN: Fossilbestimmung nach Morphologie der Zähne (z.B. 1841 Gruppe der „Labyrinthodonten")

1841   H.G. BRONN u. J.J. KAUP: Gavialartige Reptilien des Lias, z.B. Holzmaden,

1841   H.R. GOEPPERT: Gattungen der fossilen Pflanzen, verglichen mit denen der Jetztzeit,

1841   R. OWEN: Terminus „Dinosaurier",

1841   J. MÜLLER: Pentacrinus,

1844   H. v. MEYER u. TH. PLIENINGER: Fossile Labyrinthodonten Württembergs,

1844/53 E.F. GERMAR: Insekten aus dem Permokarbon,

1845   L. v. BUCH: „Cystoideen" als Gruppe der Seelilien,

1847/60 H. v. MEYER: Saurier aus dem Kupferschiefer, der Trias, von Solnhofen und Oeningen (4 Monographien),

1848/50 C.H.C. BURMEISTER: Labyrinthodonten aus dem Buntsandstein von Bernburg und dem Karbon von Saarbrücken,

1848/49 H.R. GOEPPERT u. H. v. MEYER: Index palaeontologicus (Verzeichnis aller bis da bekannten Versteinerungen),

1850   H.R. Goeppert; Fossile Coniferen,
1855   J. Müller: Radiolarien (schlug dabei diesen Terminus vor),
1865/70 E. Haeckel: Medusen aus Solnhofener Plattenkalk,
1872   E. Haeckel: Kalkschwämme,
1878   E. Dupont gräbt bei Bernissart/Belgien 23 Skelette von Iguanodon aus; im Westen der USA aufsehenerregende Funde von Dinosauriern,
1881/84 Herm. Credner, H.B. Geinitz u. J.V. Deichmüller: Stegocephalen im Rotliegenden von Freital b. Dresden,
1889   E. Fraas: Labyrinthodonten aus der Trias in Schwaben,
1893   H. Rauff: „Paläospongiologie", über paläozoische Schwämme.

Bei diesen dem biologischen Aspekt dienenden paläontologischen Arbeiten machten sich allerdings die der Paläontologie innewohnenden Probleme bemerkbar, und zwar:

1. Bei ausgestorbenen Gruppen von Lebewesen ist die systematische Zuordnung wegen der begrenzten Möglichkeiten zur Klärung der Anatomie oft zweifelhaft. So wurden die am Ende des Silurs ausgestorbenen Graptolithen von Schlotheim für Cephalopoden, von Quenstedt für Foraminiferen, von anderen für Korallen gehalten, ehe sie – nach mehrfachem Wechsel – nun für Hydrozoen gehalten werden.

2. Da bei den Fossilien in der Regel die Weichteile nicht erhalten sind, kann dadurch die systematische Zuordnung auch unsicher werden.

3. Viele Fossilien waren nur Teile von Lebewesen, wurden aber doch als eigenständig beschrieben und benannt. So sind Ad. Brongniart und K. v. Sternberg die Autoren der als *Sigillaria* und *Lepidodendron* bezeichneten Stämme von Bärlappgewächsen im Karbon. Zu den gleichen Gewächsen gehörende andere Erhaltungsformen der Stämme wurden aber als *Bergeria*, *Aspidiaria*, und *Knorria* beschrieben, ihre beblätterten Zweige als *Lycopodites*, ihre Wurzelstöcke als *Stigmaria* (Sternberg 1820/38, Goeppert 1841).

4. Der Paläontologe hat alle Spuren vorweltlichen Lebens zu erfassen, so auch Fährten (selbst dann, wenn von dem fährtenerzeugenden Tier keine Reste erhalten sind) und „Problematika", bei denen man eine organische Herkunft vermutet, sie aber nicht beweisen kann. Beispiele für Fährten und Problematika sind

• die *Fährten von Chirotherium:* 1834 von F.K.L. Sickler im Buntsandstein von Heßberg bei Hildburghausen entdeckt, 1835 von J.J. Kaup benannt, von verschiedenen Autoren als Fährten von Amphibien, Reptilien oder Säugetieren gedeutet, nach weiteren Funden 1838/39 in England, 1856 in Frankreich und 1898 in Spanien erst 1925 von W. Soergel analysiert und einem Reptil zugeschrieben.

• *Phycodes circinatum*, beschrieben und benannt 1850 von Reinh. Richter, aber nicht gedeutet („Phycodes" = tang*ähnlich!*) (Abb. 75). Seitdem Leitfossil der ordovizischen „Phycodesschichten". E. Fraas (1910) schreibt über die Deutungen: „Manche Forscher sehen darin die Steinkerne von algenähnlichen Pflanzen, während andere auf die Ähnlichkeit mit den Ausfurchungen des rieselnden Wassers hinweisen oder dieselben auf mechanische Vorgänge nach oder bei der Erhärtung des Gesteins zurückführen". Erst 1934 deutete K. Mägdefrau *Phycodes* als Grabbauten eines Sedimentfressers im Flachmeer.

• *Dictyodora liebeana*, in unterkarbonischem Tonschiefer Ostthüringens auftretend, bildet über verschlungen sich kreuzenden Wülsten, die von H.B. Geinitz (1864) als *Crossopodia henrici* beschrieben worden sind, einen flachen, sich aus ebenso verschlungenen und sich kreuzenden Flächen bestehenden Kegel von mehreren Zentimetern Höhe, der auf der Crossopodia steht und die Schichten über dieser durchsetzt. E. Weiss, der die *Dictyodora* 1883 beschrieb, deutete sie als Tang, Geinitz als Alge (und nannte sie deshalb *Dictyophytum*). E. Zimmermann, der durch die Kartierung im Ostthüringer Schiefergebirge Kontakt mit der *Dictyodora* bekam, erklärte 1892 nach gründlicher Diskussion die *Dictyodora* als „versteinerten Organismus", ohne eine nähere Bestimmung zu wagen. Andere hatten sie schon als Palmfarn, als Schnecke oder als Ringelwurm eingestuft, beschrieben und benannt. Wieder andere sahen in ihr eine Kriechspur von Würmern oder Krebsen, oder eine anorganische Druckerscheinung im Sediment. H. KORN deutete sie 1929 durch Aufsteigen von Gasblasen in tonigem Schlamm, und erst 1935 lieferte O. ABEL eine plausible Erklärung: Es seien unterirdische Fraßgänge von Schnekken, die das darüberliegende Sediment mit „Fühlfäden" durchschneiden und mit ihnen den „Kegel" erzeugen.

Der biologische Aspekt der Paläontologie wird auch in Lehr- und Handbüchern deutlich, nämlich dann, wenn sie die Fossilien nicht in geologisch-stratigraphischer, sondern in biologisch-systematischer Ordnung vorstellen. Die Autoren waren sich über die Unvollständigkeit des fossilen Materials bewußt, wie wir bei K. v. STERNBERG lesen können: „Alles, was wir dermalen leisten können, beschränkt sich darauf, die Materialien, die uns zu Gebote stehen, nach Analogie der Pflanzen der Jetztzeit (…) zu bestimmen, zu ordnen und in einen allgemeinen Rahmen zu fassen, innerhalb welchen durch neuere Entdeckungen die zurückgebliebenen Lücken ohne Störung des Ganzen nach und nach ausgefüllt werden können". Solche biologisch-systematischen Lehr- und Handbücher der Paläontologie im 19. Jahrhundert (vor allem in Deutschland) sind:

1820/23   E.F. v. SCHLOTHEIM: Die Petrefaktenkunde,
1820/38   K. v. STERNBERG: Versuch einer geognostisch-botanischen Darstellung der Flora der Vorwelt (über 200 fossile Pflanzen auf 60 Tafeln nach botanischen Regeln),
1826/44   A. GOLDFUSS u. G. GRAF ZU MÜNSTER: Petrefacta Germaniae (3 Teile), nach ZITTEL ein „prächtiges Tafelwerk", unvollendet,
1828/44   AD. BRONGNIART: Histoire des végétaux fossiles.
1831   F. HOLL: Handbuch der Petrefaktenkunde,

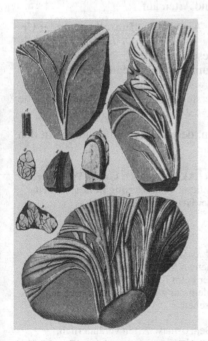

Abb. 75   *Phycodes circinatum*, Taf. IX aus REINH. RICHTER: Aus der Thüringer Grauwacke, 1850.

1844/46	F.J. Pictet: Traité elémentaire de Paléontologie (4 Bände),
1845	F. Unger: Synopsis plantarum fossilium,
1846	H.B. Geinitz: Grundriß der Versteinerungskunde (folgt dem Lehrbuch von Pictet),
1846/81	F.A. Quenstedt: Petrefaktenkunde Deutschlands (7 Bände u. Atlas),
1852	F.A. Quenstedt: Handbuch der Petrefaktenkunde (2. Aufl. 1867),
1872/93	K.A. v. Zittel (mit Ph. Schimper, A. Schenk u. S. Scudder): Handbuch der Paläontologie (4 Bände),
1884	R. Hoernes: Elemente der Paläontologie,
1890	G. Steinmann u. L. Döderlein: Elemente der Paläontologie,
1895	K.A. v. Zittel: Grundzüge der Paläontologie (Paläozoologie),
1899	H. Potonié: Lehrbuch der Pflanzenpaläontologie.

Ein bis in die Öffentlichkeit heiß diskutiertes Hauptproblem der Paläontologie war im 19. Jahrhundert die Frage nach der Entwicklung der Lebewesen. Die Biologen erkannten zwischen Gattungen und Arten anatomische Verwandtschaften. Die Paläontologen fanden in den einzelnen Gesteinsschichten verschiedene Fossilien. Daraus resultierte die Frage, ob beiden Beobachtungen eine tatsächliche Veränderung der Lebewesen im Laufe der Geschlechterfolge zugrunde liegt. Allgemein bekannt sind für diese Problematik die Vorstellungen des Schweden K. v. Linné, der Franzosen J.B. de Lamarck und G. Cuvier und des Engländers Ch. Darwin. Doch an der während des ganzen 19. Jahrhunderts andauernden Diskussion hatten auch deutsche Geologen und Paläontologen Anteil. Zu nennen sind folgende Deutsche und führende Ausländer:

1735/59 K. v. Linné teilt die Natur in drei Reiche, das Steinreich, das Pflanzenreich und das Tierreich und begründet mit seinen Werken „Systema naturae" (1735, 10. Aufl. 1757/59) und „Species plantarum" (1753) die binäre Nomenklatur in Zoologie und Botanik und stellt die These von der Unveränderlichkeit der Gattungen und Arten auf.

Eine allmähliche Umbildung der Arten vermuten (ohne Angabe von Einzelheiten oder Ursachen):

1755/75	J.E.I. Walch spricht von „Stufenfolge der Geschlechter";
1766	A.N. Duchesne prägt den Begriff „Stammbaum" (arbre généalogique);
1795	E. Geoffroy de Saint Hilaire;
um 1800	A.G. Werner im Konzept zur Vorlesung Versteinerungslehre: „Die organische Welt muß sich allmählich verändert haben".

Doch gab es schon um 1800 zwei konträre Richtungen, deren Grundauffassungen in den verschiedenen Vorstellungen der Erdgeschichte wurzeln:

Vertreter der Vorstellung revolutionärer Erdumwälzungen: „Katastrophentheorie" (in der Geologie: L. v. Buch, E. de Beaumont)	Vertreter des „Aktualismus"; Große Wirkungen durch allmähliche Veränderung in langen Zeiträumen (in der Geologie: C.E.A. v. Hoff, Ch. Lyell).
1779 J.F. Blumenbach: Vernichtung von Floren und Faunen durch erdumwälzende Katastrophen, Danach neue Schöpfung von Organismen. Der Mensch gehört der letzten Schöpfung an, deshalb keine keine fossilen Menschen.	
	1809 J.B. de Lamarck: Allmähliche Anpassung der Organismen an Milieu-Änderungen, z.B. Umbildung der beim Klettern benötigten Greiffüße der Affen zu dem nur zum Gehen gebrauchten Fuß des Menschen.
1812 G. Cuvier: Die Arten sind unveränderlich. Flora und Fauna werden aber von Zeit zu Zeit durch Katastrophen ver-	1813 F.E. v. Schlotheim: Arten veränderlich, Entwicklung der Lebewesen.

nichtet und durch abweichende Neu-
schöpfungen ersetzt. Es gibt keine fossilen Menschen. (Der Mensch
nach der letzten Katastrophe geschaffen).

1818 A.M. TAUSCHER: „Fortwährende Enststehung
neuer Organismen aus regelmäßig wirkenden
Naturkräften"
1818 J.C.M. REINECKE: Katastrophen sind ein
scheinbares Phänomen: „Die Idee von Revolutionen
wird nur geboren, wenn die Phantasie die Wirkungen
von Zehntausenden von Jahren auf einen Augen-
blick zusammendrängt.

1820 F.E. v. SCHLOTHEIM: CUVIER
nimmt „nur zwei große Hauptrevolu-
tionen" an, dazu aber viele lokale,

1819 J. NÖGGERATH: „Je älter eine Gebirgsart ist,
welche Versteinerungen führt, umso niedriger
erscheint im allgemeinen die Bildungsstufe der
Originale …". Die älteren Schichten enthalten
Reste von Organismen, „welche von den jetzt lebenden … in der Bildung am meisten entfernt stehen, die
jüngeren aber solche, welche sich den noch lebenden eher nähern."

1822/26 J. NÖGGERATH liefert unter dem
Titel „Ansichten von der Urwelt" eine
deutsche Übersetzung von G. CUVIER:
Untersuchungen der fossilen Knochen.
1828 G. CUVIER: 5. Auflage seines Werkes
hat den Titel: „Über die Revolutionen der
Erdrinde und über den Wechsel der Formen im Tierreich".
1830 J. NÖGGERATH liefert eine weitere
deutsche Übersetzung des Werkes von
CUVIER.
1828/44 AD. BRONGNIART (Anhänger
CUVIERS) teilt die Geschichte der fossilen
Pflanzen in vier Perioden ein.
1841 L. AGASSIZ, Anhänger der Katastro-
phenlehre, zeichnet zwar einen Stammbaum der Fische, meint aber : „Es gibt
keinerlei direkte Verbindung zwischen
zwei verschiedenen Epochen".
1849/52 A. D' ORBIGNY: Erste Schöpfung
war im Silur (heute Kambrium), dann
bis heute 28 mal vernichtende Katastrophen und Neuschöpfung von Floren und
Faunen". „Auch wenn eine völlig identi-
sche Form in zwei verschiedenen Perioden auftritt, so muß man annehmen,
daß sie inzwischen erloschen gewesen
und nachher neu geschaffen worden ist".

1851 C.G. GIEBEL veröffentlicht eine
deutsche Übersetzung von G. CUVIER:
Die Erdumwälzungen (= 3. deutsche
Bearbeitung).

1853 H. SCHAAFHAUSEN: „Lebendige Pflanzen
und Tiere sind … von den untergegangenen
nicht als neue Schöpfungen geschieden, sondern vielmehr als deren Nachkommen infolge ununterbrochener Fortpflanzung zu betrachten".

1858 H.G. BRONN in seiner Preisschrift
„Untersuchungen über die Entwicklungsgesetze der organischen Welt": Die neuen
Organismenarten sind immer und überall neu geschaffen, nie und nirgends aus

1856/58 F.A. QUENSTEDT vertritt eine undrama-
tische, kontinuierliche Veränderung der Lebens-
formen (HÖLDER 1976). „Das Darlegen, wie eins
aus dem anderen hervorgehe, bildet den Angel-
punkt aller meiner Untersuchungen".

den alten umgestaltet worden. Der Wechsel erfolgte aber nicht in Form allgemeiner Katastrophen, sondern in kleinen, über Zeit und Raum gestreuten Schritten. Die neuen Formen sind jeweils an die äußeren Existenzbedingungen angepaßt.

„Leben erzeugte Leben in stetiger Kette …, so konnte es nur durch Veränderung werden, durch Enkel oder Zwischenglieder, die den Eltern nicht mehr gleichen".

In dieser etwas modifizierten Form der Annahme zahlreicher kleiner Schritte bei der Neuschöpfung von Flora und Fauna galt CUVIERS Katastrophentheorie bis um 1860. Sie war aber zugleich so verändert worden, daß der Übergang zu einer echten Entwicklungstheorie (mit allmählichen Veränderungen in langen Zeiträumen) sich nun leicht vollzog, allerdings nicht in Form der Rückkehr zu einer alten, sondern mit einer neuen Theorie, nun der Deszendenztheorie von CH. DARWIN, der die Entstehung der Arten durch natürliche Zuchtwahl erklärte:

1859   CH. DARWINS Buch „On the origin of species by means of natural selection" (2. Aufl. 1860, 4. Aufl. 1872).

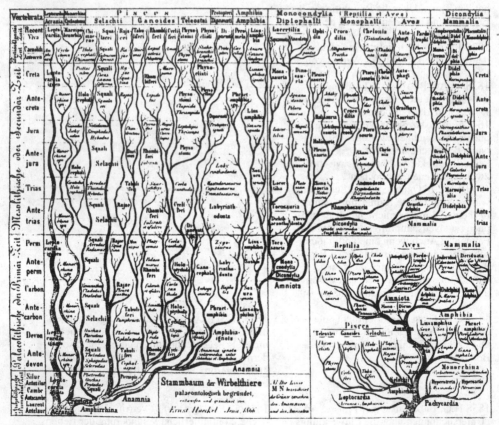

Abb. 76 „Stammbaum der Wirbeltiere, paläontologisch begründet, entworfen und gezeichnet von ERNST HAECKEL, JENA 1866" (aus G. USCHMANN: ZUR GESCHICHTE der Stammbaumdarstellungen, 1963/64).

1863   H.G. Bronn übersetzt Darwins Buch nach der 3. Auflage ins Deutsche.
1863   L. Rütimeyer stellt eine Stammesgeschichte der Pferde auf.
1863   Th. Huxley ordnet den Menschen in die Stammesgeschichte nach Darwin ein.
1863/64 Ch. Lyell vertritt mit dem Buch „Das Alter des Menschengeschlechts auf der
         Erde und der Ursprung der Arten durch Abänderungen" Darwins Theorie (Deutsch
         von L. Büchner, 1864, 3. Aufl 1867).
1866   F. Hilgendorf stellt bei der tertiären Süßwasserschnecke *Planorbis multiformis*
         im Steinheimer Becken eine stammesgeschichtliche Reihe auf.
1866   F. Rolle stellt Abstammung und Gesittung des Menschen „im Lichte der Dar-
         winschen Lehre" dar.
1866/72 E. Haeckel, eifriger Verfechter der Theorie Darwins in Deutschland, stellt Stamm-
         bäume der Entwicklung der Lebewesen auf (Abb. 76), prägt die Begriffe „Onto-
         logie" (Entwicklung des Individuums) und „Phylogenie" (Stammesgeschichte)
         und stellt das „biogenetische Grundgesetz" auf: „Die Ontogenie ist die kurze und
         schnelle Rekapitulation der Phylogenie".
1866   Der Augustinermönch Gregor Mendel in Brünn formuliert nach Versuchen die
         Vererbungsgesetze.
1872   Herm. Credner erkennt in seinem Lehrbuch der Geologie Darwins Deszendenz-
         theorie an, erklärt aber die Geologie als „nicht imstande, die Übergangsformen
         und Verbindungsglieder zwischen den Tier- und Pflanzengruppen weder der auf-
         einanderfolgenden Perioden noch ein und desselben Zeitalters nachzuweisen".
         (In der Folgezeit wurde aber der 1861/77 gefundene Urvogel *Archaeopterix* als
         Übergangsform zwischen Reptilien und Vögeln gedeutet).
1859/73 L. Agassiz war bis zu seinem Tode (1873) energischer Gegner der Theorie Dar-
         wins.
1873/74 W. Kowalewski, Schüler Haeckels, stellt einen Stammbaum der Huftiere auf.
1874   E. Haeckel ordnet den Menschen in die Stammesgeschichte der Lebewesen ein.
1888/90 H. Potonié beschreibt die Geschichte der Darwinschen Theorie und liefert eine
         Liste der Vertreter des Entwicklungsgedankens von Lamarck bis Darwin.
1894/96 E. Haeckel: Systematische Phylogenie (3 Bände).
1907   E. Haeckel gründet in Jena das Phyletische Museum.

Mit Zittels Handbuch der Paläontologie (1872/93) und Haeckels Arbeiten zur Stammesgeschichte auf der Basis von Darwins Deszendenztheorie (z.B. 1894/96) kann die klassische Paläontologie, die Paläontologie im Zeitalter der sammelnden Detailforschung als
vollendet gelten.

4.7 Quartärgeologie

Die jüngsten Schichten der Erdoberfläche wurden von dem Schweizer A. v. Morlot in
Fortführung des Begriffes „Tertiär" als Quartär bezeichnet. Ebenso stellen dessen Epochen
„Pleistozän" und „Holozän" eine Fortführung der von Lyell geprägten Tertiärgliederung
dar. Die früher für Pleistozän und Holozän üblichen Begriffe Diluvium und Alluvium waren 1823 von W. Buckland geprägt worden. Mit dem Wort „Diluvium" (= große Flut, Sintflut) holte er gewissermaßen die Sintfluthypothese aus dem 18. Jahrhundert in die im 19.
Jahrhundert entstehende Periodisierung der Erdgeschichte herüber. Den Terminus „Eiszeit"
prägte 1837 K.F. Schimper.

Uns sind Diluvium bzw. Pleistozän als Eiszeitalter bekannt. Heute gehört das Wissen um
die Bedeckung des norddeutschen Tieflandes mit einer mächtigen Eisdecke im Pleistozän

zur Allgemeinbildung. Der Gang der Erforschung des Eiszeitalters war aber von wider-
streitenden Theorien bestimmt und zeigte im Lauf der Zeit typisch das Eindringen des Mei-
nungsstreits in immer kleinere Details.

Steine des (wissenschaftlichen) Anstoßes waren die Findlinge, kleine Steine bis sehr große
Blöcke fremden Materials, die in Norddeutschland früher in riesigen Mengen die Felder
bedeckten und eine Erklärung erforderten (Abb. 77). Da die meisten dieser Blöcke im 19.
und 20. Jahrhundert von den Feldern entfernt und für den Straßen- und Wasserbau verwendet worden sind, haben wir heute keine eigene Vorstellung mehr, in welchem Ausmaß die
Felder Norddeutschlands bis ins 19. Jahrhundert mit solchen Steinen bedeckt waren. Erah-
nen können wir das, wenn wir uns das Material der norddeutschen Feldsteinkirchen und der
norddeutschen Pflasterstraßen auf die Felder verteilt vorstellen.

So setzten die ersten Äußerungen an diesen Steinen an:

1774   Der Anklamer Hauptmann v. Ahrenswald erkennt die Herkunft der Kalksteine auf
       norddeutschen Feldern von der Insel Gotland.

1780   Der preußische Oberkonsistorial- und Oberbaurat J.E. Silberschlag sah im Raum
       Uckermark-Boitzenburg „lauter Krater, mit Heerlagern von Steinen umringet" und
       meinte, „die Feldsteine sind aus dem innersten Eingeweide der Erden hervorgespren-
       get worden", wohl weil die meisten Steine petrographisch zu den Urgesteinen ge-
       hörten. Silberschlags „Krater" waren vermutlich Sölle, die heute als Senkungs-
       trichter über ausgeschmolzenen Toteisblöcken gedeutet werden.

1789   J.C.W. Voigt nimmt zur Erklärung der „fremdartigen Geschiebe" im Flachland an,
       „daß hier ein ganzes Grundgebirge verwittert und zusammengesunken sein könnte".

1827   J.F.L. Hausmann hält in der Göttinger Societät der Wissenschaften einen Vortrag
       über „die Herkunft der Steinblöcke im Sandgebiet Norddeutschlands" und klassifi-
       ziert die bisherigen Deutungen:
       1. Die Steine sind dort entstanden, wo sie heute liegen.
       2. Die Steine sind aus der Tiefe gekommen.
       3. Sie sind Abkömmlinge anderer Weltkörper (also Meteoriten).
       4. „Sie stammen von näheren oder entfernteren Gebirgsmassen ab".

Abb. 77   „Gegend von Reetz, Pommern", Endmoränenlandschaft mit Blöcken, gezeichnet von
G. Berendt (Zeitschr. Dtsch. Geol. Ges. 1879, Taf. II).

Für die vierte Variante nannte HAUSMANN zwei Möglichkeiten: Herkunft der Steine von Süden, z.B. aus dem Urgebirge des Harzes, oder von Norden, z.B. aus Skandinavien. Er entschied sich für die letztgenannte Deutung, zumal er 1806/07 Skandinavien bereist hatte und in seinem Vortrag 1827 für verschiedene, in Norddeutschland zu findende Gesteine die genauen Herkunftsorte angeben konnte.

Allerdings hatte sich die Erkenntnis der nordischen Herkunft dieser Steine schon vor HAUS-MANNS Vortrag durchgesetzt, so daß ab etwa 1800 Theorien für deren Transport über die Ostsee nach Süden entwickelt wurden. Drei Theorien (jede mit aktualistischem Anspruch) folgten zwar aufeinander, wurden aber mit den jeweiligen Vorläufern und Nachfolgern auch zur gleichen Zeit vertreten:

1815/27 veröffentlichte L. v. BUCH seine *Schlammfluttheorie* oder Theorie von der Roll-steinflut, die besagt: Gewaltige Wasserfluten haben Schlamm und Rollsteine aus dem Ur-sprungsgebiet in das Gebiet gebracht, wo wir beides (unsortiert gemengt) heute abgelagert finden. L. v. BUCH hatte das zum damals preußischen Herzogtum Neuchatel gehörende Schweizer Juragebirge zu untersuchen und fand auf den Höhen dieses Gebirges Blöcke von Alpengestein. Deren Vorkommen, d.h. ihren Transport von den Alpen auf das Juragebirge, erklärte er aktualistisch durch große Fluten und Schlammströme, wie sie in den Schweizer Alpentälern vorgekommen waren. L. v. BUCH extrapolierte seine Theorie auch auf die nor-dischen Geschiebe im norddeutschen Flachland. Trotz des aktualistischen Bezugs entsprach diese Theorie in der Grundaussage und in ihrer gewaltigen Extrapolation auf Norddeutsch-land eher der damals aufkommenden Katastrophentheorie CUVIERS.

Anhänger der Theorie der Rollsteinflut waren u.a.: 1825 G.A. BRÜCKNER, Arzt in Ludwigs-lust, 1830 G. CUVIER und sein Übersetzer J. NÖGGERATH, 1836/38 der schwedische Geologe N.G. SEFSTRÖM, der sogar die von ihm in Schweden und Rüdersdorf bei Berlin dokumen-tierten Gletscherschrammen mit der Rollsteinflut deutete. (Die Rüdersdorfer Schrammen auf dem dortigen Muschelkalk hatte er 1836 bei einem Besuch des Kalksteinbruchs mit dem Berliner Professor G. ROSE kennengelernt.)

Aus den Alpen veröffentlichten inzwischen 1821/33 der Schweizer Ingenieur J. VENETZ, 1834 H. v. CHARPENTIER, Salineninspektor in Bex/Schweiz und 1836/46 L. AGASSIZ, damals Professor in Neuchatel, ihre Gletscherstudien. Sie fanden Moränen, Gletscherschrammen und erratische Blöcke weit unterhalb der heutigen Gletscher, folgerten daraus für diese eine früher größere Ausdehnung und extrapolierten die frühere Reichweite der Alpengletscher bis zu den erratischen Blöcken auf dem Juragebirge. In Bayern fand 1874 K.A. v. ZITTEL Zeugnisse der Alpengletscher im Alpenvorland und schloß daraus auf eine einst viel stärke-re Vergletscherung der Alpen.

Diese Beobachtungen in den Alpen veranlaßten die Frage nach den Ursachen der „Eiszeit". Man vermutete Abkühlung durch höhere Wasserdampf- oder CO_2- Gehalte der Luft, durch Hebungen des Festlandes in größere Höhen oder unterschiedliche Anziehung des Meer-wassers durch die Sonne (SCHMICK 1869). Der französische Mathematiker J.A. ADHÉMAR errechnete 1832 aus den Schwankungen der Erdbahn-Exzentrizität periodische Kaltzeiten. Der Engländer J. CROLL folgte ihm darin 1875, später auch der Deutsche A. PENCK. M. NEUMAYR aber lehnte in seiner „Erdgeschichte" 1887 eine solche astronomische Ursache für die Abkühlung des Klimas ab, ohne zu ahnen, daß diese astronomische Methode im 20. Jahrhundert zu einer absoluten Altersgliederung der Eiszeiten und des Quartärs überhaupt führen sollte.

Die Klimaproblematik des Diluviums wurde durch W. SARTORIUS VON WALTERSHAUSEN 1865 zur geologischen Spezialdisziplin „Paläoklimatologie" erweitert.

Während sich in den Alpen die Gletschertheorie mit weiteren Beobachtungen stetig gefestigt hatte, standen sich zur Erklärung des räumlich viel weiter ausgedehnten Phänomens der erratischen Blöcke in Norddeutschland nach der Theorie der Rollsteinflut zwei weitere Theorien gegenüber:

1834 formulierte CH. LYELL nach einer Reise nach Schleswig-Holstein und Dänemark die *Drifttheorie*, die besagt: Auf dem „Diluvial-Meer" schwammen Eisberge, die sich von den früher weiter ausgedehnten Gletschern Skandinaviens und Englands gelöst hatten und dortiges Gesteinsmaterial enthielten, nach Süden, schmolzen hier und setzten das nordische Gesteinsmaterial auf dem Meeresboden (im heutigen Norddeutschland) ab. Ein aktualistisches Analogon sah LYELL im Abschmelzen grönländischer Eisberge vor Neufundland, wobei dort tatsächlich mitgebrachtes Gesteinsmaterial im Meer sedimentiert wird. LYELL betrachtete Muscheln und Schnecken in diluvialen Schichten Norddeutschlands als Beweis für seine Drifttheorie. So wurde z.B. der Löß mit seinen Schnecken damals als Meeressediment betrachtet.

Durch die scheinbar aktualistisch gut fundierte Drifttheorie verlor die Theorie der Rollsteinflut fast alle Anhänger. Allerdings war die Drifttheorie nicht neu, sondern hatte – gerade auch in Deutschland – Vorläufer: 1784 J.J. FERBER in Petersburg, 1786 J.C.W. VOIGT in Weimar, 1790/91 G.A. V. WINTERFELD, Gutsbesitzer bei Sternberg/Mecklenburg, 1792 A.C. SIEMSSEN, 1794 E.G.F. WREDE, 1802 J. PLAYFAIR in England und 1823 J.W. V. GOETHE, der schrieb: „Da es unleugbar erschien, daß zu gewissen Urzeiten die Ostsee bis ans sächsische Erzgebirge und an den Harz herangegangen sei, so dürfte man natürlich finden, daß bei laueren Frühlingstagen im Süden die großen Eistafeln aus Norden herangeschwommen seien und die großen Urgebirgsblöcke, wie sie unterwegs an hereinstürzenden Felswänden, Meerengen und Inselgruppen aufgeladen, hierher abgesetzt hätten."

So vorbereitet traf LYELLs Drifttheorie fast allgemein auf Zustimmung, z.B.: Um 1835 K.F. SCHIMPER sogar für das Alpenvorland, 1842 H.G. BRONN (gegen AGASSIZ' Gletschertheorie), 1850 A. HOSIUS in Münster, 1854 C.F. NAUMANN im „Lehrbuch der Geognosie", 1856 B. COTTA, 1857 F. ROEMER, der aus der Höhenlage der „Diluvialmassen" eine Hebung des Kontinents aus dem Diluvialmeer ableitete, 1863 G. BERENDT, der aus Fundort und Herkunftsort der erratischen Blöcke „Strömungsrichtungen" im Diluvialmeer ermittelte, 1866 O. FRAAS in Stuttgart, 1867/70 K.TH. LIEBE in Gera, 1872 H. ECK für das Diluvium über dem Muschelkalk von Rüdersdorf, 1872 HERMANN CREDNER, der in seinen „Elementen der Geologie" die Drifttheorie wie folgt darlegt: „Das südliche Ufer des norddeutschen Meeres der Eiszeit (…) läßt sich mit ziemlicher Sicherheit festlegen. (Von Bonn durch Westfalen und das südliche Hannover zum Nordrand des Harzes, mit einer Ausbuchtung nach Thüringen, dann nach Osten durch Sachsen bis an den Fuß des Riesengebirges.) Fast alle die Teile Europas, welche nördlich von dieser Linie liegen, waren vom Ozean bedeckt." Ganz Skandinavien habe unter Gletschern gelegen, deren Eisberge Gesteinsmaterial über das Meer brachten und nach dem Abschmelzen ablagerten.

Noch am 12. August 1875 hielt HERMANN CREDNER auf der Jahrestagung der Deutschen Geologischen Gesellschaft in München einen Vortrag über den Verlauf der Südküste des Diluvialmeeres in Sachsen und folgte dabei der Drifttheorie.

1875, am 3. November, also knapp drei Monate später, verhalf der Schwede OTTO TORELL, Direktor der geologischen Landesuntersuchung Schwedens, durch einen Vortrag in der Deutschen Geologischen Gesellschaft in Berlin der *Inlandeistheorie* zum Durchbruch. Der Vortrag war von solcher Bedeutung, daß hier aus der Zeitschrift der Deutschen Geologischen Gesellschaft das Protokoll zitiert sei: „Herr TORELL berichtet über einen (am 3. 11. 1875 vormittags) gemeinschaftlich mit den Herren BERENDT und ORTH nach den Rüders-

Abb. 78   GOTTLIEB MICHAEL BERENDT.

dorfer Kalkbergen unternommenen Ausflug, dessen Zweck Aufsuchung der schon im Jahre 1836 durch SEFSTRÖM von dort erwähnten Schliffflächen und Schrammen auf der Oberfläche des anstehenden Muschelkalkes war, und legte eine Reihe schöner, von Rüdersdorf mitgebrachter Handstücke vor, voll deutlicher paralleler Schrammen, die er für unzweifelhafte Gletscherwirkung ansprach. Anknüpfend an diese Beobachtung entwickelte er die Ansicht, daß sich eine Vergletscherung Skandinaviens und Finnlands bis über das norddeutsche und nordrussische Flachland erstreckt habe. Ausgehend von den heutigen Gletscherbildungen der Alpen und Skandinaviens und Bezug nehmend auf seine in Grönland wie auf Spitzbergen gesammelten Erfahrungen, besprach der Redner insbesondere die Spuren und Produkte einer früheren Vergletscherung ganz Skandinaviens, die er sämtlich so vollständig in den Diluvialbildungen des norddeutschen Flachlandes wiederzuerkennen erklärte, daß nur eine gleiche Entstehung denkbar sei."

TORELLs Indlandeistheorie hatte allerdings auch Vorläufer, so z.B. 1824 J. ESMARK in Oslo und 1832 R. BERNHARDI, Professor an der Forstakademie Dreißigacker bei Meiningen, die beide eine Vereisung der nördlichen Polkappe bis an den Südrand der nordischen Geschiebe annahmen, was aber unbeachtet blieb. 1844 erwogen in Sachsen B. COTTA, C.F. NAUMANN und COTTAS Schüler A. V. MORLOT eine bis dorthin reichende Eisdecke. 1848 sah C.F. NAUMANN in der Bewegung des Gletschereises die beste Deutung der Schliffe auf dem Porphyr der Hohburger Berge östlich von Leipzig. 1874 vermutete C.F. NAUMANN auf Grund von Gletscherschliffen bei Hohburg eine bis in den Raum Wurzen reichende Eisdecke.

Nach ersten Hinweisen von A. V. CHAMISSO 1824 auf die Lagerungsstörungen an der Steilküste von Jasmund, hatte J.F. JOHNSTRUP 1874 die Lagerungsstörungen der Kreide von Moen, Arkona und Jasmund mit dem horizontalen Druck einer sich vorschiebenden Inlandeisdecke erklärt.

TORELL erfuhr jedoch nach seinem Vortrag am 3. 11. 1875 auch Widerspruch gegen die „Annahme einer so ausgedehnten und mächtigen Inlandeisdecke". G. BERENDT (Abb. 78) kündigte in der Diskussion nach dem Vortrag einen Kompromiß an, den er 1879 veröffentlichte: Eis- und Wasserbedeckung haben gewechselt. Die feste Eisdecke mußte allmählich mehr und mehr zum Schwimmen kommen und lieferte dann Eisberge. Dieser Kompromißvorschlag spielte in der Folgezeit aber keine Rolle. HERMANN CREDNER und der unter seiner

Leitung kartierende A. PENCK sorgten insbesondere mit der Entdeckung von Gletscherschrammen im Raum Leipzig für den Sieg der TORELLschen Anschauung. F. WAHNSCHAFFE, einer der Hörer des Vortrages vom 3. 11. 1875 schrieb noch 23 Jahre später: „TORELLS Theorie habe wie ein zündender Funke gewirkt".

TORELLS Inlandeistheorie führte ab 1875 zur Erforschung der Quartärgeologie in allen ihren einzelnen Phänomenen, nämlich den Gletscherschrammen und Geschieben, glazigen bedingten Lagerungsstörungen, den eiszeitlichen Landschaftsformen, der Deutung der pleistozänen Sedimente glazialen und nicht glazialen Ursprungs sowie der stratigraphischen Gliederung aller Ablagerungen.

Gletscherschrammen waren schon vor 1875 beobachtet worden, von SEFSTRÖM aber als Kratzer der von der Rollsteinflut über den Untergrund geschobenen Blöcke, von den Vertretern der Drifttheorie als Kratzer der in den Eisbergen eingeschlossenen Blöcke auf dem Untergrund gedeutet worden. Erst mit TORELL brach sich die aktualistisch gültige Deutung der Schrammen als Zeugnis von sich bewegendem Eis Bahn. Gletscherschliffe und -schrammen wurden – vor allem bei der geologischen Kartierung – entdeckt von: N.G. SEFSTRÖM 1836 auf Muschelkalk bei Rüdersdorf, C.F. NAUMANN und A. V. MORLOT 1844 auf Quarzporphyrbergen von Hohburg bei Wurzen, C.F. NAUMANN 1870 auf Quarzporphyr von Collmen-Böhlitz bei Wurzen, HERM. CREDNER 1879 auf Quarzporphyr von Kleinsteinberg bei Leipzig, und A. PENCK auf Quarzporphyr bei Taucha nördl. Leipzig, O. LÜDECKE 1879 auf Quarzporphyr bei Halle und Landsberg, E. DATHE 1880 auf Gneis bei Lommatzsch, F. WAHNSCHAFFE 1880 auf Keupersandstein von Völpke bei Helmstedt, von HAMM 1882 auf Karbon-Sandstein bei Osnabrück, F. WAHNSCHAFFE 1883 auf Quarzit bei Gommern, K. V. FRITSCH 1884 auf dem Quarzporphyr des Galgenberges bei Halle, TH. SIEGERT 1886 auf Quarzporphyr bei Altoschatz und O. HERRMANN auf Grauwacke bei Lüttichau/Lausitz, A. SCHREIBER 1889 auf Kulmgrauwacke bei Magdeburg, J. HAZARD 1891 auf Granit bei Großschweidnitz/Lausitz und O. BEYER 1894 auf Granit bei Demitz-Thumitz/Oberlausitz.

Mehrere dieser Vorkommen von Gletscherschrammen sind durch die damals aufkommende Steinbruchindustrie freigelegt und damit entdeckt, dann aber beim weiteren Abbau zerstört worden. HERMANN CREDNER und F. WAHNSCHAFFE lieferten 1880 bzw. 1883 Karten der Gletscherschrammen in Norddeutschland und bestimmten aus deren Richtung die Fließrichtung des Eises.

Die *Feuersteinlinie*, d.h. die Südgrenze der Verbreitung nordischen Feuersteins in eiszeitlichen Sedimenten, nahmen sowohl die Vertreter der Drifttheorie wie auch die der Inlandeistheorie für sich in Anspruch. Nach der Drifttheorie zeigte die Feuersteinlinie die Südgrenze des diluvialen Meeres an, d.h.. die Linie, bis zu welcher Eisberge, beladen mit nordischem Material einschließlich Feuerstein, schwimmen konnten. Nach der Inlandeistheorie markiert die Feuersteinlinie die Südgrenze der maximalen Eisausdehnung. (Da fast alle jungen Flußläufe Norddeutschlands generell nach Norden, d.h. in das ehemalige Vereisungsgebiet hinein gerichtet sind, kann die Feuersteinlinie nicht durch Verschleppung von Feuerstein durch Flußtätigkeit verfälscht werden). Einige Daten aus der Forschungsgeschichte der Feuersteinlinie sind:

1827   J.F.L. HAUSMANN beschreibt erstmals die Südgrenze der nordischen Geschiebe von Westdeutschland bis gegen Leipzig.

1832   J.R. BERNHARDI empfiehlt die genauere Erforschung der Südgrenze nordischer Geschiebe und ihren Vergleich mit HUMBOLDTS Isothermallinien.

1842   B. COTTA: Nordische Geschiebe treten am Nordhang der Mittelgebirge bis in etwa 280 m Höhe auf.

1846/47   B. COTTA: Älteste kartographische Darstellung eines Teils der Feuersteinlinie (in Thüringen).

1875/76 HERM. CREDNER bestimmt in der Oberlausitz an Hand der Geschiebegrenze das
Niveau des Wasserspiegel im Diluvialmeer und dessen Küstenfazies.

1884 durch F. KLOCKMANN erster wissenschaftsgeschichtlicher Hinweis auf die Erforschung der Pleistozän-Südgrenze durch C.F. NAUMANN, B. COTTA u. HEINR. CRED-
NER.

1899 K.A. V. ZITTEL: „Ausdehnung und Verbreitung glazialer Bildungen ... augenblicklich im Mittelpunkt der wissenschaftlichen Diskussion".

1925 R. GRAHMANN u. F. KOSSMAT: Erstmals Terminus „Feuersteinlinie" in der Literatur.

Die *Geschiebeforschung*, d.h. die petrographische und bei den sedimentären Geschieben
auch die paläontologische Erforschung der Geschiebe, konnte sich anfangs unabhängig von
einer Entscheidung zwischen Drifttheorie oder Inlandeistheorie entwickeln. Frühe Beispiele der Erforschung sedimentärer und kristalliner Geschiebe sind die Arbeiten von J.F.L.
HAUSMANN 1827, E. BOLL 1851, FERD. ROEMER 1862 (paläozooische Sedimentärgeschiebe),
W. SARTORIUS VON WALTERSHAUSEN 1866, TH. LIEBISCH 1874 (Kristallingeschiebe), M. NEEF
1882 (Kristallingeschiebe) und E. GEINITZ 1882 (Kristalline Massengesteine). F. WAHN-
SCHAFFE bezeichnete einige Geschiebe mit ihren Herkunftsorten: Dalaquarzit, Elfdalenpor-
phyr. J. PETERSEN lieferte 1899, nachdem er die Verbreitung bestimmter Geschiebe in Norddeutschland erforscht hatte, eine Karte mit den „Schüttungskegeln" dieser Geschiebe.

Eine größere Scholle von Kreide im Geschiebelehm beschrieb erstmals W. BRUHNS 1849,
also noch in der Zeit der Drifttheorie, aus dem Raum Eutin. Die Scholle hatte etwa 27 m
Durchmesser und 4 m Mächtigkeit.

Lagerungsstörungen der eiszeitlichen Gesteine wurden zwar ab 1875 beschrieben (z.B.
durch A. PENCK 1879 und HERM. CREDNER 1880), doch blieben Ursachen und Störungsme-
chanismus noch weitgehend ungeklärt. Unter den dargestellten Störungen sind solche, die
vom Eis erzeugt wurden, aber auch Periglazialerscheinungen wie Brodelböden und Eiskei-
le. Die Unsicherheit der Deutung wird im Geologie-Lehrbuch von E. KAYSER 1891 deutlich: „Ob auch die vielfachen Stauchungen und kleinen Faltungen, welche man in den die
unmittelbare Unterlage des Geschiebemergels bildenden Schichten wahrnimmt, in allen
Fällen mit Recht auf Rechnung des vom Landeise auf seinen Untergrund ausgeübten Druk-
kes zu setzen sind, will uns noch zweifelhaft erscheinen. Dieselben könnten zum Teil auch
auf innere Verschiebungen, wie sie bei lockeren Gesteinen unter dem Einfluß der Schwerkraft sehr leicht erfolgen können, z.T. aber auch auf die ununterbrochen fortwirkenden ge-
birgsbildenden Kräfte zurückzuführen sein". Faltungen der tertiären Schichten, auch der
Braunkohlenflöze, wurden z.B. von WAHNSCHAFFE 1893 bei Buckow mit den Schub des
vorrückenden Eises erklärt.

Als *Landschaftsformen*, die beim Vordringen des Inlandeises und seinem Abschmelzen entstanden sind, kennen wir heute in Norddeutschland
• die kuppige Grundmoränenlandschaft, entstanden durch großflächiges Abschmelzen einer vorgedrungenen Eisdecke,
• die Endmoräne, meist angereichert mit erratischen Blöcken, als Zeugnis einer längeren
Stillstandslage des Eisrandes,
• die Sander, als vom Schmelzwasser ausgewaschene Sandflächen südlich der Endmoräne,
• das Urstromtal als Abfluß des Schmelzwassers nach Nordwesten, südlich der Sander,
• dazu in der Grundmoränenlandschaft die Oser (sing. Os) oder Wallberge, die Kames (Sand-
und Kiesaufschüttungen), die Sölle (sing. Soll) als Einsturztrichter über ausgeschmolze-
nen Toteisblöcken, sowie die Rinnen- und die Grundmoränenseen.

Diese Landschaftselemente sind in der Zeit 1875/1900 als Glazialbildungen erkannt, beschrieben und benannt worden:

- kuppige Grundmoränenlandschaft und Drumlins: 1901 von F. WAHNSCHAFFE,
- Endmoränen: 1851, also noch vor der Inlandeistheorie, liefert E. BOLL eine Karte mit den Endmoränen in Mecklenburg, bezeichnet sie aber als „Geröllager". 1880 beschreibt HERM. CREDNER Endmoränen bei Leipzig (Dahlen, Taucha, Rückmarsdorf); 1887 beschreibt G. BERENDT die „baltische Endmoräne" bei Joachimsthal/Uckermark.
- Sander: 1894 von KEILHACK definiert, nachdem er 1883 bei einer Islandreise die dortigen Flächen von Schmelzwassersanden (isländ. sandur) kennengelernt hatte.
- Urstromtäler: 1879 liefert G. BERENDT eine Karte mit dem Berliner und Eberswalder „Urstromsystem" (Abb. 79), später definierte er das Breslau-Hannoversche, das Glogau-Baruther, das Warschau-Berliner und das Thorn-Eberswalder „Urstromtal". 1898 stellt K. KEILHACK noch das pommersche Urstromtal auf, 1901 nennt F. WAHNSCHAFFE das südlichste das Breslau-Magdeburger Urstromtal, da der weitere Verlauf Richtung Hannover unklar sei.
- Oser und Kames: 1880 verwendet HERM. CREDNER den schottischen Ausdruck Kames für Rückzugsgebilde der schmelzenden Eisdecke;1885 beschreibt E. GEINITZ erstmals ein Os, bei Gnoien. 1886 E. GEINITZ „Über Oser und Kames in Mecklenburg". 1888 G. BERENDT über „Oserbildungen in Norddeutschland".

Übersichten über die Endmoränen, Urstromtäler und andere eiszeitliche Relieflformen lieferten in Text oder Karte: 1894 E. GEINITZ: Karte von Mecklenburg 1 : 400 000 mit Endmoränen und Osern, 1898 F. WAHNSCHAFFE über Endmoränen und Flußnetz, 1899 K. KEILHACK: Karte von Vorpommern 1 : 500 000 mit Unterscheidung aller glazialen und fluvioglazialen Landschaftsformen und dem von ihm 1899 neu definierten „pommerschen Urstromtal".

Die geologische *Spezialkartierung* hatte schon vor 1875, vor dem Umschwenken von der Drifttheorie zur Inlandeistheorie begonnen. G. BERENDT entwickelte 1874 die Methodik der Flachlandkartierung mit 2 m tiefen Handbohrungen und eine Farbskala für die Darstellung der quartären Ablagerungen. Er und A. ORTH hatten 1874 die ersten Probeblätter der Flachlandkartierung 1 : 25 000 vorgelegt. Mit TORELLS Theorie und mit der Erkenntnis der glazial

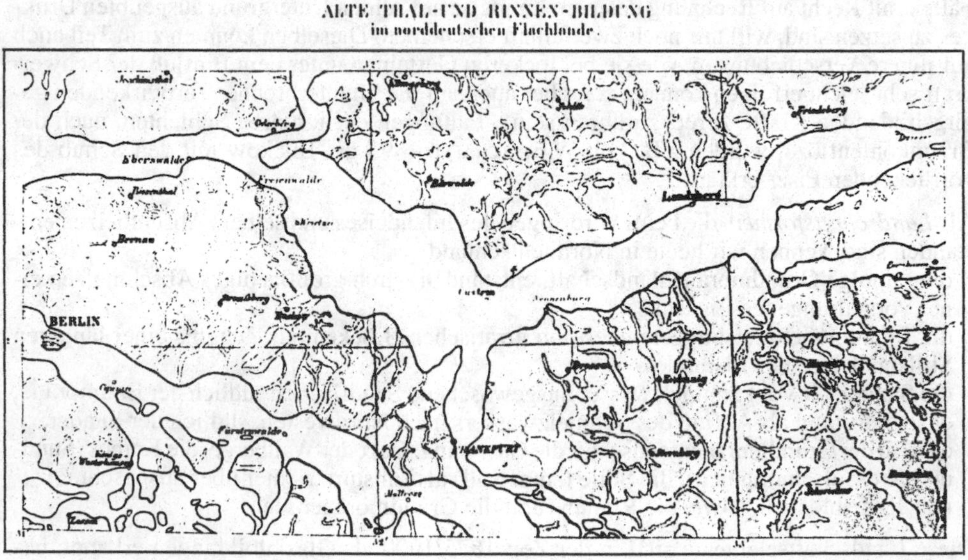

Abb. 79   Karte mit dem Eberswalder und dem Berliner Urstromtal (weiß), von G. BERENDT1879.

bedingten Landschaftsformen erhielt die Flachlandkartierung eine bessere theoretische Fundierung. Nun befruchteten sich Kartierung und theoretische Erkenntnis gegenseitig. Der später führende Glazialgeologe F. WAHNSCHAFFE (Abb. 80) war ab 1877 bei der Preußischen Geologischen Landesanstalt in der Flachlandkartierung tätig, die bis 1900 von G. BERENDT, dann bis 1914 von ihm geleitet wurde.

A. PENCK analysierte in seinem auf ein Preisausschreiben der Universität München hin 1882 veröffentlichen Buch in ähnlicher Weise „Die Vergletscherung der deutschen Alpen", fand die Nordpässe der Alpen einst von Gletschern überschritten. Grundmoränen und Gletscherschliffe lassen nach PENCK eine flächenhafte Bedeckung der Alpen mit einer Eiskalotte erkennen.

Die in der Eiszeit entstandenen *Gesteine* haben eine sehr unterschiedliche Entstehung:
- Geschiebelehm und Geschiebemergel galten bei der Drifttheorie als Meeressediment, gelten aber natürlich bei der Inlandeistheorie als Grundmoräne,
- Blockpackungen galten bei der Drifttheorie auch als Meeressedimente durch Abschmelzen von Eisbergen (BOLL 1851), bei der Inlandeistheorie markieren sie Endmoränen,
- Kiese und Sande waren bei der Drifttheorie auch Meeressedimente, sind aber bei der Inlandeistheorie „fluvioglaziale" Bildungen (KEILHACK 1893/94).
- Bänderton, 1875 durch K. V. FRITSCH und H. LASPEYRES 1 bis 2 m mächtig unter dem Geschiebelehm von Halle beschrieben, wurde schon 1879 von A. PENCK richtig gedeutet: „… einige Bändertone vielleicht in Seen abgesetzt, deren Abfluß durch das vorwärtsschreitende Eis abgedämmt wurde."
- Löß, erstmals 1852 durch H. V. DECHEN aus dem Siebengebirge beschrieben, wurde allgemein als Sediment von Flüssen oder des Diluvialmeeres betrachtet. F. V. RICHTHOFEN erkannte aber bei seinen Forschungsreisen in China 1868/72 den Löß als „Absatz von Staubstürmen in regenarmen Steppengebieten". Diese „äolische Lößtheorie" setzte sich aber nur allmählich durch. WAHNSCHAFFE, STEINMANN, KLOCKMANN und LEPPLA betrachteten nach TORELLS Vortrag den Löß als Sediment in Stauseen vor dem Eisrand. A. PENCK erklärte den Löß 1883/84 als interglazial und stellte 1884 erstmals das Verbreitungsgebiet des Lößes auf einer Karte dar. A. SAUER und TH. SIEGERT folgten 1888 der äolischen Deutung des Lösses, aber F. WAHNSCHAFFE schwenkte erst 1908 zu RICHTHOFENS äolischer Lößtheorie um.

Abb. 80   FELIX WAHNSCHAFFE.

- Flußkiese fand G. Steinmann 1898 im Gebiet von Schwarzwald und Vogesen an Moränen anschließend und deutete sie demgemäß als kaltzeitliche Bildungen. Andere sahen in den Flußschottern – zwischen zwei Grundmoränen – Interglazial-Ablagerungen. An Elefantenknochen aus pleistozänen Flußkiesen hatte schon 1799 J.F. Blumenbach erkannt, daß sie nicht von jetzt lebenden, sondern von ausgestorbenen Formen stammten und nannte eine solche *Elephas primigenius* (Mammut).

In pleistozänen Schichtfolgen erkannte man im 19. Jahrhundert an schon lange zuvor bekannten Gesteinsbildungen, daß sie während eines wärmeren Klimas (also Interglazialzeiten) entstanden sind. Das betrifft beispielsweise:
- Travertinlager, die überall in Steinbrüchen abgebaut wurden, z.B. bei:
Bad Cannstatt bei Stuttgart: Abbau seit langem bis heute, erste Fossilfunde 1693 (Pflanzen) und 1700 (Säugerknochen, Stoßzähne), von G.B. Bilfinger 1727 als Mammutreste gedeutet, 1816 Depotfund von Mammutstoßzähnen, angelegt durch eiszeitliche Jäger. 1821/35 Bearbeitung der Säugetiere und des menschlichen Schädeldaches durch G.F. Jaeger. R. Virchow lehnt 1872 eiszeitliches Alter der Menschenreste ab.
Burgtonna bei Gotha: 1695 Fund eines Skeletts, das vom Gothaer Collegium medicum für ein Einhorn und Naturspiel gehalten, von dem Historiker W.E. Tentzel aber richtig als Elefant (*Elephas antiquus*) gedeutet wurde. 1818 Fossilliste von E.F. v. Schlotheim: hauptsächlich „südliche Tiere". Fossilbearbeitungen durch J.F. Blumenbach 1801/03 und F. Senft 1861. 1850 besuchte Ch. Lyell unter Führung von Heinr. Credner den Travertin.
Weimar: Steinbrüche um 1730 bis 1910, dann verfüllt. 1734 erste Fossilfunde, 1819 meldet Goethe Fossilfund an C.C. v. Leonhard, 1823 nehmen Goethe und sein Sohn August das Profil auf und notieren Knochenfunde, 1831 Fund eines „Elefantenstoßzahnes" (Teile in Goethes Sammlung), 1847/1912 G. Herbst, K. v. Seebach, H. v. Meyer, E. Wüst u.a. veröffentlichen paläontologische Arbeiten. 1871 K. v. Fritsch findet Feuerstein-Artefakte (veröff. 1900).
Taubach bei Weimar: Steinbrüche etwa 1800 bis 1900 in Betrieb, dann verfüllt, 1831 erhält Goethe einen „Elefantenzahn" aus Taubach, 1850 Lyell mit Heinr. Credner auch in Taubach, Hauptfundzeit 1870/1900, 1870 erste Artefakte, 13.8.1876 Exkursion der Deutschen Anthropologischen Gesellschaft (u.a. O. Fraas, K. v. Fritsch, R. Virchow), 1887/92 menschliche Molare, paläontologische Bearbeitungen A. Portis 1878, H. Hahne 1908 u.a.
Ehringsdorf bei Weimar: Steinbrüche ab 18. Jahrhundert, verstärkt ab 1890 (bis Gegenwart). 1781 beschreibt J.C.W. Voigt das Travertinprofil, 1827 erhält Goethe ein „übersteintes Skelett von Ehringsdorf". Größere Bedeutung erlangte der Ehringsdorfer Travertin für die Quartärgeologie im 20. Jahrhundert. Wohl wesentlich durch die Funde aus den Travertinen von Weimar, Taubach und Ehringsdorf wurde 1889 die Gründung des jetzigen Museums für Ur- und Frühgeschichte in Weimar veranlaßt.
- Torflager, so bei Lauenburg, wo es zur Feststellung zweier Vereisungen diente, und bei Schussenried, wo es nach Herm. Credner 1872 Zeugnisse von der Existenz des eiszeitlichen Menschen enthielt.
- Höhlen, wo im „Höhlenlehm" Knochen vom Höhlenbären, Höhlenlöwen u.a. gefunden wurden, z.B. in den Höhlen von
Gailenreuth und *Muggendorf* (Fränk. Schweiz): Fossilien beschrieben von J.F. Esper 1774 und G.A. Goldfuss 1818/23,
Rübeland/Harz: Ausgrabungen durch H. Grotrian 1878, J.H. Kloos u. M. Müller 1889 u.a. veröffentlicht.
Köstritz bei Gera: In lehmgefüllten Spalten eines seit 1790 in Abbau befindlichen Gipsstocks Fund von Säugetier- und Menschenknochen. E.F. v. Schlotheim stellt 1822 die

Frage, ob diese aus einer früheren Periode der Erdgeschichte stammen können (wohl erstmals diese Frage), G. CUVIER stellt die These auf: Es gibt keine fossilen Menschen. *Düsseldorf*: Beim Abbau von Devonkalk im Neandertal 1856 in einer „Felsengrotte" Menschenknochen gefunden, diese von Oberlehrer C. FUHLROTT als Reste eines fossilen Menschen erkannt. 1857 H. SCHAAFHAUSEN und C. FUHLROTT halten Vorträge über den Fund. 1857/59 erste Veröffentlichungen in der Fachliteratur. 1860 CH. LYELL besucht das Neandertal und veröffentlicht 1863 sein Buch „Das Alter des Menschgeschlechts auf der Erde" (deutsch 1864). Der LYELL-Schüler W. KING stellt 1864 die Spezies *„Homo neanderthalensis"* auf. 1872 R. VIRCHOW lehnt eiszeitliches Alter des Neandertalers ab. 1877 werden die Originalfunde vom Rheinischen Landesmuseum, Bonn, gekauft.

Die *stratigraphische Gliederung* des Quartärs: Nachdem der Streit zwischen Drifttheorie und Inlandeistheorie zugunsten letzterer entschieden war, erhob sich sofort ein neuer Streit in der nun logisch folgenden Detailfrage: Gab es eine oder mehrere Vereisungen?
- Für die Annahme nur einer Vereisung erklärten sich O. TORELL, G. BERENDT 1879 und E. GEINITZ, in Süddeutschland J. PROBST 1894, wenn auch unter Anerkennung möglicher Oszillationen des Eisrandes. Noch 1918 rechnete GEINITZ mit nur einer Vereisung, schrieb dieser aber alle Endmoränen (von Sachsen bis zur Ostsee) als Rückzugsphasen zu.
- Für zwei Vereisungen plädierten 1869 H. BACH in Oberschwaben, 1879 A. HELLAND und A. PENCK, da sie an vielen Stellen Brandenburgs zwei Geschiebemergel über bzw. unter interglazial zu deutenden knochenführenden Sanden und Kiesen gefunden hatten. So wurde damals, z.B. noch von WAHNSCHAFFE 1898, das Diluvium in Unteres und Oberes geteilt. PENCK erkannte aber schon 1879 drei Vereisungen in Norddeutschland und dabei auch richtig, daß die tiefste Grundmoräne in Brandenburg nur durch Bohrungen zu fassen, die jüngste norddeutsche Grundmoräne dagegen in Sachsen nicht nachzuweisen ist.

Für die Quartärstratigraphie wurden nun in Mitteldeutschland die Braunkohlentagebaue immer wichtiger. So teilte 1899 F. WAHNSCHAFFE aus den Tagebauen Concordia bei Nachterstedt und Frose bei Aschersleben genaue Pleistozänprofile mit, denen man ohne Schwierigkeit die moderne Stratigraphie unterlegen kann. (Der Terminus „interglazial" wurde von O. HEER 1865 in der Schweiz geprägt, also im alpinen Gebiet und vor der Inlandeistheorie). Den Abschluß der Quartärgeologie im 19. Jahrhundert markiert F. WAHNSCHAFFES Buch „Ursachen der Oberflächengestaltung des norddeutschen Flachlandes", das 1891 in erster Auflage, dann 1901 in zweiter und mit kürzer gefaßtem Titel 1909 in dritter Auflage erschien. Es galt um 1915 als „das verbreitetste diluvialgeologische Lehrbuch der Welt" und bot (1901) die Quartärstratigraphie Norddeutschlands in der noch heute üblichen Sicht, wenn auch noch nicht mir allen heute üblichen Namen:
Postglazial: Buche-Erle-Zeit (Mya-Zeit)
                Eiche-Zeit (Litorina-Zeit)
Spätglazial: Dryas-Zeit (Yoldia-Zeit)
Dritte Vereisung
2. Interglazial (z.B. Rixdorf, Lauenburg, Potsdam)
Zweite Vereisung
1. Interglazial (z.B. Rüdersdorf, Lauenburg)
Erste Vereisung
Präglazial

Darüber hinaus faßt WAHNSCHAFFE in dem Buch alle damals bekannten quartärgeologischen Phänomene zusammen.

4.8   Geologische Erkundung und Lagerstättenlehre

Die geologischen Wissenschaften haben sich im 19. Jahrhundert in erster Linie mit dem Ziel der Wahrheitsfindung entwickelt. Die relative Altersbestimmung der Schichten, die Ermittlung der Leitfossilien, die Bestimmung der Fossilien überhaupt, die Abstammungslehre, die Gesteinsmikroskopie und z.b. die Frage nach der Zahl der eiszeitlichen Eisvorstöße hatten im Prinzip keinerlei dirckten Nutzen für die industrielle Praxis.

Eher haben umgekehrt Gewerbe, Industrie und Verkehr die Entwicklung der geologischen Wissenschaften gefördert, wenn man bedenkt, wie z.b. der Verkehrsbau im 19. Jahrhundert Aufschlüsse geschaffen hat, die der geologischen Kartierung zur Verfügung standen.

Die Geologie war von Anfang an auf Aufschlüsse des Gesteinsuntergrundes angewiesen, und diese Aufschlüsse wurden zunächst vorrangig vom Bergbau geschaffen. Damit wurde der Bergbau eine wesentliche Wurzel der Geologie. Das zeigt sich z.b. im Werk GEORG AGRICOLAS und ABRAHAM GOTTLOB WERNERS. Die Bergakademie Freiberg ist 1765 gegründet worden, um mit Einsatz der Wissenschaften Ingenieure auszubilden, um den nach dem Siebenjährigen Krieg darniederliegenden sächsischen Bergbau wieder emporzubringen. WERNER hatte in diesem für den Bergbau zu schaffenden Wissenschaftssystem die Mineralogie zu vertreten und er schuf – folgerichtig für die Entwicklung des Bergbaus – die Geologie, aus der heraus sich dann im 19. Jahrhundert die Spezialdisziplinen Erzlagerstättenlehre, Salzgeologie und Kohlengeologie entwickelten. Diese drei Spezialdisziplinen systematisierten und interpretierten die in den Bergbauzweigen möglichen Beobachtungen, ermöglichten aber umgekehrt auch eine Rohstofferkundung auf wissenschaftlicher Grundlage.

Der Bergbau erfuhr im 19. Jahrhundert durch die Industrielle Revolution eine gewaltige Intensivierung. Die Dampfmaschinen der Textilfabriken, die Lokomotiven der Eisenbahn brauchten große Mengen Kohle, die Kokshochöfen mehr Eisenerze als die Holzkohlenhochöfen und vor allem viel Steinkohlenkoks, die Sodafabriken benötigten Steinsalz und Kalkstein, die Landwirtschaft Kalisalze. Mit dem Aufschwung der Industrie ging eine Intensivierung der Geologie einher.

Da jeder Bergbau dort beginnt, wo der Bodenschatz an der Oberfläche oder zumindest in Oberflächennähe liegt, und dann in die Tiefe fortschreitet, muß ebenso die Erkundung neuer Lagerstätten in immer größere Tiefen vordringen. Damit steht auch die Geschichte der Bohrtechnik in Wechselwirkung mit der Geschichte der geologischen Erkenntnis.

4.8.1   Bohrtechnik und geologische Erkundung

Haupttendenzen in der Entwicklung der Bohrtechnik sind das Streben nach immer tieferen Bohrlöchern und eine immer bessere Probenahme der erbohrten Gesteine. Die generelle Entwicklung der Bohrtechnik wird dabei von folgenden bohrtechnischen Teilproblemen bestimmt: Vom Bohrwerkzeug, mit dem im Bohrlochtiefsten das Gestein gelöst wird und dessen Wirkprinzip die Qualität der Gesteinsproben bestimmt, vom Material des Bohrgestänges (Holz oder Eisen), das für die erreichbare Bohrlochtiefe mitbestimmend ist, vom Bohrverfahren („drehend" oder „schlagend") und von der Antriebsmaschine und ihrer Leistung. Je stärker die Leistung, desto schwerere Bohrgestänge können bewältigt und desto größere Tiefen erreicht werden. Je stärker die Leistung, desto schneller läßt sich auch bohren.

Die jeweils tiefsten Bohrungen und einige andere Daten aus der Geschichte der Tiefbohrtechnik in Mitteleuropa zeigen diese Tendenzen:

Jahre der Bohrungen, Ort, gesuchter Bodenschatz und erreichte Tiefe	Bohrmeister, allgemeine Daten und Bemerkungen

(unterstrichen: Derzeit tiefste Bohrung der Welt)

	1420 älteste Abbildung eines Brunnenbohrers in Europa.
1777 Bad Cannstatt: Kurbrunnen	1714 J.C. Lehmann: Buch über Bergbohrer (für geologische Erkundung).
1810 Wimpfen/Offenau: Salz, 160 m	Salineninspektor Ph.G. Amsler
1820 Markranstädt b. Leipzig Salz, 270 m	K.C.F. Glenck.
	1823 K.F. Selbmann: Buch „Vom Erd- oder Bergbohrer".
1822/30 Stotternheim b. Erfurt, Salz, 370 m	K.C.F. Glenck, unter dem Weimarischen Minister J.W. v. Goethe.
1836/43 Grenelle b. Paris, 550 m	um 1840 gußeiserne Rohre zum Ausbau von Bohrlöchern.
1831/44 Neusalzwerk (seit 1848 Bad Oeynhausen) Salzsole, 695 m	Bergrat K. v. Oeynhausen, erfand „Rutschschere", die das Aufstauchen des Bohrmeißels vom Gestänge fernhielt und damit Gestängebrüche vermied.
1841/46 Mondorf / Luxemburg, Salz, 730 m	Karl Gotthelf Kind
	Um 1845: Der Franzose Fauvelle erfindet die Spülbohrung. 1853 erstmals Dampfmaschine als Bohrantrieb (bei zwei Salinenbohrungen in der Schweiz). 1856/59 Salzelmen IV und Rohr b. Meiningen: Erste Bohrungen in Deutschland mit Dampfmaschinen. 1856 Erste Spülbohrung in Deutschland (Sterkrade, 148 m).
1857/61 Ingelfingen / Württemberg, Steinkohle, 816 m	Oberbergrat Xeller, Dampfmaschine, Holzgestänge.
	1864/67 Erster Vorschlag für Kernbohrung mit Diamantkrone (Frankreich).
1867/71 Sperenberg b. Berlin, Steinsalz, 1271 m	Oberbohrinspektor Zobel, 300 m von Hand, dann mit 2 Dampfmaschinen, erste Bohrung der Welt, die 1000 m Tiefe erreichte.
1872/78 Lieth bei Elmshorn, geolog. Landesuntersuchung (!) evt. Stein- kohle, 1338 m	Bohrmeister Böhner, bis 369 m verrohrt, Bohrturm und Maschine von Sperenberg übernommen.
	1876/78 erstmals Diamantbohrkronen in Deutschland bei 7 Bohrungen auf Kalisalz bei Aschersleben (durch Diamond Rock Boring Co., London) u. Bohrung. Purmallen / Ostpreußen (Bohrinspektor C. Köbrich)
1880/86 Schladebach b. Merseburg, Steinsalz und Steinkohle, 1748 m	Bohrinspektor C. Köbrich, geol. Bearbeiter K. v. Fritsch, Endteufe: Devon. 1886/87 Th. Tecklenburg: Handbuch der Tiefbohrkunde (2 Bände). 1886 Der Schwede P.A. Craelius gründet nach Bohrpraxis in den USA eine Bohrfirma mit eigener Entwicklung von Erkundungsbohrmaschinen. Kennzeichen der Craelius-Bohrmaschinen: Geringe Bohrlochdurchmesser, Diamantbohrkronen, Bohrungen in verschiedenen Richtungen möglich.

1892/93 Paruschowitz / Ober-schlesien, Steinkohle, 2003 m	Bergrat C. Böhner, mit Diamantkrone Kernbohrung, etwa 5 m / Tag
	1893 A. Raky, Bohrunternehmer in Erkelenz, erfindet das Schnellschlagbohren. Die schnelle Schlag-folge wird durch federnde Aufhängung von Gestänge oder Seil erreicht, und zwar so, daß das Gestänge oder das Seil stets auf Zug beansprucht wird.

Mit 2000 m hat die Bohrtechnik um 1900 die Tiefe erreicht, die maximal dem Bergbau in Mitteleuropa erreichbar ist.

Im 20. Jahrhundert wurden aber noch wesentlich tiefere Bohrungen niedergebracht. Sie dienten meist der Erdölerkundung oder der geologischen Forschung.

Bis ins 19. Jahrhundert hinein nutzte man Bohrgestänge aus Holz, die öfters zu Bruch gingen. Die tieferen Bohrungen ab etwa 1830 konnten jedoch nur mit eisernen Gestängen niedergebracht werden. Das Aufholen des Seiles mit dem Meißel beim Seilbohren bzw. der Ausbau der Bohrgestänge beim drehenden Bohren erfolgte anfangs mit Handgöpel oder Tretrad (Abb. 81), ab 1853 mit Kolbendampfmaschinen, meist Lokomobilen. Später setzte man auch Diesel- oder Elektromotor ein.

Die stark zerkleinerten Bohrproben bei Meißelbohrungen ließen sich makroskopisch nur eingeschränkt bestimmen, gut jedoch durch mikroskopische Untersuchungen.

Die ab 1876 auch in Deutschland üblichen Kernbohrungen erlaubten dem Geologen komplette Untersuchungen der Bohrkerne. Das ab etwa 1940 verfügbare Doppelkernrohr liefert auch von Lockergesteinen einen beachtlichen Kerngewinn.

Tiefbohrungen und geologische Wissenschaft befruchteten sich gegenseitig. Bohrungen erbrachten nicht nur Kenntnisse über Stoffbestand und Lagerungsverhältnisse des gesuchten Bodenschatzes, sondern in jedem Fall auch Beiträge zur regionalen Geologie. Zum geologischen Standardwissen über einige Regionen gehören noch heute sogar Ergebnisse aus Bohrungen, die nicht den gewünschten wirtschaftlichen Erfolg hatten, z.B.:

1824/27   Markranstädt bei Leipzig, 270 m auf Salz, Ergebnis: Unter Tertiär Oberkarbon.
1825/30   Oderwitz südlich Leipzig, 200 m auf Salz, Ergebnis: Unter Tertiär Rotliegendes.
1857/61   Ingelfingen/Württ., 815 m auf Steinkohle, Ergebnis: Unter Trias und Perm Devon.
1857/64   Gera, 360 m auf Steinkohle, Ergebnis: keine Kohle, Mächtigkeit des Rotliegenden über 300 m.

Die Ergebnisse solcher Bohrungen werden noch heute in der Literatur zitiert: Die Bohrungen Markranstädt und Oderwitz als Aufschlußpunkte des Paläozoikums unter dem Tertiär des Großraums Leipzig, die Bohrung Gera als Mindestmächtigkeit des Rotliegenden im Geraer Becken.

Die Geologie liefert für das Bohren nach Bodenschätzen wissenschaftlich begründete Bohransatzpunkte. Das gilt nicht erst in unserer Zeit, sondern schon 1823 hat K.F. Selbmann, „Arkanist" an der Porzellanmanufaktur Meißen, in seinem Buch „Vom Erd- oder Bergbohrer" Regeln angegeben, wie man nach geologischen Voruntersuchungen eine Bohrung oder ein ganzes Netz von Bohrungen anzusetzen hat. Selbmann war ein Schüler A.G. Werners! Wie gegen Ende des 19. Jahrhunderts die mit der nun hoch entwickelten Bohrtechnik erzielten geologischen Erkenntnisfortschritte am Anfang des Jahrhunderts erhofft worden sind, zeigt ein Briefwechsel zwischen Goethe und K. v. Sternberg über den Bohrmeister Karl

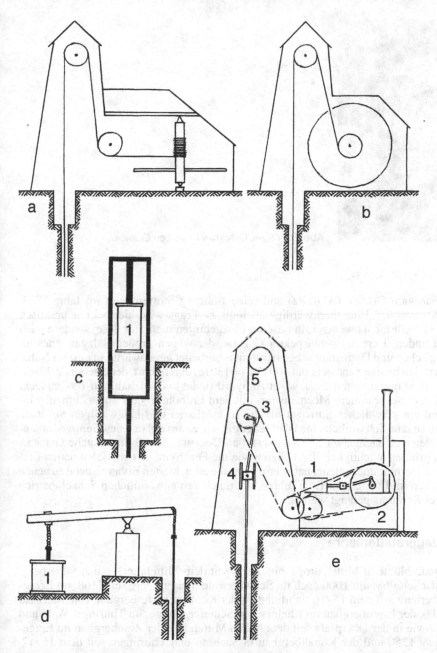

Abb. 81   Bohrantriebe im 19. Jahrhundert (Schemaskizzen).
a Handgöpel, b Tretrad, c–e Dampfmaschinen (stark vereinfacht). c Direkt mit dem Bohrgestänge gekoppelter Dampfzylinder, z.B. Bohrung Rohr 1857, d Dampfmaschine über Bohrschwengel mit Gestänge gekoppelt, z.B. Bohrung Sperenberg 1867/71, e Lokomobile als Antrieb, z.B. Bohrung Schladebach 1880/86. 1 Dampfzylinder, 2 Kessel, 3 Kurbeltrieb für stoßendes Bohren, 4 Geradführung des Gestängekopfes, 5 Förderseil für das Bohrgestänge; gestrichelt: Riementriebe, angetrieben von der Lokomobile.

Abb. 82   KARL CHRISTIAN FRIEDRICH GLENCK.

CHRISTIAN FRIEDRICH GLENCK (Abb. 82) und seine Bohrung Stotternheim im Jahre 1823. GOETHE an STERNBERG: „Eine merkwürdige geologische Frage wird hier bei uns praktisch erörtert. (…) Es gilt nichts weniger, in unseren Flözgebirgen nicht nur Sole, sondern auch Steinsalz zu finden. Herr Salineninspektor GLENCK, der wegen großen Salzgewinnes im Württembergischen und Darmstädtischen berühmt ist, arbeitet gegenwärtig in unserer Nähe. Er hat bei Gera den bunten Sandstein mit 400 Fuß (= 130 m) durchbohrt, den älteren Zechstein gleichfalls und ist nun im alten Gips, wo er Anhydrit findet und salzhaltigen Ton entdeckt hat. (…) Da man bei erhöhtem Mechanismus mit dem Erdbohrer ganz anders umzuspringen weiß und ein glückliches Surrogat für die so kostbaren und langweiligen Schächte gefunden hat, so läßt sich freilich eine Überzeugung, wie es am tiefsten des Gebirges aussehen möchte, leichter nachgehen …" STERNBERG an GOETHE: „Die Bohrversuche GLENCKS sind von der größten Wichtigkeit. (…) Gleich wie die Fernröhre uns zu vielen neuen Entdeckungen am Sternhimmel geleitet hat, werden uns die erleichterten Bohrversuche zu neuen Bekanntschaften im Inneren der Erde führen, die durch den gewöhnlichen Schachtbetrieb nie zu unserer Kenntnis gelangt wären."

4.8.2 Erzlagerstättenlehre

Der Erzbergbau blühte in Mitteleuropa zumindest seit dem Mittelalter, so u.a. Silberbergbau bei Goslar seit 968, um 1000 auch im Schwarzwald, bei Freiberg seit 1168, im Erzgebirge und Oberharz seit dem 15./16. Jahrhundert, der Kupferschieferbergbau von Mansfeld seit etwa 1200, der Eisenbergbau im Rheinischen Schiefergebirge, im Thüringer Wald und Erzgebirge sowie in der Oberpfalz seit dem hohen Mittelalter, der Zinnbergbau im Erzgebirge seit etwa 1250 und der Kobaltbergbau in Sachsen und Thüringen seit dem 16./17. Jahrhundert.

Dementsprechend zeitig erscheinen die Erze in der wissenschaftlichen Literatur. So nennt AGRICOLA 1530/56 eine Reihe Erzminerale und bildet Lagerungsformen der erzführenden Gesteinskörper ab (vgl. Abb. 11). Damit erscheinen schon bei ihm die zwei in der Folgezeit bis heute wichtigen Aspekte der Erzlagerstättenlehre: Der Stoffbestand und die Lagerungsverhältnisse des Erzkörpers.

Daß sich die Erzlagerstättenlehre trotzdem erst im 19. Jahrhundert herausbilden konnte, liegt am Erkenntnisprozeß für die beiden genannten Aspekte: Der Stoffbestand konnte erst dann hinreichend analysiert werden, als Chemie und Mineralogie einen entsprechenden Vorlauf hatten. Das war um 1800 der Fall. Die Analyse der Lagerungsformen setzte die Geologie WERNERS voraus.

Vorläufer der Erzlagerstättenlehre waren:

1664   J.J. BECHER, Chemiker der Phlogistontheorie, in seinem Buch „Physica subterranea": Die Gänge waren ursprünglich mit Lehm gefüllt, Dämpfe wandelten diesen in Erz um.

1703   G.E. STAHL, Chemiker der Phlogistontheorie, in seinem Buch „Specimen BECHERianum": Erzgänge sind gleichzeitig mit dem Nebengestein entstanden (Kongenerationstheorie).

1725   J.F. HENCKEL, Arzt und Montanwissenschaftler in Freiberg, in seinem Buch „Pyritologia oder Kies-Historie": Im Gestein entstehen durch Gärung Dämpfe, diese scheiden Erz ab.

1738   J.G. HOFFMANN „Dissertatio de matricibus metallorum" (Dissertation über Metallmütter): Dämpfe geben an verschiedenen Gesteinen verschiedene Erze ab.

1746   C.F. ZIMMERMANN, Schüler HENCKELS, in seiner „Unterirdischen Erdbeschreibung des meißnischen Erzgebirges": Gestein durch aufsteigende Dämpfe und Gase nur in gewissen Strichen und Streifen in Erz umgewandelt.

1749   F.W. v. OPPEL, ab 1763 sächsischer Oberberghauptmann, in seiner „Anleitung zur Markscheidekunst": Genetische Unterscheidung von Gang und Flöz, d.h. unabhängig vom Einfallen sind Gänge ausgefüllte Spalten, Flöze der Schichtfolge eingeschaltete Sedimente (Definition zuvor. Gänge sind steilstehende plattenförmige Erzkörper, Flöze sind (fast) waagerechte plattenförmige Erzkörper).

1753   J.G. LEHMANN, preußischer Bergrat, in seiner „Abhandlung von den Metallmüttern": Im Erdinneren großes Erzvorkommen, aus dem die Erze in den Gängen stammen

1770   C.T. DELIUS, Professor an der Bergakademie Schemnitz/Österreich (heute Banská Stiavnica/Slowakei) in der „Abhandlung von dem Ursprunge … der Erzadern": Spalten entstehen durch Austrocknung und werden ausgefüllt durch Substanzen, die das Regenwassser aus dem benachbarten Gestein gelöst hat.

1770/85 F.W.H. v. TREBRA, Bergmeister in Marienberg, ab 1779 Vizeberghauptmann in Zellerfeld/Harz, in seinen „Erklärungen der Bergwerkskarte von Marienberg" (1770) und „Erfahrungen vom Innern der Gebirge" (1785): Erzsubstanz wird aus Gesteinen unter Beteiligung von Feuer aufgelöst und in Spalten abgesetzt. Durch „Gärung" wandelt sich Granit langsam in Gneis, Feldspat in Ton um.

1778   J.F.W. v. CHARPENTIER, Professor an der Bergakademie Freiberg, in seiner „Mineralogischen Geographie der Chursächsischen Lande": Beschreibung der sächsischen Erzlagerstätten.

1781   C.A. GERHARD, Berghauptmann in Berlin, in seinem „Versuch einer Geschichte des Mineralreichs": Spalten sind zu verschiedener Zeit aufgerissen, Erze wurden in flüssiger Form zugeführt.

1789   G.S.O. LASIUS in seinen „Beobachtungen über die Harzgebirge": Kohlensäure löst Erz im Gestein und scheidet es in wassergefüllten Spalten aus.

Alle diese bis um 1790 geäußerten Vorstellungen sind stark spekulativ, d.h. lassen echte chemisch-mineralogische Kenntnisse vermissen und verbergen die noch vorhandene Unkenntnis hinter Begriffen wie „Gärung" und „Metallmütter". Wo korrekte Beschreibungen vorliegen, wie z.B. bei CHARPENTIER 1778, sind diese in kein System eingeordnet und damit noch keine „Erzlagerstättenlehre" im Sinne einer Wissenschaft.

Lediglich die Erkenntnis der nachträglichen Füllung von Spalten und – für die spätere Lateralsekretionstheorie wichtig – die Herleitung des Erzes aus dem Nebengestein waren Aussagen, die sich im 19. Jahrhundert in der Erzlagerstättenlehre wiederfinden.

Den wesentlichen Schritt zur Erzlagerstättenlehre als Spezialdisziplin der geologischen Wissenschaften repräsentiert das Buch:
1791 A.G. WERNER: „Neue Theorie von der Entstehung der Gänge, mit Anwendung auf den Bergbau, besonders den freibergischen", in dem er alle älteren Anschauungen widerlegt.

WERNER erklärte alle Gänge richtig als nachträglich ausgefüllte Spalten und beobachtete, daß in den Gängen bestimmte Minerale bevorzugt zusammen vorkommen, und stellte dafür elf „Gangformationen" auf. Anhand von Gangkreuzen konnte er auch die Altersfolge der Gangformationen bestimmen (Abb. 83). Gemäß seiner neptunistischen Erdgeschichtstheorie erklärte er das Gangmaterial als von oben eingefüllte Sedimente aus dem neptunistischen Urozean, für uns unverständlich, aber doch mit „Beweisen" aus Beobachtungen. So verwies er erstens auf tatsächlich vorhandene sedimentäre Spaltenfüllungen wie Lehm und Sand und zweitens auf „sedimentäres" Vorkommen derjenigen Minerale und Erze, die man in den Gängen fand: Kupfererze in dem sedimentären Kupferschiefer, Eisenspat, zwar in Gängen bei Siegen und Lobenstein, aber auch in den Schichten des Zechsteins bei Kamsdorf und Schmalkalden, dazu die Doggererze als Beispiele sedimentärer Eisenerze, schließlich Zinnstein in Gängen und in den von ihm sedimentär gedeuteten Zinnstein-„Flözen" im Granit (dem „sedimentären Urgestein" von Zinnwald im Erzgebirge). Selbst das erst im 20. Jahrhundert modern interpretierte „Telescoping", das Ineinanderstecken mehrerer verschieden alter Gangformationen in einer Gangspalte, erklärte WERNER mit seiner neptunistischen Gangtheorie (Abb. 83).

WERNERS neptunistische Gangtheorie wurde nach seinem Tode wie sein Neptunismus überhaupt abgelehnt. Seine „Gangformationen" aber haben sich auch in der Folgezeit als fruchtbarer Begriff der Analyse des Stoffbestandes von Erzgängen weit über Freiberg hinaus erwiesen. Allerdings differenzierten verschiedene Autoren in der Folgezeit die Erzgänge verschieden weit bis ins Detail. Doch entspricht die heutige Gliederung der Gangfüllungen in Gangformationen im Prinzip noch der von WERNER. A. BREITHAUPT veröffentlichte ähnliche Studien 1849 unter dem Titel „Die Paragenesis der Mineralien".

Der neptunistischen Gangtheorie WERNERS, die auch als *Deszensionstheorie* bezeichnet wurde, folgten gemäß den vulkanistischen Anschauungen im frühen 19. Jahrhundert Varianten der *Aszensionstheorie*, und zwar:
1. Erzgänge plutonisch, d.h. mit Schmelzflüssen gefüllt, aus denen sich die tauben und die Erzminerale ausschieden. Vertreter: S. BREISLAK 1811, J. FOURNET 1846, B. COTTA 1846/50. G. ROSE 1850.
2. Erzgänge hydrothermal, d.h. die tauben und die Erzminerale ausgeschieden aus aufgestiegenen heißen wässrigen Lösungen. Vertreter: S.A.W. v. HERDER 1838, G. BISCHOF 1844, B. v. COTTA 1846/74, A.W. STELZNER 1889/96.

Die Annahme plutonisch entstandener Erzlagerstätten hat ihre Gültigkeit behalten, wenn auch auf bestimmte Fälle eingeschränkt. Die hydrothermale Entstehung der Erzgänge hat schließlich für die meisten Fälle Anerkennung gefunden.
Um 1880 folgte der nächste Streit über die Entstehung der Erzgänge, d.h. die Zuführung der Mineralsubstanz aus der Tiefe.
• A.W. STELZNER vertrat die hydrothermal-aszendente Deutung der Erzgänge,
• F. SANDBERGER dagegen die *Lateralsekretionstheorie*, d.h. die Annahme, daß das in den Gängen befindliche Erz im Nebengestein enthalten gewesen und durch Lösungs- und Ausscheidungsvorgänge dann in den Gangspalten konzentriert worden sei.

Dieser Streit ging damals zu Gunsten der Aszensionstheorie aus, doch ist die Lateralsekretionstheorie im 20. Jahrhundert bei manchen Erzlagerstätten wieder diskutiert worden. Zeitlich parallel zu diesen theoretischen Auseinandersetzungen wurden zahlreiche Beschreibungen von Erzlagerstätten im In- und Ausland veröffentlicht. Erzlagerstätten in den deutschen Ländern beschrieben z.B.:

1822 BRAUN: Kobalt u. Silber, Schwarzwald,
1825 J. NÖGGERATH: Zinn, Altenberg/Sachsen,
1834 C.W. TANTSCHER: Kobalt, Kamsdorf/Thüringen,

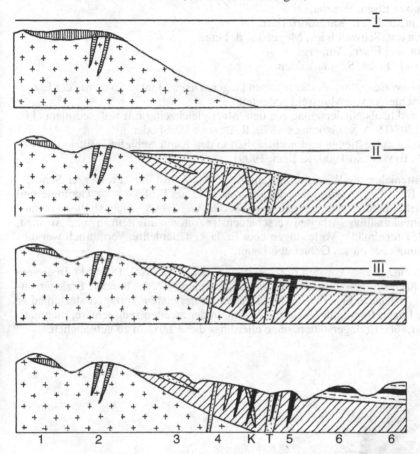

Abb. 83 Schematische genetische Profilreihe zu A.G.WERNERS neptunistischer Theorie der Erzlagerstättenbildung.
I Meeresspiegel und Sedimentation zur Zeit der Urgebirge: Kreuze Granit, schraffiert Zinnerz als Schicht und Spaltenfüllung. II Meeresspiegel und Sedimentation zur Zeit der Übergangsgebirge: Schräg schraffiert Gesteine des Übergangsgebirges, punktiert sulfidische Erze als Sediment und Spaltenfüllung. III Meeresspiegel und Sedimentation zur Zeit der Flözgebirge: Schwarz Eisenerz als Sediment und Spaltenfüllung.
Zu jeweils späterer Zeit werden ältere Bildungen erodiert. Unteres Profil: Der gegenwärtige Zustand: K Gangkreuz, T Telescoping der Gänge; 1 Zinnerz-„Flöze" Zinnwald, Zinnerzgänge Ehrenfriedersdorf, 3 Erzlager Rammelsberg bei Goslar, 4 Blei-Zink-Silber-Erzgänge von Freiberg und Clausthal, 5 Spateisensteingänge von Hirschberg-Bad Steben, 6 metasomatische Spateisensteinlager von Kamsdorf und Schmalkalden.

1834   A.W. ARNDT: Antimon, Arnsberg bei Elberfeld,
1840   BRAUN: Kobalt und Silber, Schwarzwald,
1845   ZINKEN: Erze im Harz,
1852   M. VOGELGESANG: Eisen, Berggießhübel,
1853   R. v. CARNALL: Blei, Commern,
1865   H. VOGELSANG: Silber, Kinzigthal/Schwarzwald,
1866   A. v. GRODDECK: Blei-Zink-Silber, Oberharz,
1873   KNOP: Nickel, Horbach im Schwarzwald,
1878   W. RIEMANN: Eisen, Wetzlar,
1888   F. BEYSCHLAG: Eisen, Kamsdorf/Thür.,
1888   M. BRAUBACH: Schwefelkies, Meggen a. d. Lenne,
1893   C.W. GÜMBEL: Eisen, Amberg,
1898   H. MENTZEL: Eisen, Schmalkalden.

Dabei gab es über verschiedene Erzlagerstätten längere Diskussionen. So wurde der Erzgehalt des Kupferschiefers von Mansfeld gedeutet:

• als sedimentär, d.h. als Niederschlag aus dem Meer gleichzeitig mit Kalksediment (J.C. FREIESLEBEN 1807/15, A. v. GRODDECK 1870, R. BRAUNS 1896) oder
• als hydrothermal aufgestiegen und nachträglich in den Kupferschiefer infiltriert (F. POSEPNY 1893, F. BEYSCHLAG 1900, R. BECK 1909).

Die Erzlagerstättenlehre als Wissenschaft entwickelte sich mit der „Freiberger Schule", beginnend mit B. v. COTTA (Abb. 84). Dieser war 1842 als Professor für Geologie und Versteinerungslehre berufen worden, gab aber 1850/62 vier Bände „Gangstudien" heraus, d.h. erzlagerstättenkundliche Arbeiten verschiedenster Autoren aus dem In- und Ausland, und hielt ab 1851 regelmäßig Vorlesungen über Erzlagerstättenlehre. Vermutlich war dies die erste Vorlesung über dieses Gebiet überhaupt.

COTTA gab 1855 eine „Lehre von den Erzlagerstätten" heraus (2. Aufl. 1859/61). In diesem Lehrbuch sind nach Mineralbestand und Lagerungsformen mehrere hundert Erzlagerstätten des In- und Auslandes bis Übersee beschrieben. In der ersten Auflage unterschied er Gänge, Stöcke, Lager, Imprägnationen und Seifen, in der zweiten sedimentäre, magmatische und metamorphe Erzlagerstätten, ohne allerdings diese Termini zu gebrauchen.

Abb. 84   BERNHARD COTTA, ab 1858 B. VON COTTA.

COTTAS Nachfolger führten die Tradition fort. A.W. STELZNER vertrat 1874/94 die Erzlagerstättenlehre an der Bergakademie Freiberg. Sein Schüler A. BERGEAT, Geologieprofessor in Clausthal, gab 1904/06 ein Lehrbuch „Unter Zugrundelegung der von A.W. STELZNER hinterlassenen Vorlesungsmanuskripte und Aufzeichnungen" heraus. Von STELZNERS Freiberger Nachfolger, Richard BECK (Prof. 1895/1919) erschien eine „Lehre von den Erzlagerstätten" 1895 in 1., 1903 in 2., 1909 in 3. Auflage. In diesen Lehrbüchern gab es u.a. Schemata der Ausscheidungsfolge der Minerale in den Erzgängen (Abb. 85) und exakte Profilschnitte durch Erzlagerstätten (Abb. 86). Zwar gab es im 19. Jahrhundert auch Lehrbücher der Erzlagerstättenlehre, die nicht von der Bergakademie Freiberg kamen, (z.B. FUCHS 1846, v. GRODDECK 1879) doch galten die aus Freiberg als die bedeutenderen. Mit BECKs Lehrbuch war gewissermaßen die klassische Erzlagerstättenlehre vollendet.

Ihre Anwendung fand sie in zweierlei Hinsicht:

1. In Sachsen mündete die von den WERNER-Schülern K.G.A. v. WEISSENBACH und J.C. FREIESLEBEN 1836 bzw. 1843/45 begonnene Dokumentation Freiberger Erzgänge in die der geologischen Spezialkartierung zugeordneten mustergültigen lagerstättenkundlichen Bearbeitungen sächsischer Erzreviere durch Bergrat C.H. MÜLLER 1877/1901.
2. Absolventen der Bergakademie wurden besonders im 19. Jahrhundert im Ausland tätig. Sie erschlossen mit dem Rüstzeug aus der „Freiberger Schule" der Erzlagerstättenlehre in allen Kontinenten Lagerstätten für den Bergbau und wirkten selbst für die Lagerstättenlehre. Genannt seien dafür mit ihren Studienjahren in Freiberg 1843 M. VOGELGESANG, Bergbeamter in Baden, 1854/56 F.M. STAPFF, tätig in Schweden und Afrika, 1856/59 R. PUMPELLY, tätig in Ostasien und den USA, 1865/66 S.F. EMMONS, Lagerstättenkundler in den USA, 1878/82 W. LINDGREN aus Schweden, Lagerstättenkundler in den USA.

Mineral	Ältere Bildungen	Jüngere Bildungen
Topas	████	
Wolframit	███	
Zinnstein	███	
Arsenkies	██	
Quarz I	████	
Molybdänglanz	██	
Apatit I	█	
Gelber Gilbertit	█	
Chlorit	█	
Eisenspat	█	
Herderit		█
Apatit II		█
Zinkblende		███
Pyrit		███
Quarz II		████
Phenakit		
Flußspat		█
Nakrit		█
Steinmark		█

Abb. 85   Ausscheidungsfolge der Minerale in den Ehrenfriedersdorfer Zinnerzgängen (aus BECK: Lehre von den Erzlagerstätten, 1909).

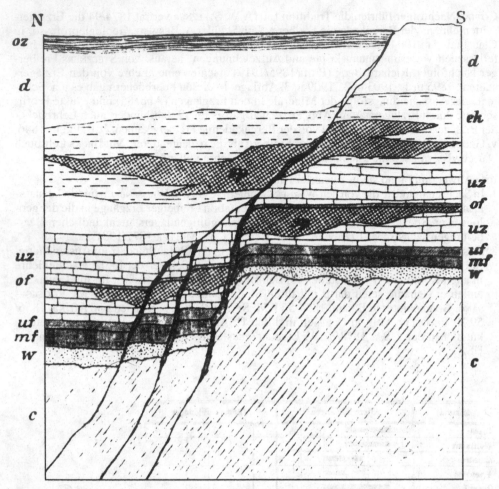

Abb. 86   Profil durch einen Kamsdorfer Erzgang und die diesem benachbarten Eisenspatlager (SP) im Zechstein (W-oz) (nach BEYSCHLAG: Die Erzlagerstätten von Kamsdorf, 1888).

4.8.3   Salz- und Kaligeologie

Salz ist für den Menschen seit je lebensnotwendig. Auf Grund des humiden Klimas kommt Salz in Deutschland nur untertage vor. Abgesehen vom alpinen Salzbergbau (in Berchtesgaden seit dem 12. Jahrhundert) konnte das Salz deshalb zunächst nur aus natürlichen Solequellen oder Solebrunnen gewonnen werden, wie z.B. seit vorgeschichtlicher Zeit bei Halle (Abb. 87), Frankenhausen und Reichenhall, seit dem frühen Mittelalter bei Lüneburg, Kissingen und Salzungen. seit dem 12. Jahrhundert bei Schwäbisch Hall, Salzdetfurth und Sülze bei Rostock. Noch im 18. Jahrhundert wurden Salinen an Solequellen errichtet, z.B. in Wimpfen/Offenau und Kreuznach. Im 18. Jahrhundert teuften Salinisten jedoch auch schon Schächte mit dem Ziel der Solegewinnung ab, so J.G. BORLACH 1723/28 bei Artern, 1727/30 bei Kösen (Sole in 147 m Tiefe) und 1744/63 bei Dürrenberg (Sole in 223 m Tiefe). Die Salinen Artern, Kösen und Dürrenberg (heute Sachsen-Anhalt) sollten die Salzversorgung des Kurfürstentums Sachsen sichern, nachdem dieses Halle mit seiner berühmten Saline 1680 an Brandenburg verloren hatte. BORLACH schloß als einer der ersten von Solquellen auf Steinsalz im Untergrund. Schon AGRICOLA nennt 1546 den Salzbergbau bei Hall und Hallein in den Alpen, Wieliczka und Bochnia bei Krakau, aber auch Salzquellen und solche speziell bei Staßfurt und vermutet auch schon Salz im Untergrund.

A.G. WERNER und J.C. FREIESLEBEN schlossen am Anfang des 19. Jahrhunderts aus den Solquellen auch auf Steinsalzlager in der Tiefe. Solche wurden dann in den folgenden Jahren für die Errichtung von Salinen erbohrt, z.B.:

1822/31   bei Köstritz nördlich Gera, Salz in 140 m Tiefe (erstmals Zechsteinsalz),
1826/28   bei Bufleben nördlich Gotha, Salz des Mittleren Muschelkalks,
1827/28   bei Stotternheim nördlich Erfurt, alle drei Bohrungen von dem vormaligen
          schwäbischen Salinendirektor K.C.F. GLENCK, einem Schüler A.G. WERNERS.

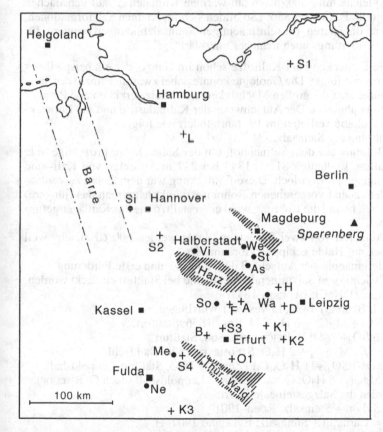

Abb. 87   Die Bohrung Sperenberg, die im Text erwähnten Salinen und Kaliwerke sowie nach OCHSENIUS' Theorie die Lage der Magdeburg-Halberstädter Bucht und der Barre.
Schraffiert: Grundgebirgsaufragungen. Salinen (Kreuze): S1 Sülze, L Lüneburg, S2 Salzdetfurth, H Halle, F Frankenhausen, A Artern, D Dürrenberg, K1 Kösen, K2 Köstritz, O1 Oberilm, S3 Stotternheim, B Bufleben, S4 Salzungen, K3 Kissingen.
Kaliwerke: St Staßfurt, We Westeregeln, As Aschersleben, Wa Wansleben, So Sondershausen, Si Sigmundshall, Me Merkers, Ne Neuhof.

Weitere Bohrungen auf Steinsalzlager folgten, z.B. 1882 bei Heilbronn und 1902 bei Oberilm nahe Arnstadt. Auch diese Bohrungen führten zur Anlage von Salinen.

Durch die Bohrungen erkannte man auch die stratigraphische Stellung der Salzlager, nämlich im Zechstein, Oberen Buntsandstein oder Mittleren Muschelkalk. Da für die erbohrten Salzmächtigkeiten kein aktualistisch beobachtbares Sediment bekannt war, deuteten der Salineninspektor von Friedrichshall bei Heilbronn, F.A. v. ALBERTI 1830, H. ROSE und K.J.B. KARSTEN 1848 das Salz (in der Zeit der herrschenden Vulkanisten!) als Eruptivgestein. Die Salzvorkommen in den Alpen und das stockförmige Auftreten des Gipses, der andere Schichten aufgerichtet und offenbar nach oben durchbrochen hatte (wie bei Westeregeln), schienen die eruptive Entstehung von Gips und Salz zu bestätigen. E. SCHAFHÄUTL und G. BISCHOF deuteten dagegen 1844 und 1847 das Steinsalz als Sediment. G. BISCHOF entwickelte in seinem „Lehrbuch der chemischen Geologie" 1854 die „Salzgartentheorie", d.h. die Erklärung der Salzschichten durch Eindampfen wässriger Lösungen.

Über aktualistische Vergleiche mit Salzkrusten „in warmen Klimaten ... auf den flachen Küsten des Meeres" schreibt B. COTTA 1856: „So bilden sich im Kleinen Salzformationen, die in gewissem Grade an die älteren, oft sehr mächtigen Steinsalzbildungen erinnern, für diese letzteren bleibt aber allerdings noch manches unerklärt".

In diesen Jahren war die Entdeckung der Kalisalze schon im Gange, der ein beispielloser Aufschwung der Kaliindustrie folgte. Die Geologie konnte dabei zwar im Prinzip der Salzgartentheorie folgen, mußte aber die großen Mächtigkeiten der Salze erklären und Prognosen über deren Verbreitung abgeben. Der Aufschwung der Kaliindustrie und die Entwicklung der Salz- und Kaligeologie verliefen im 19. Jahrhundert wie folgt:

1837	Artern: Bohrung auf Steinsalz.
1839/51	Staßfurt: Bohrung auf dem Salinenhof, um der Saline höher prozentige Sole zu verschaffen. Endteufe 581 m. 1843 bei 247 m Auftreten von Kali- und Magnesiumlauge im Bohrloch. Diese Entdeckung war dem Zufall zu verdanken: Bei dem zuerst vorgesehenen Bohransatzpunkt hätte man das (jüngere) Steinsalz erreicht und die Bohrung wohl eingestellt, ohne das Kalilager gefunden zu haben.
1851/56	Staßfurt: Abteufen von zwei Schächten, dabei werden 600 t Kalisalz, weil unbrauchbar, auf Halde gekippt („Abraumsalze").
1858/60	Staßfurt: Bergmännischer Aufschluß der Kalisalze und erste Förderung. Einige der wichtigsten Salzminerale sind in und bei Staßfurt entdeckt worden: Halit (Steinsalz), $NaCl$: GLOCKER 1847. Sylvin, KCl: BEUDANT 1832, in Vesuvauswürflingen. Carnallit, $KCl + MgCl_2 + 6\ H_2O$: H. ROSE 1856, Staßfurt. Kieserit, $MgSO_4 + H_2O$: E. REICHARDT 1860, Staßfurt. Polyhalit, $Ca/K/MgSO_4 + 2\ H_2O$: STROMEYER 1820, Bad Ischl. Kainit, $K/MgCl/SO_4 + 11\ H_2O$: C.F. ZINCKEN 1865, Staßfurt-Leopoldshall. Bischofit, $MgCl_2 . 6\ H_2O$: OCHSENIUS 1877 Leopoldshall (nach G. BISCHOF). Später wurden die Salzgesteine definiert: Sylvinit = Sylvin + Steinsalz: RINNE 1901 Carnallitit = Carnallit + Steinsalz: EVERDING 1907, H. WEBER 1955: „Carnallitgestein". Hartsalz = Sylvin + Steinsalz + Kieserit / Anhydrit: OCHSENIUS 1877.
1857/63	Staßfurt: Auf anhaltinischem Gebiet Bohrung, die bei 160 m Tiefe das Steinsalz erreichte, Gründung des anhaltinischen Kaliwerkes Leopoldshall.
1861	Staßfurt: Die beiden ersten Kalifabriken.
1863	Staßfurt: Die Kaliförderung übersteigt erstmals die Steinsalzförderung.

1864	F. Bischof veröffentlicht das Heft „Die Steinsalzwerke bei Staßfurt", beschreibt darin die Schichtfolge: Carnallit-Region Kieserit-Region Polyhalit-Region Steinsalz Anhydrit und erklärt sie mit Ausscheidung in einem tiefen Becken analog zur Ausscheidungsfolge in einer Siedepfanne. (Der Ausdruck „Mutterlaugensalze" ist dem Salinenbetrieb entnommen.)
1871/74	Westeregeln: Graf Sholto Douglas gründet das Kaliwerk Douglashall.
1873	Staßfurt: Das „Jüngere Steinsalz" wird als Speisesalz gewonnen.
1875	F. Bischof veröffentlicht die 2. Auflage seines Heftes. Darin: Der „Staßfurter Rogensteinsattel" (Staßfurt-Westeregeln) ist das Gebiet der Kalivorkommen, „Älteres" und „Jüngeres" Steinsalz sind als stratigraphische Einheiten zu unterscheiden.
1876/77	C. Ochsenius entwickelt für die Erklärung der Salzmächtigkeiten die „Barrentheorie" (s. unten). Dazu These: Kalisalze nur in der „Magdeburg-Halberstädter Mulde" (zw. Harz-Nordrand und der Linie Magdeburg-Haldensleben).
1877	Bei Kalibohrungen erstmals $MgCl_2$-Lauge als Spülung verwendet.
1883	Aschersleben: Erstes Kaliwerk abseits vom Staßfurter Sattel.
1884	Staßfurt: Erstes Kaliwerk auf der Nordflanke des Staßfurter Sattels.
1886	Vienenburg: Erstes Kaliwerk in Niedersachsen.
1888	Thüringen: Erste Kalibohrung. Entgegen der These, daß Kalisalz nur in der Magdeburg-Halberstädter Mulde vorkommt, läßt der Geh. Bergrat H. Pinno, Halle, westlich von Nordhausen auf Kali bohren. Die erste Bohrung bei Hochstedt nicht fündig, die zweite bei Kehmstedt erbrachte Hartsalz.
1896	Thüringen: Erstes Kaliwerk im Südharzrevier (Sondershausen).
1898/1905	Hannover: Kaliwerk Sigmundshall bei Wunstorf (noch produzierend).
1901	Wansleben bei Halle: Erster Kalischacht im Unstrutrevier.
1901	Merkers/Werra: Erstes Kaliwerk im Werrarevier.
1905	Fulda: Kaliwerk Neuhof-Ellers (noch produzierend).

Damit waren um 1900 alle deutschen Kalireviere entdeckt und erschlossen. Aus den in den Kaliwerken aufgeschlossenen Schichten leitete man um 1900 folgende Salzschichtenfolge ab (Credner 1902):
• Jüngeres Steinsalz
• Anhydrit
• Grauer Salzton
• Kalilager: Carnallit-Region: 45 m
            Kieserit-Region: 60 m
            Polyhalit-Region: 66 m
• Älteres Steinsalz: etwa 500 m
• Anhydrit

Im 19. Jahrhundert war das Phänomen der Salztektonik, d.h. der nachträgliche plastische Aufstieg des Salzes zu Salzsätteln und Salzstöcken noch nicht bekannt, so daß man die Salzmächtigkeiten von 500 m bei Staßfurt und 1200 m bei Sperenberg (1867/71 erbohrt) als primäre Sedimentmächtigkeiten betrachtete.

Diese großen Salzmächtigkeiten hätten bei bloßem Eindampfen von Ozeanwasser eine Meerestiefe vorausgesetzt, wie sie unmöglich bestanden haben konnte. Der zuvor in den

Abb. 88   CARL OCHSENIUS.

Anden tätig gewesene Bergingenieur C. OCHSENIUS (Abb. 88) entwickelte deshalb 1876/77 die Barrentheorie (Abb. 89), deren Kernthese lautet: „Ein Meeresbusen mit hinlänglich bedeutender Tiefe im Innern und mit einer annähernd horizontalen Mündungsbarre, welche nur so viel Meereswasser eintreten läßt, als die Busenoberfläche auf die Dauer zu verdunsten imstande ist, liefert, ohne anderweitige Kommunikation, unter vollständig oder nahezu anhydrosischen (ariden) Verhältnissen ein Salzlager, dessen Mächtigkeit nur von der Busentiefe und der Dauer der obwaltenden Umstände abhängt".

Die Barre konnte nach OCHSENIUS durch tektonische Hebung, durch Schuttmassen vom Einsturz benachbarter Höhen oder durch Versandung infolge von Sturmwellen entstehen. Als aktualistisches Analogon betrachtete er (mit Recht) die Karabugas-Bucht am Kaspischen Meer, nur nahm er – der Salzmächtigkeit entsprechend, aber falsch – als Bildungsraum der deutschen Salz- und Kalilager ein Tiefseebecken an. Ihm war also die Möglichkeit, große Sedimentmächtigkeiten mit gleichzeitiger Senkung des Sedimentationsraumes zu erklären, noch nicht geläufig. Entscheidend für die Barrentheorie waren seine Überlegungen über die Dichte der Laugen, das Verhältnis von Meeresspiegel zu Barrenniveau und die Ausscheidungsfolge der Salze. Er meint, wenn der Wasserspiegel der Bucht höher ist als die Barre, strömt oben Meerwasser als Ausgleich des verdunsteten Wassers in die Bucht nach. Darunter fließt die schwerere Mutterlauge aus der Bucht über die Barre ins Meer. Ergebnis: In der Bucht bildet sich nur ein mächtiges Steinsalzlager. Schließt die Barre dagegen (eventuell durch Hebung) die Bucht vollständig ab, dann scheiden sich in ihr auch die Mutterlaugensalze aus und es bildet sich ein Kalilager. Dieser Fall soll nach OCHSENIUS 1876/77 für das Magdeburg-Halberstädter Becken realisiert gewesen sein. Die Barre vermutete OCHSENIUS auf der Linie Helgoland-Porta Westfalica (vgl. Abb. 87, S. 139).

Über OCHSENIUS' Barrentheorie schrieb 1931 F. BEYSCHLAG: „An diese geniale Theorie glaubten damals fast alle Salzbergleute und Geologen wie an ein Evangelium, weil sie die Salzbildungsvorgänge logisch und konsequent … aneinander setzte und erklärte".

Im 20. Jahrhundert wurden andere Theorien der Barrentheorie entgegengestellt, doch diese blieb durchaus auch anerkannt.

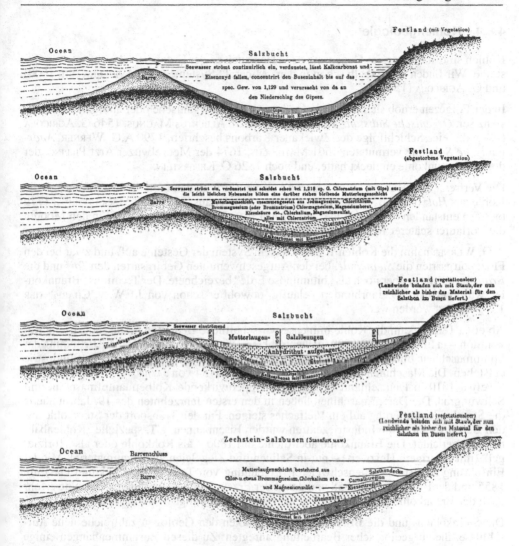

Abb. 89   Die Barrentheorie in Zeichnungen von C. Ochsenius 1887/1902.
Oberes Profil: Über die Barre strömendes Seewasser verdunstet. Sedimentation von Kalk und Gips. Zweites Profil: Weiteres Einströmen und Verdunstung führt zur Sedimentation von Steinsalz, darüber Mutterlauge. Drittes Profil: Seewasser strömt weiter ein, darunter fließt die schwerere Mutterlauge aus. Über Steinsalz Anhydrit. Viertes Profil: Die Barre hebt sich und riegelt den Salzbusen vom Ozean ab. Die Verdunstung führt zur Ausscheidung der Mutterlaugensalze und damit zur Bildung eines Kalilagers.

4.8.4 Kohlengeologie

Kohlen sind auffällige, im Gegensatz zu Salzen auch an der Erdoberfläche auftretende Gesteine. Wir finden sie deshalb schon in den „Mineral"-Systemen von AVICENNA (um 1000) und G. AGRICOLA (1546).

In der Folgezeit erhob sich ein Streit darüber, ob Kohle organische oder anorganische Substanz sei. *Organische Substanz* vermuteten um 1250 ALBERTUS MAGNUS, 1546 G. AGRICOLA (z.T.), der eine Schichtfolge des Zwickauer Karbons beschrieb, 1790 A.G. WERNER. *Anorganische Substanz* vermuteten 1561 MATHIOLUS, 1674 der Meuselwitzer Arzt PILLING, der dort die Braunkohle entdeckt hatte, und noch 1826 C. KEFERSTEIN.

Die Vertreter der Deutung als organische Substanz stritten dann um die Detailfrage, ob die Kohle aus *Holz* (1592 B. KLEIN, 1678 A. KIRCHER) oder aus *Torf* (1658 M. SCHOOKIUS, 1779 DE LUC) entstanden sei. Der Hildesheimer Abt F. v. BEROLDINGEN sah 1778 in den Mooren die Vorläufer späterer Kohlenlagerstätten.

A.G. WERNER nahm die Kohlen 1786/87 in sein System der Gesteine auf, und zwar bei den Flözgebirgsarten die *Steinkohle*, bei den Aufgeschwemmten Gebirgsarten den *Torf* und die *Braunkohle*, die er aber noch als „bituminöse Erde" bezeichnete. Der Terminus „Braunkohle" wurde erst im 19. Jahrhundert geläufig, obwohl er schon von J.F.W. v. CHARPENTIER 1778 benutzt worden war.

Ab etwa 1800 bekam die Kohle immense wirtschaftliche Bedeutung: Die Industrielle Revolution – in England 1770/1800, in Deutschland 1800/1850 – ließ durch die Erfindung der Spinnmaschinen und mechanischen Webstühle aus dem Textilhandwerk die Textilindustrie entstehen. Die Maschinen benötigten als Antrieb die 1784 von JAMES WATT erfundene und ab etwa 1810 in Deutschland eingeführte doppeltwirkende Kolbendampfmaschine mit Schwungrad. Die Dampfmaschinen ließen in den ersten Jahrzehnten des 19. Jahrhunderts die Steinkohlenförderung auf ein Vielfaches steigen. Für den Transport der Steinkohle aus den Bergrevieren in die Industriezentren wurden Eisenbahnen, z.T. spezielle „Kohlenbahnen" eingerichtet. Die Braunkohle aber diente um 1800 – als Rohkohle oder als „Torfziegel" (mit niedrigem Heizwert) – nur in Salinen und Ziegeleien als Brennmaterial. Mit der Einführung der Braunkohlenschwelerei (Erzeugung von Teer, Ölen, Koks und Gas) um 1855 und der Brikettierung 1858 und damit der Erzeugung versandfähiger Produkte erfuhr auch der Braunkohlenbergbau einen gewaltigen Aufschwung.

Die Steinkohlen- und die Braunkohlengruben boten den Geologen zahlreiche neue Aufschlüsse, die zu geologischer Bearbeitung anregten. Zu diesen Zusammenhängen einige Daten aus den wichtigsten Kohlerevieren:

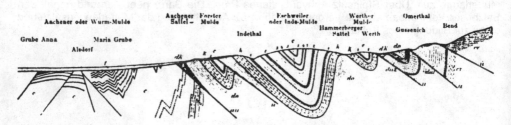

Abb. 90   Profil durch die Steinkohlenflöze des Reviers von Aachen, nach E. Holzapfel, 1902.

Bergbau: Steinkohlenreviere	Geologische Veröffentlichungen
Aachen Bergbau seit 1113 urkdl. bekannt. Aufschwung um 1800, bei Eschweiler 1793 erste Dampfmaschine.	(z.T. mit Kurztitel) 1814 J. NÖGGERATH: Eschweiler 1824 K. v. OEYNHAUSEN beschreibt Faltung der Karbonschichten. 1857 H. v. DECHEN. 1902 E. HOLZAPFEL (Abb. 90)
Ruhr: Bei Duisburg Bergbau seit 1129 urkdl., 1302 Stolln im Ruhrtal. Auf- schwung 1770/80: 1776/80 Schiffbar- machung der Ruhr, 1792 Oberbergamt Dortmund, 1799 erste Dampfmaschine.	
Allmähliches Fortschreiten des Bergbaus nach Norden und Tiefenzunahme der Schächte: 1815 Übergang zum Tiefbau (unterhalb der Stollnsohle), 1837/39 erste Schächte mit Kreidemergel im Deckgebirge (150 m tief), 1853 für die Mutung werden Bohrungen an Stelle von Schächten zulässig. 1840/70 Aufschwung des Bergbaus: 1843/62 Bahnstrecken durch das Revier, 1848 erster Kokshochofen, 1850 erste Kapitalgesellschaften	1851 H. v. DECHEN: Geol. Karte der Rhein- provinz und der Provinz Westfalen. 1868 LOTTNER: Flözkarte
Saar: Bergbau ab etwa 1750, intensiver im 19. Jahrhundert	1819 J. NÖGGERATH: Aufrechte Stämme bezeugen Autochthonie 1836 SCHMIDT 1855 GOLDENBERG: Karbonflora, 1862/71 E. WEISS u. H. GREBE kartieren 1 : 25 000, 1867 E. WEISS u. H. LASPEYRES: Geol. Übersichtskarte 1 : 160 000
Plötz-Wettin-Löbejün bei Halle/Saale: Bergbau 1382 urkdl. 1850 Kapital- gesellschaft, 1853 neuer Schacht	1853 J.E.F. GERMAR: Karbonflora von Wettin 1875 H. LASPEYRES: Revierbeschreibung
Sachsen: Zwickau, Oelsnitz/Erzgeb., Freital Bergbau urkdl.: 1348 Zwickau, 1542 Freital, 1700 Ebersdorf bei Chemnitz, Flöha, Hainichen. 1806 Aufschwung des Bergbaus bei Freital. 1818/27 Bohrversuche bei Oelsnitz,	1788 Regierung beauftragt Oberbergamt mit Er- kundung von Steinkohlenflözen. 1790 A.G: WERNER untersucht Steinkohle von von Hainichen. 1791 WERNER wird mit geologischer Landesuntersuchung beauftragt.
1825/26 erste Dampfmaschine bei Zwickau. 1831 Entdeckung der Steinkohle von Oelsnitz.	1835 A. v. GUTBIER: Karbonflora von Zwickau 1854 H.B. GEINITZ: Karbonflora von Hainichen, Ebersdorf, Flöha 1855 H.B. GEINITZ: Karbon Sachsen
1837/39 Prof. A. BREITHAUPT läßt bohren und kauft Kohlenfelder. 1840/55 Gründung von Kapitalgesell- schaften. Diese erschließen die Stein- kohle in 400–600 m Tiefe	1864 C.F. NAUMANN: Steinkohle von Flöha 1866 C.F. NAUMANN: Geol. Karte erzgebirgisches Becken

1839/43 Kokshochofen bei Zwickau
und Freital errichtet, 1845/78 Bahnanschluß der Reviere und Kohlenbahnen.

Bearbeitungen im Zuge der geol. Spezialkar-
kartierung 1 : 25 000: Zwickau: MIETZSCH
1873/77, Oelsnitz: SIEGERT 1881,
Freital: HAUSSE 1892.
1900 O.E. ARNOLD: Flözkarte Zwickau.

*Braunkohlenreviere
Niederrhein:*
Bergbau seit 16. Jahrh. bei Brühl. 1877
erste Brikettfabrik. Um 1895 Bagger,
seitdem große Tagebaue.

1815 J. NÖGGERATH: Braunkohle bei Bonn,
1851 O. WEBER: Tertiärflora der niederrhein.
Braunkohle
1872 A. GURLT: Tertiärbecken am Niederrhein

Kassel
Bergbau seit 17. Jahrh., 1860/70 Aufschwung, z.T. Tiefbau unter Basalt

1827 STRIPPELMANN: Habichtswald,

Magdeburg-Helmstedt

Bergbau urkdl. 1725, Tiefbau, ab
1855 Schwelerei.

1863/65 A. v. KOENEN: Tertiärfauna von
Magdeburg u. Helmstedt („neue Aufschlüsse
in zahlreichen Braunkohlengruben")

Bitterfeld
Bergbau ab 1839,
Bahnanschluß 1857/58, Auf-
schwung 1860

1871 GIEBELHAUSEN

Geiseltal-Halle
Bergbau um 1750/1800,
Aufschwung ab 1906: Tagebaue mit
z.T. 100 m Kohle

1854 H. MÜLLER: Geol. Karte von Eisleben,
mit Braunkohle.
1872 H. LASPEYRES: Halle
(mit Profilen)

Weißenfels-Zeitz
Bergbau um 1800 für Salinen Kösen,
Dürrenberg und Köstritz. Ab 1855 Schwe-
lereien, ab 1872 Brikettfabriken. Erst
kleine Tagebaue, dann vorwiegend Tiefbau. Der Bergbau begann am Rand
(Schwelkohle) und setzte sich zum Zentrum fort (bitumenärmere Kohle)

1799 J.C.W. VOIGT: Mertendorf
1800 F. v. HARDENBERG (NOVALIS): Brief an
A.G. WERNER („Erdkohlenbericht").
1857 HESTER: Sächs.-thür. Braunkohlenformation.
1867 E. STÖHR: Pyropissit bei Weißenfels und
Zeitz (= extrem bitumenreiche Schwelkohle).
1895 M. FIEBELKORN: Weißenfels-Zeitz

Altenburg-Meuselwitz
Braunkohle 1670 durch den Arzt Dr. M.
PILLING entdeckt, Bergbau ab 1766.
1870 Aufschwung, auch durch die Bahnen Zeitz-Altenburg 1872 und Meusel-
witz-Leipzig 1874. 1873 erste Brikettfabrik.

1674 Veröffentlichung von M. PILLING: De bitumine et ligno bituminoso.

1873 v. BURCHARDI: Das Meuselwitzer Revier

Borna-Leipzig
Bergbau 1786 bei Leipzig, 1799 bei
Borna, 1888 erster größerer Tagebau.

1870 ENGELHARDT: Braunkohlenflora
Sachsens.
1878 HERM. CREDNER: Oligozän des Leipziger Kreises.
1912 F. ETZOLD: Braunkohle Nordwest-
sachsens (Beiheft zur geol. Spezialkarte)

Niederlausitz
1789 Braunkohle durch Bohrung bei
Lauchhammer entdeckt.
1815 erster Tiefbauschacht. 1871 erste
Brikettfabrik (bei Senftenberg)
1890/1900 Aufschwung, 1893 erster
Abraumbagger

1895 O. EBERDT: Braunkohle bei
Senftenberg

Bayern (Pechkohle)
Peißenberg, Penzberg, Hausham,
urkundl. 16. Jahrhundert,
Aufschwung um 1840.

1850 O. HEER: „Anthrazitpflanzen"
1854 H. EMMRICH, hat Profile aufgenommen,
„begünstigt durch den sich immer mehr aus-
dehnenden Bergbau".

Der Aufschwung des Kohlebergbaus bedeutete die Gründung neuer Bergbauunternehmen,
insbesondere in noch nicht erschlossenem Feld und mit Kohlen in größerer Tiefe. Viele
Unternehmer bohrten ohne Erfolg, oft an Stellen, wo jeder heutige Geologiestudent wüßte,
daß Kohle dort nicht zu erwarten war (Abb. 91). Da schalteten sich Geologen ein. Die
Stratigraphie war nun so weit entwickelt, daß man Rotliegendgebiete als steinkohlenhöffig
und Quartär-Tertiär-Gebiete als braunkohlenhöffig angeben konnte. Die vorliegenden geologischen Karten erlaubten eine Abgrenzung der kohlehöffigen Gebiete.

Geologen versuchten deshalb, den Unternehmern die für die Auswahl von Bohransatzpunkten
nötige geologische Vorbildung zu vermitteln. So veröffentlichten B. COTTA 1846, also in
der Zeit der Unternehmensgründungen, „Winke über Aufsuchen von Braun- und Steinkohle, hauptsächlich für Grundbesitzer", und 1856 eine „Kohlenkarte, auf welcher die Verbrei-
tungsgebiete der Kohlenformationen im Königreich Sachsen dargestellt sind", sowie C.F.
NAUMANN 1848 eine Aufstellung „über die im Königreich Sachsen möglicherweise noch
aufzufindenden Steinkohlen". Geologen wurden von Bergbauunternehmen auch als Gutachter bestellt, so z.B. H.B. GEINITZ 1856 vom „Zwickau-Leipziger Steinkohlenbau-Ver-

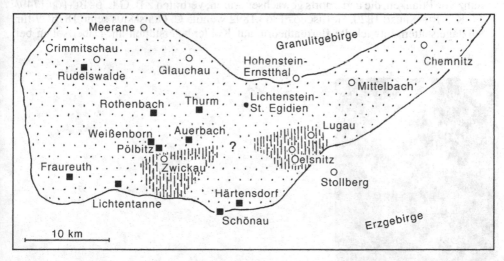

Abb. 91   Nicht fündig gewordene Steinkohlenbohrungen (dicke schwarze Punkte) im Rotliegenden
des Erzgebirgischen Beckens (punktiert). Senkrecht schraffiert: Verbreitung der Steinkohlenflöze
von Zwickau und Lugau-Oelsnitz. Fragezeichen: „Zwischengebiet", dessen Kohleführung
jahrzehntelang diskutiert wurde. Mittelbach: Nicht fündiger Schacht.

ein", GEINITZ und C.F. NAUMANN 1858 vom „Steinkohlenbau-Verein Gersdorfer Vereins-glück" und B. COTTA 1857 vom Oberhermsdorfer Kohlenbau-Verein bei Dresden. COTTA gründete selbst 1846 und 1849 Kapitalgesellschaften für Bohrungen, mit denen im Rotliegenden von Tambach und Eisenach im Thüringer Wald Steinkohle erkundet werden sollte. Er hatte damit allerdings keinen Erfolg.

Aber auch alle diese Bohrungen ohne Steinkohlenfund erbrachten geologische Erkenntnisse. War unter dem Rotliegenden von Zwickau-Chemnitz flözführendes Oberkarbon rein theoretisch überall möglich, so zeigte sich nach den Bohrungen und nach Bergbauaufschlüssen Steinkohle nur in begrenzten Gebieten unter dem Rotliegenden bei Zwickau und bei Oelsnitz (Abb. 91).

Im 19. Jahrhundert wurden in der Kohlengeologie folgende theoretischen Fragen diskutiert:
* *Die Einstufung der kohleführenden Schichten in die Stratigraphie mit Hilfe von Leitfossilien.* Während man anfangs alle Steinkohlen für Karbon hielt, wurde die Steinkohle von Barsinghausen 1824 von J.F.L. HAUSMANN in den Lias, 1830 von F. HOFFMANN richtig ins Wealden (damals Jura, heute Kreide), die Steinkohle von Ilfeld im Harz 1870 von E. BEYRICH und H. ECK bei der Spezialkartierung ins Rotliegende, die Steinkohle von Freital bei Dresden 1881 (gegen Bedenken von H.B. GEINITZ) von J.T. STERZEL auch ins Rotliegende, die Steinkohle von Manebach (noch 1854 von B. COTTA für Karbon gehalten) 1888/91 von den kartierenden Geologen R. SCHEIBE und E. ZIMMERMANN auch ins Rotliegende eingestuft.
* *Autochthonie* oder *Allochthonie*. Autochthonie, d.h. die Entstehung der Kohlen aus Pflanzensubstanz, die am Ort der Flöze gewachsen war, vertraten z.B. 1801 E.F. v. Schlotheim (auf Grund der Einbettung von Fossilien), 1819 J.NÖGGERATH, der aufrechte Stämme im Karbon bei Saarbrücken beobachtete, 1833 CH. LYELL, 1848 H.R. GOEPPERT, der damals eine Preisfrage nach Autochthonie oder Allochthonie der Kohlen beantwortete, 1854 C.F. NAUMANN, der 1862 paralische und limnische Kohlenvorkommen unterschied, 1883 C.W. v. GÜMBEL und 1897 H. CREDNER. Allochthonie, d.h. die Entstehung der Flöze aus Substanz von Pflanzen, die andernorts gewachsen waren, vertraten z.B. G.L. DE BUFFON 1749/ 78, K.v. STERNBERG 1820, G. BISCHOF 1863.1892 wandte C. OCHSENIUS seine 1876/77 für Salzlagerstätten entwickelte Barrentheorie auf Kohlenlagerstätten an. Dabei sollen bei

Abb. 92   HENRY POTONIÉ.

schwachem Überfließen eines Flusses über eine Barre in dem dahinter befindlichen Bek-ken Schieferton mit Blättern, bei stärkerem Überfließen Stämme und ganze Bäume (als Material für Kohlenflöze) und bei noch stärkerem Überfließen der Barre Kies und Sand sedimentiert worden sein. Das kohlebildende Pflanzenmaterial soll dabei durch eine zweite Barre (einem „Wehr") zwischen Becken und Unterlauf des Flusses aus dem dorthin ab-fließenden Wasser zurückgehalten worden sein. Als aktualistisches Beispiel nannte OCH-SENIUS den Pemisco-See am Mississippi. Für die damals beobachteten maximalen Flöz-mächtigkeiten von 15 m bei Steinkohle, 50 m bei Braunkohle verweist er – ebenfalls aktualistisch – auf die für Europäer unvorstellbaren Treibholzmengen und „schwimmen-den Inseln" des Mississippi und anderer außereuropäischer Ströme. OCHSENIUS beschrieb 1896 das Senftenberger Flöz als Schulbeispiel allochthoner Kohle.

HENRY POTONIÉ, Botaniker und seit etwa 1890 Paläobotaniker und führender Kohlengeo-loge in der Preußischen Geologischen Landesanstalt (Abb. 92), begründete 1893/96 die autochthone Entstehung der Steinkohlen- und Braunkohlenflöze (Abb. 93), hielt aber für manche Kohlen auch allochthone Entstehung für möglich.

- Im 19. Jahrhundert kam auch der Torf in den Blick der Geologen; so schrieb 1845 GRIE-SEBACH über die Torfbildung in den Emsmooren und 1862 F. SENFT über die „Humus-, Marsch-, Torf- und Limonitbildungen."
- Schon vom Anfang des 19. Jahrhunderts an erschienen Sammelwerke über Kohlen, z.B. von J.C.W. VOIGT 1802, H.B. GEINITZ u.a. 1865 über Steinkohlen und C.F. ZINCKEN 1867/78 über Braunkohlen.

Als Symptom der Vollendung der Kohlengeologie in der Zeit der klassischen geologischen Wissenschaft kann die von H. POTONIÉ 1907/12 entwickelte Gliederung der „*Kaustobioli-the*" (= brennbare Gesteine organischer Herkunft) in
- *Sapropelite* (Faulschlammgesteine)
- *Humusgesteine* (Kohlen) und
- *Liptobiolithe* (harz- und wachsreiche Gesteine)
gelten.

Abb. 93   Braunkohlengrube Marie II bei Senftenberg um 1895, mit Stubben als Beweis für die Autochthonie der Kohle (n. H. POTONIÉ 1896).

5 Die Geologie in Deutschland im 20. Jahrhundert

Bekannt ist der Wechsel von der klassischen Physik zur modernen Physik um 1900. Die klassische Physik, gekennzeichnet durch die klassischen Gebiete der Mechanik, der Thermodynamik, der Optik, des Magnetismus und der Elektrizitätslehre, galten um 1900 als so abgeschlossen, daß grundlegend neue Gebiete und Forschungsergebnisse nicht mehr erwartet wurden. Revolutionär wirkten deshalb 1899 M. PLANCKs Lehre vom Wirkungsquantum, 1902/13 die Erforschung des Atomaufbaus durch E. RUTHERFORD und N. BOHR und 1905/15 die Spezielle und Allgemeine Relativitätstheorie von A. EINSTEIN. Verallgemeinert bedeutet dies gegenüber der klassischen Physik ein Eindringen der modernen Physik in kleinste und größte Dimensionen, sowie – wenn man an die astronomische Bedeutung der Relativitätstheorie denkt – eine Integration von Physik und Astronomie. Trotz dieser „modernen Physik" gilt bekanntlich die klassische Physik in den Dimensionen ihrer Betrachtungen weiter.

Wissenschaftsgeschichtlich notwendig ist nun die Frage, ob eine ähnliche Entwicklung von klassischer zu moderner Phase auch bei anderen Naturwissenschaften festzustellen ist, und wenn ja, zu welcher Zeit.

In den geologischen Wissenschaften sind das Eindringen in kleinste und größte Dimensionen sowie Integrationstendenzen ebenso ab etwa 1900 zu beobachten wie in der Physik, wenn auch der Übergang von der „klassischen" zur „modernen" Phase nicht so schnell und so revolutionär erfolgte wie in der Physik, sondern mehr evolutionär, aber doch deutlich. Integrationen beobachtet man dabei zwischen Teilgebieten der geologischen Wissenschaften, aber auch zwischen Geologie und anderen Naturwissenschaften.

Auch in den geologischen Wissenschaften gilt der Wissensfundus der klassischen Zeit weiter, z.B. die relativen Altersgesetze, das Leitfossilprinzip, der Aktualismus, die Formationsgliederung der Erdgeschichte und die genetischen Systeme in Petrographie und Paläontologie, alle aber doch, wie zu zeigen sein wird, in relativierter Form.

Daß auch in der Geologie ab etwa 1900 eine neue Phase einsetzte, zeigen auch zwei Äußerungen von Geologen, die das Neue damals allerdings erst erahnten:

K.A. v. ZITTEL 1899: „Die Zeit der reinen, sich selbst genügenden Detailuntersuchung ist wenigstens für die genauer bekannten Teile der Erdoberfläche vorüber. Jetzt heißt es, die verwirrende Masse der Tatsachen unter allgemeinen Gesichtspunkten zusammenzufassen und in dem Chaos der Einzelerscheinungen nach leitenden Gesetzen zu suchen".

K. PIETZSCH 1963 über die Zeit um 1900: „Als ich, zuerst 1904, mit der Geologie von Sachsen bekannt wurde und 1909 selbst in die damalige Sächsische Geologische Landesuntersuchung eintrat, hatte es den Anschein, als ob es keine wesentlichen Probleme mehr zu lösen gäbe. Das wurde mir damals auch von älteren Geologen mehrfach vorgehalten. (…) Heute (1963) ist es so, daß beinahe in allen Teilen des geologischen Baus von Sachsen neue

Probleme aufgetaucht sind. Die Möglichkeit, jetzt durch eine sehr ins einzelne gehende Neukartierung, ferner durch besondere Kartierungsbohrungen sowie durch moderne Hilfsmittel neue Erkenntnisse zu schaffen, gibt uns die Hoffnung, daß wir auch hier in absehbarer Zeit weiterkommen".

Mit den „modernen Hilfsmitteln" sind neue Geräte und Methoden, wie z.b. das Elektronenmikroskop und die Bestimmung von Spurenelementen, angesprochen, die auch in der Geologie Einblicke in bisher dem Menschen verborgene Dimensionen ermöglichen.

In den folgenden Abschnitten kann die Geologie der Zeit 1900/1950 nicht vollständig, sondern nur in einem Überblick dargestellt werden.

5.1   Professoren, Institute, Gesellschaften, Zeitschriften

Beim Übergang vom 19. ins 20. Jahrhundert zeigen die Institutionen keinen Hiatus. Nur allmählich und auch nicht überall beobachten wir, wie die stärkere Differenzierung in Mineralogie, Petrographie, Geologie, Paläontologie (Paläozoologie und Paläobotanik) sowie Geophysik auch institutionell zum Ausdruck kommt. Bei der Schaffung neuer Professuren spielt eben nicht nur das wissenschaftliche Bedürfnis, sondern auch die finanzielle Möglichkeit eine Rolle.

Die geologischen Wissenschaften wurden von etwa 1900 bis um 1950 an den Universitäten und Technischen Hochschulen von folgenden Professoren vertreten (vgl. auch Seite 46). Dabei zeigt die Aufstellung den Verlust der Universitäten Breslau und Königsberg infolge des 2. Weltkrieges und die Übersiedelung mehrerer Professoren von dort und von Ostdeutschland nach Westdeutschland:

Aachen: Rhein.-Westfäl. Techn. Hochschule:1910/35 M. SEMPER Paläontol., 1924/25 H. SCHNEIDERHÖHN Min. u. Lagerstättenkde., 1926/34. P. RAMDOHR Min. u. Lagerstättenkde u. Erzmikroskopie, 1934/36 VON ZUR MÜHLEN Geol. u. Paläontol., 1935/69 H. BREDDIN Angewandte Geol., 1936/68 K. RODE Geol. u. Paläontol., 1937/67 C. HAHNE Montangeol., 1946/47 L. MINTROP Markscheidekde u. Geophys., 1946/74 D. SCHACHNER Min. u. Lagerstättenlehre;

Berlin: Universität und Bergakademie, diese 1916 mit Techn. Hochschule vereinigt, 1949 in Westberlin Freie Universität; 1900/13 H. POTONIÉ Paläobot., 1903/06 O. JAEKEL Geol. u. Paläontol., 1908/22 TH. LIEBISCH Min., 1913/54 W. GOTHAN Geol. u. Bot., 1917/30 J. POMPECKIJ Geol.u. Paläontol., 1918/39 O. SCHNEIDER Geol. (TH), 1921/34 A. JOHNSEN Min., 1921/.. F. SOLGER Geol. 1922/45 E. HAARMANN Geol. u. Paläontol., 1930/45 WALTER SCHMIDT, Min., 1932/50 H. STILLE Geol. u. Paläontol., 1933/45 F. DAHLGRÜN Geol., 1933/36 F. DRESCHER-KADEN Min. u. Petrogr., 1934/50 P. RAMDOHR Min. u. Petrogr., 1935/.. W. QUENSTEDT Paläontol. u. Geol., 1935/41 H. SEIFERT Min., 1935/41 F. LOTZE Geol. u. Paläontol., 1943/.. W. GROSS Geol. u. Paläontol., 1947/48 O.H. SCHINDEWOLF Paläontol., 1950/57 S. v. BUBNOFF Geol., 1952/59 A. SCHÜLLER Min. u. Petrogr., 1961/68 Trennung des Geol. Inst. in Inst. f. Geol. u. Inst. f. Paläontol.;
Speziell an der Bergakademie lehrend tätig waren die Mitarbeiter der Preuß. Geolog. Landesanstalt: A. DENCKMANN, K. KEILHACK, P. KRUSCH, KÜHN, MICHAEL, H. RAUFF, R. SCHEIBE.

Bonn: Universität; 1906/24 G: STEINMANN Geol. u. Paläontol., 1907/37 R.A. BRAUNS Min., 1926/51 H. CLOOS Geol., 1929/38 M. RICHTER Geol. u. Paläontol., 1946/51 K.H. SCHEUMANN Min., 1951/63 R. BRINKMANN Geol.;

Braunschweig: Techn. Hochschule; 1901/34 E. STOLLEY Min., Geol., Paläontol., 1934/39 A.B. KUMM Min., Geol., Paläontol., 1939/59 P. DORN Geol., Paläontol., Min., 1952/.. K. RICHTER Geol.;

Breslau: Universität; 1917/28 L. MILCH Min., 1919/26 H. CLOOS Geol., 1925/29 S. v. BUBNOFF Geol., 1926/31 W. SOERGEL Geol., u. Paläontol., 1929/45 K. SPANGENBERG Min., 1931/45 E. BEDERKE Geol., 1935/37 K. RODE Geol., Paläontol. 1939/45 W. PETRASCHEK Geol., 1944/45 M. SCHWARZBACH Geol.; Techn. Hochschule: 1928/45 L. MINTROP Markscheidekunde, Angew. Geophysik;

Clausthal-Zellerfeld: Bergakademie, 1968 Techn. Universität; 1908 Geol. von Min. getrennt, 1908/28 W. BRUHNS Min. u. Petrogr., 1908/36 A. BODE Geol., 1927 am Phys. Inst. Abt. Geophysik, 1929/34 F. DRESCHER-KADEN Min. u. Petrogr., 1934/45 F. BUSCHENDORF Min., Petrogr., Lagerstättenlehre, 1936/45 M. RICHTER Geol., u. Paläontol., 1946/54 F. DAHLGRÜN Geol. u. Paläontol., 1948/52 E. TRÖGER Min., Petrogr. u. Lagerstättenlehre, 1953 Geophys. Inst., 1964 am Geol. Inst. Abt. Ingenieurgeol., 1968 Lehrstuhl f. Lagerstättenlehre;

Darmstadt: Techn. Hochschule; 1910/34 A. STEUER Min. u. Geol., 1934/54 W. WAGNER Min. u. Geol.;

Dresden: Technische Hochschule, 1961 Techn. Universität; 1920/44 E. RIMANN Min. u. Geol. u. Dir. d. Staatl. Mus. f. Min. u. Geol., 1935/39 H. GALLWITZ Geol. 1940/45 E. TRÖGER Petrogr. u. Min., 1946/48 R. SCHREITER Min. u. Geol.,

Erlangen: Universität; 1933/45 u. 1950/64 B. v. FREYBERG Geol. u. Dir. d. Geol. Inst.;

Frankfurt/M.: 1912 Universität; 1914 Geol.-Paläontol. Inst. am Senckenberg-Mus., 1914/32 F. DREVERMANN Geol. u. Paläontol. u. Dir. d. Inst., 1926/49 RUD. RICHTER Geol., 1933 Dir. d. Inst., 1928/66 R. KRÄUSEL Paläobot., 1946/54 G. SOLLE Geol., 1953/63 K. KREJCIGRAF Geol. u. Paläontol. u. Dir. d. Inst.;

Freiberg: Bergakademie, 1993 Techn. Universität; 1901/28 F. KOLBECK Min., 1913/36 O. STUTZER Geol. u. Brennstoffgeol., 1916 Inst. f. Min. u. Inst. f. Geol., 1919 STUTZER liest erstmals „Geologie der Kohlen", 1920/46 F. SCHUMACHER Geol. u. Lagerstättenlehre, 1927 Inst. f. Brennstoffgeol., 1928/48 R. SCHREITER Geol., 1929/45 H. v. PHILIPSBORN Min., 1935 Abt. Geophys. am Inst. f. Phys., 1940/45 u. 1951/64 O. MEISSER Angewandte Geophys. u. Dir. des Inst. f. Angew. Geophys., 1941/45 K.A. JURASKY Kohlenpetrogr. u. Paläobotan., 1947/58 F. LEUTWEIN Min., 1949/56 H. SCHWANECKE Geol., 1952/63 O. OELSNER Lagerstättenlehre,;

Freiburg /Br.: Universität; 1904/23 C.A. OSANN Min. u. Petrogr., 1906/23 DEECKE Geol. u. Paläontol., 1926/55 H. SCHNEIDERHÖHN Min., 1928/33 F. RINNE Min., 1931/46 W. SOERGEL Geol. u. Paläontol., 1946/70 M. PFANNENSTIEL Geol. u. Paläontol.;

Gießen: Universität; 1904/20 E. KAISER Min. u. Geol., 1920/34 u. 1947/52 HERMANN MEYER (ab 1917 H. HARRASSOWITZ) Geol., 1922/24 H. SCHNEIDERHÖHN Min., 1924/45 W. KLÜPFEL Geol., 1925/26 K.H. SCHEUMANN Min., 1926/45 E. LEHMANN Min., 1936/45 K. HUMMEL Geol., 1942/65 S. RÖSCH Min.;

Göttingen: Universität; 1905/.. E. WIECHERT Geophysik, 1907/12 J. POMPECKIJ Geol. u. Paläontol., 1913/32 H. STILLE Geol., 1927/.. H. SCHMIDT Geol. u. Paläontol., 1921/22 G. ANGENHEISTER Geophys., 1929/33 R. BRINKMANN Geol. 1934/45 F. BUSCHENDORF Min., 1936/42 F. DRESCHER-KADEN Min. u. Petrogr., 1937/45 W. SCHRIEL Geol., 1938/... C.W. CORRENS Min. u. Petrogr., 1944 W. v. ENGELHARDT Min., 1945/51 K. ANDRÉE Geol. u. Paläontol., 1946/... E. BEDERKE Geol., 1946/48 M. SCHWARZBACH Geol., 1947/69 H. BORCHERT Min., Petrogr. u. Lagerstättenlehre;

Greifswald: Universität; 1905/06 W. DEECKE Min., 1906 Geol.-Min. Inst., 1906/28 O. JAEKEL Geol. u. Paläontol., 1907/17 L. MILCH Min., 1917/22 R. NACKEN Min. u. Petrogr., 1921 Min.-Petrogr. Inst. u. Geol.-Paläontol. Inst., 1922/54 R. GROSS Min., 1928/29 J. WEIGELT Geol. u. Paläontol., 1929/50 S.v. BUBNOFF Geol. u. Paläontol., 1931/34 H. FREBOLD Geol., 1939/45 K. RICHTER Geol.;

Halle/Saale: Universität; 1906/29 J. WALTHER Geol. u. Paläontol., Dir. d. Geol. Inst., 1914/39 u. 1948/50 F. v. WOLFF Min. u. Dir. d. Min. Inst., 1928/35 H. SCUPIN Paläontol., 1929/45 J. WEIGELT Geol. u. Paläontol., 1941/43 H. SEIFERT Min., 1946/58 H. GALLWITZ Geol. u. Paläontol.;

Hamburg: 1907 Min.-geol. Staatsinstitut gegr., 1919 Universität, 1926 Min.-petrogr. Univ.-Institut u. Geol. Staatsinstitut; 1907/09 C.C. GOTTSCHE Geol., 1910/33 G. GÜRICH Min., Geol. u. Paläontol., 1927/40 K. GRIPP Geol., 1933/37 R. BRINKMANN Geol., 1939/70 E. VOIGT Geol. u. Paläontol.;

Hannover: Techn. Hochschule, 1968 Techn. Universität; 1908/12 H. STILLE Min. u. Geol., 1912/26 O.H. ERDMANNSDÖRFFER Min. u. Geol., 1927/55 P.J. BEGER Min. u. Geol.;

Heidelberg: Universität; 1901/34 W. SALOMON-CALVI Geol. u.Paläontol., 1901 Stratigr.-Paläontol. Inst., Dir. W. SALOMON-CALVI, 1926/50 O.H. ERDMANNSDÖRFFER Min. u. Petrogr., 1946/55 L. RÜGER Geol., 1950/.. P. RAMDOHR Min.;

Jena: Universität; 1910/13 O. WILCKENS Geol. u. Paläontol., 1913/34 W. v. SEIDLITZ Geol. u. Paläontol., 1930/62 F. HEIDE Min., 1934/46 L. RÜGER Geol., 1937/52 F. DEUBEL Geol.;

Karlsruhe: Techn. Hochschule, 1967 Universität; 1905/35 W. PAULCKE Geol., 1905/40 M. SCHWARZMANN Geol., 1917/53 M. HENGLEIN Min. u. Lagerstättenkunde, 1937/45 K.G. SCHMIDT Geol.;

Kiel: Universität; 1904/07 R.A. BRAUNS Min., 1908/09 F. RINNE Min. u. Petrgr., 1920/34 E. WÜST Geol. u. Paläontol., 1921/24 A. BERGEAT Geol. u. Min., 1930/59 J. LEONHARDT, Min., 1934/41 K. BEURLEN Geol. u. Paläontol., 1940/... K. GRIPP Geol., 1949/51 H. FREBOLD Geol.;

Köln: 1388/1707 Universität, 1919 neu gegr.; Geol.-min. Inst., 1923/44 H. PHILIPP Geol., 1931/48 H. WEYLAND Paläobot., Dir. d. Bot. Inst., 1934/56 G. KALB Min., 1948/74 M. SCHWARZBACH Geol., 1949/55 G. KNETSCH Geol, 1952/56 A. PILGER Geol. u. Paläontol.;

Königsberg/Ostpr.: 1906 Inst. f. Min. u. Inst. f. Geol.-Paläontol., 1907 F. POMPECKIJ Geol. u. Paläontol., 1906/09 O. MÜGGE Min. u. Geol., 1908/09 F. RINNE Min. u. Petrogr., 1908/14 A. TORNQUIST Geol. u. Paläontol., 1909/21 A. BERGEAT Min. u. Geol., 1915/45 K. ANDRÉE Geol. u. Paläontol., 1922/24 E. KRAUS Geol.;

Leipzig: Universität; 1902 HERM. CREDNER richtet Erdbebenwarte ein, 1909/28 F. RINNE Min. u. Petrogr., 1912/13 H. STILLE Geol. u. Paläontol., 1913/34 F. KOSSMAT Geol. u. Paläontol., 1913/17 V. BJERKNES Geophysik, 1917/22 R. WENGER Geophysik, 1923/45 L. WEICKMANN Geophysik, 1928/45 K.H. SCHEUMANN Min. u. Petrogr., 1936/45 R. HEINZ Geol. u. Paläontol.;

Mainz: 1476/1798 Universität, 1946 neu gegründet; 1946 Inst. f. Min. u. Petrogr., Dir. E. BAIER, Min., 1946 Inst. für Geol. u. Paläontol., Dir. H. FALKE Geol., 1951/... H. HENTSCHEL Petrogr.;

Marburg: Universität; 1915/25 W.E.A. SCHWANTKE Min., 1917/45 R. WEDEKIND Geol. u. Paläontol., 1915/44 O. WEIGEL Mineralogie u. Petrogr., 1927/47 O.H. SCHINDEWOLF Paläontol., 1949/... C.W. KOCKEL Geol. u. Paläontol.,

München: Universität; 1908/39 F. BROILI Paläontol., 1918/20 Trennung der Lehrstühle: 1920/34 E. KAISER Geol., 1940/45 K. BEURLEN Geol., u. Paläontol., 1941/45 u. 1949/54 E. KRAUS Geol.;

Münster: 1902 Universität; 1910/34 TH. WEGNER Geol., 1928/42 E. ERNST Min., 1929 Geol.-Pal. Institut, 1935/47 F. SCHUH Geol., 1943/61 H. SEIFERT Min. u. Petrogr., 1947/68 F. LOTZE Geol. u. Paläontol.;

Rostock: Universität; 1925/38 C.W. CORRENS Min. u. Petrogr., 1933 Geol.-Pal. Inst., 1935/46 u. 1952/.. K. v. BÜLOW Geol., 1937/52 R: BRINKMANN Geol.;

Straßburg; Universität; 1900/09 W. BRUHNS, Min. Petrogr., 1907/13 E. HOLZAPFEL Geol., 1942/45 F. DRESCHER-KADEN Min. u. Petrogr., 1942/45 K. MÄGDEFRAU Paläobot.;

Stuttgart: 1890 Techn. Hochschule, 1976 Universität; 1901/23 A. SAUER Min. u. Geol., 1907/25 M. SCHMIDT Geol. u. Paläontol., 1920/22 W. SOERGEL Paläontol., 1923/29 P. WEPFER Geol. u. Paläontol., 1923/.. M. BRÄUHÄUSER Min. u. Geol., 1931/44 M. FRANK Geol., 1931/48 F. BERCKHEMER Paläontol., 1932/33 B.v. FREYBERG Geol.;

Tübingen: Universität; 1912/17 J.F. POMPECKIJ Geol., 1914/18 R. NACKEN Min., 1917/45 E. HENNIG Geol., 1918/20 P. NIGGLI Min., 1920/25 B. GOSSNER Min., 1921/26 W. SOERGEL Geol., 1925/27 P.J. BEGER Min., 1927/30 WALTHER SCHMIDT Min., 1928/33 B.v. FREYBERG Geol., 1930/41 F. MACHATSCHKI Min., 1936/39 P. DORN Geol., 1939/53 G. WAGNER Geol., Lehrstühle 1942: Paläontol. u. Histor. Geol., Allgem. u. Angew. Geol., 1946/53 R. NACKEN Min., 1948/64 O.H. SCHINDEWOLF Paläontol.;

Würzburg: Universität; 1929/54 A. WURM Geol., 1930/53 H. KIRCHNER Paläontol. u. Geol.,

Ab etwa 1950/60 spalteten sich die geologischen Wissenschaften an vielen Hochschulen in weitere Lehrstühle auf.

Auch die Entstehung weiterer wissenschaftlicher Gesellschaften zeigt die Differenzierung im 20. Jahrhundert: Im Jahre 1908 entstand die „Deutsche Mineralogische Gesellschaft", 1912 auf Anregung des Greifswalder Paläontologen O. JAEKEL die „Deutsche Paläontologische Gesellschaft" und 1910 in Frankfurt/M. die „Geologische Vereinigung". Deren Gründung zeigt typisch den Übergang von der sammelnden Detailforschung des 19. Jahrhunderts zum neuen Wissenschaftstyp des 20. Jahrhunderts, dem Streben nach der Erkenntnis umfassenderer Zusammenhänge. In dem Bericht über die erste Versammlung 1910 lesen wir als Begründung für die „Geologische Rundschau" als Zeitschrift der Geologischen Vereinigung: „In dem Maße, wie die verschiedenen Gebiete der Geologie an Umfang zunehmen und die in- und ausländische Literatur wächst, verlieren sich die geologischen Fortschritte in zahlreichen Lokalbeschreibungen, in stratigraphischen, paläontologischen, petrographischen, mineralogischen und praktisch-geologischen Spezialarbeiten, die unsere Zeitschriften füllen … ." Deshalb empfand man „ein besonderes Organ, welches nur die großen Fortschritte der Geologie bringt, als dringendes Bedürfnis".

5.2   Neue Grundlagen

Um 1900 haben Physik und Geophysik Fortschritte in zwei Grundfragen der Geologie ermöglicht, nämlich in der Frage der absoluten Altersbestimmung und in der Erkenntnis des Erdinneren.

Das Leitfossilprinzip der vergleichenden Stratigraphie, das im 19. Jahrhundert die relative Altersbestimmung einer Schicht ermöglichte, blieb in der Historischen Geologie des 20. Jahrhunderts zwar erhalten, doch wurde nun die Bildung der Sedimentgesteine und damit deren stratigraphische Gliederung in größeren – genetischen und paläogeographischen – Zusammenhängen gesehen.

5.2.1 Absolute Altersbestimmungen

Die Frage nach dem Alter der Erde ist schon lange vor Entstehung der Geologie gestellt worden. Theologen früherer Jahrhunderte berechneten aus der Bibel, daß die Erde im Jahre 3962 vor Christus erschaffen worden sei, obwohl sie in dieser Hinsicht bei dem Wort des Psalmisten: „Tausend Jahre sind wie der Tag, der gestern vergangen ist" (Psalm 90,4) hätten vorsichtig werden müssen.

Im 17. Jahrhundert versuchte N. STENO, durch Vergleich mit historischen Daten, z.B. der Gründung Roms, Zeiträume der Erdgeschichte zu erfassen.

Im 18. Jahrhundert dachte L. DE BUFFON im Rahmen seiner spekulativen Erdgeschichte 1749/78 erstmals an Zeiträume, die länger waren als die aus der Bibel abgeleiteten, nämlich an 75 000 Jahre. J.H.G. V. JUSTI nahm 1771 die „ältesten Zeiten" vor 500 000 Jahren an, H.F. ESPER 1774 vor 1,5 Millionen Jahren. A.G. WERNER rechnete 1780/1800 mit ebensolchen Zeiträumen: „Wenn das Wasser einst unseren Erdkörper, vielleicht vor 1 000 000 Jahren, ganz bedeckte, ..." notierte er für seine Vorlesung.

1837 errechnete G. BISCHOF aus der postulierten Abkühlung der Erde für die Zeit seit dem Oberkarbon 9 Millionen Jahre, 1858 berechnete COTTA, an Gedankengänge von CH. LYELL anknüpfend, die Zeit eines Artenwechsels in der Erdgeschichte und daraus die Zeit seit Beginn des Lebens auf der Erde zu 1,5 Milliarden Jahren. Förderlich für die Kontraktionstheorie waren die Berechnungen des englischen Physikers W. THOMSON (LORD KELVIN) 1862 über die Abkühlung von Sonne und Erde. Danach soll die Erde mindestens vor 20 Millionen, höchstens vor 400 Millionen Jahren zur flüssigen Kugel abgekühlt gewesen sein.

Solche vagen Angaben über die absolute Zeit der Erdgeschichte gaben am Ende des 19. Jahrhunderts mit Recht Anlaß zu pessimistischen Äußerungen, z.B.: „Die wirkliche Dauer der seit Beginn der kambrischen Formation verflossenen Zeiträume oder irgendeines Teiles derselben" sei nicht bestimmbar (NEUMAYR 1887). Noch 1923 meint E. KAYSER in seiner „Formationskunde": Alle bisherigen Versuche, das absolute Alter von Sedimenten zu bestimmen, müssen als fehlgeschlagen betrachtet werden".

Dabei lagen zu dieser Zeit schon die ersten absoluten Altersbestimmungen von Mineralen und Gesteinen auf Grund der radioaktiven Zerfallsreihen vor, allerdings nicht von Sedimenten, sondern Magmatiten. Doch erlauben diese indirekt auch eine Altersbestimmung der Sedimente. Die wichtigsten Daten dieser Erkenntnisse sind:

1896	H. BECQUEREL entdeckt an Uran die radioaktive Strahlung.
1898	Die Zerfallsreihen von Uran und Thorium zu Blei und Helium werden erforscht.
1904	E. RUTHERFORD macht erstmals (nach der Erkenntnis der Konstanz der Halbwertszeiten) Altersberechnungen von Mineralen und Gesteinen. Daraus ergibt sich ein Alter der Erde von etwa 2 Milliarden Jahren.
1905/07	B.B. BOLTWOOD (USA) entwickelt für die Altersbestimmung die Uran-Blei-Methode.
1908/10	R. J. STRUTT (USA) entwickelt für die Altersbestimmung die Uran-Helium- und die Thorium-Helium-Methode.

1910	J. KOENIGSBERGER macht diese Methoden in Deutschland bekannt (Geol. Rundschau). Erste Altersbestimmung an deutschem Material: Zirkon in Eifel-Vulkanit 1 Million Jahre alt. Die Ergebnisse der Methoden sind noch sehr fehlerhaft.
1913	Buch von A. HOLMES (USA): „The Age of the Earth", darin: Angaben zu fast allen Formationen, archaische Gneise 1,3–1,6 Milliarden Jahre alt, sowie Vergleich der U/Pb-und der U/He-Methode (2. Auflage 1937: Altersangaben weitgehend wie heute).
1917	J. BARRELL liefert mit radioaktiven Altersbestimmungen für die geologische Perioden eine fast der heutigen entsprechende absolute Altersskala.
1926/30	O. HAHN veröffentlicht „Das Alter der Erde".
1938	O. HAHN nutzt auf Anregung von V.M. GOLDSCHMIDT den Rubidium/Strontium-Zerfall für die radioaktive Altersbestimmung.
1943/44	F. LEUTWEIN bestimmt im Labor der Bergwirtschaftsstelle Freiberg das Alter von Uranpechblende im Erzgebirge (vermutlich erstes deutsches Labor für Altersbestimmungen mit der U/Pb-Methode).
1946	W.F. LIBBY entwickelt die Radiocarbon-Methode, d.h. die Altersbestimmung mittels radioaktivem Kohlenstoff (^{14}C), anwendbar zurück bis ins Würm-Glazial.
1950	Kalium-Argon-Methode zur absoluten Altersbestimmung.
1960	A. HOLMES veröffentlicht auf der Basis zahlreicher Alterswerte die heute noch gültige Zeitskala: Beginn des Kambriums vor 600 Millionen, der Trias vor 225 Millionen, des Tertiärs vor 70 Millionen Jahren.

So ergab sich die absolute Altersgliederung der Erdgeschichte durch eine Integration neuer physikalischer Erkenntnisse mit der relativen geologischen Zeitskala. Eine absolute Altersgliederung des Quartärs resultierte aus einer Integration astronomischer Erkenntnisse mit der geologischen Quartärgliederung: Der Stuttgarter Mathematiker L. PILGRIM errechnete 1904 aus astronomischen Erdbahnelementen eine Strahlungskurve. Der Belgrader Astronom MILANKOWITSCH berechnete diese 1924 mit den Schwankungen der Erdbahnexzentrizität, der Ekliptikschiefe und der Präzession der Tag- und Nachtgleichen für das Buch von KÖPPEN und WEGENER neu und erweiterte sie auf 650 000 Jahre zurück. KÖPPEN und WEGENER brachten diese Strahlungskurve mit der geologischen Pleistozängliederung A. PENCKS und E. BRÜCKNERS zur Korrelation, so daß diese absolute Zeitangaben erhalten konnte. W. SOERGEL ordnete 1925 die Flußterrassen der Ilm in die absoluten Zeitangaben der Strahlungskurve ein, B. EBERL 1930 die Terrassen des Iller-Lech-Gebietes (Abb. 94). Neuerdings gibt es gegen den Wert der Strahlungskurve auch starke Bedenken bis Ablehnung. Eine Kombination von Botanik und geologischer Zeitskala ist die auf unterschiedlicher Dicke der Jahresringe beruhende, bis 9 000 Jahre zurückreichende Dendrochronologie, 1909 von A.E. DOUGLASS in den USA entwickelt, 1940 von B. HUBER erstmals in Mitteleuropa angewandt.

Geologische Untersuchungen an Sedimenten können keine Auskunft über deren Alter, wohl aber über die Sedimentationsdauer geben:

1905	(veröff. in Schweden 1909, in der Geol. Rundschau 1912) erkannte der Schwede DE GEER die „Warwen" in den pleistozänen Bändertonen als Jahresschichten und ermittelte durch Kombination von Warwenzählungen für den Rückzug des Eises eine Zeit von etwa 16 000 Jahren. GRAHMANN bestimmte 1925 mit Warwenzählungen an Bändertonen bei Leipzig das Vorrücken des Eisrandes mit 120 m pro Jahr. BETTENSTAEDT führte 1934 Warwenzählungen bei Halle durch. K. GIESENHAGEN ermittelte 1925/26 für das Riß-Würm-Interglazial durch Warwenzählungen in Kieselgur bei Lüneburg eine (zu kurze!) Dauer von 12 000 Jahren.
1935/38	veröffentlichte H. KORN Warwenzählungen aus dem Unterkarbon Thüringens. Er fand für die Sedimentation von etwa 2 100 m Tonschiefer und Grauwacke 800 000 Jahre, wogegen die Altersbestimmungen mit Radioaktivität für das Unterkarbon

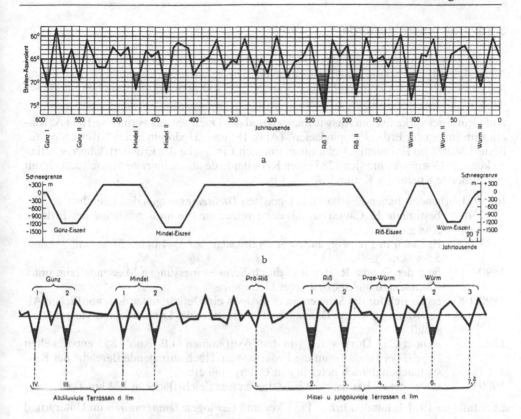

Abb. 94 Die absolute Altersgliederung des Quartärs. Oben: Strahlungskurve für den 65. Breitengrad nach MILANKOVITSCH 1930. Mitte: Klimakurve des Eiszeitalters nach A. PENCK 1909. Unten: Die Parallelisierung der Schotterterrassen der Ilm mit der Strahlungskurve nach SOERGEL 1925.

etwa 25 Millionen Jahre ergeben. Daraus resultierte die Frage, ob die Unterkarbon-„Warwen" wirklich nur Jahresschichten sind, oder eine längere Zeit repräsentieren.

1936/48 ermittelten die WEIGELT-Schüler F. BETTENSTAEDT und F. RAUPACH durch Warwenzählungen in schwarzer Kohle die Sedimentationsdauer von 10 m Kohle zu 17 000 Jahren, von F. v. RAUPACH 1948 und M. SCHWARZBACH 1949 auf 25 000 bis 50 000 Jahre korrigiert. Das ergab für die Geiseltalkohle insgesamt mindestens 250 000 Jahre, wogegen das Eozän mehr als 10 Millionen Jahre umfaßte.

1950 veröffentlichte G. RICHTER-BERNBURG Zählungen von „Jahresringen" im Steinsalz und von „Warwenanhydriten". Er berechnete daraus für den Zechstein die Sedimentationsdauer von 0,5 bis 1 Million Jahre, wogegen sich durch die Altersbestimmungen mittels Radioaktivität etwa 10 Millionen Jahre ergeben. G. RICHTER-BERNBURG zieht daraus den Schluß: „Der größte Teil der Erdgeschichte steckt in den Schichtfugen", ein für eine moderne Interpretation der Stratigraphie entscheidendes Ergebnis, das nur durch das Eindringen der Forschung in kleinste Dimensionen (Sediment pro Jahr) möglich geworden ist.

5.2.2 Das Innere der Erde

Für das Innere der Erde ist an sich nicht die Geologie, sondern von den Beobachtungs- und Meßmöglichkeiten her die Geophysik zuständig. Doch haben sich vor deren Herausbildung als Wissenschaft die Geologen (und ihre Vorgänger) mit dem Erdinnern befaßt, da dieses auch ein Produkt der Erdgeschichte ist.

Auf Grund der vulkanischen Auswurfmassen und des Quellwassers vermutete 1664 A. KIRCHER im Innern der Erde „Pyrophylacien" (Abb. 18) und „Hydrophylacien". BUFFON postulierte 1749/78 im Erdinneren Hohlräume, um sich Einbrüche der Erdoberfläche vorstellen zu können. GOETHE dachte sich 1785 einen Kern der Erde als „schwerste Masse" und Granit als „äußerste Kruste des Kernes".

Im 19. Jahrhundert haben Physiker und Geodäten *Dichtemessungen* durchgeführt:

1797/98	bestimmte H. CAVENDISH mit der Drehwaage die mittlere Dichte der Erde zu $5,48 \text{ g} \cdot \text{cm}^{-3}$,
1837	H. REICH in Freiberg, auch mit Drehwaage, zu 5,44 und $5,58 \text{ g} \cdot \text{cm}^{-3}$ (heute $5,5 \text{ g} \cdot \text{cm}^{-3}$).
1890	fand der Geodät R. HELMERT durch Schweremessungen Massendefizite unter Kontinenten und speziell unter Gebirgen.
1890/1900	ergab sich für die Schwere in den Alpen ein Defizit, unter dem nördlichen Alpenvorland und dem Donaugebiet sowie unter der Lombardei ein Massenüberschuß.
1892	wendet C.E. DUTTON den von dem Astronomen G.B. AIRY 1855 entwickelten Begriff der *Isostasie* auf die Erdkruste an. Hoch aufragende Bereiche der Kruste tauchen danach tiefer in den Untergrund ein.
1909	berechnet R. HELMERT die isostatische Ausgleichsfläche in 124 km Tiefe.

Ebenfalls im 19. Jahrhundert haben Physiker und Geologen *Temperaturen* im Untergrund gemessen:

1791	bestimmten A. v. HUMBOLDT und J.C. FREIESLEBEN Temperaturen in Freiberger Gruben.
1833	veröffentlichte J.C.L. GERHARD Temperaturmessungen in einem 300 m tiefen Bohrloch von Rüdersdorf bei Berlin (wohl die ersten Bohrlochmessungen überhaupt).
1834	berechnete F. REICH in Freiberger Gruben mit Gesteinstemperaturen die geothermische Tiefenstufe zu $41,84 \text{ m} \cdot {}^{\circ}\text{C}^{-1}$.
1836/44	wird die geothermische Tiefenstufe aus Bohrungen bei Paris und Neusalzwerk (Bad Oeynhausen) zu 32 bzw. $29.6 \text{ m} \cdot {}^{\circ}\text{C}^{-1}$ berechnet.
1869/71	mißt E. DUNKER in der damals welttiefsten Bohrung Sperenberg (1272 m) die Temperaturen und stellt eine Verlangsamung der Temperaturzunahme nach der Tiefe fest.
1896	veröffentlicht E. DUNKER sein Buch „Über die Wärme im Innern der Erde" und betont darin, daß man Temperaturmeßreihen nicht beliebig tief extrapolieren kann.
Um 1900	wird als Begriff für die Temperaturzunahme im Innern der Erde die „Geothermische Tiefenstufe" $(\text{m} \cdot {}^{\circ}\text{C}^{-1})$ üblich.

Obwohl die Temperaturmessungen nur die alleobersten Krustenbereiche betrafen, haben im ganzen 19. Jahrhundert Geologen (mehr oder weniger spekulative) Aussagen über Material und Zustand des Erdinneren gemacht, die einen nur über den Bereich unter der *Erdkruste*, die anderen über die gesamte Erde.

Die Stärke der Erdkruste schätzten A. v. HUMBOLDT und E. DE BEAUMONT auf 40 bis 50 km, F. PFAFF auf 80 bis 90 km. Darunter vermuteten sie – ebenso wie R. BUNSEN – auf Grund der Temperaturzunahme schmelzflüssiges Gestein. E. DUNKER errechnete aus der Temperaturzunahme in der Bohrung Schladebach 1889 für die „Schmelzhitze" 71 km Tiefe. Demgemäß wurde der Bereich unter der „Lithosphäre" auch als „Pyrosphäre" bezeichnet, und zwar bis ins 20. Jahrhundert hinein und mit Annahme eines allmählichen Übergangs von der festen Kruste in den Schmelzfluß (E. KAYSER 1893, 1909). HERMANN CREDNER vermutete 1902 Magma unter einer „Gesteinsschale von unbekannter Stärke".

Der Vergleich der Dichte der gesamten Erde mit der der oberflächennahen Gesteine regte schon bald zu Rückschlüssen auf das *Erdganze* an: Aus diesem Vergleich und aus dem Erdmagnetismus schloß 1824 K.E.A. v. HOFF auf einen Erdkern aus Eisen. E. SUESS extrapolierte 1875 die Begriffe Atmosphäre und Hydrosphäre: „Die Beziehungen der *Lithosphäre* zu den tieferen Regionen sind uns unbekannt. (…) Man kann die inneren Regionen ihrer Schwere halber vorläufig als die *Barysphäre* bezeichnen".

Die entscheidenden neuen Erkenntnisse über das Innere der Erde lieferte die Geophysik mit Hilfe der *Seismik*, insbesondere durch die Arbeiten von E. WIECHERT:

1859   bestimmt R. MALLET die Geschwindigkeit von Erdbebenwellen.
1889   Seismographen mit automatischer Registrierung der Laufzeiten von Erdbebenwellen und erstmals Registrierung eines Fernbebens.
1896/97   erste Veröffentlichungen E. WIECHERTS „Über die Beschaffenheit des Erdinneren".
1897   F. WIECHERT von Königsberg nach Göttingen berufen, erhält hier einen Geophysik-Lehrstuhl.
1898   Institut für Geophysik, Göttingen.
1899   Seismographische Station in Jena und Kaiserliche Hauptstation für Erdbebenforschung in Straßburg.
1900   WIECHERTS Horizontalseismograph mit 1 200 kg Masse und fotografischer Registrierung.
1900/1910 E. WIECHERT und seine Schüler ZÖPPRITZ, GEIGER und GUTENBERG erkennen seismische Unstetigkeitsflächen und damit den Schalenbau der Erde, insbesondere eine Unstetigkeitsfläche in 1 500 m Tiefe.
1907   WIECHERT formuliert die Theorie über die Ausbreitung von Erdbebenwellen und vermutet „in relativ geringer Tiefe eine flüssige oder doch sehr nachgiebige Magmaschicht".
1909   A. MOHOROVICIC erkennt die „Mohorovicic-Diskontinuität" („Moho") in etwa 50 bis 60 km Tiefe als Grenze zwischen Erdkruste und Mantel, tiefer unter den Kontinenten, weniger tief unter Ozeanen.
1909   E. SUESS benennt die Schalen nach ihrer mutmaßlichen Zusammensetzung (Abb. 95): Sal (granitische Gesteine: Si, Al, Dichte 2,7), Sima (basaltische Gesteine: Si, Mg/Ca, Dichte 2,8 bis 4), Crofesima, Nifesima (Dichte 4 bis 6) Nife (Nikkel-Eisen-Kern – eine Annahme, zu der schon DAUBREE durch die Meteoriten angeregt wurde).
1915   A. WEGENER prägt den Begriff Sial (statt SUESS' Sal) und betrachtet die Kontinente als Sialschollen auf Sima, gemäß der seit etwa 1900 (z.B. bei E. KAYSER 1905) bekannten hypsographischen Kurve.
1923   V. CONRAD entdeckt in etwa 10 bis 20 km Tiefe die „Conrad-Diskontinuität" als Grenze zwischen der „Granit -" und der „Basaltschicht", (heute aber wieder in Frage gestellt).
1925   Standardwerk von B. GUTENBERG: „Der Aufbau der Erde".

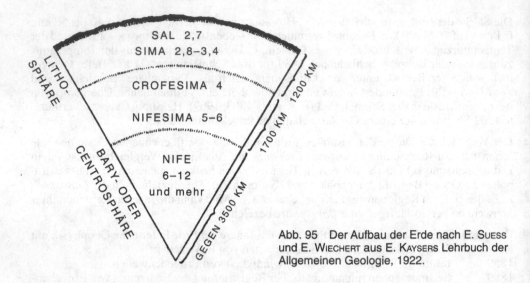

Abb. 95   Der Aufbau der Erde nach E. Suess
und E. Wiechert aus E. Kaysers Lehrbuch der
Allgemeinen Geologie, 1922.

Zwar konnten neuere Messungen die Tiefenangaben für die Unstetigkeitsflächen noch präzisieren, aber der Schalenbau der Erde in Kruste, Mantel und Kern blieb prinzipiell anerkannt. Allerdings gab es unterschiedliche Vorstellungen über Stoff und Zustand der Schalen:

Den *Erdkern* dachten sich 1878 A. Ritter, 1881 Zöppritz, 1897 S. Günther und 1903 S. Arrhenius gasförmig mit etwa 100 000 °C Temperatur und 3 Millionen at Druck. Die meisten Geologen folgten jedoch Wiecherts Annahme eines etwa 3 000 °C heißen, durch den Druck starr wirkenden Nickel-Eisen-Kerns (z.B. Tamann 1903). W. Kuhn und Rittmann kritisierten 1941 die Nickel-Eisen-Kern-Hypothese und plädierten für die Annahme eines größeren Erdkerns aus wasserstoffreicher Solarmaterie.

Der *Erdmantel* (von etwa 60 bis 2 900 km Tiefe) galt manchen, z.B. Tamann 1903, E. Kayser 1909/1920 u.a. als flüssiges Magma. V.M. Goldschmidt betrachtete 1922/23 den Mantel stofflich als Eklogitschale (bis 1 200 km) und Sulfid-Oxid-Schale (bis 2 900 km). Heute vermutet man in 100 bis 300 km Tiefe einen zäh fließbaren Bereich, die Asthenosphäre.

Die *Erdkruste*, also Sial und Sima, wurden in der Folgezeit durch seismische und gravimetrische Untersuchungen (z.B. A. Born 1923/25) regional detailliert untersucht.

Die Erkenntnisse des Erdinnern und die tektonischen Theorien des 20. Jahrhunderts führten zu dem Schluß, daß an dem geologischen Geschehen nur die Erdkruste und die zähplastischen, fließfähigen oberen Bereiche des Erdmantels beteiligt sind.

5.2.3 Stratigraphie und Paläogeographie

Von der klassischen vergleichenden Stratigraphie und ihrer Zonengliederung mittels Leitfossilien zweigten sich nach 1900 zwei Arbeitsrichtungen ab:

Die *Quartärgeologie* erlangte den Rang einer Spezialdisziplin, allein schon durch ihre starke Verbindung mit der Vorgeschichte.

Die *alten fossilfreien Sedimente* konnten nur durch petrographischen Vergleich stratigraphisch eingestuft werden. So vermuteten K. PIETZSCH 1914 für die Dichten Gneise und Konglomeratgneise des Erzgebirges, F. DEUBEL 1925, E. NAUMANN 1929 und H.R. v. GAERTNER 1933/44 für die Gesteine im Kern des Schwarzburger Sattels in Thüringen im Vergleich mit Gesteinen bei Prag algonkisches Alter.

Nachdem die Gliederung der Schichten mit Hilfe von Leitfossilien im 19. Jahrhundert bis zur „Zone" erfolgt war, ging man folgerichtig im 20. Jahrhundert zur Aufnahme der einzelnen Schichten als der kleinsten stratigraphischen Einheit über. Durch die „Bank-für Bank-Vermessung" (v. FREYBERG 1939) erwuchs so aus der klassischen Stratigraphie die *Feinstratigraphie*. Einzelne feinstratigraphische Profilaufnahmen gab es allerdings schon früher, so 1823 durch GOETHE im Travertin von Weimar.

Einige Beispiele aus dem 20. Jahrhundert: 1908 F. ZELLER: Keuper in Schwaben, 1910 E. STOLLEY: Teil der nordwestdeutschen Kreide mittels Belemniten, 1924 M. SCHMIDT: Lias bei Donaueschingen (Schichtmächtigkeiten 0,05–1,25 m), 1939 WOLFG. SCHMIDT Silur/Devon in Thüringen (Schichtmächtigkeiten 0,02–2,5 m) 1943 L. KRUMBECK Lias in Nordbayern (Schichtmächtigkeiten 0,03–2,4 m).

Feinstratigraphische Aufnahmen stammen auch von Hobbygeologen, die den Vorteil dauernden Aufenthalts am Ort hatten. So lieferten z.B. in Thüringen feinstratigraphische Veröffentlichungen: 1930 der Lehrer P. MICHAEL zum Unteren Keuper bei Weimar, 1945 die Lehrer H. WEBER und P. KUBALD zum Muschelkalk und Keuper bei Eisenach und 1954 der Kaufmann H. PFEIFFER zum Oberdevon und Unterkarbon bei Saalfeld.

Wo möglich erarbeiteten die Paläontologen für die Feinstratigraphie entsprechend verfeinerte Leitfossil-Gliederungen, so H. SCHMIDT 1925 mit den Goniatiten im Karbon.

Ab 1939/52 bearbeiteten B. v. FREYBERG und seine Schüler den fränkischen Keuper, ab 1959 H. BOIGK und A. HERRMANN den Buntsandstein in Nordwestdeutschland in Bohrungen feinstratigraphisch. In beiden Fällen zeigten die im Beckeninneren angesetzten Bohrungen vollständigere Sedimentserien, die mehrfache „Sedimentationszyklen" (BUBNOFF 1949) erkennen ließen. Das hatte Konsequenzen in zweierlei Hinsicht: Erstens zeigten die Zyklen, z.B. mit grobkörnigen Schichten an der Basis, epirogene Hebung als Ursache der Abtragung und Sedimentation an (so B. v. FREYBERG ab 1939, A. HERRMANN 1964), so daß S. v. BUBNOFF 1950 vom „endogenen Antrieb" der Sedimentbildung sprach. Zweitens mußte die stratigraphische Gliederung verändert werden. Die bis dahin übliche Gliederung war dort aufgestellt worden, wo die Schichten zutage traten. Das war, wie mit der Feinstratigraphie im Beckeninneren erkannt, jeweils eine lückenhafte Randfazies. Nun galt es, die alte, aus der Randfazies abgeleitete Gliederung durch eine den Sedimentationszyklen folgende Gliederung zu ersetzen, z.B. beim Unteren und Mittleren Buntsandstein:

Alte Gliederung (KOLESCH 1908/22, MÄGDEFRAU 1929 u.a.)		Neue Gliederung (BOIGK 1959 u.a.)
sm3	Chirotheriensandstein	
	Sandstein	Sollingfolge
sm2	Bausandstein	Hardegsenfolge
sm1	Rothensteiner Schichten	Detfurthfolge
	Gervillienschichten	Volpriehausenfolge
	Kaolinsandstein	
su3	Kraftsdorfer Sandstein und Letten,	Bernburgfolge
su2	Sandstein	
su1	Letten und Sandstein	Nordhausenfolge

Dabei läßt die alte Gliederung der Randfazies kaum, jede Folge im Becken aber deutlich die zyklische Gliederung erkennen (Abb. 96).

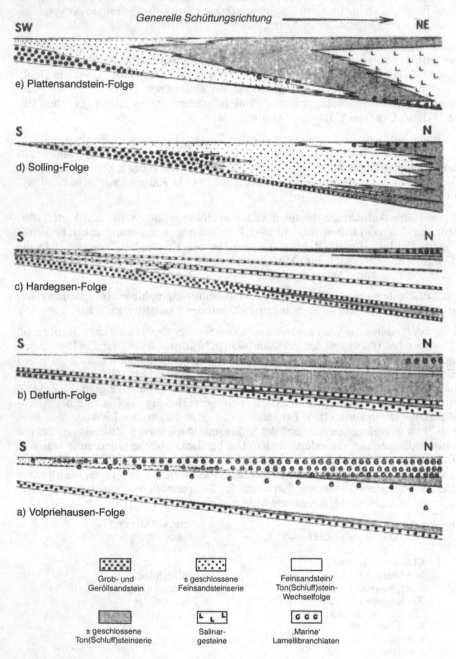

Abb. 96 Die mit der feinstratigraphischen Aufnahme ermittelten Sedimentationszyklen des Mittleren Buntsandsteins im Raum Thüringen-Hessen. (aus HERRMANN 1964).

Insgesamt werden mit dem Vergleich feinstratigraphisch aufgenommener Profile die Fazieswechsel und das Fazieswandern deutlich. Das bedeutet allerdings auch, daß das scheinbar überregional gleichmäßige Einsetzen einer Schicht möglicherweise durch Fazieswandern nur vorgetäuscht ist und keine Zeitmarke mehr darstellt, wie man in der klassischen Geologie annahm. – Ähnliches gilt für die Zechsteinstratigraphie (Abschnitt 5.8.3).

Die Erkenntnis des Faziesbegriffs durch GRESSLY und PRÉVOST um 1840 hätte eigentlich schon damals zur *Paläogeographie* als neuer Forschungsrichtung führen müssen. Das war nur bei der *Paläoklimatologie* der Fall, die 1843 durch K.F. SCHIMPER begründet wurde. Allerdings hatte schon J. NÖGGERATH 1819 Verschiebungen der Erdachse und damit der Klimazonen im Lauf der Erdgeschichte vermutet. Bücher über die Paläoklimatologie lieferten W. SARTORIUS V. WALTERSHAUSEN 1865, W. KÖPPEN und A. WEGENER 1924 und M. SCHWARZBACH 1950 (3. Aufl. 1974).

Erste Ansätze zur Paläogeographie findet man um 1840 in Frankreich, in Deutschland 1857 bei FERD. ROEMER (Jura der Weserkette), das Wort „Paläogeographie" 1875 bei A. BOUÉ. Im 19. Jahrhundert wurde die heutige Verbreitung der Gesteine oft als die ursprüngliche angesehen. So kritisierte 1885 E. SUESS die damals gängige Meinung, daß die Grenzen des Zechsteins an Horsten wie Harz und Thüringer Wald die einstigen Uferränder seien. NEUMAYR schrieb noch 1887: „Natürlich wird es niemals gelingen, auch nur einigermaßen genaue Karten der Verteilung von Wasser und Land während der einzelnen (Zeit-) Abschnitte zu entwerfen …." Im Lehrbuch von HERM. CREDNER 1902 finden wir noch keine paläogeographischen Karten, wohl aber bei E. KAYSER 1914. Ein eigenständiges Buch über „Grundlagen und Methoden der Paläogeographie" schrieb E. DACQUÉ 1915, in dem ein Abschnitt dem „Entwurf paläogeographischer Karten und ihrer Einzelheiten" gewidmet ist. Lehr- und Handbücher über Paläogeographie brachten danach TH. ARLDT 1919/22 und F. KOSSMAT 1936 heraus.

Nicht nur die Verteilung von Land und Meer wurde nun aus der Verbreitung der Gesteine (über- und untertage) und ihrer Fazies erschlossen, sondern auch paläomorphologische Details: Der Theorie des Amerikaners W.M. DAVIS (1891) folgend leitete E. PHILIPPI (1909/10) für Thüringen eine „präoligozäne" Rumpffläche ab, die B. V. FREYBERG 1923 aber in eine präeozäne und eine intrapliozäne trennte. E. ZIMMERMANN betrachtete 1909 die „Rotung des Schiefergebirges" in Ostthüringen als Indiz für eine darüber zu rekonstruierende permische Landoberfläche. B. V. FREYBERG lieferte 1924 eine „Paläogeographische Karte des Kupferschieferbeckens" mit Angabe der Lage von Inseln, Untiefen und Küstenverlauf (Abb. 97).

Für alle Schichtfolgen klastischer Sedimente sind die Abtragungsgebiete, die Liefergebiete des Materials zu suchen. So unterschied B. V. FREYBERG 1939/52 für den fränkischen Keuper von Ost nach West drei paläogeographische Bereiche: Das Festland (die Böhmische Masse) als Abtragungsgebiet, ein Gebiet mit Rinnen und Anzeichen für Meeresspiegelschwankungen und das Becken mit übersalzenem Meer und gipsführenden Letten.

Durch eine Analyse des Geröllbestandes in Konglomeraten ließ sich ermitteln, in welchem Abschnitt der stratigraphischen Zeitskala welches Gestein im zugehörigen Abtragungsgebiet durch die Abtragung freigelegt gewesen ist. So analysierte E. SPENGLER 1949 „Die Abtragung des Varistischen Gebirges in Sachsen".

Ein Problem, das im Lauf des 20. Jahrhunderts zwischen der Paläogeographie und der Tektonik entstand, war die paläogeographische Rekonstruktion von Land und Meer über die ganze Erde hinweg (Abb. 98). Solchen Rekonstruktionen legte man das heutige Gradnetz und die heutige Verteilung der Festländer und Meere zugrunde. Damit ergaben sich für die geologische Vergangenheit riesige Festlandsgebiete dort, wo heute Ozeane sind. Nachdem

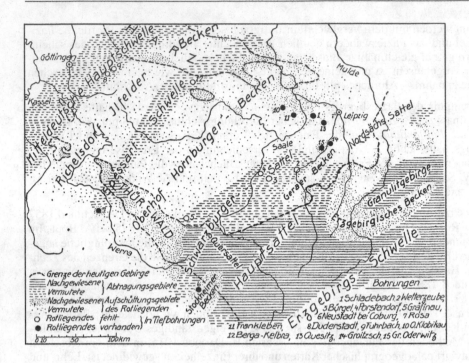

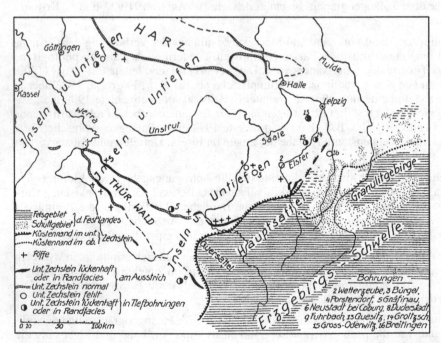

Abb. 97   Paläogeographische Karten von Thüringen, nach B. v. Freyberg. Oben: Rotliegendes, unten: Unterer Zechstein, Riffe an Inseln und Untiefen gebunden, diese im Bereich varistischer Sättel. (B. v. Freyberg 1924/32).

A. WEGENER 1912 seine Theorie der Kontinentalverschiebung veröffentlicht hatte, resultierte daraus die Frage: Hat es in geologischer Vergangenheit große, heute versunkene Landbrücken über die Ozeane hinweg gegeben oder haben die Kontinente näher beieinander gelegen und sich die Ozeane durch Auseinanderdriften der Kontinente gebildet? Für diesen Fall liefern paläogeographische Karten wie die der Abb. 98, die auf der Basis der heutigen Kontinentverteilung gezeichnet worden sind, ein falsches Bild der Paläogeographie.

5.3 Magmatismus und Gebirgsbildung

EDUARD SUESS hatte 1901 („„Antlitz der Erde" 3. Bd., Teil 1) – typisch für den Übergang zur Geologie des 20. Jahrhunderts – die Aufgabe gestellt, „Fortzuschreiten auf diesem Wege der Synthese, die Faltenzüge zu noch größeren Einheiten zu vereinigen und einen möglichst großen Teil der Erdfaltung in einem einzigen, einfachen Ausdruck zu erklären".

Im 20. Jahrhundert traten aber neben die Kontraktionstheorie zunächst verschiedene andere Theorien der Gebirgsbildung. Dabei wurden die Erscheinungen des Magmatismus (Plutonismus und Vulkanismus) in den Ablauf der tektonischen Verformung der Erdkruste einbezogen, d.h. zu einem Gesamtbild integriert.

Die Erforschung der Tektonik betraf nun – wie von E. SUESS gefordert – größte Gebiete (Kontinente bis zu globaler Sicht), aber auch kleinste Einheiten (Kleintektonik).

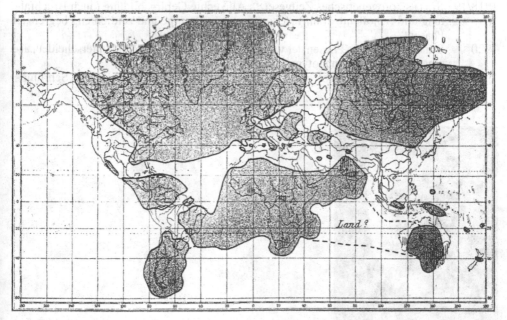

Abb. 98 Verbreitung der Länder (grau) und Meere (weiß) im Perm (nach E. KOKEN 1907 aus E. KAYSER 1913).

5.3.1 Von der Kontraktionstheorie zur Plattentektonik

Die von H.G. BRONN 1844 angedeutete, von E. DE BEAUMONT 1852, J.D. DANA und A. HEIM im 19. Jahrhundert entwickelte Kontraktionstheorie war 1883/1909 Grundlage von E. SUESS' klassischem Werk „Das Antlitz der Erde". E. KAYSER schrieb 1922: Die Kontraktionstheorie „... hat den großen Vorzug, daß sie alle Bewegungsvorgänge der Lithosphäre, ebenso wie die seismischen und vulkanischen Erscheinungen auf eine gemeinsame Grundursache, die säkulare Abkühlung und Zusammenziehung der Erde zurückführt."

Der prominenteste Vertreter der Kontraktionstheorie in Deutschland war im 20. Jahrhundert HANS STILLE (Abb. 99). Seine wichtigsten Beiträge zur Tektonik im Rahmen der Kontraktionstheorie waren folgende:

1909   In einem Faltengebirge wandert die Faltung von innen nach außen (Beispiele: Bayerische Molasse und Ruhr-Oberkarbon). – STILLE erkennt tektonische Phasen im Mesozoikum Norddeutschlands.

1910   Als „saxonische Faltung" ist zu bezeichnen: die „gesamte, in mehreren Phasen verlaufende mesozoisch-känozoische Faltung im Bereich der deutschen Mittelgebirge", abgelaufen als „Rahmenfaltung", d.h. als Druck vom festen „Rahmen" auf faltbares Material (Vergleich mit Schraubstock). Erste Namen von saxonischen Faltungs-Phasen: Altkimmerisch, jungkimmerisch.

1913/19 STILLE unterscheidet Epirogenese (G.K. GILBERT 1890 folgend), Orogenese (ebenfalls GILBERT) und epirogenetische „Undationen". (BUBNOFF ergänzte die Begriffe 1938 noch mit der „Dictyogenese" = Gerüstbildung.) Epirogene Zeiten bedeuten Senkung und Sedimentation, orogene dagegen Hebung und Störungen. Horste sind nicht, wie von E. SUESS, F. FRECH und R. LACHMANN angenommen, zwischen Senkungsfeldern stehengebliebene Schollen, sondern durch Seitendruck gehoben.

1918/19 STILLES „orogenetisches Zeitgesetz": Alle echte Gebirgsbildung (auch Bruchfaltung und Schollentektonik) ist „gebunden an wenige und zeitlich eng begrenzte Phasen".

1920   STILLE benennt die Phasen der varistischen Gebirgsbildung und unterscheidet „alpinotype" und „germanotype" Tektonik.

1922   Stille hält an der Universität Göttingen eine Rektoratsrede über „Die Schrumpfung der Erde".

Abb. 99 HANS STILLE.

1922   „Epirogenetische Gleichzeitigkeitsregel".

1924   Standardwerk „Grundfragen der vergleichenden Tektonik", darin weltweite Pha-
        sengliederung: Kaledonische Gebirgsbildung 4 Phasen, Varistische Gebirgsbil-
        dung 5 Phasen, Alpidische Gebirgsbildung 11 Phasen. Unterscheidung von Dek-
        kengebirgen und Faltengebirgen (alpinotyp) sowie Bruchfaltengebirgen und Block-
        gebirgen (germanotyp). – „Anbau" der Faltengebirge vom Zentrum zur „Vortie-
        fe", Fortbau der Faltengebirge nach den Seiten. – Zweiseitige und einseitige Fal-
        tengebirge.

        Aus einzelnen, im Werk verstreuten Passagen ergibt sich der von STILLE 1949 so
        benannte „geotektonische Zyklus":
        1. Geosynklinale Sedimentation, nach deren Reife folgt
        2. Faltung, dann
        3. epirogener Aufstieg, zum Schluß
        4. Konsolidation, d.h. Versteifung des von der Faltung betroffenen Erdkrusten-
        streifens. (Den Terminus „Orogener Zyklus" hatte E. KRAUS schon 1927 – mit
        etwas anderem Inhalt – geprägt.)

1934   STILLE postuliert „Hochkratone (kontinentale Sockel)" und „Tiefkratone" (tiefe
        Ozeanbecken). Tiefkratone können durch Einsinken von Hochkratonen entste-
        hen. Annahme versunkener Landbrücken.

1939   STILLE stellt (analog zum orogenetischen Zyklus) den „geomagmatischen Zyklus"
        auf:
        1. Initialer Magmatismus – Geosynklinale (basische Vulkanite)
        2. synorogener Magmatismus – Faltung (intermediäre und saure Plutonite)
        3. subsequenter Magmatismus – epirogener Aufstieg (saure Vulkanite)
        4. finaler Magmatismus – Konsolidation (basische Vulkanite).

1948   Unterscheidung von Urozeanen (tiefkratonisch) und Neuozeanen (durch Versen-
        kung von Landbrücken entstanden) (Abb. 100).

1949   „Geotektonischer Zyklus" (Terminus so genannt) und „geomagmatischer Zyklus".
        Die Erdgeschichte umfaßt zwei „Großzeiten": 1) bis Algonkium Verringerung
        der faltbaren Räume bis zu fast vollständiger Konsolidation (= Protogäikum), im
        Algonkium Regeneration, d.h. Wiederherstellung des faltbaren Zustandes („Al-
        gonkischer Umbruch"), seitdem 2) wieder Verringerung der faltbaren Räume bis
        zu fast vollständiger Konsolidation (= Neogäikum).

1957   „Erdschrumpfung ist das Hauptmotiv der Geotektonik".

Die Kontraktionstheorie in abgewandelter Form vertraten u.a. NÖLKE 1924, KOBER 1942
und JESSEN 1943. R. BRINKMANN formulierte 1950 „… diese Vorzüge stellen die *viel befeh-
dete* Schrumpfungslehre noch immer in den vordersten Rang". Daran hatte H.STILLE keinen
geringen Anteil. Welche Vorstellungen aber hatten die Gegner der Kontraktionstheorie in
der Zeit 1900/1950 entwickelt?

Die wichtigsten waren in chronologischer Folge:

1906 von O. AMPFERER die *Unterströmungstheorie*: Sie erklärt erstmals alle tektonischen
Formen (z.B. Überschiebungen, Falten, Grabenbrüche) mit dem Strömen plastischer Massen im Untergrund. Allerdings hat AMPFERER dazu weder einen bestimmten Strömungs-
mechanismus noch eine zeichnerische Darstellung geboten. Erst R. SCHWINNER hat die Unterströmungstheorie 1935 durch die Annahme von Konvektionsströmen im Magma präzisiert und E. KRAUS vermutet 1951 bei den Konvektionszellen unter der Erdkruste unter den
Faltengebirgen einen Abwärtsstrom, der zum Zusammenrücken der Erdkrustenschollen,
zur „Verschluckung" von Krustenmaterial und zur Bildung einer „Narbe" führt (Abb. 102).
KRAUS leitete aus der Unterströmungstheorie wie STILLE aus der Kontraktionstheorie eine

Zunahme des konsolidierten Gebietes ab. Vertreten wurde die Unterströmungstheorie ferner u.a. von K. ANDRÉE 1914, F. KOSSMAT, A. RITTMANN und H. CLOOS.

1912 von A. WEGENER (Abb. 101 und 103) die *Kontinentalverschiebungstheorie* (auch *Drifttheorie* genannt): Ein Urkontinent (Pangaea) reißt an Spalten auf. Die (Sial-) Teilschollen verschieben sich durch Polflucht und Westdrift auf dem Sima und stauen vor sich Sediment-

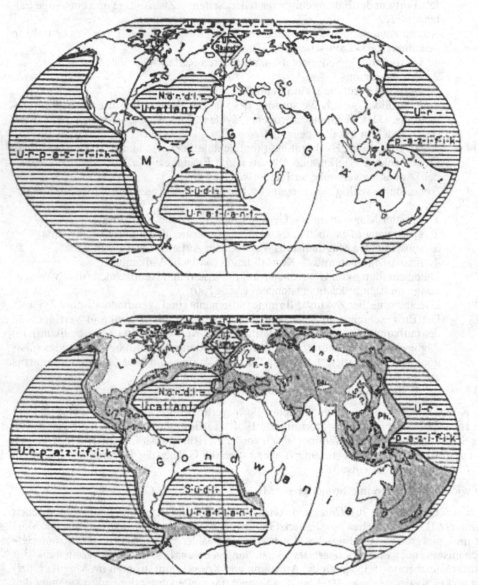

Abb. 100   Hochkratone, Urozeane und der Algonkische Umbruch in unveränderlicher („fixistischer")
Lage nach STILLE 1949. Oben: Die „Megagäa", die Kontinente und Urozeane vor dem Algonkischen
Umbruch; unten: Grau: Die durch den Algonkischen Umbruch regenerierten, d.h. wieder faltbar
gewordenen Geosynklinalräume.

serien zu Gebirgen auf. So entstanden z.B. der Atlantik als erweiterte Spalte und die Gebirge im Westen Amerikas durch die Westdrift Nord- und Südamerikas.

Vorläufer der Theorie waren u.a. der Theologe TH.C. LILIENTHAL, dem 1736 die Kongruenz der Küsten Afrikas und Südamerikas aufgefallen war, KREICHGAUER 1902 und der Amerikaner F.B. TAYLOR 1910.

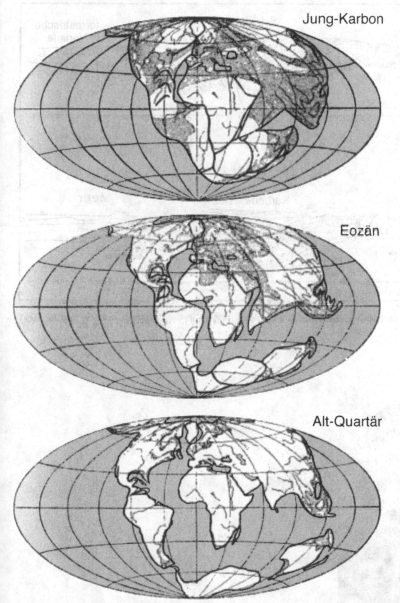

Jung-Karbon

Eozän

Alt-Quartär

Abb. 101   Die Kontinentalverschiebung vom Karbon bis Quartär nach A. WEGENERS „mobilistischer Kontinentalverschiebungstheorie in H. CLOOS' „Einführung in die Geologie", 1936.

WEGENERS Theorie folgten – z.T. mit Einschränkungen – u.a. K. ANDRÉE 1914, E. DACQUE 1915/26, E. KRAUS 1928, S. v. BUBNOFF 1930 („Richtung und Verlauf der Bewegungen wohl in vielem anders als von WEGENER angenommen"), H. CLOOS 1936 (Abb. 101), H. KORN 1938, M. SCHWARZBACH 1949. WEGENER erhielt aber von Geophysikern und Geologen von

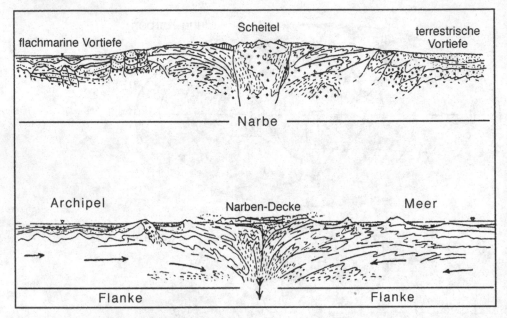

Abb. 102   Die Unterströmungstheorie von O. AMPFERER in ihrer jüngsten, von E. Kraus 1951 formulierten Fassung.

Abb. 103   ALFRED WEGENER.

Anfang an auch massiven Widerspruch, so von W. SOERGEL 1916. E. KAYSER schrieb 1925:
„Die Beweise, die WEGENER für seine Theorie gibt, sind so wenig zwingend, daß es sehr
begreiflich ist, wenn sie bisher kaum Zustimmung gefunden hat."

1930 von E. HAARMANN die *Oszillationstheorie*: Durch Massenströme im Sial unter der
festen Erdkruste schaffen Oszillationen der Erdkruste Geotumore (Aufwölbungen) und
Geodepressionen (Einsenkungen). Von den Geotumoren gleiten mächtige Sedimentserien
ab und werden dabei gefaltet (Abb. 104).

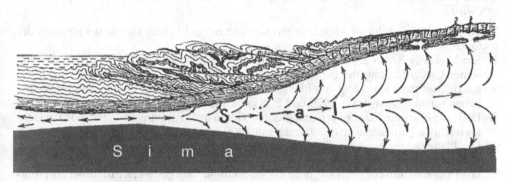

Abb. 104 Die Oszillationstheorie in einer schematischen Darstellung von E. HAARMANN 1930,
rechts ein Geotumor.

Vorläufer dieser Anschauungen waren C.F. NAUMANN (1849: Gleitfaltung) und E. REYER
1892/1907. Weiterentwickelt wurde die Theorie ab 1931 von R.W. VAN BEMMELEN zur *Un-
dationstheorie*.

AMPFERERS Unterströmungstheorie, speziell in der Form von E. KRAUS 1951 (Abb. 102),
und WEGENERS Grundgedanke von der Kontinentalverschiebung (nicht die von ihm genannten Ursachen Polflucht und Westdrift) ergaben durch ihre (schon 1936 von H. CLOOS formulierte) Synthese – auf der Basis neuer Beobachtungen – die jetzt weitestgehend angenom-
mene „Plattentektonik".

Die neuen Beobachtungen betrafen den Meeresboden und seinen Untergrund: Die Challen-
ger-Expedition hatte 1871 als Tiefseesedimente Globigerinenschlamm, Radiolarienschlamm
und Roten Tiefseeton gefunden, aber noch 1887 schrieb M. NEUMAYR: „Wir haben von der
Mächtigkeit der Ablagerungen in den großen ozeanischen Becken nicht die leiseste Vorstellung". Die Meeresgeologie begann um 1900 und 1920 erschien von K. ANDRÉE die „Geologie des Meeresbodens".

Die für die Plattentektonik wichtigen neuen Erkenntnisse waren:
1. Der beim Verlegen von Kabeln im Atlantik um 1900 erkannte „Mittelatlantische Rük-
   ken" mit dem 1925/27 gefundenen Zentralgraben.
2. Die an Tiefseebohrproben – z.B. der Glomar-Challenger-Expedition 1960 – erkannte
   Altersverteilung ozeanischer Sedimente und Vulkanite dergestalt, daß die Bildungen im
   Mittelatlantischen Rücken die jüngsten, die Gesteine in den Randgebieten des Atlantik
   die ältesten sind.
3. Die Verteilung des normalen und inversen Magnetismus in Gesteinen des Ozeanbodens,
   die die Altersfolge bestätigt.
4. Die von H. BENIOFF um 1950/54 erkannte Tiefenverteilung von Erdbeben unter Konti-
   nenträndern bis in 700 km Tiefe (BENIOFF-Zone).

Daraus leiteten die amerikanischen Geologen H.H. HESS, R.S. DIETZ, T. WILSON u.a. um 1960/70 die Theorie der „Plattentektonik" ab, die besagt: Die Erdkruste ist in zahlreiche Platten von 70 bis 100 km Dicke geteilt, die sich durch Konvektionsstöme im Magma darunter gegeneinander bewegen. Wo Platten auseinander driften, füllen basaltische Laven die Spaltenzone aus, so z.B. beim „sea floor spreading" des Atlantik im Bereich des Mittelatlantischen Rückens. Wo Platten aneinander stoßen, schiebt sich die eine (z.B. die südamerikanische) auf die andere (z.B. die pazifische), die dann in einer „Subduktionszone" – erkennbar an den Erdbeben einer „BENIOFF-Zone" – in die Tiefe rückt und dort eingeschmolzen wird.

Von der Geologiegeschichte Mitteleuropas her sind zu der Plattentektonik, der jüngsten der tektonischen Theorien, drei Bemerkungen zu machen:
1. Ein Vorläufer der in den USA entwickelten Plattentektonik war O. AMPFERER, der von seiner Unterströmungstheorie ausgehend schon 1911 auf Subduktionszonen und 1941 auf das see floor spreading geschlossen hatte. Ein globales Netz von Unterströmungen haben schon R. SCHWINNER 1920 und E. KRAUS 1951 entworfen.
2. Daß „die höchsten Erhebungen und größten Tiefen (oft) zusammenliegen", wird in Geologielehrbüchern schon seit E. KAYSER um 1900 und bis 1925 beschrieben (Abb. 105). Die Plattentektonik erklärt diesen Befund durch den Bau und die Vorgänge des früher nicht bekannten Untergrundes.
3. Die Plattentektonik begreift als „neue Globaltektonik" den gesamten Erdkörper als größtmögliche Dimension geotektonischer Theorien. Sie befindet sich zur Zeit im Stadium der Verifizierung, wobei die tektonischen Details, auch die in Mitteleuropa beobachtbaren, in sie eingeordnet werden müssen. Daraus resultieren Bestätigung, Modifizierung oder Widerspruch. Modifizierung kann dabei die Einordnung von früheren Erkenntnissen und Details älterer Theorien in die Plattentektonik bedeuten.

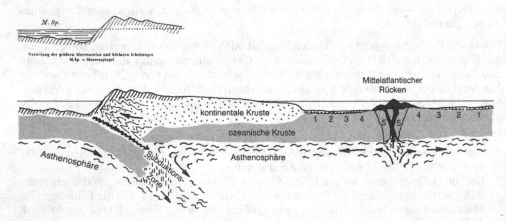

Abb. 105   Oben: Verteilung der größten Meerestiefen und höchsten Erhebungen (aus E. KAYSERS Geologielehrbuch 1925). Darunter Schema der Plattentektonik. Asthenosphäre = Fließzone unter der Kruste, Subduktionszone = Zone der Aufschmelzung der abtauchenden Kruste, Benioff-Zone (schwarz) = Lage der Erdbeben unter dem Kontinentrand, 1 bis 5 Entstehungsfolge ozeanischer Kruste unter dem Atlantik.

5.3.2 Alpinotype und germanotype Tektonik

Im 19. Jahrhundert hatte man ein System der geometrischen Formen der tektonischen Störungen, der Falten und der Verwerfungen geschaffen. Im 20. Jahrhundert wurde dieses System präzisiert und um die Deckenüberschiebungen erweitert, vor allem aber kausal untermauert, d.h. man untersuchte die Wechselwirkungen zwischen Spannungen (tektonischen Beanspruchungen) und Materialverhalten, und zwar auch im zeitlichen Ablauf. E. KAYSER unterschied 1909, noch E. SUESS folgend, Faltengebirge und Schollengebirge, letztere nur durch Verwerfungen entstanden, sowie 1922 „Jüngere Faltungs- oder Kettengebirge" (z.B. Alpen) und „Ältere Faltungs- oder Rumpfgebirge" (z.B. Harz und Thüringer Wald). STILLE erkannte, daß man bei den jetzigen Rumpfgebirgen die Faltung von den späteren Verwerfungen zu trennen habe, und unterschied 1920 „alpinotype Tektonik" („Deckengebirge" und „Faltengebirge") und „germanotype Tektonik" („Bruchfaltengebirge" und „Blockgebirge", z.T. durch Salz im Untergrund beeinflußt). Das wichtigste Gebiet germanotyper Störungen war in Mitteleuropa das Gebiet der saxonischen Tektonik, insbesondere Thüringen, Hessen und das nordwestdeutsche Mesozoikum.

Das wichtigste neue Element in der Deutung *alpinotyper Gebirge* im 20. Jahrhundert war die *Deckenlehre* (Abb. 106). E. SUESS hatte schon 1883 die Glarner Doppelfalte in eine flache Überschiebung umgedeutet. Angeregt durch E. SUESS schloß M. BERTRAND 1884 aus der flachen Überschiebung des Eifel-Ardennen-Altpaläozoikums auf das Oberkarbon von

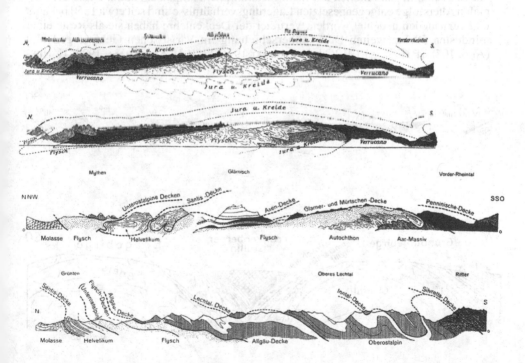

Abb. 106 Deckenüberschiebungen in den Alpen.
Oben: Die „Glarner Doppelfalte" (HEIM 1878), darunter umgedeutet in eine Deckenüberschiebung (von M. BERTRAND, E. SUESS, M. LUGEON u. A. HEIM aus E. KAYSER 1918). Drittes Profil: Decken in den Schweizer Alpen (nach A. HEIM). Viertes Profil: Decken in den Ostalpen zwischen Arlberg und Allgäu (von O. AMPFERER und M. RICHTER aus KAYSER-BRINKMANN 1940).

Aachen-Lüttich auf flache, weiträumige Deckenüberschiebungen auch in den Alpen. Insbesondere deutete er die Glarner Doppelfalte auch in eine Deckenüberschiebung um (Abb. 106). A. ROTHPLETZ sah 1898 „oft meilenweite" Überschiebungen in den Alpen auch außerhalb des Glarner Bereiches. Nach TOLLMANN (1983) hat der Internationale Geologenkongreß 1903 in Wien „den weltweiten Siegeszug der Deckenlehre eingeleitet". Anhänger dieser Lehre wurden ferner E. ARGAND, G. STEINMANN, M. LUGEON (1901), E. SUESS' Schüler F. KOSSMAT (ab 1903), A. HEIM (1892/94, 1905) und P. TERMIER (1903/05).

Anfangs glaubte man an Überschiebungsbeträge von 100 km und mehr, ab etwa 1930 an 10 bis 35 km (SPENGLER 1928). Eine Überschiebung, d.h. Vorbewegung einer Decke auf relativ feststehendem Untergrund, führte zur Frage nach der „Deckenwurzel" (z.B. O. WILCKENS 1911). Vertreter der Unterströmungstheorie lösten die Frage durch die Annahme von Unterschiebungen der tieferen Schollen unter die relativ feststehenden Decken.

Schon bald übertrug man die Deckenlehre auf andere Gebirge, so V. UHLIG 1907 auf die Karpaten, G. STEINMANN 1907 auf die Apenninen, F.E. SUESS (der Sohn von E. SUESS) 1912 auf das Varistische Gebirge. Er unterschied in diesem 1926 „Intrusionstektonik" (in der Böhmischen Masse) und „Wandertektonik" (im mitteldeutschen Raum). Hier spielte die Deckenlehre in zwei verschieden gebauten Räumen eine Rolle:
1. Die in einer SW–NO-streichenden Muldenzone des Varistischen Gebirges liegenden Gneisvorkommen von Münchberg bei Hof, Wildenfels bei Zwickau und Frankenberg bei Chemnitz liegen randlich auf nicht metamorphem Altpaläozoikum. Diese der normalen Altersfolge entgegengesetzten Lagerungsverhältnisse sind seit etwa 1850 bekannt und verschieden gedeutet worden. Vertreter der Deckenlehre haben sie als Reste einer mindesten 50 km weiten Deckenüberschiebung im Varistischen Gebirge gedeutet (Abb. 107). (F.E. SUESS 1912/23, F. KOSSMAT 1916/27, K.H. SCHEUMANN 1924, H. BEK-

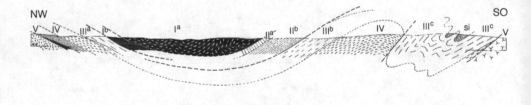

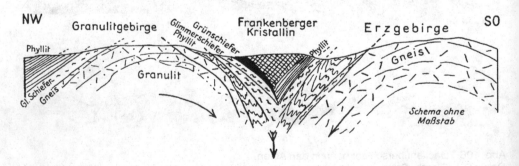

Abb. 107   Der Frankenberger Gneis in Sachsen, oben als Rest (Ia) einer Deckenüberschiebung, aus BECKER 1928, unten als aufgepreßter Keil in einer Narbenzone nach der Unterströmungstheorie, aus KRAUS 1951.

KER 1925/28 A. WURM 1923/27). Vor Entwicklung der Deckenlehre, aber auch danach bis heute, wurden diese Gneisvorkommen von anderen jedoch als aufgepreßte Keile oder als Verschluckungsnarbe im Sinne der Unterströmungstheorie gedeutet (A. ROTH-PLETZ 1878/81, W. v. SEIDLITZ 1921, W. AHRENS 1922, F. DEUBEL 1923, H. CLOOS 1927, H. KORN 1938, H.R. v. GAERTNER 1949, O. KUHN 1949/64, E. KRAUS (1951). KOSSMAT und SCHEUMANN nahmen auch innerhalb des Erzgebirgskristallins einen Deckenbau an.

2. Deckenüberschiebungen wurden ab 1927 auch dort gesehen, wo man bisher einen normalen Faltenbau des Altpaläozoikums angenommen hatte, so von H. CLOOS 1930 im linksrheinischen Schiefergebirge und von R. HOHL (einem KOSSMAT-Schüler) 1932 im Vogtländisch-Thüringischen Schiefergebirge. Im Harz definierte F. KOSSMAT 1927/28 die „Unterharzdecke", die „Stieger Decke" und das „Elbingeröder Fenster". Historisch pikant interpretierten zwei im Harz kartierende Geologen den tektonischen Bau ihrer benachbarten Kartenblätter verschieden: F. DAHLGRÜN schloß sich für Blatt Hasselfelde 1928 der KOSSMATschen Deckenlehre an (Wissenbacher Schiefer = „Blankenburger Decke" usw.). W. SCHRIEL deutete im gleichen Jahr 1928 das Altpaläozoikum des westlich anschließenden Blattes Benneckenstein als „den für den Harz charakteristischen isoklinalen Faltenbau", ein Beispiel für den subjektiven Faktor bei der Interpretation des geologischen Kartenbildes. M. ZÖLLICH deutete 1939 die Tektonik von Elbingerode auch mit Decken, aber solchen viel geringerer Schubweite. Ab etwa 1965 wurden die durchbewegten Massen des Unterharzes als Olisthostrome (große subaquatische Rutschmassen bei beginnender Auffaltung) gedeutet.

Nachdem F.E. SUESS 1926 für die Böhmische Masse und ihre SW-Fortsetzung als Teil des Varistischen Gebirges den Begriff „Moldanubikum" geprägt hatte, gliederte F. KOSSMAT 1927 das nordwestlich anschließende Gebiet in das „Saxothuringikum", das „Rhenoherzynikum" und die „Westfälische Zone" (die Randfalten) – eine Gliederung, die noch heute üblich ist.

Aber auch die anderen alpinotypen Störungsformen wurden im 20. Jahrhundert weiter erforscht. K.A. LOSSEN hat 1885, später auch E. ZIMMERMANN zwischen Falten höherer und niederer Ordnung unterschieden. R. SCHWINNER wies 1924 auf die Bedeutung von Scherbeanspruchungen und -bewegungen hin und H. CLOOS stellte 1936 neben die rein geometrische Klassifikation der Faltung eine zusätzliche nach Spannungszustand und Verformungsvorgang, indem er Biegefalten, Aufbeulung, Scherfalten und Fließfalten unterschied.

Die *germanotype Tektonik* erfuhr eine grundlegende Neuorientierung, nachdem H. STILLE ab 1900 mit einer Neukartierung des Mesozoikums bei Altenbeken begonnen hatte und dabei in viel feinere Details eindrang, als bei der ersten Kartierung im 19. Jahrhundert erkannt worden waren. STILLE und seine Schüler, vor allem F. LOTZE, lieferten zur Dokumentation und Interpretation der germanotypen Tektonik von 1900 bis nach 1950 zahlreiche Veröffentlichungen, die folgenden historischen Ablauf der Deutungen zeigen:

Um 1900 erklärt E. SUESS die Tektonik von Gebieten mit Verwerfungen (STILLES „germanotype" Tektonik) allein mit vertikalen Senkungen.

1900/1910 erkennt STILLE die Horizontalkomponente in den kartierten germanotypen Störungszonen Norddeutschlands, auch Überschiebungen, erklärt die Tektonik als ebenso durch horizontalen Druck verursacht wie die alpinotype Faltung und prägt 1910 den Begriff der „Mitteldeutschen Rahmenfaltung" (Faltung der mesozoischen Schichten zwischen Grundgebirgsaufragungen, die wie ein Schraubstock wirken; Vergenz der Falten gegen die Rahmen).

1922 findet F. SCHUH in der germanotypen Tektonik Norddeutschlands auch Zerrungen, betrachtet diese als altkimmerisch, die Pressungen als jungkimmerisch. Streit mit STILLE.

1925   STILLE: In der germanotypen Tektonik Norddeutschlands gibt es nur Pressungen; Grabenbrüche sind „entartete Mulden".

1930   erkennt der STILLE-Schüler F. LOTZE den Leinetalgraben als Zerrungsform, damit ist STILLES „Prinzip von der Einheitlichkeit der orogenen Kraft durchbrochen".

1931   Nach LOTZES Untersuchungen in der Falkenhagener Störungszone ist die „überpreßte Zerrung" der „normale Dislokationstyp Niederhessens" (Abb. 108).

1936   erkennt STILLE die Zerrungen an, aber nicht in der Alterseinstufung von F. SCHUH.

Die wichtigsten, damals von STILLE und seinen Schülern bearbeiteten Gebiete waren: Der Teutoburger Wald (STILLE 1901), der Osning (STILLE 1910/18/24/25/31), der Leinetalgraben und die Falkenhagener Störungszone (STILLE 1916, STILLE u. LOTZE 1931, LOTZE 1930/31/32), Niederhessische Gräben (E. SCHRÖDER 1923/25, H.J. MARTINI 1937, G. SEIDEL 1938), der Eichenberg-Gothaer Graben (K.H. KLOHN 1930), Schwaben (W. CARLÉ 1938/44), das Thüringer Becken (H.J. MARTINI 1940), Osning-Osnabrück (F. NIENHAUS 1951).

Unabhängig von der „STILLE-Schule" befaßte sich H. CLOOS 1917 mit „schmalen Störungszonen".

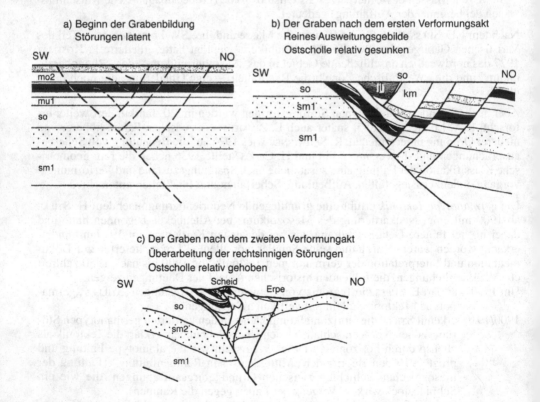

a) Beginn der Grabenbildung
   Störungen latent

b) Der Graben nach dem ersten Verformungsakt
   Reines Ausweitungsgebilde
   Ostscholle relativ gesunken

c) Der Graben nach dem zweiten Verformungakt
   Überarbeitung der rechtsinnigen Störungen
   Ostscholle relativ gehoben

Abb. 108   Schema der Entstehung eines „überpreßten Zerrungsgrabens" in der germanotypen Tektonik, genetische Profilreihe des Eggegrabens westlich Kassel, von H.J. MARTINI 1937 aus E. KAYSER / R. BRINKMANN 1940.

Hinsichtlich der Entstehung der Salzstöcke geriet H. STILLE mit seiner Auffassung von der germanotypen Tektonik in Norddeutschland in einen Gegensatz zu R. LACHMANN (vgl. Abschnitt 5.8.3).

5.3.3 Kleintektonik

Falten und Verwerfungen sind auch im 19. Jahrhundert schon öfters genau gezeichnet worden. Aber erst um 1930 entwickelte sich die kleintektonische Methode, die bewußt eine Analyse der Tektonik auf kleinere Einheiten gründen wollte. Dafür stellten A. WURM 1927, R. SCHWINNER 1936, SANDER (nach CARLÉ 1939), STILLE oder LOTZE (veröff. JUBITZ 1954) den „Satz der Korrelation der Einzelformen" auf, mit dem die Voraussetzung angenommen wird, „daß die Kleinformen durch dieselben tektonischen Kräfte hervorgerufen werden wie die dazugehörigen Großformen." Der Großbau und der Kleinbau seien also „harmonisch" und „vor allem kausal-genetisch miteinander verbunden". S. v.BUBNOFF begründete 1955, daß ab 1920/30 eine Betrachtung allein der tektonischen Großformen nicht mehr ausreichte, „… um hinter den kinematischen und dynamischen Sinn des tektonischen Geschehens zu kommen und daß dazu eine Verlegung der Betrachtung auf den kleinen und kleinsten Bereich der Untersuchung, von der Makrotektonik auf die Mikrotektonik notwendig wurde". Um 1950 setzten STILLE und BUBNOFF Schüler im Thüringer Becken an, die mittels kleintektonischer Analysen alle untersuchten Störungszonen als überpreßte Zerrungen erkannten.

Beispiele kleintektonischer Arbeiten im alpinotypen Bereich sind die Aufnahmen von M. ZÖLLICH 1939 im Harz und H. CLOOS' Veröffentlichung über „Gang und Gehwerk einer Falte" (1950).

Die Voraussetzungen bei den bisherigen kleintektonischen Analysen erscheinen allerdings fraglich, wenn man an die Verschiedenheit der Verformung bei verschiedenem Material und an die Verteilung von Zug- und Druckspannungen bei der Biegung (Faltung) einer Platte denkt.

5.3.4 Tektonik und Magma

In den Lehrbüchern der Geologie um 1900 waren der Magmatismus und die Tektonik getrennte Kapitel. 1939 hat STILLE den geomagmatischem Zyklus aufgestellt, gesetzmäßig mit dem geotektonischen Zyklus kombiniert und damit eine Synthese beider Bereiche im Lauf einer Gebirgsbildung formuliert.

H. CLOOS (Abb. 109) entwickelte in seiner Breslauer Zeit 1918/26 (Veröffentlichungen 1921/ 25) die „Granittektonik" in der Annahme, „… daß die Deformationen während und nach der Erstarrung sich in dem Bau der plutonischen Gesteine abbilden" (v. BUBNOFF 1953/54). Er erfaßte in den Granitvorkommen, insbesondere in denen von Strehlen und Striegau in Schlesien, die räumliche Lage von Klüften, Harnischen, Gängen, Schlieren und Nebengesteinsschollen und teilte die Klüfte ein in S-(Streckungs-)Klüfte, Q-(Quer-)Klüfte und L-(Lager-)Klüfte (Abb. 110). Damit konnte er die Fließbewegungen des Granitmagmas während der Intrusion und den Spannungszustand und Beanspruchungsplan des erstarrenden und erstarrten Plutons rekonstruieren. Damit ergab sich zugleich eine Erklärung über die den Steinbrucharbeitern seit langem bekannten Unterschiede der Teilbarkeit des Gesteins in den verschiedenen Richtungen. Mit dieser „inneren Tektonik" der Plutone ordnete CLOOS diese mit dem Intrusionsvorgang und Erstarrungsablauf in das tektonische Geschehen des

Abb. 109   Hans Cloos.

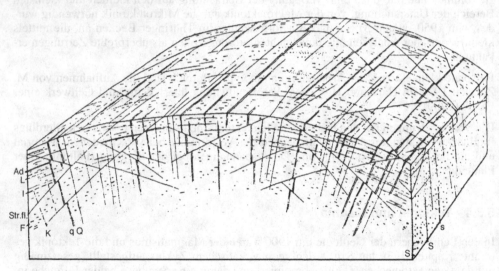

Abb. 110   Die granittektonischen Elemente in einem schematischen Raumbild von H. Cloos 1922, Q Klüftung und K Teilbarkeit nach der Querfläche, S Klüftung und s Teilbarkeit nach der Längs-(Schiefer-) Fläche, L Klüftung und l Teilbarkeit nach der Lagerfläche, F lineares Parallelgefüge, Str. fl. „Streckflächen", die Klüfte und Gänge verwerfen, Al, Aq Aplitgänge.

betreffenden Gebietes ein. Mit der granittektonischen Analyse behandelte Cloos 1923 auch das „Batholithenproblem": E. Suess hatte den Begriff „Batholith" geprägt und – unbewiesen – angenommen, daß in einem solchen der Granit sich verbreiternd unbegrenzt in die Tiefe fortsetzt. Nachdem Th. Kjerulf 1880 die Aufschmelzung, Barrell und Daly 1903/10 die Aufstemmung des Daches durch das Magma angenommen hatten, kam Cloos zu dem Ergebnis: „Gesteinsschmelzen des Erdinnern können sich nicht aus eigener Kraft emporarbeiten, sondern kommen durch enge Zufuhrkanäle und füllen Räume, die ihnen durch die Faltung selbst geöffnet worden sind".

S. v. BUBNOFF bearbeitete 1922 und 1942 Granitvorkommen bei Heidelberg und im Schwarzwald auf ähnliche Weise. Er sah dabei die Möglichkeit, aus dem Bild der abgetragenen alten Gebirge auf die nicht sichtbaren Wurzeln der jüngeren Gebirge zu schließen. Aus der Kombination beider Bilder schloß er auf drei Zonen (z.b. in den Alpen): Oben Deckenbau, in der Mitte Kuppeln von Gneisgraniten als Kombination von Intrusionen und Tektonik, in der Tiefe posttektonische Kristallisation, und sagt: „Vorläufig bedeutet es wohl schon einen Fortschritt, wenn man die starre Tektonik der Oberkruste und die Fließbewegungen der Tiefe in eine einigermaßen deutliche Beziehung setzen kann."

Während CLOOS von geologischer Seite in die „kleinsten Dimensionen" des Granitgefüges vordrang, tat dies der Innsbrucker B. SANDER von petrographischer Seite (siehe Abschnitt 5.5). Interessant ist deshalb in dem anfangs gespannten Verhältnis zwischen beiden die Äußerung von CLOOS über SANDER: „Ein Gebirge ist kein Haufen Handstücke, keine Sammlung von Schleifsplittern", das Gebirge läßt sich aus einem Dünnschliff ebensowenig verstehen, „wie der Tierkörper aus einem Gewebepräparat". Schließlich aber haben sie sich versöhnt, zumal die Betrachtungsweise beider berechtigt und fruchtbar war.

5.4 Regionale Geologie, geologische Kartierung und Geologische Landesämter

Um 1900 besaßen alle deutschen Länder geologische Landesanstalten oder hatten sie vertraglich verfügbar. Allein Sachsen hatte die Spezialkartierung 1 : 25 000 vollendet. Weite Gebiete der anderen Länder waren und sind z.T. heute noch nicht kartiert. Wichtige Kartenblätter aber erschienen nach Revisionskartierungen in neuen Auflagen (z.B. Gera 1909: 3. Aufl., Meißen 1927: 3. Aufl., Jena 1927: 5. Aufl.). Ab etwa 1905 hatten die Geologischen Landesanstalten auch Gutachten für Baugrundfragen und Hydrogeologie zu liefern.

Im 20. Jahrhundert nahmen die Kartierungsarbeiten mehr Zeit in Anspruch, da Schichtfolgen und Gesteine stärker untergliedert und mehr Daten der Lagerungsverhältnisse in die Karten eingetragen wurden.

Auch im 20. Jahrhundert hatte die Preußische Geologische Landesanstalt in Berlin und ihre Nachfolgeeinrichtung eine dominierende Rolle. Ihre wichtigsten Daten:

1900   Etwa 50 kartierende Geologen.
1901   Die Preußische Geologische Landesanstalt ist auch zuständig für die thüringischen Staaten, Anhalt, Braunschweig, Hamburg, Lippe, Lübeck, Mecklenburg-Schwerin und Mecklenburg-Strelitz sowie Oldenburg.
1904/32 Direktorenkonferenzen der Geologischen Landesanstalten.
1905   Erste Kartierungsbohrung in Nordrhein-Westfalen.
1907   Im Statut: Geplant Übersichtskarten 1 : 100 000.
1907/16 Nach Gründung der TH Berlin stufenweise Trennung von Geolog. Landesanstalt und Bergakademie. Diese wird „Abt. Bergbau" an der TH Berlin.
1907/23 Direktor F. BEYSCHLAG.
1908   K. KEILHACK erläßt „Geschäftsanweisung für die geologisch-agronomische Aufnahme im norddeutschen Flachland."
1913   F. BEYSCHLAG fordert Kartierungsbohrungen zur Erkundung des präpleistozänen Untergrundes in Norddeutschland.
1919   Erstes Blatt der geolog. Übersichtskarte 1 : 200 000: Trier-Mettendorf.
1923/33 Direktor P. KRUSCH.

1930   W. SCHRIEL: Geolog. Übersichtskarte von Deutschland 1 : 2 000 000 (Hrsg: Preuß. Geol. Landesanstalt).
1933/45   Direktor W. V. SEIDLITZ.
1934   „Gesetz zur Durchforschung des Reichsgebietes nach nutzbaren Lagerstätten"; durch die Autarkiebestrebungen erhält Lagerstättenerkundung Vorrang vor Kartierung.
1936   Dienststelle „Erforschung des Deutschen Bodens" gegründet (sog. Büro KEPP-LER).
1939   Reichsstelle für Bodenforschung.
1941   „Reichsamt für Bodenforschung", davon Zweigstellen an Stelle der bisherigen Landesanstalten.
1945   Reichsamt für Bodenforschung von Berlin nach Hannover; in Ostdeutschland „Deutsche Geologische Landesanstalt in der sowjetischen Besatzungszone".
1946/59   Gründung von Geologischen Landesämtern in den Ländern der Bundesrepublik Deutschland.
1951   In der DDR: „Geologischer Dienst" (in der Folgezeit mehrfach umstrukturiert und umbenannt).
1958   Bundesanstalt für Bodenforschung und Rohstoffe in Hannover.
1991   Neugründung der Geologischen Landesämter in den wieder entstandenen ostdeutschen Bundesländern.

Die Entwicklung in den einzelnen Ländern:

Baden-Württemberg: Baden: Badische Geol. Landesanstalt 1907 nach Karlsruhe, 1910 nach Freiburg/Br., Dir. 1907/24 W. DEECKE, 1926/38 C. SCHNARRENBERGER, kart. Geol. K. REGEL-MANN, bis 1945 etwa 60 Blätter 1 : 25 000; Württemberg: 1903 Geol. Abt. beim Statistischen Landesamt Stuttgart, Dir. 1903/23 A. SAUER, bis 1918 21 Blätter, bis 1939 weitere 25 Blätter 1 : 25 000; 1952 Land Baden-Württemberg u. Geol. Landesamt.

Bayern: Nach GÜMBELS Tod 1898 Kartierung 1 : 25 000 unter L. V. AMMON, Dir. 1910/29 O.M. REIS (Nachfolger V. AMMONS), 1929/44 M. SCHUSTER; 1914 nach Vorliegen der topograph. Karte erste 3 geol. Karten 1 : 25 000 veröff., 1919 „Geologische Landesuntersuchung" beim Oberbergamt, ab 1933 B. V. FREYBERG kartiert von Erlangen aus, 1937 letzte Blätter der „GÜMBEL-Karte" 1 : 100 000, ab 1947 verstärkt Kartierung 1 : 25 000, 1948 Bayer. Geol. Landesamt München, 1956 geol. Übersichtskarte 1 : 500 000, bis 1992 273 Blätter 1 : 25 000 (etwa 50 %).

Berlin: 1953 ein geol. Dienst für Berlin-West beim Senator für Bau- und Wohnungswesen eingerichtet.

Brandenburg: 1921 von K. KEILHACK geol. Übersichtskarte der Provinz Brandenburg 1 : 500 000, kart. Geol. u.a. WAHNSCHAFFE, TH. SCHMIERER, J. KORN, K. HUCKE, 1965/85 thematische Karten 1 : 50 000, 1992 Landesamt für Geowissenschaften und Rohstoffe, ab 1992 geol. Kartierung 1 : 50 000.

Hamburg: Ab 1873 Preuß. Geol. Landesanstalt zuständig, um 1910 erste geologische Karte 1 : 25 000, kart. Geol. u.a. E. KOCH, W. WOLFF; 1948 Geol. Landesamt.

Hessen: Für ehem. Kurhessen (Hessen-Nassau) Preuß. Geol. Landesanstalt, für Großherzogtum Hessen Geol. Landesanstalt Darmstadt zuständig; kart. Geol. u.a. 1901/28 H. STILLE, 1902/21 A. FUCHS, 1904/33 E. NAUMANN, 1913/28 W. PAECKELMANN, 1922/31 F. MICHELS; 1901 erstes Blatt 1 : 25 000 in 2. Aufl., 1918 erstes Blatt 3. Aufl., Darmstadt Dir. 1915/24 G. KLEMM; 1945 Hess. Geol. Landesamt in Darmstadt, Dir. 1945/46 O. BURRE; 1946 Hessisches Landesamt für Bodenforschung Wiesbaden, Dir. 1946/59, F. MICHELS.

Mecklenburg-Vorpommern: Ab 1901 Preuß. Geol. Landesanstalt zuständig, 1911/15 K. KEILHACK u. O. v. LINSTOW kartieren Usedom (1911 Bl. Ahlbeck veröff.), 1915/22 E. GEI-NITZ Geol. Übersichtskarten 1 : 200 000 u. 1 : 400 000, 1924 K. KEILHACK 3 Karten 1 : 200 000; 1925 Meckl. Geol. Landesanstalt, 1929 von Univ. Rostock getrennt, Dir. 1925/29 C.W. CORRENS; 1929/34 F. SCHUH, 1936/46 K. v. BÜLOW; 1939 etwa 12 % kartiert, 1953/67 H.L. HECK, H. LANGER u. W. SCHULZ kartieren 200 Blätter 1 : 25 000 und veröff. 10 Bl. 1 : 100 000, bei Röbel ein Findling mit Inschrift zur Erinnerung an diese Kartierung; 1991 Geol. Landesamt.

Niedersachsen: Ab 1900 kart. Geol. u.a.: Gebirgsland: O.H. ERDMANNSDÖRFFER, W. SCHRIEL, F. DAHLGRÜN, H. SCHRÖDER; Flachland: K. KEILHACK, H. MENKE, F. SCHUCHT, J. STOLLER; 1907/12 NW-Harz 1 : 25 000 in 1. Aufl. veröff., 1908 Preuß. Geol. Landesanstalt beginnt Kartierung 1 : 25 00 in Oldenburg (F. SCHUCHT), 1926/76 NW-Harz 1 : 25 000 in 2. Aufl. veröff., 1934 Zweigstelle Hannover der Preuß. Geol. Landesanstalt, 1950 Amt für Boden-forschung (gemeinsam mit Nordrhein-Westfalen), 1959 Niedersächs. Landesamt für Bo-denforschung, um 1970 etwa 70 % kartiert.

Nordrhein-Westfalen: 1900 Preuß. Geol. Landesanstalt zuständig; 1893/1919 59 von 102 Bl. des Rhein. Schiefergeb. kartiert, dort 1901/19 A. DENCKMANN, ab 1902 Flachlandkartie-rung, J. STOLLER bei Ibbenbüren, ab 1900 H. STILLE (Mesozoikum), 1923 G. FLIEGEL Leiter der Gebirgskartierung, 1918/39 Höhepunkt der Kartierung: u.a. A. FUCHS, R. BÄRTLING, W. PAECKELMANN, ab 1935 Übersichtskarten 1 : 200 000; bis 1945 158 von 279 Bl. veröff. (= 57 %); 1946 „Arbeitsstelle für das Rheinland", Leiter 1946/49 W. KEGEL, 1948/50 Münsterlän-der Bucht 1 : 100 000, ab 1949 Kartierung 1 : 25 000. 1950 in Krefeld Amt für Bodenfor-schung (mit Niedersachsen), Dir. 1950/57 W. AHRENS, 1957 Geol. Landesamt, Dir. 1957/59 W. AHRENS, bis 1973 178 Bl. veröff. (= 64 %).

Rheinland-Pfalz: Ab 1900 kart. Geol u.a. L. v. AMMON, O.M. REIS; W. AHRENS, H. QUIRING, O. BURRE; 1948 Land Rheinland-Pfalz, 1951 Geol. Landesdienst, Dir. H. FALKE, 1953 Geol. Landesamt, Dir. 1953/70 W. SCHOTTLER; 1971 erste neue geol. Karte 1 : 25 000 (Bl. Kusel).

Saarland: 1955/57 Anschluß an Deutschland; 1947 Referat Geologie bei Landesregierung, 1949 Abteilung Geol. Landesanstalt beim Oberbergamt Saarbrücken, 1957 Geol. Landes-amt selbständig, Dir. 1957/72 G. SELZER.

Sachsen: Ab 1900 kart. Geol. u.a. 1912/32 K. PIETZSCH, 1914/30 R. REINISCH, 1920/36 R. GRAHMANN; Geol. Übersichtskarten von HERM. CREDNER 1908 1 : 250 000, 1910 1 : 500 000; ab 1910 Revisionskartierungen (2. bzw. 3. Aufl. der Bl. 1 : 25 000); 1912 Bohrarchiv; 1924 Sächs. Geol. Landesamt, Dir. 1913/34 F. KOSSMAT, 1934/58 K. PIETZSCH, 1937 Umzug von Leipzig nach Freiberg; 1930 F. KOSSMAT u. K. PIETZSCH: Geol. Karte Sachsen 1 : 400 000; 1945 Zweigstelle Freiberg der Geol. Landesanstalt, 1951 Geol. Dienst der DDR, Zweig-stelle Sachsen, 1991 Sächs. Landesamt f. Umwelt u. Geologie, Bereich Boden u. Geologie.

Sachsen-Anhalt: 1873/1941 Preuß. Geol. Landesanstalt zuständig; kart. Geol. u.a. F. DAHL-GRÜN, W. SCHRIEL, O.H. ERDMANNSDÖRFFER im Harz; O. BARSCH, F. BEHREND, E. FULDA, K. KEILHACK, O. v. LINSTOW, E. PICARD, L. SIEGERT, W. WEISSERMEL, F. WIEGERS im Flachland; 1900/45 101 Bl. = etwa 61 %, damit ab 1862 136 von 205 Blättern = 82 % kartiert; etwa 1904/35 Revisionskartierungen, 1924/36 4 Karten 1 : 200 000; 1946 Geol. Landesanstalt, Außenstelle Halle, Leiter K. BEYER, 1951 Geol. Dienst der DDR, 1991 Geol. Landesamt.

Schleswig-Holstein: Ab 1930 Kartierung bei Lübeck, kart. Geol. u.a. C. DIETZ, H.-L. HECK, 1946 Landesanstalt für angewandte Geol., Leiter 1946/51 H.-L. HECK, 1953 Geol. Landes-amt, 1959 28 % des Gebietes kartiert; 1996 Landesamt f. Natur u. Umwelt, Abt. Geologie u. Boden.

Thüringen: Bis 1923/25 Preuß. Geol. Landesanstalt zuständig; um 1900 kart. Geol. u.a. 1883/1925 E. ZIMMERMANN, 1888/1925 H. BÜCKING, 1889/1924 R. SCHEIBE, 1887/1907 F. BEYSCHLAG, 1901/14 E. KAISER, 1903/56 E. NAUMANN; 1919/24 Zusammenschluß der thür. Staaten (außer den preuß. Landesteilen) zum Land Thüringen. 1923/25 Geol. Landesunter-suchung von Thür., Jena, Dir. 1925/33 W. v. SEIDLITZ, 1934/50 F. DEUBEL; 1920 geol. Kartie-rung 1. Aufl. vollendet (nach Sachsen Thür. zweites Land mit vollständiger Karte 1 : 25 000); Revisionskartierungen 1925/61 F. DEUBEL, 1926/54 W. HOPPE, 1930/40 H.-R. v. GAERTNER; 1942 F. DEUBEL u. H.-J. MARTINI Übersichtskarte 1 : 500 000; 1946 Geol. Landesanstalt, Zweigstelle Jena, 1951 Geol. Dienst in der DDR, Zweigstelle Thüringen, 1991 Thür. Lan-desanstalt f. Geol., Weimar.

Wechselwirkungen zwischen Kartierung und wissenschaftlicher Erkenntnis betrafen im 20. Jahrhundert z.B. die saxonische germanotype Tektonik (H. STILLE), die stratigraphische Gliederung des Devons im Rheinischen Schiefergebirge und damit dessen Tektonik (A. DENCKMANN).

DENCKMANN hatte ab 1905 im Schiefergebirge des Kellerwaldes auch zahlreiche Querstö-rungen entdeckt. Er trug solche nun überall in die Karten ein, wo frühere Geologen ein Auf und Ab der Faltenachsen gesehen hatten, auch dort, wo die einzelne Querstörung nicht nachgewiesen werden konnte. Dieser „Schachbrett-Tektonik" DENCKMANNS folgten auch F. DAHLGRÜN und W. SCHRIEL bei ihren Revisionskartierungen im Harz um 1925 (Abb. 111).

Aus der Kartierung resultierten auch im 20. Jahrhundert Bücher über die regionale Geolo-gie einzelner Länder, z.B. in chronologischer Folge: 1907: W. DEECKE Pommern, 1910: W. WUNSTORF u. G. FLIEGEL Niederrheinisches Tiefland, 1913: TH. WEGNER Westfalen, 1916: W. DEECKE Baden, F. KOSSMAT Sachsen, 1922: K. HUCKE Brandenburg, E. GEINITZ Mecklen-burg, E. HENNIG Württemberg, 1949: O. KUHN Bayern, 1951: K. PIETZSCH Sachsen, 1952:

Abb. 111   Schiefergebirgskartierung im Harz, Blatt Schwenda, links 1. Auflage 1883 (E. BEYRICH, K.A. LOSSEN, F. MOESTA) – ohne Verwerfungen, rechts 2. Auflage 1928 (E. SCHROEDER, F. DAHLGRÜN) – mit Annahme zahlreicher NNW–SSO streichender Verwerfungen.
Links unten schraffiert: Schwenda, a Alluvium der Täler, weiß Tonschiefer des Unterdevons, punktiert Quarzit, schwarz Kieselschiefer.

K. v. Bülow Mecklenburg, 1954: W. Schriel Harz, 1955: H. Weber Thüringen, 1957: E. Rutte Unterfranken, 1961: A. Wurm Bayern, 1962: K. Pietzsch Sachsen, 1964: K. Gripp Schleswig-Holstein.

Ebenfalls auf die Kartierungen und Detailforschung aufbauend erschienen im 20. Jahrhundert zahlreiche geologische Wanderführer, z.B.: 1902: J. Walther Thüringen (1927: 6. Aufl.), 1912: Lehrer E. Kirste Ostthüringen und Westsachsen, 1916: H. Bücking Rhön, 1918: J. Stoller Lüneburger Heide, 1925: G. Frebold Hannoversches Bergland, A. Wurm Fichtelgebirge, F. Dahlgrün u.a. Harz, 1927: R. Schreiter Erzgebirge, 1929: K. Mägdefrau Jena, C.A. Haniel u. M. Richter Allgäuer Alpen, 1930: W. Ahrens Vulkangebiet des Laacher Sees, 1959: H. Rast Elbsandsteingebirge.

Zusammenfassende, ganz Deutschland, Europa oder die Erde betreffende regionalgeologische, in Deutschland herausgegebene Werke waren z.B.: 1910: J. Walther Deutschland (3. Aufl. 1921), 1910/37: G. Steinmann u. O. Wilckens „Handbuch der regionalen Geologie der Erde", 8 Bände = 29 Hefte, 24 Autoren, darunter aus Deutschland M. Blanckenhorn, C. Gagel, E. Krenkel, L. Rüger und A. Stahl, 1926/36: S. v. Bubnoff Europa, 1951: P. Dorn Mitteleuropa (4. Aufl. 1981).

5.5 Petrographie und Gefügekunde

Grundlage der Petrographie zu Beginn des 20. Jahrhunderts war die Gesteinsmikroskopie und klassische Gesteinssystematik, nämlich von Cotta 1857/1862 die Unterscheidung in Magmatite, Sedimente und Metamorphite, speziell von Rosenbusch 1898 die Gliederung der Magmatite (vgl. Abschnitt 4.5). Alle drei Hauptgruppen erfuhren in der Zeit 1900/1950 an Stelle der früher dominierenden beschreibenden Darstellung eine theoretische Aufarbeitung, dadurch auch Erweiterungen sowie integrierende Aspekte zu anderen Teilgebieten der geologischen Wissenschaften.

Die *Magmatite* gliederte F. Becke 1903 je nach Alkali- und Erdalkaligehalt in die *pazifische Sippe* (Ca–Na-Vormacht), nach Kraus (1928) gebunden an geosynklinale Räume, und die *atlantische Sippe* (K–Na-Vormacht), gebunden an konsolidierte Bereiche der Erdkruste wie das Böhmische Mittelgebirge, wo diese Gesteine erkannt worden waren. Von der atlantischen Sippe trennte P. Niggli 1920 Gesteine mit K-Vormacht als mediterranen Zweig ab.

In Neuseeland wurden 1935 die Ignimbrite definiert und als „Schmelztuffe" von R. Weyl 1954 und A. Rittmann 1960 in die deutsche geologische Literatur übernommen. Als Ignimbrite identifizierte man ab etwa 1965 zahlreiche der in Deutschland seit dem 19. Jahrhundert bekannten sauren Vulkanite des Rotliegenden.

Die chemische Vielfalt der Magmatite und die Vorstellung eines einheitlichen Magmas in der Tiefe hatte schon im 19. Jahrhundert Differentiationsvorgänge vermuten lassen (z.B. Dana 1849, Bunsen 1851, W. Sartorius v. Waltershausen 1863, J. Roth 1869). Rosenbuschs Systematik der magmatischen Gesteine hat dann nach 1900 die Magmaforschung angeregt. Grundlage dieser waren u.a. Beobachtungen an Silikatschmelzen in Hochöfen, die von J.H.L. Vogt 1903/04 eingeführte physikalisch-chemische Betrachtungsweise der Silikatschmelzen, die 1884 aufgestellte Theorie des Eutektikums sowie die Bücher von G. Tamann „Kristallisieren und Schmelzen" (1903) und C. Doelter „Physikalisch-chemische Mineralogie" (1905). In Washington/USA wurde 1906 das Geophysical Laboratory der Carnegie-Stiftung eröffnet, wo neben vielen anderen N.L. Bowen und 1912/13 auch P. Niggli die Magmen-Differentiation mit der Physikalischen Chemie bearbeiteten. Niggli veröffentlichte 1920 seine Ergebnisse über die „leichtflüchtigen Bestandteile im Magma", BOWEN 1928 eine „Kristallisationsreihe", die angibt, welche sauren und basischen Minerale bei bestimmter Zusammensetzung des Magmas auskristallisieren und wie die Zusammensetzung der verbleibenden Schmelze sich dabei ändert. Nach H. CLOOS (1924) findet die Differentiation auch während der Bewegung des Magmas infolge Tektonik statt.

Standardwerke über die Magmatite und die Petrographie überhaupt sind von P. NIGGLI 1937 „Das Magma und seine Produkte" und von T.F.W. BARTH, C.W. CORRENS und P. ESKOLA 1939 das sogenannte „Dreimännerbuch": „Die Entstehung der Gesteine".

Die *Sedimente* wurden schon im 19. Jahrhundert weitgehend richtig aktualistisch erklärt. Die Sedimentpetrographie (Terminus von ANDRÉE 1915) entstand nach Anfängen um 1890 bei J. WALTHER durch die Lehrbücher von L. CAYEUX 1916 in Frankreich und K. ANDRÉE 1915 in Deutschland, dieses mit dem programmatischen Titel „Moderne Sedimentpetrographie, ihre Stellung innerhalb der Geologie sowie ihre Methoden und Ziele". Die Sedimentpetrographie sollte mit einer Analyse von Mineralbestand, Größe, Gestalt und Oberflächenbeschaffenheit der Komponenten die Sedimentbildung klären und auf der Basis einer „minutiösen Stratigraphie" in einer „bis ins einzelnste gehenden Paläogeographie gipfeln". Zu erforschen waren dabei u.a. ferner die Diagenese (ANDRÉE 1911), die Schichtung (ANDRÉE 1915, R. BRINKMANN 1932) und die Geologie des Meeresbodens (ANDRÉE 1916, 1920). Der Amerikaner H.B. MILNER führte 1926 die Mikroskopie in die Sedimentpetrographie ein.

Ein besonderes Problem waren die Tongesteine. Erst betrachtete man die Tonminerale (Montmorillonit 1847, Kaolinit 1867) als Gele (z.B. STREMME 1908), ehe ab 1912 mit der Röntgenstrukturanalyse ihre Kristallinität festgestellt werden konnte. Ihre Körner waren aber zu klein (0,5–5 Mikrometer), als daß sie im Lichtmikroskop sichtbar gemacht werden konnten. Erst die Elektronenmikroskopie (ab etwa 1940) machte sie sichtbar und ermöglichte die genauere Erforschung dieser Schichtsilikate, z.B. um 1950 die Definition des Tonminerals Illit. Auf dem Geologenkongreß 1948 in England wurde ein „Subkomitee: Vereinigung zum Studium der Tone" gegründet.

Die *Metamorphite* waren im 19. Jahrhundert als Produkte der Kontaktmetamorphose (DE BEAUMONT 1850), Regionalmetamorphose (DAUBREE 1860) oder Dynamometamorphose (LOSSEN 1867) erkannt worden. ROSENBUSCH (1889) hatte zwischen Orthogesteinen (metamorphe Magmatite) und Paragesteinen (metamorphe Sedimente) unterschieden.

Im 20. Jahrhundert galt es, bei den einzelnen Vorkommen regionalmetamorpher Gesteine, insbesondere der Kristallinen Schiefer, zu klären, ob sie Ortho- oder Paragesteine sind – wobei die Deutung in manchen Fällen mehrmals wechselte – und ihr stratigraphisches Alter zu bestimmen. So wurden die von A. SAUER 1879 entdeckten Geröllgneise des Erzgebirges 1903 von C. GÄBERT im Vergleich mit Konglomeraten in Thüringen ins Karbon, von K.R. MEHNERT 1938 aber ins Algonkium eingestuft. Ebenso änderte sich die Einstufung der erzgebirgischen Orthogneise. E. DANZIG erkannte 1914 das Alter der Phyllite bei Chemnitz als kambrisch bis devonisch.

Nach ersten Ideen von J.J. SEDERHOLM 1891 führte U. GRUBENMANN 1904 zur Deutung der Kristallinen Schiefer die Epi-, Meso- und Katazone als Tiefenbereiche der Metamorphose ein (etwa passend zur Gesteinsfolge Phyllit, Glimmerschiefer, Gneis) und schrieb ihnen bestimmte Temperatur- und Druckverhältnisse zu. Er meinte aber richtig, die Systematik der Kristallinen Schiefer sei erst dann klar, wenn man für die beteiligten Minerale die „Stabilitätsfelder" hinsichtlich Druck und Temperatur so kenne, wie sie VAN'T HOFF damals für die Salze ermittelt hatte.

Die Rückverwandlung eines Metamorphits in einen solchen geringerer Tiefenzone nannte F. BECKE 1909 „Diaphthorese".

Der Finne P. ESKOLA schuf 1915 den Begriff der „metamorphen Fazies", womit er jeweils das Gestein bezeichnete, das bei definierten Druck- und Temperaturbedingungen aus Material mit bestimmter chemischer Zusammensetzung entstand (z.B. Granulitfazies, Amphibolitfazies usw.). F. BECKE und P. ESKOLA nutzten 1921 den so auf das Erdinnere erweiterten Faziesbegriff zur Klassifikation der metamorphen Gesteine. GRUBENMANN und NIGGLI verbanden ab 1924 die Zonen der Metamorphose nicht mehr mit absoluten Tiefenangaben, sondern nur noch mit den Druck- und Temperaturbedingungen.

Der Norweger J.J. SEDERHOLM fügte 1907/09 den Kristallinen Schiefern – oder besser: den Hauptgruppen der Gesteine – die „Migmatite" (Mischgesteine) als weitere Gruppe ein. Er erkannte sie als teilweise aufgeschmolzene Metamorphite, die durch Wiedererstarren der geschmolzenen Teile einen Anteil magmatischer Substanz erhalten hatten. Ebenfalls 1908/09 prägte SEDERHOLM die Begriffe „Anatexis" und „Palingenese" und wies damit auf die Möglichkeit der Bildung von Magma durch Aufschmelzung von Erdkrustenbereichen hin.

Mineralogie und Petrographie konnten im 20. Jahrhundert dank neuer Untersuchungsmethoden in *kleinste Dimensionen* eindringen:

Die *Röntgenstrukturanalyse*, beruhend auf dem bekannten Nachweis von Röntgenstrahlinterferenzen an Kristallen 1912 von M. v. LAUE, W. FRIEDRICH und P. KNIPPING, erlaubte die Feststellung des Gitterbaus von Kristallen. Die Methode von DEBYE und SCHERRER (1915) ermöglichte Pulveruntersuchungen. Ab 1933/38 wurde die Röntgenanalyse auf Tonminerale angewendet.

Thermische Analysen von Tonmineralen wurden nach Vorarbeiten von H. LE CHATELIER (1887) ab etwa 1900 besonders in Rußland und England entwickelt, die Differentialthermoanalyse 1899 von W. ROBERTS-AUSTEN und die Thermogravimetrie 1915 von dem Japaner HONDA. Thermische Analysen von Tonen, Karbonaten und Hydroxiden wurden in Deutschland erstmals von R. WOHLIN 1912 veröffentlicht.

Die *Elektronenmikroskopie* konnte ab 1939 die Tonminerale sichtbar machen, deren Korngrößen unterhalb des Auflösungsvermögens des bis dahin allein verfügbaren Lichtmikroskops liegen. Mit etwa 20 000 facher Vergrößerung ließen sich hexagonale Kaolinblättchen von 0,2 Mikrometer abbilden. Das Rasterelektronenmikroskop zur flächenhaften Abbildung ebenso kleiner Kornaggregate, Oberflächenstrukturen oder Gefügemerkmale steht der Petrographie seit 1965/68 auch in Deutschland zur Verfügung.

Die *Gefügeanalyse nach* B. SANDER hat es ermöglicht, die Raumanordnung der einzelnen Körner von Gesteinen, insbesondere Metamorphiten und Magmatiten – nach WALTHER SCHMIDT 1932: „die unendlich kleine Verformung am Körperelement" – statistisch zu erfassen. Historische Stufen der Methode waren folgende:

1891/96 Universaldrehtisch von E.S. FEDOROW, mit dem die Lage der optischen Achse (bzw. Achsen) von Kristallen im Dünnschliff festgestellt werden konnte. (Bei orientierter Probenahme konnte die Lage der Achse im Dünnschliff in die räumliche Lage im Gelände umgerechnet werden.)

1898 A. ROSIWAL: Ermittlung der Mineralanteile im Gestein durch Planimetrieren der Teilflächen im Dünnschliff.

1925 WALTHER SCHMIDT: „Parallelführer" für den Dünnschliff auf dem Objekttisch zwecks Erfassung einer statistisch ausreichenden Menge von Mineralkörnern.

1925 WALTHER SCHMIDT entwickelt sein flächentreues Netz als Projektion einer ideellen „Lagenkugel" zur Eintragung der räumlichen Lage optischer Achsen von Mineralkörnern. Die Linien gleicher Punktdichte in der Lagenkugelprojektion (Abb. 112) ermöglichen eine Interpretation des Gefüges des Gesteinskörpers an der Stelle der Probenahme.

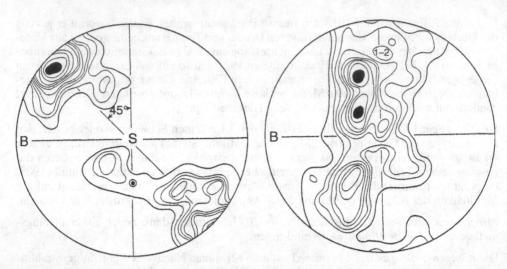

Abb. 112   Lagenkugeldiagramme (auf Schmidtschem Netz) aus B. Sanders Gefügekunde 1930.
Links: 152 Quarzachsen in Gneis vom Eulengebirge/Schlesien. Schwarz: über 16 Achsen pro
Flächeneinheit, anschließend 16/14/12/10/8/7/6/5/3/2/1/0 Achsen pro Flächeneinheit. Rechts: 285
Quarzachsen im Stengelgneis von Niederlauterstein/Sachsen. Schwarz 12 bis 10, anschließend
10/8//6/5/4/3/2/1/0,5/0 Achsen pro Flächeneinheit.

1930   B. Sander veröffentlicht die „Gefügekunde der Gesteine". Seine Gefügeanalyse
mittels einer statistischen Erfassung der Einzelkornrichtungen bedeutet das Eindringen der Erkenntnis in die in der Petrographie kleinsten möglichen Einheiten.

5.6 Paläontologie

Die im 19. Jahrhundert entstandenen zwei Richtungen der Paläontologie, die anatomisch-
biologische und die stratigraphische, hatten sich um 1900 so weit entwickelt, daß nun ein
Streit entstand, ob die Paläontologie an die Historische Geologie gebunden bleiben solle
oder nicht. Paläontologie konnte jedenfalls nun nicht mehr von Geologen nebenbei betrie-
ben werden, was schon durch die Gründung der „Deutschen Paläontologischen Gesellschaft"
1912 mit der „Paläontologischen Zeitschrift" als ihrem Fachorgan symbolisiert wird. Allerdings ging im 20. Jahrhundert die führende Rolle in der Paläontologie von Deutschland an
die USA über (nicht zuletzt durch negative Auswirkungen des 1. Weltkrieges).

Von den trotzdem vorhandenen Leistungen der deutschen Paläontologen bei der *anatomischen Erforschung* fossiler Lebewesen seien drei genannt: 1.) W. Soergel rekonstruierte
1925 aus den „Fährten der Chirotheria" deren Aussehen und anatomischen Bau. 2.) E. Voigt
fand 1935 mit seiner „Lackfilmmethode" in der eozänen Braunkohle des Geiseltals bei
Merseburg unter dem Mikroskop neben anderen Weichteilen z.B. in der Haut eines Fro-
sches Epithelzellen mit Zellkern. 3.) Pflanzenfossilien wurden nun intensiver mikroskopisch untersucht, so durch K.A. Jurasky 1934/36 (Kutikularanalyse) und R. Hunger 1939.
Prinzipielle Kontinuität zeigt sich in den *Lehrbüchern* des 20. Jahrhunderts: zur Paläontologie: G. Steinmann 1903; K.A. v. Zittel 1923, H. Schmidt 1935; zur Paläobotanik:

H. POTONIÉ 1899, H. POTONIÉ u. W. GOTHAN 1921, W. GOTHAN u. H. WEYLAND 1954; zur Paläozoologie: E. STROMER VON REICHENBACH 1909, O. ABEL 1920, O.H. SCHINDEWOLF 1938 (Handbuch, geplant 20 Bände), A.H. MÜLLER 1957. Neu in diesen Lehrbüchern sind ausführliche Kapitel zur „Allgemeinen Paläontologie" (Terminus bei J. WALTHER 1927) wie z.B. die „Fossilisation" (W. DEECKE 1923).

In den neueren Lehrbüchern gibt es ausführliche Abschnitte über *Biostratinomie,* die von J. WEIGELT 1919 definierte Lehre von der Einregelung und Anordnung der Fossilien im Gestein, alle Vorgänge vom Absterben der Lebewesen bis zu ihrer Einbettung ins Sediment umfassend. Wichtige Veröffentlichungen darüber:

J. WEIGELT 1919, RUD. u. E. RICHTER 1920/26 (Frankfurt/ M., mit der Forschungsstation „Senckenberg am Meer", 1934/38 unter Leitung von W. HÄNTZSCHEL), E. WASMUND 1926, J. WEIGELT 1927/39 (rezente Wirbeltierleichen, Fische und Pflanzen im Kupferschiefer, Leichenfelder in der Braunkohle des Geiseltales), A.H. MÜLLER 1950 (Ob. Muschelkalk und Grundlagen der Biostratinomie).

Über das einzelne Fossil hinausgreifend ist auch die von O. ABEL 1912 so benannte *Paläobiologie* (nach SCHINDEWOLF 1950 besser „Palökologie") als Lehre von den früheren Lebensräumen von Pflanzen und Tieren. Beispielhaft dafür sind die Ausgrabungen in der eozänen Braunkohle des Geiseltales bei Merseburg. In den dortigen Tagebauen wurden 1908 und besonders von W. SALZMANN 1912/13 erste Tierreste gefunden (veröff. H. SCHROEDER 1913) und dann 1925/39 und 1949/93 planmäßige Ausgrabungen unter Leitung von J. WALTHER und (1929/45) von J. WEIGELT durchgeführt. Mit dem Ziel einer genauen Rekonstruktion der Lebensräume wurden – mit genauer feinstratigraphischer Dokumentation und eingetragen in Lagerpläne – etwa 50 000 Tierreste geborgen. Von 1927 bis 1944 bearbeiteten 27 Autoren u.a. die Schnecken, Würmer, Insekten, Fische, Amphibien, Reptilien, Vögel und Säugetiere des Braunkohlenmoores vom Geiseltal. Nach dem 2. Weltkrieg wurden die biostratinomischen Arbeiten von H. GALLWITZ, W. KRUTZSCH und G. KRUMBIEGEL weitergeführt. Standardwerke der Paläobiologie wurden von O. ABEL die „Lebensbilder aus der Tierwelt der Vorzeit" (1921, 2. Aufl. 1927) und von K. MÄGDEFRAU die „Paläobiologie der Pflanzen" (1942).

Die schon im 19. Jahrhundert wichtige stratigraphische Arbeitsrichtung der Paläontologie wurde im 20. Jahrhundert zur *Biostratigraphie,* in welcher gemäß der Feinstratigraphie Fossilien „streng nach Schichten gesammelt" wurden, „um die Wandlung eines Leitfossiltypus in der Zeit festzulegen" und „um aus der Richtung dieser Wandlungen der Artenmerkmale kleinste Zeitmarken zu gewinnen" (WEDEKIND 1916/35/37 u. v. BUBNOFF 1941). O.H. SCHINDEWOLF schrieb über „die Liegendgrenze des Karbons im Lichte biostratigraphischer Kritik" (1928), paläontologische „Probleme der Devon/Karbon-Grenze" (1926/33), die Zonengliederung des Karbons nach Ammoniten (1938) und „Grundlagen und Methoden der paläontologischen Chronologie" (1944). Hierin definiert er die Orthochronologie und die Parachronologie. Eine solche ist z.B. die 1933/34 in den USA entwickelte und 1934/56 von H. SCHMIDT u.a. in Deutschland bekanntgemachte Conodonten-Stratigraphie.

„Wandlungen der Artenmerkmale" bedeutete die Frage nach der *Stammesentwicklung* in Fortführung und Weiterentwicklung der Deszendenztheorie von DARWIN, ein nach wie vor allgemein interessierendes Thema:

1920 erschien die „Natürliche Schöpfungsgeschichte" von E. HAECKEL in 12. Auflage! Darstellungen der Stammesgeschichte lieferten im 20. Jahrhundert von paläontologischer Seite V. FRANZ 1924, H. SCHMIDT 1925 (mit Stammbaum der karbonischen Ammoniten), O. ABEL 1929, W. ZIMMERMANN 1930 und O. KUHN 1938/39. Neu waren 1901/03 die Mutationstheorie von DE VRIES und 1929 von R. BRINKMANN „Statistisch-biostratigraphische Untersuchungen an Ammoniten über Stammesentwicklung". Der Berliner Geologe G. BERG beantwortete die uralte Frage „Ist die Entstehung des Lebens aus Anorganischem erklärbar?" 1940 unter Hinweis auf die Fortschritte in der Eiweißchemie und der Virenforschung und mit der erkannten Möglichkeit anorganischer Eiweißbildung positiv. E. HENNIG vermutete 1944 „Großmutationen" als Ursache der Evolution und O.H. SCHINDEWOLF entwickelte 1950 seine „Typostrophentheorie" als phasenhafte Entwicklungslehre: Zuerst eine explosive Aufspaltung von Arten („Typogenese"), dann eine ruhige Weiterentwicklung mit Selektion („Typostase") und zum Schluß vor dem Aussterben eine Auflösung der typischen Formen („Typolyse").

Die vielleicht größten Fortschritte der Paläontologie, vor allem hinsichtlich Biostratigraphie und Entstehung der Arten brachte im 20. Jahrhundert die *Mikropaläontologie*. Nach ersten Arbeiten 1840 durch C.G. EHRENBERG und H. R. GÖPPERT sowie Untersuchungen

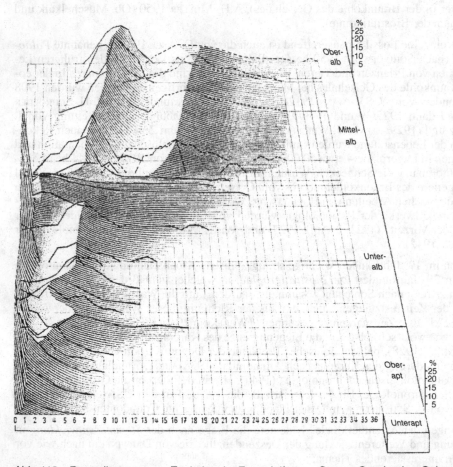

Abb. 113 Raumdiagramm zur Evolution der Foraminiferen – Gruppe Gaudrynia – Spiroplectinata in der höheren Unterkreide Nordwestdeutschlands. (GRABERT 1959, in BETTENSTAEDT 1962). Abszisse: Merkmaldefinitionen (0-36). Ordinate: Zahl der Individuen mit dem Merkmal, von vorn nach hinten: Zeitachse = 28 stratigraphisch übereinanderliegende Variationskurven = etwa 8 Millionen Jahre. Links am Rand: Die Stammlinie, Artumwandlung im Unter-Alb, Art-Abspaltung im Ober-Apt und Mittel-Alb.

miozäner Foraminiferen des Münsterlandes durch A. Hosius 1865/85 veranlaßte die Erdölindustrie einen Aufschwung der Mikropaläontologie:

1917   erstes mikropaläontologisches Labor (bei einer mexikanischen Erdölgesellschaft);
1931   Mikropaläontologie in der deutschen Erdölgeologie: u.a. O. Stutzer, C.A. Wicher, H. Hiltermann, F. Bettenstaedt,
1937/38   H. Bartenstein, E. Brand, K. Staesche, F.E. Hecht und C.A. Wicher bearbeiten Jura, Kreide und Tertiär in nordwestdeutschen Erdölbohrungen mikropaläontologisch;
1942   Buch von C.A. Wicher „Praktikum der angewandten Mikropaläontologie";
1955   Standardwerk von J. Cushman, USA, über Foraminiferen;
1956   Buch von H.W. Matthes „Einführung in die Mikropaläontologie".

Während Makrofossilien in Bohrkernen selten – auf jeden Fall nicht in statistisch hinreichender Zahl – gefunden werden, sind in 1 kg Bohrproben bis zu 1 000–1 000 000 Foraminiferen, Radiolarien, Ostracoden u.a. Mikrofossilien enthalten. Sie ermöglichen erstens eine viel detailliertere Zonengliederung (Biostratigraphie), zweitens ab 1938 die Erkennung phylogenetischer Reihen und drittens (ab 1950) eine statistische Bearbeitung der Variationsbreite der Mikrofossilformen. Die Variationen verteilen sich gemäß der Gaussschen Verteilungskurve mit einem Maximum an der Stelle der durchschnittlichen Eigenschaften. Teilt sich dieses Maximum mit der Zeit (d.h. in höheren Schichten) in zwei Maxima, so bedeutet das das Hervorgehen einer neuen Art aus der alten (Abb. 113). Eine solche Artentstehung an Foraminiferen hat erstmals B. Grabert 1959 nachgewiesen. Weitere Bearbeitungen stammen von F. Bettenstaedt 1944/68.

Die Mikropaläontologie ist damit in dreifacher Weise in die kleinsten Dimensionen eingedrungen: In die Formenwelt kleinster Lebewesen, in kleinste Einheiten der Biostratigraphie und in die kleinsten Zeitabschnitte bei der Entstehung neuer Arten. Dieses war möglich, da die Paläontologie (nach Bettenstaedt 1962) nun nicht mehr nur Individuen, sondern Populationen untersuchte. Auch in der Mikropaläobotanik haben Sporen- und Pollenanalysen zu einer Feinstratigraphie der Kohlen und ihrer Begleitschichten geführt (F. Thiergart 1945, W. Krutzsch 1959).

Das Rasterelektronenmikroskop wurde für die Paläontologie erstmals 1966 in Münster/Westf. eingesetzt.

5.7 Quartärgeologie

Auf Grund ihrer Zusammenhänge mit Geographie und Vorgeschichte ist die Quartärgeologie im 20. Jahrhundert eine ziemlich eigenständige Spezialdisziplin geworden, wie die Gründung der „Deuqua" (Deutsche Quartärvereinigung) 1948 und die 1928 gegründete „Inqua" (Internationale Quartärvereinigung) zeigt. Der Terminus „Quartärgeologie" ist wohl um 1930 entstanden (z.B. Grahmann 1934). F. Wahnschaffe, um 1900 führender Quartärgeologe Deutschlands, war lange Zeit im Vorstand der Gesellschaft für Erdkunde.

Eine Gliederung der Eiszeit erfolgte im Alpenraum durch A. Penck und E. Brückner 1909 in vier Vereisungen, in Norddeutschland durch den Leiter der Flachlandkartierung in der Preußischen Geologischen Landesanstalt, K. Keilhack 1910 (in den Erläut. geol. Karte 1 : 25 000 Bl. Teltow) in drei Vereisungen, die alle nach Flüssen benannt wurden. Eberl sah 1930 in den Alpen noch eine Donau-Eiszeit als älteste. Die Interglaziale erhielten ebenfalls geographische Bezeichnungen, so daß die Gliederung seitdem lautet:

Alpenraum	Norddeutschland
Würm-Glazial	Postglazial	Weichsel-Glazial
	Eem-Interglazial (defin. 1908 in Dänemark)	
Riß-Glazial		Saale-Glazial
	Holstein-Interglazial (defin. PENCK 1922, WOLDSTEDT 1954)	
Mindel-Glazial		Elster-Glazial
Günz-Glazial	Cromer-Interglazial	?
Donau-Glazial		

Um 1950 bürgerten sich die Begriffe Kaltzeit statt Glazial und Warmzeit statt Interglazial ein.

Alle diese Kaltzeiten und Warmzeiten wurden weiter untergliedert. Dem dienten sowohl die Schichtfolgen, insbesondere die Zahl der durch fluviatile Sedimente getrennten Grundmoränen wie auch die „Glazialmorphologie", deren Formen (Endmoränen, Sander, Urstromtäler usw.) im 19. Jahrhundert benannt worden waren. Die Namen der Moränentypen beschlossen die Teilnehmer der „Gletscherkonferenz" 1899, veröffentlicht 1900 in „Petermanns Mitteilungen".

Gemäß dem Vorrücken und Zurückweichen des Eisrandes in einem Glazial unterscheidet man heute Stadiale (oder Stadien) und Interstadiale (PENCK u. BRÜCKNER 1894). Die Stadiale werden seit G. LÜTTIG 1959 in Staffeln als Eisrandschwankungen während eines Stadiums und die zugehörigen Endmoränen gegliedert. Die Hierarchie von Stadien und Staffeln hat sich erst allmählich entwickelt. So benutzen KEILHACK 1917 und WOLDSTEDT 1925 die Termini „Rückzugsstaffeln" und „Hauptstaffeln" im Sinne der heutigen Stadien. Die Zuordnung einiger Stadien zu einem der Glaziale war mancherorts auch umstritten. So betrachtete z.B. KEILHACK 1899/1917 den Fläming als ältestes Stadial des Weichselglazials. RANGE sah im Fläming die Endmoräne eines eigenständigen Glazials. TIETZE 1917 und GRIPP 1924 deuteten den Fläming als letztes Stadial des Saaleglazials. WOLDSTEDT bezeichnete das Stadial des Flämings 1927 als „Warthe-Stadium" und sah in ihm, KEILHACK folgend, das älteste Stadium des Weichselglazials, dann aber 1929 (wie noch heute gültig) das letzte Stadial des Saale-Glazials. Das Weichsel-Glazial gliederte WOLDSTEDT 1928 (wie auch heute noch gültig) in das Brandenburger Stadium, das Frankfurter Stadium und das Pommersche Stadium, jeweils mit den zugehörigen Sandern und Urstromtälern (Abb. 114).

O. TIETZE (1917), K. GRIPP (1924) und P. WOLDSTEDT (1929) wiesen auf den „Gegensatz zwischen Jung- und Altmoränen" hin, d.h. auf den Gegensatz zwischen der morphologisch frischen, nur wenig veränderten Glaziallandschaft der Weichseleiszeit und den von der Erosion stark verwaschenen Endmoränen des Elster- und Saale-Glazials in Mitteldeutschland. Trotzdem wurden die Tauchaer Berge bei Leipzig schon von HERMANN CREDNER 1880 als Endmoräne erkannt. Südwestlich von Leipzig hatte A. SAUER 1883 den „Rückmarsdorfer Sandrücken" kartiert, der bei der Revisionskartierung auf sächsischem Gebiet 1905 von F. ETZOLD, auf preußischem Gebiet 1906 von L. SIEGERT und W. WEISSERMEL als Endmoräne erkannt und von R. GRAHMANN 1920/24 als „Rückmarsdorfer Stadium" des Saale-Glazials bezeichnet wurde. WOLDSTEDT gliederte 1929 das Saale-Glazial in das Amersfoort-Stadium, das Osning-Stadium, das Rehburger Stadium und – als jüngstes – das Warthe-Stadium. Die drei ersten Stadien wurden 1953 von J.M. VAN DER VLERK und F. FLORSCHÜTZ als Dren-

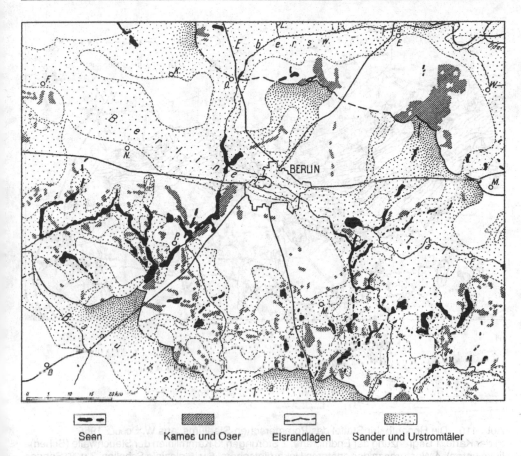

Seen   Kames und Oser   Eisrandlagen   Sander und Urstromtäler

Abb. 114 Die vom Weichselglazial geprägte Landschaft bei Berlin, aus WOLDSTEDT 1929 (Zum Forschungsfortschritt 1879/1929 vgl. Abb. 79).
Von links unten nach rechts oben: Baruther Urstromtal, Brandenburger Stadium, Berliner Urstromtal, Frankfurter Stadium, Eberswalder Urstromtal.

the-Stadium zusammengefaßt. Für dieses konnte aber R. GRAHMANN in Sachsen 1925 drei Eisvorstöße nachweisen.

Beispiel einer „Staffel" ist die „Rosenthaler Randlage" (HESEMANN 1932) oder „Rosenthaler Staffel" (SCHULZ 1965) des Pommerschen Stadiums bei Pasewalk. W. SCHULZ ermittelte 1965 in der „Rosenthaler Staffel" die einzelnen, die Endmoräne der Staffel aufbauenden „Schuppen" als kleinstmögliche Einheiten der Eisbewegung (Abb. 115). Aktualistischer Bezug dafür waren die Gletscherstudien von K. GRIPP 1927 auf Spitzbergen.

Stauchmoränen, glazigene Faltungen und *Periglazialbildungen* im Frostboden hatten nun ebensolchen aktualistischen Bezug (GRIPP 1927, SOERGEL 1936). Glazigene Falten beschrieben F. WAHNSCHAFFE 1906 bei Freienwalde/Oder und Fürstenwalde/Spree, TH. SCHMIERER 1910 im Fläming, K. KEILHACK 1921 im „Muskauer Faltenbogen" (mit Karte). Glazigene Aufpressungen von Braunkohle, nun dokumentierbar in den großen Tagebauen, beschrieben H. WEIGELT 1928 aus dem Geiseltal und O. ROETHE 1930/32 aus der Mark Brandenburg.

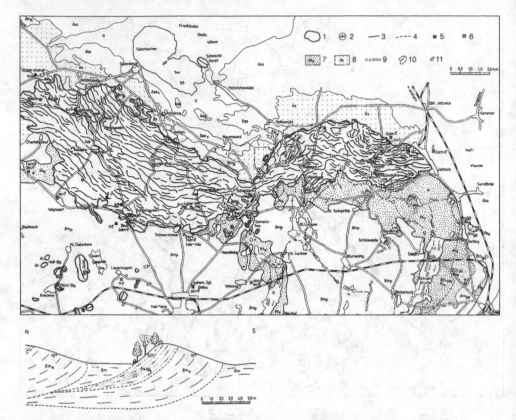

Abb. 115   Die Rosenthaler Staffel des Pommerschen Stadiums, aus W. Schulz 1965.
In der Karte: 1 Begrenzung der Endmoräne, 2 Störungen, 3 Kammlinien der Stauchwälle (Schema links unten), 4 Westgrenze des späteren Ückergletschers, 5 u. 6 glaziale Schollen, 7 u. 8. Sander, 9 Oser, 10 Schmelzwasserrinnen, 11 Aufschluß.

E. Seidl versuchte 1933, sie „nach den Richtlinien der technischen Mechanik zu erklären", ein Beispiel fachübergreifender Forschung. Die Lagerungsstörungen der Kreide auf Rügen deuteten Philippi um 1906, Slater um 1929, Gripp 1947 und Brinkmann 1953 wie schon Johnstrup 1874 nur mit Eisschub, wogegen Deecke um 1900, Keilhack um 1912, Jaekel 1917 und Becksmann darin echte Tektonik sahen. Eine Synthese entwickelte A. Ludwig 1954/55 mit der Annahme, echte Tektonik habe Reliefunterschiede und damit für das Eis Angriffspunkte für die Erzeugung der Schuppen durch Eistektonik geschaffen.

A. Penck und W. Soergel vermuteten 1922/23 isostatische Ausgleichsbewegungen der Erdkruste, je nachdem sie (in Glazialzeiten) von Eis belastet oder (in Interglazialzeiten) entlastet wird. Soergel sah in den Bewegungen die Ursache von Flußverlegungen.

In der *Geschiebeforschung* hatten 1917/35 K. Hucke, J. Korn und J. Hesemann weitere Herkunftsgebiete ermittelt und so u.a. den Stockholm-Granit, den Aland-Rapakiwi, die Ostseeporphyre und den Rhombenporphyr bestimmbar gemacht (J. Korn 1927: „Leitgeschiebe"). V. Milthers verfolgte 1934 die Verteilung der Leitgeschiebe im Pleistozän Westdeutschlands. K. Richter erkannte 1933 die Einregelung der Geschiebe in Bewegungsrichtung des Eises (quasi in Analogie zur Gefügekunde von Cloos und Sander).

Die pleistozänen *Flußschotter* und *Flußterrassen* wurden nicht mehr mit epirogenen Hebungen und Senkungen, sondern klimatisch erklärt, allerdings verschieden: Von L. Siegert und W. Weissermel 1906/13 als interglazial, von O. Grupe 1905/13, W. Soergel ab 1921 und R. Grahmann 1925 als glazial, was sich paläontologisch als richtig erwies. Für die Schottersedimentation vermutete Grupe starke Niederschläge, Soergel dagegen 1921/24 trockenes Klima mit wenigen starken Regenfällen. Die Terrassen des Rheins hatten G. Steinmann 1906 und E. Kaiser 1908 erforscht und O. v. Linstow 1913 mit zwei Lössen parallelisiert.

L. Siegert und W. Weissermel (1906/13) sowie R. Grahmann (1925) beschrieben die durch das Vorrücken des Eises bedingte Schichtfolge

3) Geschiebelehm = Grundmoräne
2) Bänderton   = Stauseesediment (mit jahreszeitlicher Schichtung)
1) Kies und Sand = Flußschotter

und benutzten die mehrfache Wiederholung dieser Schichtfolge zur Gliederung des Pleistozäns. An vielen Stellen wurden Schichtfolgen der Glaziale und Interglaziale feinstratigraphisch aufgenommen (z.B. W. Selle 1939 Ummendorf bei Magdeburg).

Soergel ermittelte 1924/25 aus den Terrassen der Ilm zehn Kaltzeiten und parallelisierte sie mit den Minima der Strahlungskurve von M. Milankowitsch (vgl. Kap. 5.2.1 und Abb. 94).

Der *Löß* war von F. v. Richthofen als Steppenstaub erkannt und ab 1908 auch von Wahnschaffe als letztem Gegner dieser Deutung als äolisches Sediment anerkannt worden. Als interglazial gedeutet wurde der Löß von A. Penck u. E. Brückner 1909, als glazial von Wahnschaffe 1909, Wiegers 1912, Keilhack 1918 und Soergel 1919. Dieser begründete diese Deutung mit dem trockenen Klima einer Kaltzeit. Nachdem K. Keilhack 1898, bei Altenburg-Zeitz-Weißenfels B. Dammer 1908 und in den Alpen Penck u. Brückner 1909 zwei verschieden alte, durch eine interglaziale Verlehmungszone getrennte Lösse gefunden hatten, stellte Woldstedt 1929 die These auf: „Ist der diluviale Löß eine klimatisch aufs engste mit einer Eiszeit zusammenhängende Erscheinung, so muß jeder Eiszeit ein Löß entsprechen", was sich bestätigt hat.

Als *Ursachen der Vereisungen* wurden im 20. Jahrhundert erwogen: Von Arrhenius 1909 die Erhöhung des CO_2-Gehalts in der Atmosphäre, von Nölke 1909 der Durchgang des Sonnensystems durch kosmische Nebel, von Ramsay 1910 die Verstärkung der Reliefunterschiede durch Gebirgsbildung, von Philippi 1910 Sonnenfleckenperioden, von Dorno 1913 vulkanische Staubwolken, von Klute 1921 Änderungen des Golfstroms, von L. Pilgrim 1904, Milankowitsch und Köppen 1924 die Änderung der astronomischen Erdbahnelemente und von Wundt 1944 die verstärkte Wärmereflexion bei einer großen weißen Eisdecke. Nach Bedenken gegen alle diese Hypothesen kommt P. Woldstedt 1929 (ähnlich 1954) zu dem Schluß, daß „das Eiszeitalter in seinem Verlauf und in seinen Einzelheiten" zwar mehr und mehr geklärt ist, aber „als Ganzes heute noch als ungelöstes Rätsel vor uns steht".

Funde aus Flußschottern und Interglazialbildungen ließen im 20. Jahrhundert die *Quartärpaläontologie* zu einer Spezialdisziplin der Paläontologie werden. (1962 Gründung des „Instituts für Quartärpaläontologie" durch H.-D. Kahlke.) Mehrere der Fossilfundstellen im Quartär wurden durch Menschenreste auch für die Vorgeschichte wichtig. Besondere Bedeutung hatten im 20. Jahrhundert:

In Flußschottern: 1907 in Neckarschottern der Cromer-Warmzeit von Mauer bei Heidelberg ein menschlicher Unterkiefer, 1908 von O. Schoetensack *„Homo heidelbergensis"* benannt. 1933 bei Steinheim an d. Murr (südlich Heilbronn) ein fast vollständiger menschlicher Schädel aus dem Mindel/Riß-Interglazial oder dem frühen Riß-Glazial (Berckhemer

1934). 1889/1970 in den von P. MICHAEL 1896 als präglazial erkannten Ilmschottern der frühen Elsterkaltzeit von Süßenborn bei Weimar zahlreiche Säugerknochen,(WÜST 1900, SOERGEL 1918, KAHLKE 1969). 1914 beschreibt SOERGEL eine pliozäne bis frühquartäre Fauna aus den Kiesen und Sanden von Mosbach bei Wiesbaden.

In Travertinen: Bad Cannstatt bei Stuttgart: Weitere Funde und paläontologische Bearbeitung von Pflanzenresten (BERTSCH 1927), Säugetieren (BRÄUHÄUSER 1909, BERCKHEMER 1932, 1935, SOERGEL 1929, 1940), Schildkröten (STAESCHE) u.a., Vorgeschichte (ADAM 1951). Burgtonna/Thüringen: 1903 Feuersteinmesser, 1909 bearbeitet H.F. SCHÄFER die Fauna und die „Spuren des paläolithischen Menschen". Ehringsdorf bei Weimar: Um 1890 Aufschwung des Travertinabbaus, 1908 stufen H. HAHNE und E. WÜST auf Grund der Großsäugerfunde den Travertin ins 2. Interglazial (heute Eem-Warmzeit) ein. Streit um den „Pariser" (Abb. 116): Stark kalkhaltiger Löß (WÜST 1910) oder lehmhaltiger Travertin (SIEGERT 1912)? Daraus Streit um stratigraphische Einstufung: SOERGEL 1926: Der Pariser (Löß) entspricht dem ersten Eisvorstoß des Weichsel-Glazials, der obere Travertin stammt aus einem Interstadial, oder WIEGERS 1928: Das gesamte Profil repräsentiert das Saale/Weichsel-Interglazial. Zur Vorgeschichte: 1907 Kustos A. MÖLLER entdeckt im Unteren Travertin eine Brandschicht (HAHNE u. WÜST 1908), 1908 Fund menschlicher Skelettreste, 1914 ein Unterkiefer, 1916 Teile eines kindlichen Skeletts, 21. 9. 1925 Präparator E. LINDIG und Steinbruchbesitzer R: FISCHER bergen die Hirnschale eines Neandertalers. 24./29. 9. 1925 tagt die Paläontologische Gesellschaft in Weimar und besucht die Fundstelle. Der Anthropologe F. WEIDEN-

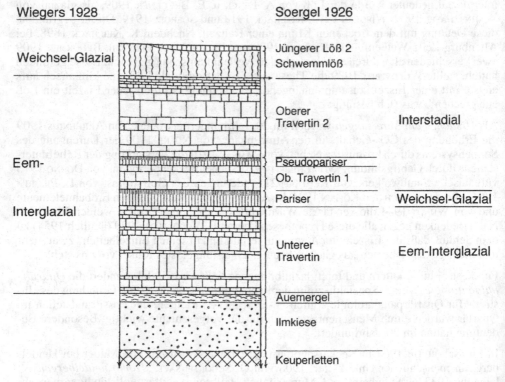

Abb. 116   Das von W. SOERGEL 1926 veröffentlichte Profil von Ehringsdorf bei Weimar mit den stratigraphischen Deutungen.

REICH, der Geologe F. WIEGERS und der Weimarer Studienrat E. SCHUSTER werden mit der Bearbeitung des Schädels beauftragt (Veröff. 1928). Ab 1950 neue Forschungsperiode durch G. BEHM-BLANCKE. Bilzingsleben/Nordthüringen: 1908/30 in Holstein-warmzeitlichem Travertin Reste von Säugern durch E. WÜST, von Pflanzen durch W. VENT und Artefakte durch V. TÖPFER bearbeitet. 1969 entdeckte D. MANIA die Fundstelle neu und fand ab 1972 menschliche Knochenreste.

In Torf: Das Moor von Schussenried und das Federsee-Moor in Baden-Württemberg wurden um 1920/35 neu bearbeitet (z.B. BERTSCH 1925, STAUDACHER 1928), z.B. mit der 1916/26 von L. V. POST und C.A. WEBER entwickelten und in Deutschland erstmals 1922 von K. RUDOLPH und F. FIRBAS angewandten Pollenanalyse. Diese lieferte dort die postglaziale Waldgeschichte. F. FIRBAS bearbeitete 1935 mit der Pollenanalyse die Waldgeschichte der Interglaziale.

Standardwerk der Quartärgeologie um 1950 ist P. WOLDSTEDTS dreibändiges Werk „Das Eiszeitalter" (1954/58/65, 1. Auflage 1929).

5.8 Angewandte Geologie und Lagerstättenlehre

Die Spezialwissenschaften der Erz-, Salz- und Kohlenlagerstättenlehren sind im 20. Jahrhundert auch in kleinere Dimensionen eingedrungen und zeigen Integrationserscheinungen mit anderen Teilgebieten der geologischen Wissenschaften.

Der Übergang der Industrie zu technisch komplizierten und damit investitionsintensiven Anlagen erforderte für die Werke eine Sicherheit der Rohstoffversorgung und damit exaktere geologische Erkundungen und Vorratsberechnungen. Für die Erkundungsarbeiten selbst wurde neben den Tiefbohrungen die Angewandte Geophysik verfügbar.

5.8.1 Tiefbohrungen, Angewandte Geophysik und geologische Erkundung

Die Bohrtechnik, deren Entwicklung im 19. Jahrhundert in Deutschland die welttiefsten Bohrungen von Schladebach (1 748 m) und Paruschowitz (2 003 m) ermöglicht hatte, wies im 20. Jahrhundert u.a. folgende Leistungen auf:

1901 ANTON LUCAS verbreitet in den USA das „Rotary-Bohren", ein schnelles drehendes Bohren mit Spülungskreislauf, entweder mit Fischschwanzbohrer, Rollenmeißel oder Kernrohr.

1908 P. KRUSCH macht in der geologischen Literatur das Doppelkernrohr bekannt, eine sich nicht mitdrehende Hülse, die beim Bohrvorgang zur Schonung des Bohrkerns über diesen geschoben wird. Es ermöglicht insbesondere Bohrkerne in Lockergesteinen.

1925 Erste Rotarybohrung in Deutschland (614 m tief).

Einige Daten über die im 20. Jahrhundert erreichten Bohrlochtiefen: 1938 Kalifornien: 4919 m, 1938 Bohrung Holstein 14: 3 818 m (tiefste Bohrung Europas).

Die tiefsten Bohrungen in dem jeweiligen Jahrzehnt waren (von den Unternehmen)

in der BRD	in der DDR
1960/62 Kallmoor-Z1, (Elwerath)	1963/66 Barth (Erdöl-Erdgas,
5 354 m	Gommern) 5 505 m

1965/66 Arsten-Z1 (Elwerath)
6 276 m
1979/80 Lilienthal-Z1
(BEB Erdgas u. Erdöl) 6 775 m
1983/84 Bramel (Mobil Erdöl-Erdgas)
6 606 m

1968/71 Parchim-1
(Erdöl-Erdgas, Gommern) 7 030 m
1974/77 Mirow 1 (Erdöl-Erdgas,
Gommern) 8 009 m
1986/89 Pudagla 1 (Erdöl-
Erdgas, Gommern) 7 550 m

Die Bohrlochtiefen hängen natürlich nicht nur von der verfügbaren Technik, sondern vor allem auch von dem geologisch-lagerstättenkundlichen Ziel der Bohrung ab.

Die bisher tiefste Bohrung überhaupt erreichte bei Murmansk (Halbinsel Kola) 1970/94 in der damaligen Sowjetunion 12 261 m (geplant 15 000 m).

Die bisher tiefste Bohrung in Deutschland ist die „Kontinentale Tiefbohrung" (KTB) bei Windischeschenbach/Oberpfalz. Sie war 10 000 m tief geplant. 1986/88 brachte man eine Vorbohrung auf 5 000 m, 1989/95 die Hauptbohrung bis 9 101 m nieder.

Die Geophysik ist die Wissenschaft von den physikalischen Eigenschaften der festen Erde und ihrer Wasser- und Lufthülle. (Das Wort „Geophysik" erstmals 1863 bei A. MÜHRY). Die *Angewandte Geophysik* versucht, durch Bestimmung der physikalischen Eigenschaften und ihrer Unterschiede in Teilen der Erdkruste Hinweise auf Bodenschätze zu finden. Nach Vorläufern im 19. Jahrhundert hat die Angewandte Geophysik ihren Aufschwung im 20. Jahrhundert erfahren, und zwar mit folgenden Teilgebieten:

Gravimetrie (nutzt Schwereunterschiede):
1891   Drehwaage des Ungarn L. EÖTVÖS.
1917   erste Drehwaagemessungen in Norddeutschland durch W. SCHWEYDAR
        (Abb. 117). Um 1928 Gravimeter von H. HAALCK.
1934   Regionale Schwerevermessung im Rahmen der „Geophysikalischen Reichs-
        aufnahme".

Magnetik (nutzt die magnetische Feldstärke, insbesondere die Vertikalintensität):
1797   A. V. HUMBOLDT entdeckt eine magnetische Anomalie über Serpentinit in der
        Oberpfalz.
1899/1902 Der Freiberger Markscheider P. UHLICH erkundet Eisenerzkörper mit dem Ma-
        gnetometer.
Um 1915 Magnetische Feldwaage von A. SCHMIDT.
1955   R. LAUTERBACH entwickelt die Mikromagnetik (enges Meßraster).
        Ab etwa 1960 aeromagnetische Vermessung der Bundesrepublik Deutschland.

Seismik (nutzt künstliche Wellen im Untergrund und deren Reflexion bzw. Refraktion an Unstetigkeitsflächen):
1907   E. WIECHERTS Theorie über die Ausbreitung von Erdbebenwellen.
1908   WIECHERTS Schüler L. MINTROP entwickelt eine „Methode seismischer Erkun-
        dung der oberen Schichten mit künstlichen Wellen".
1919   MINTROPS Patentschrift zur Refraktionsseismik.
1934   Erstmals kommerzielle Reflexionsseismik in Deutschland.

Elektrik (nutzt das Eigenpotential oder den scheinbaren spezifischen Widerstand zwischen zwei Meßpunkten):
1840   F. REICH mißt elektrische Ströme in Freiberger Erzgängen (untertage).
1882   Geoelektrische Messungen am Comstock Lode (Sierra Nevada, USA).
1914   Eigenpotentialmessungen an der Kupferlagerstätte Bor, Jugoslawien durch
        C. SCHLUMBERGER.

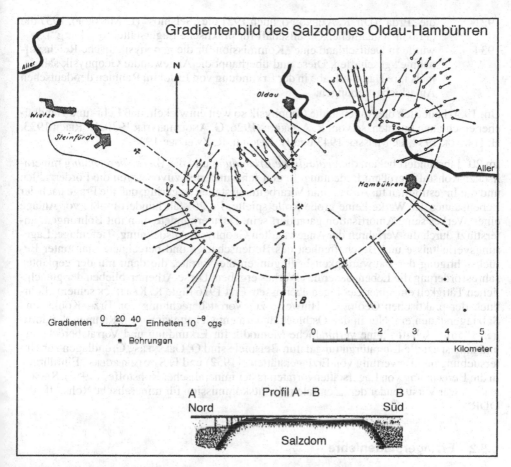

Abb. 117   Gradientenbild von Drehwaagenmessungen der Firma „Exploration", Charlottenburg, um 1922 am Salzstock Oldau-Hambühren bei Celle, mit dem Ergebnis einer gegenüber Bohrungen genaueren Begrenzung des Salzstocks.

1916/25   Erfindung und Anwendung der Vier-Punkt-Methode (scheinbarer spezifischer Widerstand) durch F. WENNER.

1929   Geoelektrische Messungen an der Erzlagerstätte Rammelsberg bei Goslar.

Bohrlochmessungen (Messungen elektrischer und radioaktiver Eigenschaften der Gesteine an der Bohrlochwand):

1927   C. und M. SCHLUMBERGER wenden elektrische Widerstandsmessungen in Bohrungen an („elektrisches Kernen").

1931   Eigenpotentialmessungen in Bohrungen durch Gebr. SCHLUMBERGER.

1933/35   Radioaktive Gammastrahlung-Bohrlochmessungen in der UdSSR und den USA.

Für die Reine und die Angewandte Geophysik wurde 1922 auf Anregung von E. WIECHERT die Deutsche Geophysikalische Gesellschaft gegründet. Für die Durchführung praktischer Aufgaben entstanden international tätige Kapitalgesellschaften, in Deutschland:

1921	die „Erda" (Dir. R. Ambronn), auch 1921 die „Seismos" (L. Mintrop), 1937 die „Prakla" (staatliche „Gesellschaft für praktische Lagerstättenforschung").
1934	wurde in Deutschland eine „Kommission für die geophysikalische Reichsaufnahme" geschaffen. Diese und überhaupt die Angewandte Geophysik sah damals ihre Hauptaufgabe in der Erkundung von Erdöl im Rahmen der deutschen Autarkiebestrebungen.

Um 1930 hatte sich die Angewandte Geophysik so weit entwickelt, daß Lehr- und Handbücher erscheinen konnten, so von: R. Ambronn 1926, G. Angenheister 1930, H. Reich 1933, H. Haalck 1934, O. Meisser 1943 und H. Reich u. R. Zwerger 1943.

Im 20. Jahrhundert bekam die *geologische Erkundung* und die *Vorratsberechnung* mineralischer Rohstoffe größere Bedeutung. In den Jahrhunderten zuvor waren die Förderzahlen und die Investitionen für Abbau- und Verarbeitungsstätten so gering, daß die Frage nach der Lebensdauer der Werke keine große Rolle spielte. Im 20. Jahrhundert mußte vor Anlage eines Werkes seine Amortisation garantiert sein. Dazu erkundete man mit Bohrungen, unterstützt durch die Verfahren der Angewandten Geophysik Ausdehnung, Tiefenlage, Lagerungsverhältnisse und Beschaffenheit des Bodenschatzes und berechnete man unter Berücksichtigung der Bauwürdigkeitsbedingungen die Vorräte, die dann mit der geplanten Jahresförderung die Lebensdauer des Werkes ergaben. Diese Arbeiten blieben der gutachtlichen Tätigkeit einzelner Geologen überlassen. Erst 1916 fügte K. Keilhack seinem „Lehrbuch der praktischen Geologie" Hinweise zur Vorratsberechnung von Erz-, Kohle- und Salzlagerstätten ein. Nur in den Ostblockländern entwickelte sich – im Rahmen der dortigen Planwirtschaft – eine verbindliche Methodik für Erkundung und Vorratsberechnung und eine spezielle Literaturgattung dafür. Beispiele sind O. Oelsners „Grundlagen zur Untersuchung und Bewertung von Erzlagerstätten" (1952) und F. Stammbergers „Einführung in die Berechnung von Lagerstättenvorräten fester mineralischer Rohstoffe" (1956). Stammberger war Vorsitzender der „Zentralen Vorratskommission für mineralische Rohstoffe der DDR".

5.8.2 Erzlagerstättenlehre

Methodische Neuentwicklungen der Erzlagerstättenlehre waren im 20. Jahrhundert:
Die Erzmikroskopie, Beispiele:

1885	H. Baumhauer untersucht Erzanschliffe und entwickelt 1894 Methoden zum Anätzen der Anschliffe zwecks Verdeutlichung der Strukturen.
1903	R. Beck untersucht Nickelmagnetkiesanschliffe von Sohland/Spree und hält 1911 eine Rektoratsrede „Über die Bedeutung der Mikroskopie für die Lagerstättenkunde".
1906/07	klassische Veröffentlichungen zur Erzmikroskopie von W. Campbell und C.W. Knight.
1912	F. Klockmann arbeitet erzmikroskopisch; P. Krusch untersucht das Siegerländer Eisenerz erzmikroskopisch.
1915	G. Berg: Buch „Mikroskopische Untersuchung der Erzlagerstätten".
1915/20	B. Granigg: „Zur Anwendung metallographischer Methoden auf die mikroskopische Untersuchung von Erzlagerstätten".
1916	J. Murdoch: „Lehrbuch der Erzmikroskopie".
1922	H. Schneiderhöhn: „Anleitung zur mikroskopischen Bestimmung und Untersuchung von Erzen …"
1931	M. Berek: „Problem der quantitativen Erzmikroskopie"
1931/34	H. Schneiderhöhn u. P. Ramdohr: „Lehrbuch der Erzmikroskopie".

1950   P. Ramdohr: „Die Erzmineralien und ihre Verwachsungen".
1952   H. Schneiderhöhn: „Erzmikroskopisches Praktikum".

Mit diesem Eindringen in die kleinsten Dimensionen waren dichte Erzgemenge zu analysieren, die Ausscheidungsfolge der Minerale und nachträgliche Verdrängungen von Substanzen durch andere sowie genetische Fragen besser zu klären, z.B. die Rolle von Schwefelbakterien für die Erzbildung.

Die Geochemie und die Spurenelemente:
1838   C.F. Schönbein prägt den Terminus Geochemie.
1860/61 G. Kirchhoff und R. Bunsen entwickeln die Spektralanalyse.
1889   F.W. Clarke, USA, veröffentlicht „Über die relative Verbreitung der Elemente".
1898/99 J.H.L. Vogt veröffentlicht zum gleichen Titel.
1908   F.W. Clarke: „The data of geochemistry"; Clarke-Zahlen als Maß für die Häufigkeit der Elemente.
1920   H.S. Washington, USA, unterscheidet metallogenetische und petrogenetische Elemente.
1922   Röntgenspektrographie zum Nachweis von Spurenelementen.
1922   V.M. Goldschmidt unterscheidet die Elemente nach dem angenommenen Schalenbau der Erde: Kern siderophile, Sulfidschale chalkophile, Silikatkruste lithophile und Atmosphäre atmophile Elemente.
1923/37 V.M. Goldschmidt untersucht Häufigkeitsbeziehungen von Elementen und Isotopen, insbesondere Spurenelemente.
1924   W. J. Vernadsky, Sowjetunion: Lehrbuch „La géochémie", definiert die Geochemie als Wissenschaft von der früheren und gegenwärtigen Verbreitung der Elemente im Raum und prägt den Begriff „Migration".
1924   H. Schneiderhöhn: „Die Oxydations- und Zementationszone der sulfidischen Lagerstätten".
1926   Der Quarzspektrograph ermöglicht Untersuchungen auf Spurenelemente.
1929   A.E. Fersman, Sowjetunion: „Geochemische Migration der Elemente".
1930   V.M. Goldschmidt entdeckt Germanium in Kohlenaschen.
1939   F. Leutwein (Schüler von Schneiderhöhn) untersucht metamorphe Gesteine des Schwarzwaldes auf seltene Elemente.
1941   F. Leutwein: Geochemie und Vorkommen des Vanadiums.
1944/49 A. Schröder und H. Schneiderhöhn finden im süddeutschen Posidonienschiefer Spurenelemente (V, Mo, Cr, Ni, Cu).
1949   H. Schneiderhöhn und seine Schüler untersuchen deutsche Sedimentgesteine auf Titan, Vanadium, Chrom, Molybdän, Nickel u.a. Spurenelemente.
1951   F. Leutwein bearbeitet die primäre Bildung und spätere Migrationen von Spurenelementen (Mo, V, Ni, Au u.a.) in den silurischen Kiesel- und Alaunschiefern Ostthüringens.

Die Deutung der geochemischen Beobachtungen z.B. mit den Ionenradien (1923/27 berechnet) und Redoxpotentialen bedeutete sowohl ein Eindringen der Erzlagerstättenlehre in kleinste Dimensionen wie auch eine Integration von Geologie und Chemie, wie sie in dem Terminus „Geochemie" programmatisch enthalten ist.

Die *einzelnen Erzlagerstätten* sind teils in konventioneller Art, teils mit den neuen methodischen Möglichkeiten bearbeitet worden. So wurden die Siegerländer Eisenspatgänge von H. Quiring 1924 als „apomagmatisch", also ohne Bezug auf einen Pluton betrachtet, von H. Breddin 1926/49 mit F. Sandbergers Theorie der Lateralsekretion erklärt, wogegen R. Bärtling u.a. 1934/35 für hydrothermale Deutung plädierten. Für den Mansfelder Kupferschiefer wurden die beiden gegensätzlichen, schon vor 1900 bestehenden Deutungen weiter vertreten: Postgenetisch-hydrothermal: F. Posepny 1893, F. Beyschlag 1900/21, R. Beck 1909; syngenetisch-sedimentär: F. Pompecky 1914/21 (als Schwarzmeerfazies), F. v. Wolff 1919. Forschungsergebnisse des 20. Jahrhunderts bestätigten beides, allerdings jeweils im bestimmten Fall: Durch den mikroskopischen Nachweis vererzter Bakterien wies H. Schneiderhöhn 1921 die syngenetische Vererzung des Kupferschiefers nach. G. Gillitzer 1935/36 und G. Richter 1941/47 grenzten Faziesbereiche ab und deuteten Zink als Ablagerung in flacherem, Kupfer als solche in tieferem Wasser. A. Cissarz 1930 u.a. fanden im Kupferschiefer neben Vanadium, Molybdän, Nickel, Gold und Platin zahlreiche weitere Spurenelemente. Nach E. Kautzsch 1954 haben dagegen Randspalten von Harz und Thüringer Wald hydrothermale Metalle zugeführt, die neben den Spalten den Kupferschiefer nachträglich vererzt haben, z.B. bei Ilmenau.

Auf die im 19. Jahrhundert entwickelte, mehr beschreibende *Systematik der Erzlagerstätten* entwickelte sich im 20. Jahrhundert eine genetische, repräsentiert durch folgende Autoren:

1893   J.H.L. Vogt definiert in „Bildung von Erzlagerstätten durch Differentiationsprozesse in basischen Eruptivmagmata" liquidmagmatische Lagerstätten, z.B. Pyritlager aus sulfidischen Schmelzen.

1906   W. Lindgren gliedert in „The relation of ore – deposition to physical conditions" die hydrothermalen Lagerstätten in:

	Temperatur (° C)	Tiefe (m)	Druck (kg · cm^{-2})
epithermale	50–200	0– 1300	> 50
mesothermale	200–300	1000– 4000	150–1000
hypothermale	300–500	1000–10000	1000–2500
(später: katathermale)			

Dabei unterschied er bei den Mineralen „Leitminerale" und „Durchläufer".

1912   A. Bergeat unterscheidet magmennahe „perimagmatische" und magmenferne „apomagmatische" Lagerstätten.

1919   H. Schneiderhöhn: „Entwurf zu einer genetischen Systematik der mineralbildenden Vorgänge" als Kombination von Gesteins- und Lagerstättenbildung.

1920/25   P. Niggli behandelt „die leichtflüchtigen Bestandteile im Magma" und gliedert die magmatischen Lagerstätten in

• liquidmagmatische, z.B. die Kieslager von Bodenmais (Weinschenk 1898), Nickelmagnetkies von Sohland/Spree (Beck 1903).

• pegmatitisch-pneumatolytische, aus Restschmelzen und überkritischen Dämpfen (dazu P. Niggli 1920/32, V.M. Goldschmidt 1930).

• hydrothermale, dazu von Niggli 1925 die telemagmatischen Lagerstätten, wo der Zusammenhang mit Magmen nur zu vermuten ist, und von L.C. Granton 1933 telethermale Lagerstätten.

• vulkanische, z.B. die Lahn-Dill-Roteisenerze als submarin-vulkanische Exhalationen (Cissarz 1924).

Niggli stellte 1925 auch eine allgemeine Ausscheidungsfolge der Minerale auf (methodisch der Abb. 85 entsprechend) und weist auf vertikale und laterale Fazieswechsel in den Mineralgesellschaften hin, sowie darauf, daß verschieden temperierte Bildungen ineinander stecken können z.B. hydrothermale in pneumatolytischen.

1926   H. Schneiderhöhn gliedert die Erzlagerstätten ähnlich wie Niggli, hebt aber die „Übergangslagerstätten" von pneumatolytischen zu hydrothermalen besonders hervor.

1928   P. Niggli: „Erzlagerstätten, magmatische Aktivität und Großtektonik".

1941   H. SCHNEIDERHÖHN: Lehrbuch der Erzlagerstättenkunde, Band 1: Lagerstätten der magmatischen Abfolge. Darin gibt er eine modifizierte Gliederung der Tiefenstufen und begründet mit dem Aufsteigen von Isothermalflächen bei der Magmenintrusion und ihrem späteren Absinken nach der Abkühlung die vertikale und laterale Verbreitung der Erz-Mineralfazies.

1942   H. BORCHERT zieht in 5 km Tiefe die Grenze zwischen plutonischen und subvulkanischen Bildungen.

1944   H. SCHNEIDERHÖHN verbindet die Bildung von Erzlagerstätten mit STILLES geotektonischem und geomagmatischem Zyklus, z.B. initialer Magmatismus: submarin-exhalative Roteisenerze; synorogener Magmatismus: liquidmagmatische Lagerstätten; subsequenter Magmatismus: hydrothermale Lagerstätten.

1952   H. SCHNEIDERHÖHN betont in der „Genetischen Lagerstättengliederung auf geotektonischer Grundlage" die Möglichkeit „regenerierter Lagerstätten", d.h. die Mobilisierung des Inhalts alter Lagerstätten und die Wiederausscheidung ihrer Substanz in jüngerem Deckgebirge.

1955   Der Lagerstättenausschuß der Gesellschaft Deutscher Metallhütten- und Bergleute einigt sich auf Begriffe für die Intrusionstiefen und Bildungstemperaturen, wobei diese bei höheren Intrusionsniveaus enger gebündelt sind (veröff. H. SCHNEIDERHÖHN u. H. BORCHERT 1956; Abb. 118).

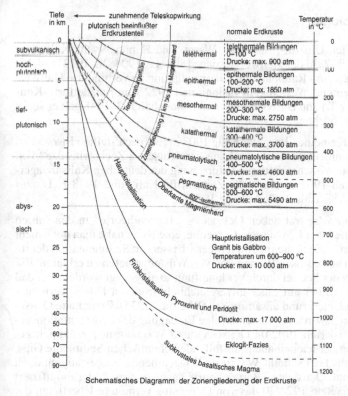

Abb. 118 Zonengliederung der Magmatite und magmatischen Erzlagerstätten nach H. SCHNEIDERHÖHN u. H. BORCHERT 1956.
Links Tiefenzonen, rechts Temperaturen, bezogen auf die maximalen Tiefen (links), Die Temperaturzonen mit höherem Intrusionsniveau (nach links) in geringere Tiefen aufrückend.

Die Kombination von Gesteins- und Erzlagerstättenbildung führte auch bei *sedimentären und metamorphen Erzlagerstätten* zu Fortschritten.

Für die *sedimentären* Erzlagerstätten erforschte H. SCHNEIDERHÖHN 1921 den Schwefelkreislauf, mit dem er den Kupferschiefer von Mitteldeutschland und die Kieslager von Meggen und vom Rammelsberg als synsedimentär erklärte. H. BORCHERT unterschied 1950 bei sedimentären Eisenerzlagerstätten Faziesbereiche.

Als den *metamorphen* Erzlagerstätten zugehörig betrachtete H. SCHNEIDERHÖHN 1928 z.B. das 1898 von WEINSCHENK als liquidmagmatisch gedeutete Kieslager von Bodenmais. Es sei ursprünglich eine syngenetisch-sedimentäre Lagerstätte gewesen, dann aber durch Kontakt- und Regionalmetamorphose überprägt worden.

Im 20. Jahrhundert führte man die Erzlagerstättenkunde nicht nur allgemein zu einer Synthese mit Petrographie und Großtektonik, sondern auch in einzelnen Revieren erforschte man den Zusammenhang zwischen der Lage der Gangspalten im *regionalen tektonischen Beanspruchungsplan* und der mineralischen Gangfüllung, so z.B. W. BORNHARDT und A. DENCKMANN 1910/12, M. RICHTER 1953 für westdeutsche Blei-Zink-Lagerstätten und L. BAUMANN 1958 für den Ablauf der Tektonik und den Wandel der Gangfüllungen im Freiberger Revier.

5.8.3 Salz- und Kaligeologie

Bis 1901 waren das Staßfurter, Unstrut-, Südharz-, Werra- und Hannoversche Kalirevier bergmännisch erschlossen. Die Zahl der Kaliwerke stieg: 1898 12, 1904 28, 1913 164, bis 1916 ein Abteufverbot erfolgte, um Raubbau und Überproduktion zu verhindern. Die Werke Salzdetfurth, Aschersleben und Westeregeln fusionierten 1922 zum Salzdetfurth-Konzern, Wintershall, Preussag (z.T.) und Burbach 1955 zur Wintershall AG. 1938 gab es sechs Kalikonzerne mit 38 Förderschächten.

In der Festschrift zum 10. Allgemeinen Bergmannstag 1907 in Eisenach stellten BEYSCHLAG und EVERDING die erste zusammenfassende „Geologie der deutschen Zechsteinsalze" vor, 1906 war ein „Verband für die wissenschaftliche Erforschung der deutschen Kalisalzlagerstätten" gegründet worden, ab 1907 erschien die Zeitschrift „Kali" und 1938 F. LOTZES Standardwerk „Steinsalz und Kalisalze" (2. Auflage 1957).

Zur *Entstehung der Zechsteinsalze* trat neben OCHSENIUS' „Barrentheorie" in den Jahren 1894/1933 die „Wüstentheorie" von J. WALTHER. Er meinte, eine Barre habe man noch nicht gefunden, und die Salze seien – wie heute im Toten Meer – besser mit Sedimentation der im Umland aufgelösten Salze in abflußlosen Binnenseen von Wüstengebieten zu erklären. Ein vom Ural bis England reichender See sei durch Verdampfung so eingeengt worden, „... daß die gesamte Salzmenge, die vorher auf einer unvergleichlich größeren Fläche verbreitet war, sich auf dem sinkenden Untergrund ansammelte" (WALTHER 1933). Zwar hatte OCHSENIUS schon 1877 mit größeren Salzmächtigkeiten infolge Einengung des Sedimentationsgebiets gerechnet, doch polemisierten 1902/03 OCHSENIUS und WALTHER unversöhnlich gegeneinander. Die Verbreitung der nacheinander ausfallenden chemischen Sedimente Gips, Steinsalz und Kalisalze (Abb. 119) scheint WALTHERS Wüstentheorie zu bestätigen, doch wird sie heute meist abgelehnt, OCHSENIUS' Barrentheorie dagegen direkt oder modifiziert noch anerkannt. E. FULDA ersetzte 1924/30 das von OCHSENIUS vermutete Überfluten der Barre durch die Annahme, daß Lauge als Grundwasserstrom vom Ozean durch die Barre in das abgeschlossene Becken gelangt, und nannte den Assalsee als aktualistisches Beispiel. M. WILFARTH, der Schöpfer der „Großfluthypothese" mit Anspruch auf Allgemeingültigkeit, nahm 1933 für die Salzsedimentation die Überflutung der Barre durch Großfluten an und E. FULDA folgte ihm 1938. G. RICHTER-BERNBURG setzte 1953 an die Stelle der schmalen Barre einen breiten „Saturationsschelf", über den ein 500 m tiefes Becken schnell ausgefüllt werden könne.

Mit den *Bildungsbedingungen der Salzminerale* befaßten sich u.a. der Berliner Chemiker J.H. VAN'T HOFF ab 1897 (Veröff. 1905/09) und der Chemiker E. ERDMANN in Halle 1908, VAN'T HOFF erkannte die Bildungstemperatur des Hartsalzes zu 72° oder höher. Nach Versuchen, so hohe Temperaturen für die Ausscheidung des Salzes aus der Lauge nachzuweisen, erklärten S. ARRHENIUS und R. LACHMANN 1912 die Entstehung von Hartsalz aus Carnallit als Metamorphose durch die Temperatursteigerungen infolge Auflagerung von 700 bis 950 m mächtige jüngere Sedimente. F. RINNE definierte 1901/14 solche nachträglichen Umwandlungen als „Metamorphosen von Salzen". Gegen die Annahme einer Salzmetamorphose, d.h. für primär unterschiedliche Salzsedimentation sprachen sich FULDA 1935, LOTZE 1938, BORCHERT 1940 und RICHTER-BERNBURG 1953 aus, wogegen BAAR 1944 mineralogische und chemische Belege für Metamorphose-Vorgänge erbrachte. Salzmetamorphose hat zu Hartsalz- und zu Vertaubungszonen geführt, und deren Lokalisierung ist eine für die Kaliindustrie wichtige Aufgabe des Geologen. J. D' ANS vollendete 1933 VAN'T HOFFS Arbeiten über die Lösungsgleichgewichte der ozeanischen Salssysteme zwischen 0° und 110 °C.

Salzstöcke nannte man Salzaufragungen aus dem Untergrund, z.B. bei Lüneburg, als man sie – in Analogie zu Tiefengesteinsstöcken – für eruptiv hielt (z.B. VOLGER 1845, C.J.B.

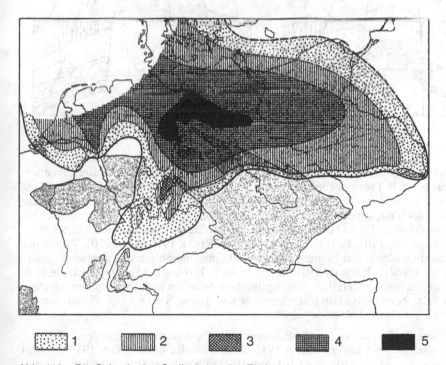

Abb. 119   Die Salze in den Sedimenten des Zechsteinmeeres.
1 salzfreie Randzone des Meeres, 2 nur Steinsalz, 3 Kalisalz der Werraserie, 4 Kalisalz der Staßfurtserie, 5 Kalisalz der Leineserie (aus KAYSER-BRINKMANN 1948).

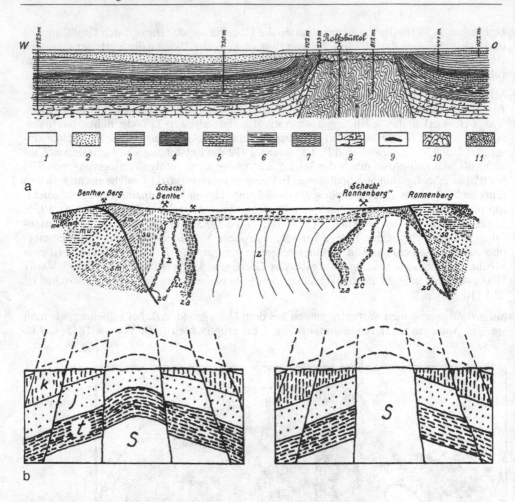

KARSTEN 1848), und man behielt den Terminus auch nach der Deutung des Salzes als marines Sediment bei (z.B. POSEPNY 1867). Als man 1825 bei Lübtheen, 1831 bei Benthe nächst Hannover und 1867/71 bei Sperenberg (1270 m) Steinsalz erbohrte, erkannte man diese Vorkommen jedoch noch nicht als Salzstöcke. Das geschah erst ab 1897 beim Aufschluß von Kalibergwerken im Raum Hannover. Die ersten Profile von Salzstöcken lieferten BEYSCHLAG und EVERDING 1907, E. HARBORT 1910 und H. STILLE 1911 (Abb. 120). Wegen der steilen, verwerfungsähnlichen Begrenzungen nannte man die Salzstöcke aber auch „Salzhorste" (STILLE 1908/11, HARBORT 1910, RINNE 1914. E. KAYSER 1915). Da jedoch die Horste damals nach E. SUESS generell als stehengebliebene Schollen zwischen Senkungsfeldern galten, das Salz aber offensichtlich hochgepreßt war, führte STILLE 1917 wieder den bis heute üblichen Terminus „Salzstock" ein.

Für die Deutung der Salzstöcke war die Erkenntnis der Plastizität des Salzes durch F. RINNE 1904, A. v. KOENEN 1905 und L. MILCH 1911 wesentlich. Es standen sich 1910/22 zwei Theorien gegenüber (Abb. 120). STILLE, der ab 1900 in Nordwestdeutschland die saxonische Faltung erkannte, sah ab 1911 in den Salzstöcken die Kerne saxonischer Sättel, also Produkte tektonischen Seitendrucks. R. LACHMANN und S. ARRHENIUS erklärten 1910/12 die

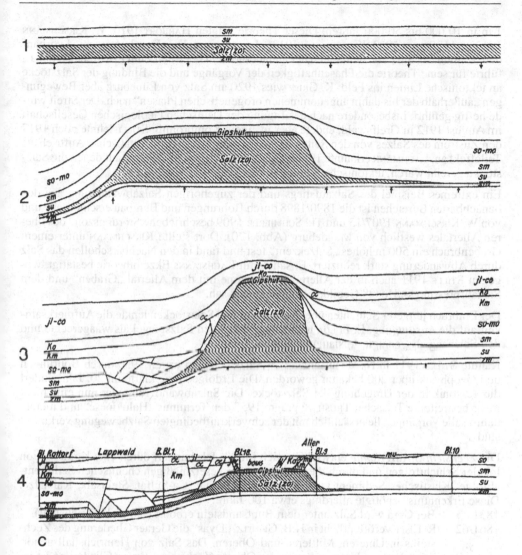

Abb. 120 Zur Geschichte der Salzstockforschung.
a frühe Darstellungen von Salzstöcken: Oben Rolfsbüttel, von HARBORT 1910 (2 Senon, 8 Wealden, 10 Gipshut, 11 „Salzgebirge"), unten: Benthe, von STILLE 1911 (z Steinsalz, za Hartsalz, zc Sylvinit).
b Schema zu STILLES Deutung: Aus einem saxonischen Sattel (links) entsteht durch Herausschieben des Kerns ein Salzstock (rechts: Salz zwischen Kreide (S Salz, t Trias, j Jura, k Kreide), c Genetische Profilreihe der Allertalstörungszone nach LACHMANNS Ekzemtheorie. 1 Ende Buntsandsteinzeit, 2 Ende Muschelkalkzeit: Bereits Salzaufstieg und Salzabwanderung, 3 Ende Kreidezeit: Salz-„Ekzem", 4 Gegenwart: Teilweise Auslaugung ergibt „Allertalgraben" über Ekzem.

Salzstöcke – von ihnen „Ekzeme" genannt – mit „autoplastischem Aufstieg", also als Phänomen der Isostasie: Auf Grund seiner geringeren Dichte (D = 2,16) sei das Salz in druckentlasteten Bereichen der schwereren Deckgebirgschichten (D = 2,4) aufgestiegen und habe diese senkrecht von unten durchstoßen. Sie berechneten die Aufstiegsgeschwindigkeit zu

1 m in 10 000 bis 50 000 Jahren. Dieser Theorie folgten HARBORT 1910, W. KIRSCHMANN 1913 und F. SCHUH 1922. KIRSCHMANN 1913: „Ist erst einmal ein Druckunterschied vorhanden, so muß das Salz von den Seiten her andauernd dem höchsten Punkt zustreben". STILLE führte für seine Theorie die Phasenhaftigkeit der Vorgänge und die Bindung der Salzstöcke an tektonische Linien ins Feld. K. GRIPP wies 1920 am Salz von Lüneburg aber Bewegungen „außerhalb der bis dahin angenommenen orogenetischen Phasen" nach. Der Streit wurde heftig geführt, insbesondere nach der Tagung der Deutschen Geologischen Gesellschaft im August 1912 in Greifswald, endete aber in einem Kompromiß: STILLE lehnte noch 1917 den Zustrom des Salzes von den Seiten her ab, erkannte aber den isostatischen Auftrieb als Teileffekt an. LACHMANN erkannte 1916 an, daß die „Salzlinien" STILLES, auf denen die Salzstöcke gereiht waren, tektonische Störungslinien sind.

Ein extremes Beispiel des Salzaufstiegs und der zugehörigen Salzabwanderung aus den benachbarten Bereichen ist die 1890/1898 durch Bohrungen und Bergbau erschlossene und von W. KIRSCHMANN 1907/13 und TH. SCHMIERER 1909 beschriebene Störungszone des oberen Allertales westlich von Magdeburg (Abb. 120). Dort stellte KIRSCHMANN unter einem Grabenbruch ein 500 m hohes „Salzekzem" fest und fand in den Nachbarschollen das Salz durch Abwanderung stark reduziert. Er sah damit LACHMANNS Ekzemtheorie bestätigt, wogegen STILLE 1911 auch in der Allertalstörungszone mit dem Allertal-„Graben" und dem Salzaufpressungs-„Horst" Gebilde echter Tektonik sah.

Der Einbruch jüngerer Schichten über Salzsätteln und Salzstöcken lenkte die Aufmerksamkeit auf die *Auslaugung*. E. FULDA unterschied 1923 den Salzspiegel als waagerechte und den Salzhang als geneigte Auslaugungsfläche.

Kannte STILLE 1911 in Norddeutschland 26 Salzstöcke, so waren 1950 durch Bohrungen und Geophysik über 200 bekannt geworden. Die Erdölgeologie klärte im 20. Jahrhundert die Tektonik in der Umgebung der Salzstöcke. Die Salzabwanderung war nun eine nicht mehr bestreitbare Tatsache; TRUSHEIM prägte 1957 den Terminus „Halokinese" und meinte damit „alle Vorgänge, die ursächlich mit der schwerkraftbedingten Salzbewegung verknüpft sind".

Die *Zechstein-Stratigraphie* entwickelte sich im 20. Jahrhundert durch eine Kombination lokaler Schichtfolgen und durch die Erkenntnis der gesetzmäßigen chemischen Sedimentabfolge: Klastisches Sediment (z.B. Salzton), Karbonat, Ca-Sulfat, Steinsalz, Kalisalze. Diese Erkenntnis benötigte allerdings etwa 100 Jahre:

1831	Bei Gera wird Salz unter dem Buntsandstein erbohrt (Saline Heinrichshall).
1861/62	R. EISEL veröffentlicht in H.B. GEINITZ' „Dyas" die Geraer Gliederung des Zechsteins in Unteren, Mittleren und Oberen. Das Salz von Heinrichshall gehört danach in die Unteren Letten des Oberen Zechsteins, EISELS Gliederung ist jedoch nur anwendbar auf die Randfazies des Zechsteins ohne Salz oder mit ausgelaugtem Salzprofil.
1864	F. BISCHOF: Das Staßfurter Salz liegt im Unteren Buntsandstein.
1875	F. BISCHOF unterscheidet bei Staßfurt stratigraphisch Älteres und Jüngeres Steinsalz.
1876	OCHSENIUS: Das norddeutsche Salz gehört in den Zechstein.
1877	OCHSENIUS rechnet mit zwei Folgen chemischer Sedimente.
1891	E. KAYSER: Das norddeutsche Salz gehört „sehr wahrscheinlich dem Oberen Zechstein" an.
1907/12	H. EVERDING, O. GRUPE und K. BECK unterscheiden Staßfurt-Typ, Südharz-Typ, Hannover-Typ und Werra-Fulda-Typ der Salzprofile, die „schwerer vereinbar" sind, je weiter von Staßfurt entfernt (EVERDING 1907).
1935	E. FULDA definiert im „Hauptbecken" ein „Ältestes Steinsalz", betrachtet aber

Steinsalz und Kaliflöze des Werrareviers als Äquivalent des Älteren Steinsalzes und des Staßfurter Kalisalzes in einem Nebenbecken.

1938   F. Lotze gliedert den Zechstein in vier aufeinanderfolgende Zyklen mit vorwiegend chemischer Sedimentation, gekennzeichnet durch folgende Steinsalz- und Kalisalzlager:

Oberer Zechstein	IV	Jüngstes Steinsalz
	III	Jüngeres Steinsalz, in Hannover mit den Kaliflözen Ronnenberg und Riedel
	II	Älteres Steinsalz, nördlich, östlich und südlich vom Harz mit dem Kaliflöz Staßfurt,
Mittlerer und Unterer Zechstein	I	Ältestes Steinsalz, im Werra-Fulda-Revier mit den Kaliflözen Thüringen und Hessen.

1953   G. Richter-Bernburg ersetzt die alte Zechstein-Gliederung in Unteren, Mittleren und Oberen durch die Folge von vier Serien:
1. Werra-Serie, 2. Staßfurt-Serie, 3. Leine-Serie, 4. Aller-Serie.

Damit war nach 120 Jahren die in der Randfazies (im Ausgehenden der Schichten), also am unvollständigen Profil gewonnene schematische stratigraphische Gliederung des Zechsteins ersetzt durch eine auf den Sedimentationszyklen beruhende, von den vollständigen Sedimentserien im Innern des Beckens abgeleitete Gliederung, wie es gleichzeitig etwa bei der Revision der Buntsandstein-Stratigraphie erfolgte (s. Seite 161).

5.0.4 Kohlengeologie

Im 19. Jahrhundert hatte sich in der Kohlengeologie so viel Material angehäuft, daß im 20. Jahrhundert *Sammelwerke und Lehrbücher* erscheinen konnten: O. Stutzer 1914/23, E. Stach 1935, H. Lehmann 1953.

W. Weissermel hielt 1905 an der Bergakademie Berlin die erste Vorlesung über „Braunkohlengeologie", O. Stutzer 1919 in Freiberg die erste Vorlesung über „Geologie der Kohlen". Stutzer veranlaßte dort 1927 die Gründung eines Instituts für Brennstoffgeologie. H. Potonié und W. Gothan gaben 1913 ein „Paläobotanisches Praktikum", E. Stach 1928 ein „Kohlenpetrographisches Praktikum" und ebenfalls E. Stach 1949 ein „Lehrbuch der Kohlenmikroskopie" heraus. In Analogie zu Erzanschliffen beschrieb O. Stutzer 1931 „Mikroskopische Untersuchungen von Kohlenanschliffen". R. Teichmüller ermittelte 1950 mit Braunkohlenanschliffen Faziestypen.

H. Potonié hatte 1909 „Wesen und Klassifikation der Kaustobiolithe" beschrieben.
Um 1920 entwickelte sich die *Kohlenpetrographie*. Auf Grund der petrographischen, kohlenmikroskopischen und mikrochemischen Untersuchungen wurden als Kohlebestandteile unterschieden:

Bei Steinkohle 1923 von Stutzer , dem Engländer M.C. Stopes folgend, Fusain (Holzkohle), Durain (Mattkohle), Clarain und Vitrain (Glanzkohle), 1924 von R. Potonié und 1928 von Stach Vitrit, Durit und Fusit; bei Braunkohle 1928 von Stach Lignin, Zellulose, Cutin, Wachs und Harz.

Mikropaläobotanische Untersuchungen von Steinkohle und Braunkohle lieferten: 1848 H. Göppert (Gewebe von Gefäßkryptogamen in Steinkohle), 1920 R. Thiessen, USA, (Sporenanalyse der Steinkohle zur Flözparallelisierung), 1930 H. Bode (Pollenanalyse von Braunkohle), 1930 K.A. Jurasky (Kautschukgewächse in Braunkohle), 1930 E. Hofmann und 1935 K.A. Jurasky (Kutikularanalyse von Braunkohlen), 1934 R. Potonié (Pollen in niederrheinischer Braunkohle), 1940/46 F. THIERGART und 1941 P.W. THOMSON (Pollenanalyse der Braunkohle zur Flözparallelisierung), 1941 R. MELDAU und R. TEICHMÜLLER (elektronenmikroskopische Untersuchung von Kohlenstaub), 1951 P.W. THOMSON (Feinstratigraphie der Braunkohle mittels Pollenanalyse).

Für die Kohlebildung prägte H. POTONIÉ 1903/10 den Begriff „Inkohlung" und O. STUTZER unterschied 1914/23, POTONIÉ folgend „Inkohlung", „Verkohlung" und „Bituminierung".

In der Erforschung der *Steinkohle* veröffentlichten H. POTONIÉ 1907/09 Arbeiten über die Fazies, 1909 über die „Tropen-Sumpfflachmoor-Natur der Moore des Produktiven Carbons" und W. GOTHAN zahlreiche paläobotanische Arbeiten, auch zur Mikropaläobotanik. Die genauere tektonische Analyse des steinkohleführenden Oberkarbons im Ruhrgebiet regte 1927/32 die Frage an, ob die stärkere Faltung der tieferen Schichten und die allmähliche Abnahme der Faltungsintensität zum Hangenden als „Gleichzeitigkeit von Sedimentation und Faltung" zu interpretieren sei. R. BÄRTLING und E. STACH vertraten diese Meinung, zumal STACH auf Sätteln und Mulden verschiedene Kohlenfazies gefunden hatte, und sie hielten demzufolge auch die sudetische, die erzgebirgische und die asturische Phase STILLES für dort nicht nachweisbar. G. KELLER sprach sich gegen die Gleichzeitigkeit von Sedimentation und Faltung aus.

Im 20. Jahrhundert breitete sich der Bergbau des Ruhrgebiets nach Norden über die Lippe und nach Westen aus. Das erforderte geologisch Reviervergleiche, Flözparallelisierungen und Vorratsprognosen. Dazu Daten:

1859	LOTTNER: Erste geologische Beschreibung des Ruhr-Karbons, mit Flözkarte.
1870	Der Bergbau erreicht nach Norden die Emscher.
1890	Die Mutung von Reservefeldern im Norden erfordert Klärung der Karbon-Stratigraphie und der Deckgebirgsgeologie.
1900	Der Bergbau erreicht nach Norden die Lippe; erste Bestrebungen zur einheitlichen Flözbenennung durch das Oberbergamt Dortmund.
1903	CREMER und MENTZEL: Geologische Beschreibung des Ruhr-Karbons, 1909 Flözkarten 1 : 25 000, zusätzlich zu den geologischen Spezialkarten.
1915/21	Zusammenfassendes Werk von A. DANNENBERG: „Geologie der Steinkohlenlager".
1924	W. GOTHAN und W. HAACK parallelisieren die Steinkohlenschichtfolgen der Ruhr mit der von Ibbenbüren-Osnabrück.
1927	Erster Internationaler Karbon-Kongreß in Heerlen/Holland, dabei Gliederung des Oberkarbons in die Stufen Namur, Westfal, Stefan.
1928	P. KUKUK: „Die neue stratigraphische Gliederung des rechtsrheinischen Karbons".
1928/30	K. OBERSTE-BRINK u. R. BÄRTLING: Stratigraphie und einheitliche Flözbenennung im Ruhrkarbon, dabei Gliederung in die Flözgruppen: Flammkohlen, Gasflammkohlen, Gaskohlen, Fettkohlen, Eßkohlen, Magerkohlen.
1938	P. KUKUK: „Geologie des Niederrheinisch-Westfälischen Steinkohlengebietes."
1955/60	Weitere Erkundung der Reservefelder im Norden des Reviers.

Die *Braunkohlengeologie* profitierte im 20. Jahrhundert von der technischen Entwicklung. Dominierte im 19. Jahrhundert der geologisch wenig aussagekräftige untertägige Abbau der Braunkohle, so entwickelte sich mit den ersten Abraumbaggern um 1900 der Tagebau wieder stärker. Um 1925 entstanden die Großtagebaue mit ihren geradezu idealen Aufschlußverhältnissen des Tertiärs und Quartärs. Ab 1902/03 erschien die Zeitschrift „Braunkohle".

In der Braunkohlengeologie ging im 20. Jahrhundert zunächst die Diskussion um Autochthonie und Allochthonie sowie um die Fazies der Kohlebildungsräume weiter.

H. Potonié hatte 1908 neben Autochthonie und (primärer) Allochthonie (= Sedimentation umgelagerter Pflanzensubstanz) noch den Begriff „sekundäre Allochthonie" als Umlagerung von Kohle geprägt und als Beispiel für solche brekziöse Braunkohle bei Altenburg-Zeitz genannt. Daraus entwickelte sich ein Streit zwischen W. Tille, der 1915 H. Potonié folgte und der Allochthonie überhaupt wieder große Bedeutung zuschrieb, und F. Raefler, der 1912/21 die Autochthonie der Braunkohle vertrat.

Die Anerkennung autochthoner *Braunkohlenbildung* führte zu der Frage, wie man sich die Braunkohlenmoore vorzustellen habe. Hierzu entwickelten sich zwei einander widerstreitende Theorien: Die „swamp-Theorie" (Lyell 1833, H. Potonié 1896/1910, J. Walther 1908/19, R. Lang 1924) als Vorstellung sehr nasser Sumpfwälder mit der – als Fossil tatsächlich nachgewiesenen Sumpfzypresse in aktualistischer Analogie zu den Mangrovesümpfen Südamerikas — und die „Trockentorftheorie" (W. Gothan 1921/23, R. Kräusel 1920/25) als Vorstellung wesentlich trockenerer Wälder mit der auch nachgewiesenen, trockene Standorte bevorzugenden Sequoia. Auch hier lag die Entscheidung nicht in einem Entweder-Oder, sondern in der Annahme verschiedener, zeitlich aufeinander folgender Fazies von Sümpfen analog zu den Everglades in Florida über swampartigen Bruchwald bis zu Trockenwäldern (Jurasky 1928/36), und zwar in dem Sinne, daß das Braunkohlenmoor bis zur Trockenwaldfazies aus dem Grundwasserbereich herauswuchs und dann durch Senkung wieder in diesen und damit in den Sumpfmoor- oder Bruchwaldbereich gelangte. Als Zeugnisse solcher Senkungen betrachtete Jurasky 1936 die von Th. Teumer 1922 beschriebenen Stubbenhorizonte in der Braunkohle der Niederlausitz.

Die bitumenreichere „Schwelkohle" von Zeitz-Weißenfels wurde gedeutet als Randfazies des Braunkohlenmoores mit primär harzreicherer Flora (Raefler 1911), oder als Relikt der im „Trockenwald" stärker zersetzten Pflanzensubstanz (Gothan 1925, R. Potonié 1930), oder als nachträgliche Anreicherung der Bitumina durch spätere Zersetzung der Humusstoffe der Kohle unter geringmächtigem Deckgebirge (Heinhold 1906).

Feinstratigraphie wurde in der Braunkohle schon von K. A. Jurasky 1928 als Faziesanalyse von Schicht zu Schicht gefordert. Kolbe führte 1937/39 im Zeitz-Weißenfelser Revier eine vergleichende Feinstratigraphie der Braunkohle mittels der Schwelkohlenbänderung von Tagebau zu Tagebau durch. Gallwitz leitete 1952 aus der Feinstratigraphie der Braunkohle im Geiseltal bei Merseburg Bodenbewegungen ab. Gerade die Aufnahme der Feinstratigraphie war erst nach der Anlage größerer Tagebaue möglich.

Die Anerkennung autochthoner Braunkohlenbildung führte auch zu der Erkenntnis, daß die großen Kohlemächtigkeiten (am Niederrhein und im Geiseltal über 100 m) nur durch langdauerndes Moorwachstum infolge absoluter oder relativen Grundwasseranstiegs zu erklären sind. Relativer Grundwasseranstieg bedeutet dabei Senkung des Braunkohlenmoores. Erkenntnisse und Deutungen dieser Frage von den ersten Beobachtungen bis zu einer Systematik entwickelten sich wie folgt:

1907/10   G. Fliegel: Bei der Braunkohle am Niederrhein ist echte Tektonik mit Verwerfungen die Senkungsursache.

1917   J. Walther: Braunkohlenbildung durch Senkung des Untergrundes oder Steigen des Grundwasserspiegels in einer Hohlform möglich.

1919   J. Walther: Salzabwanderung Ursache von Braunkohlebildung in Randsenken von Salzsätteln.

1922   K. Keilhack: Braunkohle von Egeln, entstanden durch Senkung infolge Salzabwanderung zum Staßfurter Sattel.

1922   R. Lehmann: Braunkohle des Geiseltals, entstanden durch Senkung infolge Auslaugung der Zechsteinsalze.

1923/30   W. Weissermel: Braunkohle des Geiseltales durch Grundwasseranstieg in präexistenter, abflußloser, durch Wind geschaffener Hohlform entstanden, ähnlich Braunkohle von Görlitz und Zittau.

1926   W. DIENEMANN: Braunkohle von Helmstedt durch Salzabwanderung und Tektonik.

1927   M. SCHENSKY: Braunkohle von Oberröblingen durch Salzabwanderung.

1928   E. KIRSTEN: Braunkohle von Aschersleben durch Salzabwanderung.

1930   R. HERRMANN: Mit Feinstratigraphie gegen WEISSERMEL (Abb. 121); Aufstellung von drei Lagerstättentypen: 1. Großflächige flache Flöze (Ursache der Senkung unklar), 2. Salzabwanderungstyp, 3. Salzauslaugungstyp.

1930   J. WEIGELT: Großflächige flache Flöze im Gebiet der „Kippschollenkreuzung" Mitteldeutschlands (Abb. 121).

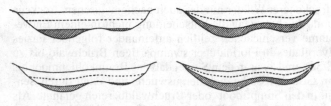

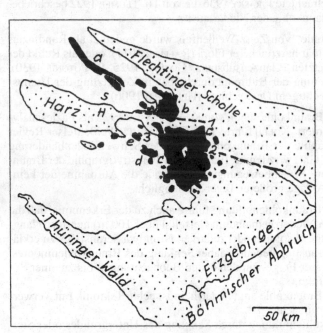

Abb. 121   Zur Entstehung der mitteldeutschen Braunkohle.
Oben: Skizzen von R. HERRMANN (1930)zum Streit mit W. WEISSERMEL. Sedimentation der Kohle links in präexistenten Hohlformen, rechts über sinkendem Untergrund. Obere Profile während der Flözbildung, untere Profile nach der diagenetischen Setzung. Unten: Braunkohle (schwarz) im Bereich der Kippschollenkreuzung (1, 2,3) der Mitteldeutschen Hauptscholle (WEIGELT 1930, VETTER 1932). 1 nach links: Harznordrandstörung, 2 nach rechts: Lausitzer Überschiebung, 3 gesenkte Scholle, H gehobene Scholle. 3 „Hallesche Marktplatzverwerfung". Braunkohle: a Helmstedt-Staßfurt, b Bitterfeld, c Weißenfels-Altenburg-Leipzig, d Geiseltal, e Oberröblingen.

1931   R. GRAHMANN: Bei Zeitz-Meuselwitz Braunkohle mit Auslaugungstektonik.
1932   H. VETTER: Die tektonischen Bewegungen bei WEIGELTS Kippschollenkreuzung
       sind Ursache der großflächigen flachen Flöze von Halle-Leipzig-Altenburg-
       Zeitz. Die Bewegungen sind STILLES Phasengliederung einzuordnen.
1935   F. v. RAUPACH: Braunkohle des Geiseltales durch Auslaugung von Salz des Oberen
       Buntsandsteins.
1939   F. FROMMEYER: Braunkohle des Geiseltales, entstanden durch Senkung infolge
       Auslaugung der Zechsteinsalze.
1953   H. LEHMANN gliedert die Braunkohlenvorkommen Deutschlands nach den Ur-
       sachen der Senkung und ihren Folgen auf die Flözausbildung in vier Lagerstät-
       tentypen:
       1. *Epirogenetischer Typ:* Großflächige flache Flöze mit relativ geringer Mäch-
       tigkeit, z.B. Niederlausitz, Halle-Leipzig-Altenburg-Zeitz.
       2. *Bruchtektonischer Typ:* Braunkohle in begrenzten Grabenbrüchen, manch-
       mal sehr mächtig, z.B. Niederrheinische Bucht, Görlitz, Zittau.
       3. *Salztektonischer Typ:* Durch Salzabwanderung Braunkohle in Randsenken
       von Salzsätteln und Salzstöcken, z.B. Bernburg-Königslutter, Aschersleben,
       Oberröblingen.
       4. *Auslaugungstyp:* Begrenzte, aber manchmal sehr mächtige Flöze in mulden-
       förmiger Lagerung, z.B. Geiseltal, Unterflöz von Zeitz-Weißenfels-Meuselwitz.

5.8.5 Erdölgeologie

Erdöl wird schon von Schriftstellern der Antike genannt, so von HERODOT um 400 v. Chr.
AGRICOLA erwähnt 1546 in „De natura eorum, quae effluunt ex terra" Erdöl bei Braun-
schweig, Schöningen, Hänigsen und am Deister. Weitere Autoren folgten, wobei meist die
Chemie des Erdöls im Vordergrund stand.

Vorindustrielle Erdölgewinnung fand in Deutschland statt: 1441 bis um 1850 bei Tegern-
see/Bayern, ab 1670 bei Wietze und Oberg bei Celle, um 1800 bei Braunschweig, 1856 bei
Heide/Holstein.

Vor 1859 äußern sich deutsche Geologen zum Erdöl z.B. wie folgt:
1839   R. BUNSEN erkennt die Lage der hannoverschen Ölvorkommen auf einer Geraden,
       der „Allertallinie".
1843   F.A. QUENSTEDT führt das Bitumen im Posidonienschiefer Schwabens auf tierisches
       Ausgangsmaterial zurück.
1847   G. BISCHOF erklärt Erdöl durch langsame Zersetzung pflanzlicher Substanz.

Steigender Bedarf an Petroleum für die Raumbeleuchtung infolge Bevölkerungswachstum
und Industrialisierung führte ab 1859 zur Erschließung von Erdölfeldern durch Bohrungen
und zur Steigerung der Ölproduktion durch Förderung aus Bohrlöchern. Deutschland wurde zwar keines der führenden Erdölländer, aber zwischen diesen und der Erdölindustrie und
-geologie in Deutschland gibt es deutliche zeitliche Parallelen:
1859   Erste Erdölbohrungen in Pennsylvanien/USA und bei Wietze/Hannover.
1862   Erste Erdölbohrungen bei Hänigsen und Ölheim, sowie in Galizien, amerikanisches
       Petroleum erstmals auf europäischem Markt.
1869   Erste Erdölbohrung bei Baku/Aserbaidschan.
1882   Erdölbohrung bei Tegernsee, bis 1912 29 Bohrungen.
1901   A. LUCAS wird erstmals mit einer Rotarybohrung auf Öl fündig (USA).

In der Zeit etwa 1850 bis 1910 fand noch keine direkte geologische Erkundung von Ölvorkommen statt. Die Geologen interpretierten im wesentlichen nur die geologischen Befunde der Erdölindustrie.

Die *Erdölchemie* wurde von C. ENGLER 1880/1913 und zahlreichen anderen, auch ausländischen Autoren bearbeitet.

Für die *Entstehung des Erdöls* standen sich drei Theorien gegenüber:
* Anorganische Entstehung vertraten u.a. 1866/69 M. BERTHELOT, 1877 D. MENDELEJEFF („Karbidhypothese") und 1879 H. ABICH.
* Organische Entstehung, und zwar aus pflanzlicher Substanz, vertraten 1865 F. HOCHSTETTER, KREUZ 1881 und P. WALDEN 1906.
* Organische Entstehung, und zwar aus tierischer Substanz, vertraten 1867 O. FRAAS, 1877/ 1922 H. HÖFER und 1893/96 C. OCHSENIUS, der ein Massensterben beim Einschwemmen von Tieren in die Salzbecken annahm.

Die 1899/1905 entdeckten optischen Eigenschaften des Erdöls sprachen für dessen organische Entstehung, so daß ab nun die anorganische Entstehung allgemein abgelehnt wurde.

R. ZUBER (1898) und H. POTONIÉ (1903/04) sahen die Möglichkeit der Erdölentstehung aus pflanzlicher und tierischer Substanz. H. POTONIÉ deutete 1904 – wie die meisten Geologen noch heute – den Faulschlamm als „Muttergestein" des Erdöls. Nachdem 1891 F.M. STAPFF anaerobe Bakterien und 1920 J. TAUSZ und M. PETER Erdölbakterien gefunden hatten, betrachtet man heute die Erdölbildung als biochemisch-bakteriellen Vorgang, und zwar nach HÖFER 1909, KREJCI-GRAF 1930/36, STUTZER 1933/35 und BENTZ 1950 in marinen Muttergesteinen.

Lagerstätten von Erdöl und Erdgas bilden sich, indem Öl und Gas durch Migration in Spalten und Poren gegenüber Wasser aufsteigen und unter undurchlässigem Deckgebirge in „Speichergesteinen" festgehalten werden. Im Lauf der Zeit entdeckte man verschiedene Varianten für solche „Erdölfallen" und entwickelte entsprechende Theorien:

1855	R.D. OLDHAM findet in Burma Erdöl in Antiklinalen (in Faltensätteln).
1861	„Antiklinaltheorie" von E.B. ANDREWS (USA) und T.S. HUNT (Kanada). 1877 lernt H. HÖFER die Antiklinaltheorie in Pennsylvanien kennen und überträgt sie nach Europa (1903 auf Salzstock Bentheim, 1909 auf „Allerlinie").
1867/75	„Belttheorie" von G.D. ANGELL und H.E. WRIGLEY: Linienförmige Erdölvorkommen repräsentieren ehemalige Strandsäume.
1910	„Strukturtheorie": Erdölspeicher können durch die verschiedensten stratigraphischen und tektonischen Strukturen bedingt sein. Das bedeutet 1.) eine Erklärung der bisherigen Ausnahmen von Erdölvorkommen, 2.) eine Vermehrung der höffigen Gebiete, aber 3.) die Notwendigkeit, den gesamten Bau eines Gebietes stratigraphisch (dazu mikropaläontologisch), paläogeographisch und tektonisch zu erkunden. Damit erfolgt nun ab etwa 1910 die erdölgeologische Analyse eines Gebietes vor den Aufschlußbohrungen.

Im 20. Jahrhundert stieg der Erdölbedarf durch den Einsatz von Benzinmotoren (seit 1881/ 83) und Dieselmotoren (seit 1892/98) im Land-, See- und Luftverkehr und in der Industrie nochmals um ein Vielfaches. Die Erdölindustrie wurde – auch in Deutschland – zum Einsatzgebiet zahlreicher Geologen und Geophysiker. Dazu Daten:

1913/16	Erste moderne geologische Bearbeitungen der Ölfelder Nienhagen durch J. STOLLER und Wietze durch A. KRAIS.
1917	Gründung der „American Association of Petroleum Geologists".
1917	W. SCHWEYDAR bestimmt mit der Drehwaage die Lage des Salzstocks Nienhagen-Hänigsen (darüber das Ölfeld Reitbrook). L. MINTROP wendet bei Neuengamme

bei Hamburg erstmals die Refraktionsseismik an und präzisiert damit die Grenzen des Salzstocks.

1924   K. HUMMEL vergleicht die varistische Vortiefe mit dem Vorland der Appalachen, deshalb Nordwestdeutschland erdölhöffig.

1925   A. BENTZ kartiert die Kreide des Münsterlandes und findet darin 1926/28 Sattelzonen mit Ölspuren. Er wird Assistent des Erdölreferenten J. STOLLER.

1929   A. BENTZ Erdölreferent der Preußischen Geologischen Landesanstalt.

1930   Vier Lagerstätten produktiv: Wietze, Nienhagen, Edesse, Oberg, sämtlich im Mesozoikum bis Quartär der Flanken von Salzstöcken.

1930   Im Kaliwerk Volkenroda (Thüringen) Erdölausbruch aus dem Zechstein, nutzbar bis 1950. Folgerung: Erdöl also in Schichten vor Jura und Kreide möglich.

1931   Prognose von A. BENTZ: Erdöl nur in Jura und Kreide der Becken, nicht auf Schwellen, z.B. der POMPECKIJSchen Schwelle.

1932   Erdöltagung der Deutschen Geologischen Gesellschaft; Vortrag von A. BENTZ: In Deutschland vier Erdölprovinzen: 1. Subalpine Hochebene, 2. Rheintalgraben, 3. Antiklinalen in Thüringen, 4. Flanken und Scheitel norddeutscher Salzstöcke.

1934   Beschluß der nationalsozialistischen Regierung: „Geophysikalische Reichsaufnahme" (mit Gravimeter, Drehwaage und Seismik, in Nordwestdeutschland) und „Reichsbohrprogramm" auf Erdöl, Leiter von beiden O. BARSCH. Die Berechtigung zur Erdölgewinnung geht vom Grundeigentümer auf den Staat über.

1934   Denkschrift von H. STILLE und dem holländischen Erdölgeologen W.A.J.M. WATERSCHOOT VAN DER GRACHT: „Über die Möglichkeiten der Erschließung von paläozoischem Erdöl im Münsterland".

1934/39 Bohrungen des Reichsbohrprogramms 337 bis 1650 m tief.

1938   Am Salzstock Bentheim Erdgas aus dem Plattendolomit. (HÖFER hatte zwar 1903 Höffigkeit erklärt, die damals bis in Kreide und Jura niedergebrachten Bohrungen waren aber nicht fündig).

1942   Im Emsland wird die Bohrung Lingen 2 auf einer Antiklinale ohne Salzstock in Wealden-Sedimenten fündig, der erste wirtschaftlich rentable Ölfund im Emsland.

Um 1950 A. BENTZ veranlaßt die Kartierung des süddeutschen Molassegebietes, dabei Ölfunde.

1964   Erste deutsche Bohrinsel und Ölbohrung in der Nordsee.

Aus dem deutschen Sprachraum kamen auch Lehrbücher der Erdölgeologie, so von den Bergakademie-Professoren H. v. HÖFER-HEIMHALT, Leoben, 1888 (4. Auflage 1922) und O. STUTZER, Freiberg, 1931. HÖFER hatte Erdölreviere in den USA und Europa kennengelernt. STUTZER war 1920/24 als Erdölgeologe in Kolumbien und Venezuela tätig gewesen. Beide haben die Erdölgeologie an ihren Hochschulen auch in Vorlesungen vertreten.

5.8.6 Ingenieurgeologie, Hydrogeologie und Technische Gesteinskunde

Die heute als „Angewandte Geologie" zusammengefaßten Fachgebiete haben weit zurückreichende *Wurzeln*, z.B.:

1735   In seiner „Lithotheologie" weist F.C. LESSER auf den Nutzen der Gesteine für den Straßenbau hin.

Um 1800 Zahlreiche kleine Vorkommen von Kieselschiefer sind Straßenbaumaterial im thüringischen Schiefergebirge.

1800/37 Baurat G.C. SARTORIUS sucht bei Eisenach für den Straßenbau geeignete Gesteine (z.B. Kleinvorkommen von Basalt), dadurch Beiträge zur Geologie.

1826   C.F. NAUMANN hält auf Bitten Leipziger Studenten Vorlesungen und veröffent-
        licht ein Buch über „ökonomische Mineralogie", darin Gesteinsbaustoffe und
        Materialprüfung, Baustoffrohstoffe, Bodenkunde (Ingenieurgeologie fehlt).
1851   A. BOUÉ: „Der … hohe Nutzen der Geologie in … spezieller Rücksicht auf die
        österreichischen Staaten und ihre Völker", darin u.a. Ingenieurgeologie des Ei-
        senbahnbaus.
1860   O. FRAAS: „Die nutzbaren Minerale Württembergs", darin auch Gesteinsbau-
        stoffe und Baustoffrohstoffe.
1863/73 E. SUESS läßt für Wien eine 112 km lange Trinkwasserleitung aus den Alpen
        bauen.
1866   Der Mediziner I. BEISSEL schafft für Aachen eine neue Trinkwasserversorgung.
1869   H.B. GEINITZ u. C.TH. SORGE: „Übersicht der im Königreich Sachsen zur Chaus-
        seeunterhaltung verwendeten Steinarten".
1873   H. V. DECHEN: „Die nutzbaren Mineralien und Gebirgsarten im Deutschen Rei-
        che", darin u.a. Gesteinsbaustoffe und Baustoffrohstoffe. DECHEN war auch ge-
        suchter geologischer Berater für die Eisenbahnbauten des 19. Jahrhunderts.
1875   Der Mediziner I. BEISSEL liefert die erste Baugrundkarte für Aachen.

Für die Entstehung der *angewandten Geologie als Spezialdisziplin* der geologischen Wissenschaften sind die Arbeiten von F.M. STAPFF 1893 und K. KEILHACK 1896/97 typisch. In
seiner Veröffentlichung „Was kann das Studium der dynamischen Geologie im praktischen
Leben nutzen, besonders in der Berufstätigkeit des Bauingenieurs?" behandelte STAPFF 1893
– im ersten Jahrgang der „Zeitschrift für praktische Geologie" der üblichen Gliederung der
dynamischen Geologie folgend – die Bedeutung der einzelnen Phänomene der dynamischen Geologie für die angewandte Geologie. Er schildert die Situation seiner Zeit: „Man
kann häufig die Beobachtung machen, daß sich der beratende Geolog und der ausführende
Ingenieur nicht verstehen. Der Ingenieur fordert vom Wissen des Geologen oft zu viel, …
und der Geolog antwortet dem Ingenieur oft zu viel, Dinge, welche das Fragobjekt zwar mit
enthalten, aber ohne auf den Punkt zu treffen, so daß der Ingenieur aus dem vielen ihm
Mitgeteilten das ihm gerade Wissenswerte selbst herausklauben muß". K. KEILHACK
(Abb. 122) hielt ab 1896 an der Bergakademie Berlin Vorlesungen über „Ausgewählte Kapitel der praktischen Geologie" und veröffentlichte 1897 einen programmatischen Artikel:

Abb. 122   Konrad Keilhack.

Auf Grund geologischer Überlegungen im Bergbau sei die praktische Geologie zwar sehr alt, doch könne sie heute nicht mehr nur auf den Bergbau bezogen werden. Sie umfasse nun auch

1. die Bodenkunde für die Landwirtschaft (Agronomisch-bodenkundliche Karten veröffentlichten z.B. Keilhack selbst sowie 1930 F. Härtel von Sachsen, 1934/39 H. Breddin vom Raum Aachen-Köln und 1943 W. Hoppe von Thüringen).
2. Verkehrsbau, mit Standfestigkeit, Rutschungen und Wasseraustritten bei Tunneln und Einschnitten, sowie Schüttmaterial für Dämme und Probleme im Untergrund (z.B. Torf).
3. Hochbau hinsichtlich Baugrund, Baumaterial und Materialprüfung.
4. Rohstoffe für Ziegel- und keramische, Kalk- und Zementindustrie sowie Vorratsberechnungen.
5. Trinkwasserversorgung und Abwasserbeseitigung.

Keilhack wies 1897 auch darauf hin, daß Gutachten zur praktischen Geologie das Vorliegen geologischer Karten für die betreffenden Standorte zur Voraussetzung haben. Keilhacks „Lehrbuch der praktischen Geologie" 1896 (weitere Auflagen 1908, 1916, 1921/22; russisch 1904, spanisch 1928) wurde Standardwerk. Woldstedt nannte Keilhack 1949 „einen der bekanntesten Gutachter" in Fragen der angewandten Geologie.

Weitere Lehrbücher veröffentlichten J. Wilser 1921, J. Stini 1922, K. Redlich, K. Terzaghi u. R. Kampe 1929 (hier erstmals Terminus „Ingenieurgeologie"?) L. Bendel 1944/48 und K. Keil 1951 (2. Aufl. 1954, mit 834 Literaturzitaten).

Ab etwa 1905 wurden die Geologischen Landesämter durch Gutachtertätigkeit für Baugrundfragen, Talsperren- und Straßenbau, Wasserversorgungen, Steinbrüche und Baumaterial in Anspruch genommen. Mitarbeiter der Landesämter spezialisierten sich für die angewandte Geologie oder für Teilgebiete, die sich nun zu relativ eigenständigen Spezialdisziplinen entwickelten, so die Baugrundgeologie, die Hydrogeologie und die Technische Gesteinskunde.

Die Baugrundgeologie, gewissermaßen die Ingenieurgeologie im engeren Sinne, wurde ab etwa 1900 erforderlich, da nun große und kostbarere Bauwerke wie Talsperren entstanden und die aufkommenden Kraftfahrzeuge mehr, bessere und dauerhaftere Straßen erforderten.

Talsperrenbauvorhaben begutachteten ingenieurgeologisch ab 1900 A. Leppla in Hessen und Nordrhein-Westfalen (über 100 Gutachten und Veröffentlichungen, z.B. „Geologische Vorbedingungen der Staubecken", 1908), F. Deubel in Thüringen und K. Pietzsch in Sachsen, sowie in Österreich O. Ampferer (Veröff. 1933).

Im Straßenbau profitierten die kartierenden Geologen im 19./20. Jahrhundert von den dabei entstehenden Aufschlüssen und lieferten „Geologische Beratungen im Dienste des modernen Straßenbaues" (W. Dienemann 1936).

A. Fuchs hatte erstmals 1924 die Bedeutung von Kluftsystemen für die Gefahr von Rutschungen betont und W.E. Schmidt 1925 eine Rutschung an der Ruhr-Sieg-Bahn bearbeitet. 1926 wurde eine „Zentralstelle für bautechnische Bodenkunde" gegründet und 1929 ein „Ausschuß für Baugrundforschung" berufen, dem W. Dienemann als Vertreter der Preußischen Geologischen Landesanstalt angehörte. In dieser wurde Dienemann 1935 Referent für Straßen- und Erdbau, wohl auch um die stark anwachsenden ingenieurgeologischen Arbeiten beim Autobahnbau zu koordinieren. Erstmals 1938 enthielten die Erläuterungen eines Kartenblattes einen Abschnitt „Baugrund" (Paeckelmann für Blatt Balve 1 : 25 000). Gutachten für Tunnel lieferte z.B. A. Denckmann. Im 2. Weltkrieg wurden Gutachten für zahlreiche Luftschutzstollen erforderlich.

Um 1925 erwuchs aus der Physik die *Bodenmechanik,* die lange Zeit als Konkurrenz zur Ingenieurgeologie aufgefaßt wurde. Begründer der Bodenmechanik sind insbesondere der Österreicher K. TERZAGHI (1925), A. CASAGRANDE (1934) und der Statiker F. KÖGLER (1924 Erdbaulabor, 1938 Lehrbuch). Als Professor für Mechanik, Statik und Festigkeitslehre an der Bergakademie Freiberg tätig, sah sich KÖGLER mit den Böschungsrutschungen in den sich seit 1925 entwickelnden Braunkohlengroßtagebauen konfrontiert. So entwickelten er und die anderen Begründer der Bodenmechanik exakte Meßverfahren insbesondere an „ungestörten Bodenproben", die scheinbar genauere Entscheidungen zuließen als die in Prosa formulierten Gutachten der Geologen.

Bis um etwa 1950/60 galt oft die Frage, ob Baugrundgutachten von den zuständigen Geologischen Landesanstalten oder von den (privaten!) bodenmechanischen Labors einzuholen seien. Seitdem ist klar, daß Ingenieurgeologe und Bodenmechaniker sich in ihren Aussagen gegenseitig um das ergänzen, was der andere jeweils von seiner Methode her nicht zu erkennen vermag.

Ab etwa 1950 wurden erste „Baugrundkarten" vorgelegt, z.B. 1950/51 von A. GRAUPNER für Hildesheim und Hannover, 1955 von H. BREDDIN für Aachen.

Die *Hydrogeologie* wurde von K. KEILHACK ab 1887 bearbeitet und 1897 wie folgt gekennzeichnet: „Die Lehre von den Bewegungen des Wassers auf und unter der Erde ist in den letzten Jahrzehnten so vervollkommnet worden, daß sich heute dem praktischen Geologen auch auf diesem Gebiete zahlreiche lösbare Aufgaben darbieten". KEILHACK veröffentlichte in der Zeitschrift für praktische Geologie 1908/13 fünf „Grundwasserstudien" und 1912 ein „Lehrbuch der Grundwasser- und Quellenkunde" (auch russ. Ausgabe, 3. Aufl. 1935, vgl. Abb. 123).

Weitere Daten zur Hydrogeologie:

1901   Bis dahin von der Preußischen Geologischen Landesanstalt etwa 100 hydrogeologische Gutachten.

1902   Bis dahin 30 Gemeinden von A. LEPPLA zur Wasserversorgung beraten (auf Grund geologischer Karten).

1903   H. STILLE führt im Paderborner Karstgebiet die erste systematische hydrogeologische Untersuchung durch; 1907 durch STILLE Begutachtung der Quellen von Bad Lippspringe.

1910   R. GRAHMANN richtet den sächsischen Landesgrundwasserdienst an der Geologischen Landesanstalt ein. Vorher und nachher auch von K. PIETZSCH Gutachten zur Wasserversorgung.

1912   Grundwasserdienst im Großherzogtum Hessen (A. STEUER, W. SCHOTTLER, O. BURRE).

1926/54 W. HOPPE im Thüringischen Geologischen Landesamt liefert zahlreiche Gutachten für Wasserversorgungen und für die ab 1925 durchgeführte Versenkung der Kaliabwässer des Werra-Reviers im Plattendolomit des Zechsteins.

1929/63 H. BREDDIN: Hydrogeologische Arbeiten im Raum Aachen-Ruhrrevier, dabei „Quantitative Hydrogeologie" mit Korngrößenanalyse und Durchlässigkeitsbestimmungen.

Ab 1940 Hydrogeologische Karten, z.B. 1949/50 von H. BREDDIN: Hydrogeologische Übersichtskarte der südlichen Niederrheinischen Bucht 1 : 10 000; 1952 von W. HOPPE: Thüringen 1 : 500 000.

Die Hydrogeologie hat im 20. Jahrhundert in den Gebieten der Braunkohlengroßtagebaue mit gewaltigen Mengen zu hebenden Wassers und großen Grundwasserabsenkungstrichtern besondere Bedeutung erlangt (Abb. 123).

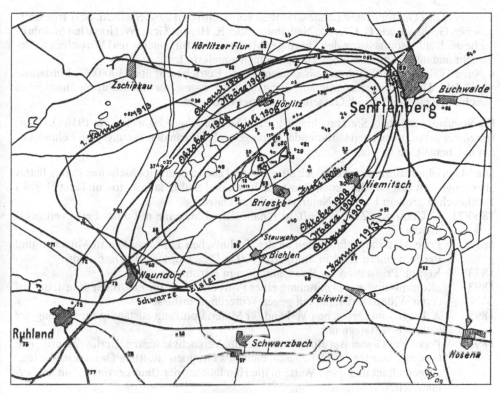

Abb. 123 Fünf aufeinanderfolgende Zustände eines für den Braunkohlentagebau Brieske erzeugten Grundwasserabsenkungstrichter bei Senftenberg im Lausitzer Urstromtal.
Aus K. KEILHACK. Grundwasser- und Quellenkunde, 1935.

Die *Technische Gesteinskunde* umfaßt die technisch nutzbaren Gesteine bei der Gewinnung, Prüfung auf Eignung und Verwendung. Erstmals erscheint der Terminus wohl im Titel des Lehrbuchs „Technische Gesteinskunde" des Österreichers J. STINI 1929.

Jahrhundertelang erfolgte die Gewinnung von Gesteinen in lokalen Vorkommen. Erst höhere Anforderungen an die Gesteinsqualitäten, technische Verbesserungen in der Abbau- und Verarbeitungstechnik, vor allem aber die besseren Möglichkeiten von Massentransporten durch die Eisenbahn haben zu Konkurrenz der Steinbruchbetriebe untereinander geführt. So konkurrierte 1896 in Sachsen der Elbsandstein gegen den Rochlitzer Porphyrtuff. In der Entwicklung von Steinbrüchen für Straßen- und Eisenbahnbaustoffe, d.h. für Schotter und Splitt, gab es hinsichtlich der Mitwirkung von Geologen drei Perioden:
• Bis etwa 1900 baute man kleine örtliche Hartgesteinsvorkommen mit einer Jahresproduktion unter 50 000 t ab. Die Technik war primitiv, die Investitionen niedrig, Stillegung ohne wirtschaftliches Risiko möglich, die Mitwirkung von Geologen im Prinzip nicht nötig.
• 1900 bis 1950 erforderten technische Investitionen (z.B. Backenbrecher, ab 1858 in den USA) eine Jahresproduktion von etwa 50 000 bis 250 000 t, eine entsprechende Betriebsdauer und damit eine hinreichend sichere Vorratsprognose. Die Steinbruchunternehmer holten dazu Gutachten von ihnen bekannten Geologen ein, z.B. W. HOPPE und R. GRAH-

MANN in den Geologischen Landesanstalten von Thüringen bzw. Sachsen, oder freiberuflichen Geologen wie C. GÄBERT, Naumburg, oder R. HUNDT, Gera. W. HOPPE hat Steinbrüche auch auf Veranlassung des Thüringer Ministeriums für Inneres und Wirtschaft untersucht und insgesamt 208 Steinbruchgutachten angefertigt.
* Nach 1950 wurden Steinbrüche hochtechnisierte Betriebe mit über 300 000 t Förderung pro Jahr. Die dafür erforderlichen Vorratsmengen waren nur mit Bohrprogrammen zu sichern, nicht mehr durch Gutachten einzelner Geologen.

Ein Standardwerk über „Steinbruchindustrie und Steinbruchgeologie" lieferte 1916 O. HERRMANN, der zuvor in Sachsen kartierender Geologe und dann an den Technischen Lehranstalten in Chemnitz tätig war.

Die Materialprüfung entwickelte sich ab etwa 1850 zunächst an Hochschulinstituten, betraf aber lange Zeit fast nur die neuen Baustoffe Eisen und Stahl, dann Beton und erst ab etwa 1900 auch in großem Umfang Natursteine. Dazu Daten:

1866/71 C. CULMANN, Zürich, prüft auch natürliche Bausteine mit einer Festigkeitsprüfmaschine.
1870 Erste Materialprüfanstalten an den Technischen Lehranstalten in München und Berlin, weitere 1884 in Stuttgart, 1900 in Dresden, 1907 in Darmstadt.
1873 Königl. Prüfstation für Baumaterialien in Berlin.
1893 „Kommission zur Ermittelung eines Prüfverfahrens für natürliche Bausteine auf deren Widerstandsfähigkeit gegen Witterungseinflüsse".
1895 A. LEPPLA im Deutschen Verband für Materialprüfung zuständig für Prüfung der natürlichen Bausteine.
1897 Praxis der Gesteinsprüfung in den Techn. Versuchsanstalten, Berlin: Zu prüfende Gesteine werden falsch benannt, dann aus Gruppen „mittlere Druckfestigkeiten" ausgerechnet und diese Werte in die Handbücher der Baumaterialienkunde übernommen.
1898 Deutscher Betonverein.
1899 A. LEPPLA: „Die Prüfung der natürlichen Baugesteine". – In: Baumaterialienkunde, Heft 3.
1900 Auch natürliche Bausteine werden auf Druckfestigkeit, Wasseraufnahme, Frostbeständigkeit u.a. geprüft; A. LEPPLA, G. GÜRICH und O. HERRMANN fordern für die Gesteinsprüfung: Nicht mehr Gelegenheitsarbeiten, sondern systematische gesteinstechnische Untersuchungen in Steinbruch und Labor, wissenschaftlich begründete Probenahme, korrekte Benennung der Gesteine, petrographische und mikroskopische Untersuchungen.
1901 In F. RINNE: „Gesteinskunde für Techniker, Bergingenieure und Studierende der Naturwissenschaften" zehn Seiten „Technisch besonders wichtige Verhältnisse der Gesteine".
1904 Königl. (später Staatl.) Materialprüfungsamt Berlin-Charlottenburg.
1908 J. HIRSCHWALD: „Die Prüfung der natürlichen Bausteine und ihre Wetterbeständigkeit".
1912 J. HIRSCHWALD: „Handbuch der bautechnischen Gesteinsprüfung, für Beamte der Materialprüfungsanstalten und Baubehörden, Steinbruchingenieure, Architekten und …"
1935 DIN 52 100 „Richtlinien zur Prüfung und Auswahl von Naturstein".
1936 Steinbruchkartei in den Geologischen Landesämtern, u.a. für den Bau der Autobahnen.
1948 A. v. MOOS und F. DE QUERVAIN: „Technische Gesteinskunde" (2. Aufl. 1967).
1954 Bundesamt für Materialprüfung, Berlin-West.

Die Wetterbeständigkeit der Natursteine ist ein wesentliches Kriterium der Gesteinsprüfung. W. FISCHER hat 1927 die Verwitterung des Elbsandsteins am Dresdener Zwinger, H. UDLUFT 1929 die Verwitterbarkeit der Sandsteine Nordwestdeutschlands, W. HOPPE 1940 Verwitterung der Bausteine in Thüringen und G. KNETSCH 1952 die Verwitterungserscheinungen der Bausteine des Kölner Doms untersucht. Auch im Handbuch der Werkstoffprüfung, Band 3 (nichtmetallische Baustoffe), 1939 (2. Auflage 1957) wird eine Beurteilung der Natursteine nach ihrem Verhalten in alten Bauwerken empfohlen.

Dem „Sonnenbrand", einer Verwitterungsform, die Basaltschotter nach wenigen Jahren unbrauchbar macht, widmeten sich u.a. A. LEPPLA 1901 und W. HOPPE 1928/36.

Die Lagerstätten der Steine und Erden wurden im 20. Jahrhundert in Sammelwerken dargestellt, teils ganz Deutschland (HIRSCHWALD 1910/14, DIENEMANN u. BURRE 1928/29), teils einzelne Länder (HOPPE 1939 Thüringen, FRANK 1944 Württemberg), teils einzelne Gesteine oder Gesteinsgruppen betreffend (v. FREYBERG 1926 Tertiärquarzite für die Feuerfestindustrie, 1927 nutzbare Begleitschichten der Braunkohle in Thüringen).

Geologen haben der Industrie auch zuvor unbekannte Lagerstätten nutzbar gemacht: Die Marmore von Tanna und Rothenacker in Thüringen wurden 1894 auf Anregung des kartierenden Geologen E. ZIMMERMANN von den Saalburger Marmorwerken in Abbau genommen. Die Tonindustrie von Schwepnitz/Oberlausitz begründete E. WEBER, der 1886/92 dort unter HERMANN CREDNER kartiert hatte.

6 Schlußbemerkungen

An den einzelnen Daten zeigte sich in der Geschichte der Geologie in Deutschland
• die Folge der allgemein gültigen Wissenschaftstypen,
• die Differenzierung der geologischen Wissenschaften in immer mehr Spezialgebiete,
• die Wirksamkeit der internen Faktoren, d.h. die Entwicklung der Wissenschaften nach einer inneren Logik,
• die Wirksamkeit der externen Faktoren aus anderen Wissenschaften, der Industrie und Politik, sowie
• der Mechanismus der Theorienentwicklung durch These, Antithese und Lösung des Widerspruchs auf verschiedene Weise.

Ein in der Geschichte wirksamer Faktor ist nicht angesprochen worden: Das Menschliche in der Wissenschaft. Es scheint so, als ob psychologische Befindlichkeiten der Wissenschaftler keinen Einfluß auf ihre wissenschaftliche Arbeit und auf ihre Kommunikation und damit auch nicht auf die Geschichte der Wissenschaft haben dürfen. Und doch gibt es diese Einflüsse. Es wäre z.B. im Einzelfall zu prüfen, was allgemein bekannt ist: Bei wem hat in höherem Alter ein wachsender Konservatismus die Annahme neuer Erkenntnisse erschwert oder verhindert? Ferner: Welche Beziehungen bestehen zwischen Mentalität und Arbeitsweise und damit auch Arbeitsergebnis eines Wissenschaftlers? Welche Auswirkungen haben Sympathien oder Antipathien zwischen den Wissenschaftlern auf ihre Arbeit und auf ihre Schüler – die nächste Wissenschaftlergeneration? In persönlichen Erlebnissen kennt mancher solche Zusammenhänge. Wissenschaftliche Literatur früherer Zeit als Quelle für die Wissenschaftsgeschichte enthält aber kaum Hinweise darauf. Deshalb kann hier auf diesen historischen Faktor nur hingewiesen werden.

Zum Schluß eine Folgerung, die auch aus dieser Darstellung der Geschichte der Geologie gezogen werden kann: Betrachten wir (von dem geologischen Weltbild unserer Zeit aus) Vorstellungen und Erkenntnisse eines Geologen früherer Zeit, so erscheinen uns diese weithin fremd. Aber in der Wissenschaft ist es wie in der Folge menschlicher Generationen:

Die direkten Nachfolger sind im Umfeld der Vorgänger aufgewachsen, kennen diese, übernehmen zunächst deren Vorstellungen, ändern dann manches, oft vieles, aber nicht alles. So wird von jeder Generation auch ein Wissensfundus an die nächste vererbt, in der Deutung aber auch verändert. Jede Generation übernimmt einen Wissensfundus, sieht ihn aber anders. Jede Generation übernimmt die bisherigen Theorien, von denen manches bewahrt, manches aber verworfen wird. Die Spannung zwischen einem bewahrten Wissensfundus und den neuen Erkenntnissen kann man im Detail überall erkennen, z.B. bei der historischen Theorienfolge: Neptunistische Gebirgsbildung, Hebungstheorie, Kontraktionstheorie, Theorien der Unterströmungen und Kontinentalverschiebung bis hin zur Plattentektonik. Die gleiche historische Tendenz des Bewahrens und Veränderns beherrscht die Geschichte der Geologie auch in den letzten Jahrzehnten und wird sich in jedem folgenden Zeitabschnitt beobachten lassen.

7 Literaturverzeichnis (Auswahl)

Sammelwerke zur Geschichte der Geologie (auch regional)

CARLÉ, W.E.H.: WERNER, BEYRICH, V. KOEHNEN, STILLE, ein geistiger Stammbaum wegweisender Geologen. - Geol. Jb. Hannover, A 108 (1988); FISCHER, W.: Gesteins- und Lagerstättenbildung im Wandel der wissenschaftlichen Anschauung. - Stuttgart, 1961; V. FREYBERG, B: Die geologische Erforschung Thüringens in älterer Zeit. - Berlin, 1932; HÖLDER, H.: Geologie und Paläontologie in Texten und ihrer Geschichte. - Freiburg u. München, 1960; HÖLDER, H.: Kurze Geschichte der Geologie und Paläontologie. - Berlin u. Heidelberg, 1989; LANGER, W.: Zur Erforschung der Geologie und Paläontologie Westfalens. - In: BARTELS, C. u.a. (Hrsg.): Geologie und Bergbau im rheinisch-westfälischen Raum. - Münster, 1994; PRESCHER, H. U. HEBIG, C.: Ein halbes Jahrtausend Geowissenschaftler aus und in Sachsen. - Schriften Staatl. Mus. Min. Geol. Dresden, 8 (1998); WIEFEL, H.: Bibliographische Daten über Geowissenschaftler und Sammler, die in Thüringen tätig waren. - Geowiss. Mitt. Thür., Beiheft 6 (1997); ZITTEL, K.A.: Geschichte der Geologie und Paläontologie bis Ende des 19. Jahrhunderts. - München u. Leipzig, 1899.

Kap. 2   Die Vorgeschichte zur Geologie in Deutschland

2.1   BRENTJES, B. u. BRENTJES, S.: Ibn Sina. - Leipzig 1979; LANGER, W.: Gedanken zu IBN SINAS (AVICENNAS) Fossilinterpretation. - Paläont. Z., Stuttgart, 55 (1981), S. 179-184; TEMBROCK, M.L.: Eine Sammlung obereozäner, oligozäner und miozäner Mollusken aus der La-Tène-Zeit. - Z. geol. Wiss., 10(1982), S. 1387...1391.

2.2   BAUHINUS, J.: Historia fontis et balnei admirabilis Bollensis (4. Buch). - Montbéljad, 1548; KOCH, R.A. u. STAMMLER, L.: Die Basaltgruppendarstellung im Festungsbereich Stolpen in der Lausitz durch JOHANNES KENTMANN 1565. - NTM Schriftenreihe, Leipzig, 1 (1979), 16, S. 69-82; MEINHOLD, R.: Die geologischen Kenntnisse und Forschungen Leonardo da Vincis. - Z. geol. Wiss., 9(1981), S. 1447-1456; PFEIFFER, H.: Die Fossil-Abbildungen des Christophorus Encelius (1551) in ihrer Bedeutung für die Geschichte der Geologie und Paläontologie. - Z. geol. Wiss., 10 (1982), S. 245-251; PIEPER, W.: Ulrich Rülein von Calw und sein Bergbüchlein. - Freib. Forsch. - H. D 7 (1955); PRESCHER, H. & MATHÉ, G. (Hrsg.): Georgius Agricola. (Gesamtausgabe in deutscher Übersetzung): 10 Bände, 1 Ergänzungsband. - Berlin, 1955-1992; PRESCHER, H. & WAGENBRETH, O.: Georgius Agricola, seine Zeit und ihre Spuren. - Leipzig/Stuttgart, 1994.

2.3   BAUMER, J.W.: Naturgeschichte des Mineralreichs mit besonderer Anwendung auf Thüringen. - Gotha, 1763; V. BÜLOW, K.: Protogaea und Prodromus. - Akten Internat. Leibniz-Kongr. Hannover, 1966, Wiesbaden, 1969, S. 197-208; BÜTTNER, D.S.: Rudera diluvii testes oder Zeichen und Zeugen der Sintflut. - Leipzig, 1710; V. FREYBERG, B.: Johann Gottlob Lehmann. - Erlanger Forsch.-H., B 1 (1955); V. FREYBERG, B.: Joahnn Jacob Baiers Oryctographia Norica. - Erlanger geol. Abh., 29 (1958). S. 1-133; FÜCHSEL, G.C.: Historia terrae et maris ex historia Thuringiae permontium descriptionem erecta. - Acta Acad. elect. Mogunt., Erfurt, 1762; V. JUSTI, J.H.G.: Geschichte des Erdkörpers aus seinen äußerlichen und unterirdischen Beschaffenheiten hergeleitet.- Berlin 1771; KIRCHER, A.: Mundus subterraneus. - Amsterdam, 1664; KNORR, G.W.: Sammlung von Merkwürdigkeiten der Natur und der Altertümer des Erdbodens. - Nürnberg, 1755; Leclerc de Buffon, G.L.: Théorie de la Terre. - 1749: Leclerc de Buffon, G.L.: Époques de la Nature. - 1778 (deutsch.: St. Petersburg, 1781); Lehmann, J.G.: Versuch einer Geschichte der Flötzgebirge. - Berlin 1756; Leibniz, G.W.: Protogaea. - Acta Eruditorum, 1693 u. 1749; Lesser, F.C.: Lithotheologie. - Hamburg, 1735 (2. Aufl. 1751); Möller, R.: Mitteilungen zur Biographie Georg Christian Füchsels. - Freib. Forsch.H. D 43 (1963); Möller, R.: Johann Ernst Immanuel Walch, sein Leben und wissenschaftliches Werk. - NTM Schriftenreihe, 9(1972) S: 70-93, 10 (1973) S. 45–49; Scherz, G.: Niels Stensen. - Leipzig, 1988; Scheuchzer, J.J.: Homo diluvii testis. - Zürich, 1726; Schröter, J.S.: Vollständige Einleitung in die Kenntnis und Geschichte der Steine und Versteinerungen. - Altenburg, 1774–1784; Steno, N.: De solido intra solidum naturaliter contento dissertationis prodromus. - Florenz, 1669; Walch, J.E.J.: Sammlung von Merkwürdigkeiten der Natur und Naturgeschichte der Versteinerungen, zur Erläuterung der Knorrschen Sammlung. - Nürnberg, 1755 –1775.

Kap. 3   Die Herausbildung der Geologie als Wissenschaft

3.1   A.G. Werner Gedenkschrift. - Freib. Forsch. - H. C 223, (1967); d' Aubuisson; J.F.: Traité de geognosie. - Straßburg u. Paris, 1819 (deutsch von J.G. Wiemann, Dresden 1821/22); Bergman, T.: Physikalische Beschreibung der Erdkugel (deutsch von L.H. Röhl). - Greifswald, 1769; Guntau, M.: A.G. Werner. - Leipzig, 1984; Haarmann, E.: Zu Werners 125. Todestag. - Z. dt. geol. Ges., 94 (1942), S. 358–362; Kirchheimer, F.: Das Uran und seine Geschichte. - Stuttgart, 1963; Voigt, J.C.W.: Drei Briefe über die Gebirgslehre. - Weimar 1785 (2. Aufl. 1786); Wagenbreth, O.: A.G. Werner und seine Bedeutung für die Entwicklung der geologischen Landesaufnahme und des geologischen Kartenwesens. - Z. angew. Geol., 13 (1967), S. 372–384; Werner, A.G.: Von den äußerlichen Kennzeichen der Fossilien. - Leipzig, 1774; Werner, A.G.: Kurze Klassifikation und Beschreibung der Gebirgsarten. - Abh. böhm. Ges. d. Wiss., Prag, 1786, S. 272–297 (als Buch: Dresden 1787).

3.2   Hoffmann, F.: Geschichte der Geognosie und Schilderung der vulkanischen Erscheinungen. - Berlin, 1838; Krafft, F.: A. v. Humboldt und die Neptunismus–Vulkanismus-Kontroverse. - In: A. v. Humboldt: Min. Beob. über einige Basalte am Rhein 1790, Nachdruck: Darmstadt, 1980; Wagenbreth, O.: A.G. Werner und der Höhepunkt des Neptunistenstreites um 1790. - Freib. Forsch. H. D 11 (1955) S. 183–241 (mit ausführl. Lit.-Verz.).

3.3   Femmel, G. & Wagenbreth, O.: Geologie, Mineralogie, Bergbau. - In: Corpus der Goethe-Zeichnungen, 5 b (1967), S. 55–99, Nr. 155–222 u. 6 b (1971), S. 101–104; v. Goethe, J.W.: Schriften zur Geologie und Mineralogie. - Leopoldina-Ausgabe, Hrsg. G. Schmid: 1(1947), 2 (1949), W. v. Engelhardt & D. Kuhn: 7(1989); Prescher, H.: Goethes Sammlungen zur Mineralogie, Geologie und Paläontologie (Katalog). - Berlin, 1978; Semper, M.: Die geologischen Studien Goethes. - Leipzig, 1914; Wagenbreth, O.: Goethes Stellung in der Geschichte der Geologie. - In: Goethe und die Wissenschaften, Wiss. Beitr. Univ. Jena, 1984, S. 59–77; Weber, H.: Goethe und die Geologie. - Geol. Bl. NO-Bayern, 42 (1992) S. 15–34.

3.4   Alexander von Humboldt. - Freib. Forsch.-H. D 33 (1960); Hofmann, H.: Die Anfänge der Bergakademie in Kielce im Licht von Archivunterlagen aus Dresden, Freiberg und Kielce. - In: Beitr. z. Gesch. von Bergb., Geol. u. Denkmalpfl. (Festschrift Wagenbreth), Freiberg, 1998, S. 68–74; Wagenbreth, O.: Der Ilmenauer Bergrat J.C.W. Voigt. - Abh. Mus. Min. Geol. Dresden, 29 (1979), S. 59–98; Wagenbreth, O.: J.C. Freieslebens geologisches Lebenswerk. - Abh. Mus. Min. Geol. Dresden, 29 (1979), S. 239–312; Wagenbreth, O.: Der sächsische Mineraloge und Geologe C.F. Naumann. - Abh. Mus. Min. Geol. Dresden, 29 (1979) S. 313-396.

3.5   Hutton, J.: Theory of the Earth. - Transactions Roy. Soc. Edinburgh, 1(1788) (als Buch: 1795); Playfair, J.: Illustration of the Huttonian Theory. - Edinburgh, 1802; Wegmann, E.: Das Erbe Werners und Huttons. - Geol., 7 (1958), S. 531–559.

Kap. 4 Die Geologie als klassische Naturwissenschaft des 19. Jahrhunderts in Deutschland

4.1 Biographien, Nekrologe und Jubiläumsveröffentlichungen zahlreicher Universitäten und Institute, ferner: ANDRÉE, K.: Aus der Geschichte der Deutschen Geologischen Gesellschaft. - Z. dt. geol. Ges., 100 (1950), S. 1–24; LANG, H.D.: 150 Jahre Deutsche Geologische Gesellschaft. - Z. dt. geol. Ges., 150 (1999).

4.2.1 DE BEAUMONT, E.: Über das relative Alter der Gebirgszüge. - Annal. d. Phys., 101 /NF 25 (1832); V. RAUMER, C.: Geognostische Fragmente. - Nürnberg, 1811; STRÖM, H.C.: Über den Granit. - Tasch.-B. ges. Min. (LEONHARD), 8,1 (1814), S. 53–130; VOIGT, J.C.W.: Mineralogische Beschreibung des Ehrenberges bei Ilmenau. - Min.u. bergmänn. Abh. (VOIGT), 1 (1789), S. 1–44.

4.2.2 V. ALBERTI, F.: Beiträge zu einer Monographie des bunten Sandsteins, Muschelkalks und Keupers und ihre Verbindung zu einer Formation. - Stuttgart u. Tübingen, 1834; ARDUINO; G.: Sammlung einiger mineralogisch-. chemisch-, metallurgisch- und oryktographischer Abhandlungen. - Dresden 1778; BEYRICH, E.: Die Conchylien des norddeutschen Tertiärs. - Z. dt. geol. Ges., 5 (1853), S. 273–358; BRONN, H.G.: Lethaea geognostica. - Stuttgart, 1835/38; V. BUCH, L.: Über den Jura in Deutschland. - Abh. Akad. Wiss. Berlin, 1837/39; CONYBEARE, W.D. & PHILLIPS, W.: Outlines of the Geology of England and Wales with an introduction compendium of the general principles of that science and comparative views of the structure of foreign countries. - London, 1822; GEINITZ, H.B.: Das Quadersandsteingebirge oder Kreidegebirge in Deutschland. - Freiberg, 1849; GEINITZ, H.B.: Dyas oder die Zechstein-Formation und das Rotliegende. - Leipzig, 1861/62; KAYSER, E.: Lehrbuch der geologischen Formationskunde. - Stuttgart, 1891; KEFERSTEIN, C.: Tabellen über die vergleichende Geognosie. - Halle, 1825; MARTIN, G.P.R.: Albert Oppel. - Jh. Ver. vaterl. Naturk. Württemb., 120 (1965), S. 185–193; PFEIFFER, H.: Zum 140. Geburtstag von Reinhard Richter. - Hall' Jb. mitteldt. Erdgesch., 2/1 (1953), S. 48–51; V. SCHLOTHEIM, E.F.: Neue Beiträge zur Naturgeschichte der Versteinerungen. - Tasch.-B. ges. Min. (V. LEONHARD), 7 (1813), S. 3–134; SMITH, W.: Strata identified by organized fossils containing prints of the most characteristic specimens in each stratum. - London, 1816/19.

4.2.3 V. BÜLOW, K.: Der Weg des Aktualismus in England, Frankreich und Deutschland. - Ber. geol. Ges. DDR, 5 (1960), S. 160–174; V. BÜLOW, K.: Aktualismus und Fazies. - Ber. geol. Ges. DDR, 9 (1964). S. 75–83; COTTA, B.: Briefe über A. v. Humboldts Kosmos, Teil 1. Leipzig, 1848; GRESSLY, A.: Observations géologique sur le Jura Soleurois. - Nouv. Mém. Soc. helvet. Sci. natur., Neufchatel, 2 (1838); V. HOFF, C.E.A.: Geschichte der durch Überlieferungen nachgewiesenen natürlichen Veränderungen der Erdoberfläche. - Gotha, 1822/24/34; HÜSSNER, H.: Der Aktualismus zur Zeit Johannes Walthers und aus heutiger Sicht. - Z. dt. geol. Ges., 144 (1993), S. 255–263; LYELL, CH.: Lehrbuch der Geologie (dtsch. von C. HARTMANN). - Quedlinburg u. Leipzig, 1833/35; LYELL, Ch.: Geologie oder Entwicklungsgeschichte der Erde (dtsch. von B. COTTA). - Berlin, 1857/58; PETRASCHECK, W.: Studien über Faziesbildungen im Gebiet der sächsischen Kreideformation. - Isis, Dresden, 1899, S. 31–84; PRÉVOST, C.: Muschelkalk. - Bull. Soc. Géol. de France, 12 (1840), S. 66; SEIBOLD, J.: Stationen auf dem Lebensweg Johannes Walthers. - Z. dt. geol. Ges., 144 (1993), S. 249–254; WAGENBRETH, O.: Fazies und Formation. - Ber. geol. Ges. DDR, 9 (1964), S. 149–158; WALTHER, J.: Lithogenesis der Gegenwart. - Jena, 1894; WALTHER, J.: Das Gesetz der Wüstenbildung. - Berlin, 1900.

4.3.1 BREISLAK, S.: Introduzione alla Geologia. - 1811 (dtsch. von F.K. V. STROMBECK, Braunschweig, 1819); V. BUCH, L.: Über die Zusammensetzung der basaltischen Inseln und über Erhebungskrater. - Tasch.-B. ges. Min. (LEONHARD), 15,2 (1821), S. 391–427; V. BUCH L.: Über Erhebungskrater und Vulkane. (Vortrag 26.3.1835). - Pogg. Ann. Phys. Chem., 37 (1836); V. DECHEN, H.: Geognostischer Führer zu der Vulkanreihe der Vordereifel. - Bonn, 1861; GÜMBEL, C.W.: Über den Riesvulkan. - Sitz.-Ber. bayr. Akad. Wiss., 1870; HOFFMANN, F.: Geognostische Beobachtungen auf einer Reise durch Italien und Sizilien. - Arch. Min. (KARSTEN), 13(1839); V. HUMBOLDT, A.: Ansichten der Natur. - Stuttgart, 1808; V. KNEBEL, W.: Über die Lavavulkane auf Island. - Z. dt. geol. Ges., 58 (1906), S. 59–76; KOCH, F.E.: Die anstehenden Formationen der Gegend von Dömitz. - Z. dt. geol. Ges., 8 (1856), S. 249–278; SCHMIDT, P.: Franz Etzold, Observator der ehemaligen Erdbebenstation Leipzig. - Z. geol.

Wiss., 3 (1975), S. 513–521; v. SEEBACH, K.: Vorläufige Mitteilung über die typischen Verschiedenheiten im Bau der Vulkane. - Z. dt. geol. Ges., 18 (1866), S. 643–647; STEININGER, J.: Die erloschenen Vulkane in der Eifel und am Niederrhein. - Mainz, 1820.

4.3.2   DE BEAUMONT, E.: Notices sur les systèmes de montagnes. - Paris, 1852; v. BUCH, L.: Reise durch Norwegen und Lappland. - Berlin, 1810; v. BUCH, L.: Über geognostische Erscheinungen im Fassatal. - Tasch.-B. ges. Min. (LEONHARD), 18,2 (1824), S. 334–396; v. BUCH, L.: Über den Thüringer Wald. - Tasch.-B. ges. Min. (LEONHARD), 18,2 (1824), S, 437–471; v. BUCH, L.: Über den Harz. - Tasch.-B. ges. Min. (LEONHARD), 18,2 (1824), S. 471–501; v. BUCH, L.: Über die geognostischen Systeme von Deutschland. - Tasch.-B. ges. Min. (LEONHARD), 18,2 (1824), S. 501–506; COTTA, B.: Anleitung zum Studium der Geognosie und Geologie. - Dresden u. Leipzig, 1842; COTTA, B.: Der innere Bau der Gebirge. - Freiberg, 1851; COTTA, B.: Deutschlands Boden, sein geologischer Bau und dessen Einwirkungen auf das Leben der Menschen. - Leipzig, 1854; COTTA, B.: Die Geologie der Gegenwart. - Leipzig, 1866; DANA, J.D.: On some results of the Earth's contraction from cooling. - Amer. Journ. of science a. arts, 1873; HEIM, A.: Untersuchungen über den Mechnismus der Gebirgsbildung im Anschluß an die geologische Monographie der Tödi - Windgällen-Gruppe. - Basel, 1878; NAUMANN, C.F.: Lehrbuch der Geognosie. - Leipzig, 1850/54; SUESS, E.: Die Entstehung der Alpen. - Wien, 1875; SUESS, E.: Über neuere Ziele der Geologie. - Abh. Naturforsch. Ges. Görlitz, 20(1893); SUESS, E.. Das Antlitz der Erde. - Prag/ Wien / Leipzig, 1883/1909; WAGENBRETH, O.: L. v. Buch und die Entwicklung der Theorien über Gebirgsbildung und Vulkanismus. - Bergakademie, 5(1953), S. 332–338. 369–374; WALTHER, J.: Lehrbuch der Geologie von Deutschland. -. Leipzig, 1910.

4.3.3   v. CARNALL, R.: Die Sprünge im Steinkohlengebirg. - Arch. Min. (KARSTEN), 9 (1836) S. 1–216; KESSLER v. SPRENGSEYSEN, C.F.: Schreiben an Prof. Laske. - Leipz. Mag. Naturkde., 1782, S. 475; KÖHLER, G.: Die Störungen der Gänge, Flöze und Lager. - Leipzig, 1886; v. OEYNHAUSEN, K.: Brief an C.C. v. Leonhard. - Tasch. B. ges. Min. (LEONHARD), 18,1 (1824), S. 216–221; SCHMIDT, F.: Über mehrere allgemeine Verhältnisse der Gänge und über die Beziehung derselben zur Formation des Gebirgsgesteins. - Arch. Bergb. Hütt. (KARSTEN), 6 (1823), S. 3–91; SCHMIDT, F.: Über das Sinken der Erdrinde. - Arch. Bergb. Hütt. (KARSTEN), 8(1824), S. 203–239; STRÖM, H.: Über den Granit. - Tasch.B. ges. Min. (LEONHARD), 8,1 (1814), S. 53–130; VOIGT, J.C.W.: Drei Briefe über die Gebirgslehre. - Weimar, 1786; WAGENBRETH; O.: Bernhard v. Cotta. - Freib. Forsch.-H. D 36 (1965); WAGENBRETH, O.: Die Lausitzer Überschiebung und die Geschichte ihrer geologischen Erforschung. - Abh. Mus. Min. Geol. Dresden, 11 (1966), S. 163–279, 12 (1967), S. 279–368; WAGENBRETH, O.: Der Geraer Gymnasialprofessor K.Th. Liebe und sein Werk in der Geschichte der Geologie. - In: Leben u. Wirken dtsch. Geologen im 18. u. 19. Jahrh. (Hrsg. H. PRESCHER), Leipzig, 1985, S. 311–356.

4.4   100 Jahre Geol. Staatsdienst in Nordrhein-Westfalen. - Krefeld (Geol. Landesamt) 1973; 100 Jahre Geol. Landesanstalt. - Geol. Jb. Hannover, A 15 (1915); BOUÉ, A.: Übersicht der geognostischen Karten und Gebirgsdurchschnitte. - Z. Min. (LEONHARD), 22, 1 (1828), S. 283–321, 705–708; v. BÜLOW, K.: 49 Jahre Mecklenburgische Geologische Landesanstalt. - Mitt. Meckl. Geol. Landesanst., 12 (1938), S. 87–100; CREDNER, H.: Die geologische Landesuntersuchung des Königreichs Sachsen. - Z. prakt. Geol., 1893, S. 253–256; EICHNER, R. & HARTMANN, O.: Zur Tradition und Wiedergeburt staatlicher geologischer Arbeiten in Sachsen-Anhalt.- Z. geol. Wiss., 21 (1993), S. 457–462; ERNST, W.: Voraussetzungen und Anfänge der geologischen Spezialkartierung in Mitteldeutschland. - Z. geol. Wiss., 21 (1993), S. 469–478; FREYER, G.: Die Entwicklung des Sächsischen Geologischen Landesamtes von 1872 bis 1961. - Z. geol. Wiss., 21 (1993), S. 479–484; HAUCHECORNE, W.: Die Gründung und Organisation der Königl. Geologischen Landesanstalt für den Preußischen Staat, - Jb. preuß. geol. Landesanst., 1880 (1881), S. IX–XCVIII; HINZE, C. & JORDAN, H.: Geologische Erforschungsgeschichte des Harzes im Spiegel historischer Karten. - Ber. Naturhist. Ges. Hannover, 139 (1997), S. 325–350; KIRCHHEIMER, F.: Aus der Geschichte der staatlichen Geologischen Dienste. - Geol. Jb. Hannover, A 15 (1974), S. 51–62; KOEHNE, W.: Die Entwicklungsgeschichte der geologischen Landesaufnahmen in Deutschland. - Geol. Rundschau 6 (1915), S. 178–192; LEPPLA, A.: Die geol. Untersuchung des Königreichs Bayern. - Z. prakt. Geol., 1894, S. 1–3; LUSZNAT, M. & THIERMANN, A.: Die Entwicklung der geologischen Landesaufnahme in Nordrhein-Westfalen nach 1873. - Fortschr. Geol. Rheinl.-Westf., 23 (1973). S. 55–102; NÖRING, F.: Zur Geschichte des staatlichen geologischen Dienstes in Hessen. - Notizbl. hess. Landesamt Bodenf., 81 (1953), S. 10–41; PUFF, P.: Die Thüringer

Geologische Landesanstalt in Jena. - Geowiss. Mitteil. Thür., 2 (1994), S. 217–234; REIFF, W.: Zur Geschichte des Geol. Landesamts Baden-Württemberg. - Jh. geol. Landesamt Baden-Württ., 34 (1992), S. 7–191; SCHMIDT, P.: Mitteilung über die Entdeckung der ersten kolorierten geologischen Karte sächsischer und angrenzender Gebiete. - Z. geol. Wiss., 13 (1985), S. 249–254; SCHULZ, W.: Die quartärgeol. Kartierung in den Bezirken Rostock, Schwerin und Neubrandenburg bis 1967. - Petermanns Geograph. Mitteil., 115 (1971), S. 307–315; STEINER, W.: Christian Keferstein und das Erscheinen der ersten geologischen Übersichtskarte von Mitteleuropa. - In: Geologen der Goethezeit (Hrsg. H. PRESCHER), Abh. Mus. Min. Geol. Dresden, 1979, S. 99–147; UDLUFT, H.: Die Preußische Geologische Landesanstalt 1873 bis 1939. - Geol. Jb. Hannover, 78 (1968); WAGENBRETH, O.: A.G. Werner und seine Bedeutung für die Entwicklung der geologischen Landesaufnahme und des geologischen Kartenwesens. - Z. angew. Geol., 13(1967), S. 372–384.

4.5 BORNEMANN, J.G. & BORNEMANN, L.G.: Über eine Schleifmaschine zur Herstellung mikroskopischer Gesteinsdünnschliffe. - Z. dt. geol. Ges., 25 (1873), S. 367–373; COTTA, B.: Grundriß der Geognosie und Geologie. - Dresden u. Leipzig, 1846; COTTA; B.: Die Gesteinslehre. - Freiberg, 1855 (2. Aufl. 1862); EHRENBERG, C.G.: Bildung der europäischen, libyschen und arabischen Kreide und des Kreidemergels aus mikroskopischen Organismen. - Berlin, 1839; JENTZSCH, A.: Über die Systematik und Nomenklatur der rein klastischen Gesteine. - Z. dt. geol. Ges., 25 (1873), S. 736–744; JENZSCH, G.. Lithologie, die Basis der rationellen Geologie. - N. Jb. Min. 1858, S. 539–545; LOSSEN, K.A.: Über den Spilosit und Desmosit. - Z. dt. geol. Ges., 24 (1872), S. 701–786; OSCHATZ, A.: Vorführung von Dünnschliffen. - Z. dt. geol. Ges., 3 (1851), S. 382, 4 (1852), S. 13,6 (1954), S. 261, 7 (1855), S. 5, 8 (1856), s. 308, 314; V. PHILIPSBORN, H.: Die historische Entwicklung der mikroskopischen Methoden in der Mineralogie. - In: Handbuch der Mikroskopie, Band 4, Teil 1. - 1955, S. 1–50; SAUER, A.: Über Conglomerate in der Glimmerschieferformation des sächsischen Erzgebirges. - Z. ges. Naturwiss., 1879; SORBY, H.C.: On the mikroscopical structure of crystals, indicating the origin of minerals and rocks. Quart. Journ. geol. soc., London, 14 (1858), S. 453–500; TRÖGER, E.: Die Petrographie in Deutschland während der letzten 100 Jahre. - Z. dt. geol. Ges., 100 (1950), S. 129–157; VOGELSANG, H.: Philosophie der Geologie und mikroskopische Gesteinsstudien.- Bonn, 1867; ZIRKEL, F.: Mikroskopische Gesteinsstudien. - Sitz.-Ber. Akad. Wiss., Wien, 47(1863), 1, S. 226–270.

4.6 BLUMENBACH, J.F.: Handbuch der Naturgeschichte. - 1779; BRONGNIART, AD.: Histoire de végétaux fossiles. - Paris 1828/44 (dtsch. von K. MÜLLER, Halle, 1850); BRONN, H.G.: Lethaea geognostica oder Abbildungen und Beschreibungen der für die Gebirgsformationen bezeichnendsten Versteinerungen. - Stuttgart, 1835/38; BRONN, H.G.: Untersuchungen über die Entwicklungsgesetze der organischen Welt während der Bildungszeit unserer Erdoberfläche. - Stuttgart, 1858; COTTA, B.: Geologische Bilder. - Leipzig, 1852 (6. Aufl. 1876); CUVIER, G.: Discours sur les révolutions de la surface du globe. - 1821; FRAAS, E.: Der Petrefaktensammler. - Stuttgart, 1910; FRISCHMANN, L.: Versuch einer Zusammenstellung der bis jetzt bekannten fossilen Tier- und Pflanzenüberreste des lithographischen Kalkschiefers in Bayern. - Eichstätt, 1853; HAECKEL, E.: Generelle Morphologie der Organismen, Bd 2: Allgemeine Entwicklungsgeschichte der Organismen. - Berlin, 1866; HAECKEL, E.: Anthropogenie oder Entwicklungsgeschichte des Menschen. - Leipzig, 1874; HÖLDER, H.: Die Entwicklung der Paläontologie im 19. Jahrhundert. - In: Naturwiss., Technik u. Wirtsch. im 19. Jh. (Hrsg. W. TREUE & K. MAUEL), Göttingen, 1976, S. 107–134; HÖLDER, H.: E.T. Hiemers Traktat über das „Medusenhaupt Schwabens" aus dem Jahr 1724. - Stuttg. Beitr. Naturkde, B. 213 (1994), S, 1–29; LANGER, W.: 150 Jahre Paläontographica. - Paläontogr., B (1997), S. 1–26; LINNÉ, C.: Systema naturae. - Leiden, 1735 (10. Aufl. 1757/59); MÄGDEFRAU, K.: Über *Phycodes circinatum* RH. RICHTER aus dem Thüringischen Ordovizium. - N. Jb. Min., Beil. Bd. 72 B (1934), S. 259–282; PICTET, F.J.: Traité élémentaire de Paléontologie. - Genf, 1844/46; QUENSTEDT, F.A.: Epochen der Natur. - Tübingen, 1861; RÜTIMEYER, L.: Beiträge zur Kenntnis der fossilen Pferde und zu einer vergleichenden Odontographie der Huftiere überhaupt. - Verh. naturf. Ges., Basel, 3 (1863); SCHINDEWOLF, O.H.: Einige vergessene deutsche Vertreter des Abstammungsgedankens aus dem Anfange des 19. Jahrhunderts. - Pal. Z., 22 (1941); SCHINDEWOLF, O.H.: Wesen und Geschichte der Paläontologie. - Berlin, 1948; V. SCHLOTHEIM, E.F.: Beschreibung merkwürdiger Kräuterabdrücke und Pflanzenversteinerungen, ein Beitrag zur Flora der Vorwelt. - Gotha, 1804; USCHMANN, G.. Zur Geschichte der Stammbaumdarstellungen. - In: Mod. Probleme der Abstammungslehre (Hrsg. M. GERSCH), Jena, (o.J.), Bd. 2, S. 9–30; WAGENBRETH, O.: Die Paläontologie in A.G. Werners geologischem System. - Bergakad., 20 (1968), S. 32–36; ZIRN-

STEIN, G.: Grundprobleme und Theorien in der Paläontologie zwischen Cuvier und Darwin. - Z. geol. Wiss., Berlin, 9 (1981), S. 1457–1473.

4.7   ADAM, K.D.: Schrifttum zur Erforschung der Stuttgarter Travertine. - Fundber. Baden-Württ., 1986, S. 92–96; ADAM, K.D.: Vom frühen Erforschen des Eiszeitalters im süddeutschen Raum. - Jh. Ges. Naturkde Württemb., Stuttgart, 153 (1997), S. 23–129; AGASSIZ, L.: Untersuchungen über die Gletscher. - Solothurn, 1841; BERCKHEMER, F.: Ein Menschenschädel aus den diluvialen Schottern von Steinheim. - Anthropol. Anzeiger, 10 (1933); BERENDT, G.: Gletschertheorie oder Drifttheorie in Norddeutschland? - Z. dt. geol. Ges., 31 (1879), S. 1–20; BERNHARDI, R.: Wie kamen die aus dem Norden stammenden Felsbruchstücke und Geschiebe (…) an ihre gegenwärtigen Fundorte? - N. Jb. Min., 3 (1832), S. 257–267; BRÄUHÄUSER, M.: Beiträge zur Stratigraphie des Cannstatter Diluviums. - Mitt. geol. Abt. Statist. Landesamt, Stuttgart, 6 (1909); v. BUCH, L.: Über die Verbreitung großer Alpengeschiebe. - Abh. Akad. Wiss. Berlin, phys. Kl. 1804/11 (1815), S. 161–186 u. Pogg. Ann. Phys. Chem., 9 (1827), S. 575–588; CLAUS, H.: Die geologisch-paläontologische Erforschung der Burgtonnaer Travertinlagerstätten. - Quartärpal., 3 (1978), S. 9–41; CREDNER, HERM.: Verlauf der südlichen Küste des Diluvialmeeres in Sachsen. - Z. dt. geol. Ges., 27 (1875), S. 729; EISSMANN, L.: Die Begründung der Inlandeisttheorie für Norddeutschland durch den Schweizer A. v. MORLOT im Jahre 1844. - Abh. Ber. Mus. Maur. Altenburg, (1974), S. 289–318; FUHLROTT, C.: Menschliche Überreste aus einer Felsengrotte des Düsseltales. - Verh. naturhist. Ver. pr. Rheinl., 16 (1859), S. 131–153 (Faksimile mit Einführung von W. LANGER: Freiberg 1993); KEILHACK, K.: Die Stillstandslagen des letzten Inlandeises und die hydrographische Entwicklung des pommerschen Küstengebietes. - Jb. preuß. Geol. Landesanst., 19/1898 (1899), S. 90–152; KORN, J.: Die wichtigsten Leitgeschiebe (…) im norddeutschen Flachlande. - Berlin, 1927; KRANZ, W.: Zur Geologie und Hydrogeologie des Cannstatter Beckens. - Württemb. Jb. f. Statistik u. Landeskde, 1930/31 (1932), S. 159–176; PENCK, A.: Die Geschiebeformation Norddeutschlands. - Z. dt. geol. Ges., 31 (1879), S. 117–203; PENCK, A.: Die Vergletscherung der deutschen Alpen. - Stuttgart, 1882; PFANNENSTIEL, M.: Der fossile Mensch in der Geschichte der Geologie. - In: Quartär, Bonn, 1973, 23–24, S. 1–29; SARTORIUS VON WALTERSHAUSEN, W.: Untersuchungen über die Klimate der Gegenwart und der Vorzeit. - Haarlem, 1865; SCHULZ, W.: Die Entwicklung zur Inlandeistheorie im südlichen Ostseeraum. - Z. geol. Wiss., 3 (1975), S. 1023–1035; STEINER, W. & WIEFEL, H.: Zur Geschichte der geologischen Forschung in Weimar: Travertin Ehringsdorf. - Abh. zentr. geol. Inst. 21 (1974), S. 11–60; STEINER, W. & WIEFEL, H.: Zur Geschichte der geologischen Erforschung des Travertins von Taubach bei Weimar. - Quartärpal., 2 (1977), S. 9–81; STEINER, U. & STEINER, W.: Zur Geschichte der Erforschung des pleistozänen Travertins von Weimar, Belvederer Allee. - Quartärpal., 5 (1984), S. 7–36; WAGENBRETH, O.: Aus der Vorgeschichte von Torells Glazialtheorie. - Ber. geol. Ges. DDR, 5 (1960), S. 175–190; WAGENBRETH, O.: Die Feuersteinlinie in der DDR. - Schr.-Reihe geol. Wiss., 9 (1978), S. 339–368; ZIEGLER, B.: Der schwäbische Lindwurm. - Stuttgart, 1986.

4.8.1   ARNOLD, W. (Hrsg.): Eroberung der Tiefe. - Leipzig, 1973 (6. Aufl. 1983); ARNOLD, W. & LOOK, E.: Karl Christian Friedrich Glenck… - In: H. PRESCHER (Hrsg.): Leben u. Wirken deutscher Geologen im 18. u. 19. Jahrh., Leipzig, 1985, S. 140–161; HOFFMANN, D.: 150 Jahre Tiefbohrungen in Deutschland. - Wien u. Hamburg, 1959; WAGENBRETH, O.: Dampfmaschine und Geologie. - Z. geol. Wiss., 16 (1988), S. 7–17.

4.8.2   ARNDT, A.W.; Über den Bergbau auf Spießglanz am Silberberge bei Arnsberg. - Elberfeld, 1834; BEYSCHLAG, F.: Die Erzlagerstätten der Umgebung von Kamsdorf. - Jb. preuß. Geol. Landesanst., 1888, S. 329–377; FUCHS, W.: Beiträge zur Lehre von den Erzlagerstätten. - Wien, 1846; v. GRODDECK, A.: Lehre von den Lagerstätten der Erze. - 1879; V. HERDER, S.A.W.: Der Tiefe Meißner Erbstolln. - Leipzig, 1838; MÜLLER, C.H.: Die Erzgänge des Freiberger Bergreviers. - Leipzig, 1901; PUMPELLY, R.: My reminiscences. - New York, 1918; v. SANDBERGER, F.: Zur Theorie der Bildung der Erzgänge. - B. u. H.Z., 1877, Nr 44 (auch Z. dt. geol. Ges., 32 (1880), S. 350); SCHMIDT, P.: F.M. Stapff. - In: Beitr. z. Gesch. von Bergb., Geol. u. Denkmalpfl. (Festschrift WAGENBRETH), Freiberg (1998), S. 134–143; STELZNER, A.W.: Die Lateralsekretionstheorie und ihre Bedeutung für das Pribramer Ganggebiet. - Jb. K.K. Bergak. Pribram, 37 (1889); STELZNER; A.W.: Beiträge zur Entstehung der Freiberger Bleierz- und der erzgebirgischen Zinnerzgänge. - Z. prakt. Geol., 1896, S. 391, 405; VOGELGESANG, M.: Geognostisch-bergmännische Beschreibung des Kinzigtaler Bergbaus. - Karlsruhe,

1865; WAGENBRETH, O.: B. v. Cotta, sein geologisches und philosophisches Lebenswerk. - Ber. geol. Ges. DDR, Sonderheft 3 (1965), S. 111–118: Erzlagerstätten; v. WEISSENBACH, K.G.A.: Abbildungen merkwürdiger Gangverhältnisse aus dem sächsischen Erzgebirge. - Leipzig, 1836.

4.8.3 BEYSCHLAG, F.: Carl Ochsenius. - In: OXENIUS, K. CARL OCHSENIUS, Ber. Naturwiss. Ges. Chemnitz, 23 (1931), S. 71–72; BISCHOF, G.: Lehrbuch der chemischen und physikalischen Chemie, 2. Bd. - 1854 (2. Aufl. 1866); BISCHOF, F.: Die Steinsalzwerke bei Staßfurt. - Halle 1864; COTTA, B.: Die Lehre von den Flözformationen. - Freiberg, 1856; KÜHN, R.: Die Mineralnamen der Kalisalze. - Kali u. Steins., 2 (1959), S. 331–345; OCHSENIUS, C.: Über die Salzbildung der Egelnschen Mulde. - Z. dt. geol. Ges., 28 (1876), S. 654–666; OCHSENIUS, C.: Die Bildung der Steinsalzlager und ihrer Mutterlaugensalze. - Halle, 1877; REICHARDT, E.: Das Steinsalzbergwerk Staßfurt bei Magdeburg. - Jena, 1860; RINNE, F.: Gesteinskunde. - Hannover, 1901; WALTER, H.H.: Alte Salinen in Mitteleuropa. - Leipzig, 1988.

4.8.4 EBERDT, O.: Die Braunkohlenablagerung in der Gegend von Senftenberg. - Jb. preuß. Geol. Landesanst., 14/1893 (1895), S. 226; FIEBELKORN, M.: Die Braunkohlenablagerungen zwischen Weißenfels und Zeitz. - Z. prakt. Geol., 3 (1895), S. 353–365, 396–415; GEINITZ, H.B.: Geognostische Darstellung der Steinkohlenformation in Sachsen. - Leipzig, 1856; GEINITZ, H.B., FLECK & HARTIG, E.: Die Steinkohlen Deutschlands und anderer Länder Europas. - München, 1865; GOEPPERT, H.R .: Abhandlung, eingesandt auf die Preisfrage: Man suche darzutun, ob die Steinkohlen aus Pflanzen entstanden sind, welche an den Stellen, wo jene gefunden werden, wuchsen. - Haarlem, 1848; GRIESEBACH, A.: Über die Bildung des Torfes in den Emsmooren. - Göttingen, 1845; HOFFMANN, F.: Übersicht der orographischen und geognostischen Verhältnisse des nordwestlichen Deutschland. - Leipzig, 1830; LANGER, W.: Zur Erforschungsgeschichte der Steinkohle im Inde-Revier. - Z. Aachener Gesch.-Ver., 78 (1967), S. 257–259; NAUMANN, C.F.: Geognostische Karte des erzgebirgischen Bassins. - Leipzig, 1866; NOEGGERATH, J.: Über aufrecht im Gebirgsgestein eingeschlossene fossile Baumstämme, - Bonn, 1819; OCHSENIUS, C.: Kohle und Petroleum. - Z. prakt. Geol., 4 (1896), S. 65–68; PILLING, M.Z.: De bitumine et ligno bituminoso. - Altenburg, 1674; POTONIÉ, H.: Über Autochthonie von Carbon-Flözen und des Senftenberger Braunkohlenflözes. - Jb. preuß. Geol. Landesanst., 16/1895 (1896); POTONIE, H.: Kaustobiolithe. - Geol. Rundschau, 1 (1910). S. 327–336; STERZEL, J.T.: Über die Flora der unteren Schichten des Plauenschen Grundes. - Z. dt. geol. Ges., 33 (1881), S. 339–347; STÖHR, E.: Das Pyropissit - Vorkommen in den Braunkohlen bei Weißenfels und Zeitz. - N. Jb. Min., 1867, S. 403–428; VOIGT, J.C.W.: Versuch einer Geschichte der Steinkohlen, der Braunkohlen und des Torfs. - Weimar, 1802; WAGENBRETH, O.: Novalis und der Beginn der Braunkohlenerkundung im sächsisch-thüringischen Raum. - Z. angew. Geol., 18 (1972), S. 367–376; WAGENBRETH, O.: Die Barrentheorie in der Geschichte der Kohlengeologie. - Z. geol. Wiss., 7 (1979), S. 891–902; WAGENBRETH, O.: Zur Geschichte der geologischen Erforschung der mitteldeutschen Braunkohle. - Z. dt. geol. Ges., 144 (1993), S. 264–269; ZINCKEN, C.F.: Physiographie der Braunkohle. - Hannover, 1867 (Ergänzungen 1871/78).

Kap. 5   Die Geologie in Deutschland im 20. Jahrhundert

5.1 Biographien, Nekrologe und Jubiläumsveröffentlichungen zahlreicher Universitäten und Institute.

5.2.1 BETTENSTAEDT, F:. Stauseebildung und Vorstoß des diluvialen Inlandeises in seinem Randgebiet bei Halle/S. - Jb. Hall. Verband, NF 13 (1934), S. 241–313; COTTA, B.: Geologische Fragen. - Freiberg, 1858; DE GEER, G.: Geochronologie der letzten 12 000 Jahre. - Geol. Rundschau, 3 (1912); GIESENHAGEN, K.: Kieselgur als Zeitmaß für eine Interglazialzeit. - Z. Gletsch., 14 (1925/26), S. 1–10; HAHN, O.: Geologische Altersbestimmung nach der Strontium-Methode. - Forsch. Fortschr., 18 (1942), S. 353; GRAHMANN, R.: Diluvium und Pliozän in Nordwestsachsen. - Abh. Sächs. Akad. Wiss., math. phys. Kl., 39 (1925), Nr. 4; HUBER, B.: Dendrochronologie. - Geol. Rundschau, 49 (1960) S. 120; v. JUSTI, J.H.G.: Geschichte des Erdkörpers ..., Berlin, 1771; KOENIGSBERGER, J.: Berechnungen des Erdalters auf physikalischer Grundlage. - Geol. Rundschau, 1 (1910), S. 241–249; KÖPPEN, W. & WEGE-

NER, A.: Die Klimate der Vorzeit. - Berlin, 1924; KORN, H.: Schichtung und absolute Zeit. - N. Jb. Min., Beil.-Bd. 74 A (1938); LEUTWEIN, F.: Alter und paragenetische Stellung der Pechblende erzgebirgischer Lagerstätten. - Geol., 6 (1957), S. 797–805; PILGRIM, L.: Versuch einer rechnerischen Behandlung des Eiszeitproblems. - Jh. Ver. vaterl. Naturk. Württemb., Stuttgart, 60 (1904), S. 26–117; v. RAUPACH, F.: Beitrag zur Geiseltalforschung. - Abh. Geol. Landesanst., NF 214 (1948); RICHTER-BERNBURG, G.: Zur Frage der absoluten Geschwindigkeit geologischer Vorgänge. - Naturwiss., 37 (1950), S. 1–8; RUTHERFORD, E.: Radioactivity. - Cambridge, 1905; SOERGEL, W.: Die Gliederung und absolute Zeitrechnung des Eiszeitalters. - Forsch. Geol. Pal., 13 (1925).

5.2.2 BORN, A.: Beziehungen zwischen Schwerezustand und geologischer Struktur Deutschlands. - Leipzig, 1925; DUNKER, E.: Über die Wärme im Inneren der Erde. - 1896; GÜNTHER, S.: Handbuch der Geophysik. - 1897; GUTENBERG, B.: Der Aufbau der Erde. - Berlin, 1925; HELMERT, R.: Über die Schwerkraft im Hochgebirge. - Veröff. preuß. geodät. Inst., 1890; KÜHN, P.: Die Parabel von Sperenberg. - Z. angew.. Geol., 30 (1984), S. 84–87; KUHN, W. & RITTMANN, A.: Über den Zustand des Erdinneren und seine Entstehung aus einem homogenen Urzustand. - Geol. Rundschau., 32 (1941), S. 215; POCKELS; F.: Erdbebenforschung und Erdinneres. - Geol. Rundschau., 1 (1910). S. 249; REICH, F.: Beobachtungen über die Temperatur des Gesteins in verschiedenen Tiefen. - Freiberg, 1934; SUESS, E.: Das Antlitz der Erde. Bd 3. - 1909; WEGENER, A.: Die Entstehung der Kontinente und Ozeane. - Braunschweig/Wiesbaden, 1915; WIECHERT, E.: Über die Massenverteilung im Innern der Erde. - Nachr. Ges. Wiss. Göttingen, 1897; S. 221–243; WIECHERT, E.: Die Erdbebenforschung, ihre Hilfsmittel und ihre Resultate für die Geophysik. - Phys. Z., 9 (1908), S. 36; WIECHERT, E.: Über die Beschaffenheit des Erdinneren. - Nachr. Ges. Wiss. Göttingen, 1924, S. 251–256.

5.2.3 ARLDT, TH.: Handbuch der Paläogeographie. - Berlin, 1919/22; BOIGK, H.: Zur Gliederung und Fazies des Buntsandsteins zwischen Harz und Emsland. - Geol. Jb., Hannover, 76 (1959), S. 597–636; BOUÉ, A.: Einiges zur paläogeologischen Geographie. - Sitz. - Ber. Akad. Wiss., Wien, 71 (1875), 1, S. 305–425; v. BUBNOFF, S.: Die Geschwindigkeit der Sedimentbildung und ihr endogener Antrieb. - Abh. Geotekt., 2 (1950); DACQUÉ; E.: Paläogeographische Karten und die gegen sie zu erhebenden Einwände. - Geol. Rundsch., 4 (1913), S. 186–206; DAVIS, W.M.: The geological dates of origin of certain topographic forms. - Bull. geol. Soc. America, 2 (1891), S. 545; DEUBEL, F.: Orogenetische und magmatische Vorgänge im Paläozoikum Thüringens. - Beitr. Geol. Thür., 1 (1925), S. 16–48; v. FREYBERG, B.: Paläogeographische Karte des Kupferschieferbeckens. - Jb. Hall. Verband, 4 (1924), S. 266–278; v. FREYBERG, B.: Geologische Aufnahmeergebnisse zwischen Auerbach und Pegnitz. - Sitz.-Ber. Phys.-Med. Soz. Erlangen, 71 (1939), S. 209–218; v. GAERTNER, H.R.: Schichtfolge und Tektonik im mittleren Teile des Schwarzburger Sattels. - Jb. preuß. Geol. Landesanst., 54/1933 (1934), S. 1–36; KÖPPEN, W. & WEGENER, A.: Die Klimate der Vorzeit. - Berlin, 1924; KOKEN, E.: Indisches Perm und permische Eiszeit. - N. Jb. Min., Festband 1907/08; KOSSMAT, F.: Paläogeographie und Tektonik. - Berlin, 1936; KRUMBECK, L.: Zur Stratigraphie und Faunenkunde des Lias zeta in Nordbayern. - Z. dt. geol. Ges., 95 (1943), S. 279–340 u. 96 (1944), S. 1–74; PHILIPPI, E.: Die präoligozäne Abtragungsfläche in Thüringen. - Z. dt. geol. Ges., 61 (1909), S. 347 zu. Z. dt. geol. Ges., 62 (1910), S. 305; PIETZSCH, K.: Über das geologische Alter der dichten Gneise des sächsischen Erzgebirges. - Centralbl. Min., 1914, S. 202–211, 225–241; SCHMIDT, M.: Das Liasprofil von Pfohren bei Donaueschingen. - Centralbl. Min., 1924, S. 341–344; SCHMIDT, W.: Die Grenzschichten Silur-Devon in Thüringen. - Abh. preuß. geol. Landesanst., NF 195 (1939); SCHWARZBACH, M.: Das Klima der Vorzeit. - Stuttgart, 1950; SPENGLER, E.: Über die Abtragung des Varistischen Gebirges in Sachsen. - Abh. geol. Landesanst., NF 212 (1949); STEINER, W.: Goethe und der Travertin von Weimar. - In: Beitr. z. Gesch. von Bergb., Geol. u. Denkmalschutz (Festschrift WAGENBRETH), Freiberg, 1998, S. 143–149; ZELLER, F.: Beiträge zur Kenntnis der Lettenkohle und des Keupers in Schwaben. - N. Jb. Min., 1908, 25. Beil. Bd. S. 1–134.

5.3.1 AMPFERER, O.: Über das Bewegungsbild von Faltengebirgen. - Jb. Geol. Reichsanst., Wien, 56 (1906), S. 539–622; AMPFERER, O.: Gedanken über das Bewegungsbild des Atlantischen Raumes. - Sitz. - Ber. Akad. Wiss. Wien, math. - naturw. Kl., 1 (1941), 150, S. 20–35; ANDRÉE, K.: Über die Bedingungen der Gebirgsbildung. - Berlin, 1914; v. BUBNOFF, S.: Bemerkungen zur Hypothese der Kontinentalverschiebungen. - Geol. Rundsch., 21 (1930), S. 340; v. BUBNOFF, S.: Über die Gerüstbildung der Erdrinde (Dictyogenese). - Naturwiss., 26 (1938), S. 745; HAARMANN, E.: Die Oszillationstheorie. - Stuttgart, 1930; HIERSEMANN, L.: Geologisch-geophysikalische Theorien über den Aufbau und die Dynamik der Erdkruste. - Freib. Forsch. H., C 24 (1956); KRAUS, E.: Der orogene Zyklus und seine Stadien. - Centralbl. Min., B, 1927, S. 216–233; KRAUS, E.: Unterströmungstheorie statt Oszillationshypothese. - Z. dt. geol. Ges., 83 (1931), S. 308–326; KRAUS, E.: Vergleichende Baugeschichte der Gebirge. - Berlin, 1951; MAASS, R.: Die Gebirgsbildungstheorien. - Zentralbl. Geol. Pal., 1970 (1971) S. 179–194, 939–954; NÖLKE, F.: Geotektonische Hypothesen. - Berlin, 1924; SCHWARZBACH, M.: Fossile Korallenriffe und Wegeners Drifthypothese. - Naturwiss., 36 (1949), S. 229–233; SOERGEL, W.: Die atlantische „Spalte", kritische Bemerkungen zu A. Wegeners Theorie von der Kontinentalverschiebung. - Z. dt. geol. Ges., 68 (1916), S. 200–239; STILLE, H.: Zonares Wandern der Gebirgsbildung. - Jahresber. nd.-sächs. geol. Ver., Hannover, 2 (1909), S. 34–48; STILLE, H.: Die mitteldeutsche Rahmenfaltung. - Jahresber. nd.-sächs. geol. Ver., Hannover, 3 (1910), S. 141; STILLE, H.: Die Begriffe Orogenese und Epirogenese. - Z. dt. geol. Ges., 71 (1919), S. 152, 164–208; STILLE, H.: Über Alter und Art der Phasen variszischer Gebirgsbildung. - Nachr. Ges. Wiss. Göttingen, 1920, S. 218–224; STILLE, H.: Grundfragen der vergleichenden Tektonik. - Berlin, 1924; STILLE, H.: Zur Frage der transatlantischen Faltenverbindungen. - Sitz. - Ber. preuß. Akad. Wiss., 11 (1934); STILLE, H.: Zur Frage der Herkunft der Magmen. - Abh. preuß. Akad. Wiss., 19 (1939); STILLE, H.: Ur- und Neuozeane. - Abh. dt. Akad. Wiss., 1945/46 Nr 6 (1948); STILLE, H.: Das Leitmotiv der geotektonischen Erdentwicklung. - Dt. Akad. Wiss., Vorträge u. Schriften, 32 (1949); STILLE, H.: „Atlantische" und „pazifische" Tektonik. - Geol. Jb., Hannover, 74 (1957), S. 677–686; WAGENBRETH, O.: Die Wurzeln mobilistischer Vorstellungen in der älteren Geschichte der tektonischen Forschung. - Z. geol. Wiss., 10 (1982), S. 313–332; WEGENER, A.: Die Entstehung der Kontinente. - Geol. Rundsch, 1912, S. 276; WEGENER, A.: Die Entstehung der Kontinente. - Braunschweig, 1915 (4. Aufl. 1929).

5.3.2   BECKER, H.: Das Zwischengebirge von Frankenberg in Sachsen. - Abh. sächs. geol. L.-Anst., 8 (1928); CLOOS, H.: Zur Entstehung schmaler Störungszonen. - Geol. Rundsch., 7 (1917), S. 41–52; CLOOS, H. & SCHOLTZ, H.: Die Grundlagen der Deckenhypothese im südlichen Hunsrück. - Geol. Rundsch., 21 (1930), S. 289; DAHLGRÜN, F.: Analogien und Unterschiede im geologischen Bau des Ober- und Unterharzes. - Z. dt. geol. Ges., 79 (1927), S. 73–121; KOSSMAT, F.: Zur Frage des Deckenbaus im Harz. - Z. dt. geol. Ges., 80 (1928), S. 224–241; LOTZE, F.: Der West und des Leinetalgrabens zwischen Hardegsen und Moringen. - Abh. preuß. geol. L. Anst., NF 116 (1930); LOTZE, F.: 100 Jahre Forschung in der saxonischen Tektonik. - Z. dt. geol. Ges., 100 (1950), S. 321–337; MARTINI, H.J.: Großschollen und Gräben zwischen Habichtswald und Rheinischem Schiefergebirge. - Geotekt. Forsch., 1 (1937), S. 69; ROTHPLETZ, A.: Das geotektonische Problem der Glarner Alpen. - Jena, 1898; SCHUH, F.: Die saxonische Gebirgsbildung. - Kali, 16 (1922), S. 145–152; 167–174, 285–291, 306–312; SPENGLER, E.: Über die Länge und Schubweite der Decken in den nördlichen Kalkalpen. - Geol. Rundsch., 19 (1928), S. 1–26; STILLE, H.: Zur Tektonik des südlichen Teutoburger Waldes. - Z. dt. geol. Ges., 53 (1901), S. 7–12; STILLE, H.: Über Alter und Art der Phasen der variszischen Gebirgsbildung. - Nachr. Ges. Wiss. Göttingen, 1920, S. 218–224; STILLE, H.: Die Osningüberschiebung. - Abh. preuß. geol. L.-Anst., NF 95 (1925). S. 32–56; SUESS, F.E.: Vorläufige Mitteilung über die Münchberger Deckscholle. - Sitz. Ber. Akad. Wiss., Wien, 121 (1912), S. 253; SUESS, F.E.: Intrusionstektonik und Wandertektonik im variszischen Grundgebirge. - Berlin, 1926; TOLLMANN, A.: Eduard Suess, Geologe und Politiker. - Sitz. Ber. Akad. Wiss., Wien, 422 (1983), S. 27–78; TOLLMANN, A.: Die Bedeutung von E. Suess für die Deckenlehre. - Mitt. österr. geol. Ges., 74/75 (1981/82), S. 27–40; WALDMANN, L.: Das Lebenswerk von Franz Eduard Sueß. - Jb. österr. geol. Bundesanst., Wien, 96 (1953), S. 193–216; WILCKENS, O.: Wo liegen in den Alpen die Wurzeln der Überschiebungsdecken? - Geol. Rundsch., 2 (1911), S. 314–330; ZÖLLICH, M.: Zur Deckenfrage im Mittelharz. - Jb. preuß. geol. Landesanst., … (1939).

5.3.3   V. BUBNOFF, S.: Der geotektonische Charakter Thüringens. - In: Beiträge z. Tektonik d. Thüringer Beckens. Abh. dt. Akad. Wiss., 1953 (1955), S. 5–17; CARLÉ, W.: Bemerkungen zur Tektonik des nachvaristischen Gebirges in Schwaben. - Z. dt. geol. Ges., 91 (1939), S. 65–73; CLOOS, H.: Gang und Gehwerk einer Falte. - Z. dt. geol. Ges., 100 (1950), S. 290–303; JUBITZ, K.B.: Zur praktischen Anwendung der feinstratigraphischen und kleintektonischen Methode. - Freib. Forsch. H. C 9 (1954), S. 80–112; LOTZE, F.: Zur Methodik der Forschungen über saxonische Tektonik. - Geotekt. Forsch., 1 (1937), S. 6–27; SCHWINNER, R.: Lehrbuch der physikalischen Geologie. - Berlin, 1936.

5.3.4   v. BUBNOFF, S.: Die Methode der Granitmessung und ihre bisherigen Ergebnisse. - Geol. Rundsch., 13 (1922), S. 151–170; v. BUBNOFF, S.: Schollentransport und magmatische Strömung. - Abh. preuß. Akad. Wiss., 1941, 18 (1942); CLOOS, H.: Der Mechanismus tiefvulkanischer Vorgänge. - Braunschweig, 1921; CLOOS, H.: Der Gebirgsbau Schlesiens. - Berlin 1922; CLOOS, H.: Das Batholithenproblem. - Fortschr. Geol. Pal., 1, Berlin, 1923; SCHWARZBACH, M.: Hans Cloos in seinen Breslauer Jahren. - Geol. Rundsch., 75 (1986), S: 515–523; STILLE, H.: Zur Frage der Herkunft der Magmen. - Abh. preuß. Akad. Wiss., 19 (1939).

5.4   AHRENS, W.: Geologisches Wanderbuch durch das Vulkangebiet des Laacher Sees in der Eifel. - Stuttgart, 1930; BÄRTLING, R.: Geologisches Wanderbuch für den Niederrheinisch-Westfälischen Industriebezirk. - Stuttgart, 1925; v. BUBNOFF, S.: Geologie von Europa. - Berlin, 1926/36; DORN, P.: Geologie von Mitteleuropa, - Stuttgart, 1951 (4. Aufl. 1981); HANIEL, C.A. & RICHTER, M.: Geologischer Führer durch die Allgäuer Alpen südlich von Oberstdorf. - München, 1929; KEGEL, W.: Die Kartenwerke des Reichsamtes für Bodenforschung. - Jb. Reichsamt. Bodenf., 63 (1944), S. 599–628; KIRSTE, E.: Geologisches Wanderbuch für Ostthüringen und Westsachsen. - Stuttgart, 1912; MÄGDEFRAU, K.: Geologischer Führer durch die Trias um Jena. - Jena, 1929; PUFF, P.: Die Thüringer Geologische Landesanstalt in Jena, ein Rückblick. - Geowiss. Mitt. Thür., 2 (1994), S. 217–234; STEINMANN, G. & WILCKENS, O. (Hrsg.): Handbuch der regionalen Geologie. - Heidelberg, 1910/37; WALTHER, J.: Lehrbuch der Geologie von Deutschland. - Leipzig, 1910 (3. Aufl. 1921); WALTHER, J.: Geologische Heimatkunde von Thüringen. - Jena, 1902 (6. Aufl. 1927).

5.5   ANDRÉE, K.: Die Diagenese der Sedimente, ihre Beziehungen zur Sedimentbildung und zur Sedimentpetrographie. - Geol. Rundsch., 2 (1911), S. 61–74; ANDRÉE, K.: Moderne Sedimentpetrographie, ihre Stellung innerhalb der Geologie, sowie ihre Methoden und Ziele. - Geol. Rundsch., 5 (1915), S. 463–477; ANDRÉE, K.: Wesen, Ursachen und Arten der Schichtung. - Geol. Rundsch., 6 (1915), S. 351–397; BECKE, F.: Die Eruptivgesteine des böhmischen Mittelgebirges und der amerikanischen Anden. Atlantische und pazifische Sippe der Eruptivgesteine. - Min.-petr. Mitt. (TSCHERMAK), NF, 22 (1903), S. 209–265; BECKE, F.: Zur Faziesklassifikation der metamorphen Gesteine. - Min.-petr. Mitt. (TSCHERMAK), 35 (1921); BRINKMANN, R.: Über die Schichtung und ihre Ursachen. - Fortschr. Geol. Pal., 31 (1932); CAYEUX, L.: Introduction á l'etude pétrographique des roches sédimentaires. - Paris, 1916; CLOOS, H.: Bau und Oberflächengestaltung des Riesengebirges. - Geol. Rundsch., 15 (1924), S. 189; CORRENS, C.: Petrographie der Tone. - Naturwiss., 24 (1936), S. 117–124; ESKOLA, P.: The mineral facies of Rocks. - Norsk geol. Tidskr. 6 (1921); GRUBENMANN, U.: Die kristallinen Schiefer. - Berlin, 1907; KAEMMEL, TH.: Zu einem 50jährigem Jubiläum in der Gefügekunde. - Z. angew. Geol., 7 (1961) S. 319–320; MILCH, L.: Die heutigen Ansichten über Wesen und Entstehung der kristallinen Schiefer. - Geol. Rundsch., 1 (1910), S. 36–58; MILNER, H.B.: Sedimentary petrography. - London u. New York, 1926 (3. Aufl. 1940); RITTMANN, A.: Vulkane und ihre Tätigkeit. - Stuttgart, 1960 (2. Aufl.); SANDER, B.: Gefügekunde der Gesteine. - Wien, 1930; SANDER, B.: Einführung in die Gefügekunde der geologischen Körper. - Wien u. Innsbruck, 1948/50; SCHMIDT, WALTER: Gefügestatistik. - Min.-petr. Mitt. (TSCHERMAK), 50 (1925), S: 392–423; SCHMIDT, WALTER: Tektonik und Verformungslehre. - Berlin, 1932; SEDERHOLM, J.J.: Einige Probleme der präkambrischen Geologie von Fennoskandia. - Geol. Rundsch., 1 (1910), S. 126–135; STREMME, H.: Über Kaolinbildung. - Z. prakt. Geol., 16 (1908), S. 443; WEYL, R.: Mittelamerikanische Ignimbrite. - N. Jb. Geol. Pal., 113 (1961), S. 23–46.

5.6   ABEL, O.: Paläobiologie und Stammesgeschichte. - Jena 1929; BERG, G.: Ist die Entstehung des Lebens aus Anorganischem erklärbar? - Z. dt. geol. Ges., 92 (1940), S. 180–196; BETTENSTAEDT, F.: Evolutionsvorgänge bei fossilen Foraminiferen. - Mitt. geol. Staatsinst. Hamburg, 31 (1962), S. 385–460; BRINKMANN, R.: Statistisch-biostratigraphische Untersuchungen an mitteljurassischen Ammoniten über Artbegriff und Stammesentwicklung. - Abh. Ges. Wiss., Göttingen, NF 13,3 (1929); DEECKE, W.: Die Fossilisation. - Berlin, 1923; FRANZ, V.: Geschichte der Organismen. - Jena, 1924; GOTHAN, W.: Die Paläobotanik in Deutschland in den letzten 100 Jahren. - Z. dt. geol. Ges., 100 (1950), S. 94–105; GRABERT; B.: Phylogenetische Untersuchungen an *Gaudryina* und *Spiroplectinata* (Foram.), besonders aus dem nordwestdeutschen Apt und Alb. - Abh. senckenberg. naturf. Ges., Frankf./ M., 498 (1959), S. 1–71; HECHT, F.E.: Standardgliederung der nordwestdeutschen Unterkreide nach Foraminiferen. - Abh. Senckenberg. naturf. Ges., 443 (1938); HELLMUND, M.: Letzte Grabungsaktivitäten im südwestlichen Geiseltal bei Halle ... 1992 u. 1993. - Hercynia, 30 (1997), S. 163–176; HEN-NIG, E.: Organisches Werden, paläontologisch gesehen. - Pal. Z., 23 (1944), S. 281–316; HÖLDER, H.: Wandlungen der Geologie und Paläontologie während der letzten 50 Jahre. - Münster, 1981; HUNGER, R.: Biostratinomie und Paläobotanik der Blätterkohlenvorkommen des eozänen Humodils des Zeitz - Weißenfelser Reviers. - Brk.-Arch., 51 (1939), S. 33–69; JURASKY, K.A.: Kutikular-Analyse. - Biologia generalis, 10 (1934), 11 (1935/36); KRUMBIEGEL, G.: 50 Jahre Geiseltalmuseum Halle. - Hercynia, NF 21 (1984), S. 304–305; KUHN, O.: Die Phylogenie der Wirbeltiere. - Jena, 1938; KUHN, O.: Die Stammesgeschichte der wirbellosen Tiere im Lichte der Paläontologie. - Jena, 1939; MÜLLER, A.H.: Grundlagen der Biostratonomie. - Abh. Akad. Wiss. Berlin, 1950 (1951), Nr 3; RICHTER, RUD.: Flachseebeobachtungen zur Paläontologie und Geologie. - Senckenbergiana, 2 (1920), 3 (1921), 4 (1922), 6 (1924), 8 (1926); SCHINDEWOLF, O.H.: Einhundert Jahre Paläontologie. - Z. dt. geol. Ges., 100 (1950), S. 67–93; SCHINDEWOLF, O.H.: Grundfragen der Paläontologie. Geologische Zeitmessung, Organische Stammesentwicklung, Biologische Systematik. - Stuttgart, 1950; STAESCHE, K.: Die Gliederung des nordwestdeutschen Tertiärs auf Grund von Mikrofossilien. - Jb. preuß. Geol. Landesanst., 58 (1937), S. 730–745; THIERGART, F.: Leitpollen der untermiozänen und oberoligozänen Braunkohle und ihre systematische Stellung. - Z. dt. geol. Ges., 97 (1945), S. 54–65; VOIGT, E.: Die Erhaltung von Epithelzellen mit Zellkernen von Chromatophoren und Corium in fossiler Froschhaut aus der mitteleozänen Braunkohle des Geiseltales. - Nova Acta Leop., NF 3 (1935), S. 339–350; DE VRIES, H.: Die Mutationstheorie. - Leipzig, 1901/03; WALTHER, J.: Allgemeine Paläontologie. - Berlin, 1927; WEDEKIND, R.: Über die Grundlagen und Methoden der Biostratigraphie. - Berlin, 1916; WEDEKIND, R.: Einführung in die Grundlagen der Historischen Geologie. - Stuttgart, 1935/37; WEIGELT, J.: Geologie und Nordseefauna. - Der Steinbruch, 14 (1919), S. 228–231, 244–246; WEIGELT, J.: Rezente Wirbeltierleichen und ihre paläobiologische Bedeutung. - Leipzig, 1927; WEIGELT, J.: Ganoidfischleichen im Kupferschiefer und in der Gegenwart. - Paläobiol., 1 (1928), S. 323–356; WEIGELT, J.: Die Biostratonomie der 1932 auf der Grube Cecilie im mittleren Geiseltal ausgegrabenen Leichenfelder. - Nova Acta Leop., NF 1 (1933); ZIMMERMANN, W.: Die Phylogenie der Pflanzen. - Jena, 1930 (2. Aufl. 1959).

5.7 ADAM, K.D.: Schrifttum zur Erforschung der Stuttgarter Travertine. - Fundberichte aus Baden - Württ., 11 (1986), S. 92–100; BRÄUHÄUSER, M.: Beiträge zur Stratigraphie des Cannstätter Diluviums. - Mitt. geol. Abt. Statist. Landesamt., 6 (1909); DAMMER, B.: Über das Auftreten zweier ungleichartiger Lösse zwischen Weißenfels und Zeitz. - Jb. preuß. Geol. Landesanst. 29,1/1908 (1909), S. 337–347; EBERL, B.: Zur Gliederung und Zeitrechnung des alpinen Glazials. - Z. dt. geol. Ges., 80 (1928), S. 107–117; FIRBAS, F.: Stand und Darstellung der spät- und nacheiszeitlichen Waldgeschichte Deutschlands. - Forsch. Fortschr., 12 (1936), S. 399–400; GAGEL, C.: Die Beweise für eine mehrfache Vereisung Norddeutschlands in diluvialer Zeit. - Geol. Rundsch., 4 (1913), S. 319, 444, 588; GRAH-MANN, R.: Diluvium und Pliozän in Nordwestsachsen. - Abh. sächs. Akad. Wiss., 39 (1925) Nr 4; GRAHMANN, R.: Über die Ausdehnung der Vereisungen Norddeutschlands und ihre Einordnung in die Strahlungskurve. - Ber. sächs. Akad. Wiss., 80 (1928), S. 134–163; GRIPP, K.: Untersuchungen an Gletschern und Moränen Spitzbergens. - Z. dt. geol. Ges., 79 (1927), S. 340–342; GRUPE, O.: Zur Frage den Terrassenbildungen im mittleren Flußgebiet der Weser und Leine und ihrer Altersbeziehungen zu den Eiszeiten. - Z. dt. geol. Ges., 61 (1909), S. 470–497; HESEMANN, J.: Neue Ergebnisse der Geschiebeforschung im norddeutschen Diluvium. - Geol. Rundsch., 26 (1935), S. 186–198; KEIL-HACK, K.: Die Nordgrenze des Löß in ihren Beziehungen zum nordischen Diluvium. - Z. dt. geol. Ges. 70 (1918), S. 77; KEILHACK, K.: Die äußerste Endmoräne der jüngsten Vereisung Norddeutschlands. - Geol. Rundsch., 7 (1917), S. 340–344; KÖPPEN, W. & WEGENER, A.: Die Klimate der geologischen Vorzeit. - Berlin, 1924; LUDWIG, A.: Eistektonik und echte Tektonik in Ostrügen. - Wiss. Z. Univ. Greifswald, 4 (1954/55), S. 251–288; LÜTTIG, G.: Eiszeit, Stadium, Phase, Staffel. - Geol. Jb. Hannover, 76 (1959), S. 235–260; MARCINEK; J. & NITZ, B.: Hundert Jahre Eiszeitforschung und ihre Vorgeschichte. - Geograph. Ber., 76 (1975), S. 179–191; MILANKOWITSCH, M.: Mathematische Klimalehre und astronomische Theorie der Klimaschwankungen. - In: KÖPPEN, W. & GEIGER, R.: Handbuch der Klimatologie, Bd. 1, T. A, Berlin, 1930; PENCK, A. & BRÜCKNER, E.: Die Alpen im Eiszeitalter. - Leipzig, 1909; RUDOLPH, K.: Grundzüge der nacheiszeitlichen Waldgeschichte Mitteleuropas. - Bot. Zentralbl. (Beiheft), 47, II (1930), S. 111–176; SCHMIERER, TH.: Über ein glazial gefaltetes Gebiet auf dem westlichen Fläming. - Jb. preuß. Geol. Landesanst., 31/1910, 1 (1913), S. 105; SCHOETENSACK, O.: Der Unterkiefer des *Homo heidelbergensis* aus den Sanden von Mauer bei Heidelberg. - Leipzig, 1908; SCHULZ, W.: Die Stauchendmoräne der Rosenthaler Staffel. - Geol., 14 (1965), S. 564–588;

SEIDL, E.: Gletscherdrucktektonik nord- und mitteldeutscher Braunkohlenschichten, erklärt nach Richtlinien der technischen Mechanik. - Braunkohle, 1933, S. 337–432; SOERGEL, W.: Die diluvialen Terrassen der Ilm und ihre Bedeutung für die Gliederung des Eiszeitalters. - Jena, 1924; STEINER, W.: Der Hominidenschädel aus dem pleistozänen Travertin von Ehringsdorf. - Biol. Rundschau, 3 (1975), S. 174–185; TIETZE, O.: Die äußersten Endmoränen der jüngsten Vereisungen Norddeutschlands. - Geol. Rundsch., 7 (1917), S. 110–122; WAHNSCHAFFE, F.: Über glaziale Schichtenstörungen im Diluvium und Tertiär bei Freienwalde a.d. Oder und Fürstenwalde a.d. Spree. - Z. dt. geol. Ges., 58 (1906), S. 242–252; WEIDENREICH, F., WIEGERS, F. & SCHUSTER, E.: Der Schädelfund von Weimar-Ehringsdorf. - Jena, 1928; WIEGERS, F.: Die geologischen Grundlagen für die Chronologie des Diluvialmenschen. - Z. dt. geol. Ges., 64 (1912), S. 605; WOLDSTEDT, P.: Die großen Endmoränenzüge Norddeutschlands. - Z. dt. geol. Ges., 77 (1925), S. 172–184; WOLDSTEDT, P.: Über die Ausdehnung der letzten Vereisung in Norddeutschland. - Ber. preuß. Geol. Landesanst., 2 (1927); WOLDSTEDT, P.: Die Parallelisierung des nordeuropäischen Diluviums mit dem anderer Vereisungsgebiete. - Z. Gletsch., 16 (1928), S. 230–241; WOLDSTEDT, P.: Das Eiszeitalter. - Stuttgart, 1929 (2. Aufl. 1954/65); WOLDSTEDT, P.: Die Quartärforschung in Deutschland, ihre Entwicklung und ihre Aufgaben. - Z. dt. geol. Ges., 100 (1950), S. 379–399; ZIEGLER, B.: Der Schwäbische Lindwurm, Funde aus der Urzeit. - Stuttgart, 1986.

5.8.1 KEILHACK, K.: Lehrbuch der praktischen Geologie. - Stuttgart 1896 (3. Aufl. 1916); KERTZ, W.: Ludger Mintrop, der die Angewandte Geophysik zum Erfolg brachte. - Mitt. dt. geophys. Ges., 1991, 3, S. 2–16; KRUSCH, P.: Über einen neuen Kernbohrapparat für sonst nicht kernfähiges Gestein. - Z. dt. geol. Ges., 60 (1908); S. 250–253; MEINHOLD, R.: Geschichte der Bohrlochmessungen bis zum zweiten Weltkrieg. - Z. geol. Wiss., 17 (1989), S. 1109–1121; MÜHRY, A.: Beiträge zur Geophysik und Klimatographie. - 1863; SCHMIDT, P.: Die Entwicklung der Angewandten Geophysik im Zeitraum 1917 bis 1945. - In: Beitr. Wissenschaftsgesch., Wiss. u. Gesellsch., 1917–1945. - Berlin, 1984, S. 97–132.

5.8.2 BAUMANN, L.: Tektonik und Genesis der Erzlagerstätte von Freiberg. - Freib. Forsch. H., C 46 (1958); BERG, G.: Mikroskopische Untersuchung der Erzlagerstätten. - Berlin 1915; GRANIGG, B.: Zur Anwendung metallographischer Methoden auf die mikroskopische Untersuchung von Erzlagerstätten. - Metall u. Erz, 12 (1915), S. 189, 13 (1916), S. 169, 17 (1920), S. 57; LEUTWEIN, F.: Geochemische Untersuchungen an den Alaun- und Kieselschiefern Thüringens. - Arch. Lagerstättenf., 82 (1951)), S: 1–45; LINDGREN, W.: The relation of ore-deposition to physical conditions. - 1906; NIGGLI, P.: Versuch einer natürlichen Klassifikation der im weiten Sinne magmatischen Lagerstätten. - Halle, 1925; NIGGLI, P.: Erzlagerstätten, magmatische Aktivität und Großtektonik. - 1928; RICHTER, M.: Metallogenese und Tektonik westdeutscher Blei-Zinkerz-Lagerstätten. - Geol. Rundsch., 42 (1954), S. 79–90; SCHNEIDERHÖHN, H.: Entwurf zu einer genetischen Systematik der mineralbildenden Vorgänge. - 1919; SCHNEIDERHÖHN, H. & RAMDOHR, P.: Lehrbuch der Erzmikroskopie. - 1931/34; SCHNEIDERHÖHN, H. u.a.: Das Vorkommen von Titan, Vanadium, Chrom, Molybdän, Nickel und einigen anderen Spurenmetallen in deutschen Sedimentgesteinen. N. Jb. Min., Mh. 1949, S. 50–72; SCHNEIDERHÖHN, H. & BORCHERT, H.: Zonale Gliederung der Erzlagerstätten. Bericht über eine Arbeitstagung des Lagerstättenausschusses der Gesellschaft deutscher Metallhütten- und Bergleute 1955. - N. Jb. Min., Mh., 1956, S. 136–161; VOGT, J.H.L.: Bildung von Erzlagerstätten durch Differentiationsprozesse in basischen Eruptivmagmata. - 1893.

5.8.3 ARRHENIUS, S. & LACHMANN, R.: Die physikalisch-chemischen Bedingungen bei der Bildung der Salzlagerstätten. - Geol. Rundsch., 3 (1912), S. 139–157; BAAR, A.: Entstehung und Gesetzmäßigkeiten der Fazieswechsel im älteren Kalilager am westlichen Südharz. - Kali, 38 (1944); BEYSCHLAG, F. & EVERDING, H.: Zur Geologie der deutschen Zechsteinsalze. - In: Deutschlands Kalibergbau, Festschr. 10. Allgem. Bergmannstag, Eisenach, 1907; ERDMANN, E.: Zur Frage der Entstehung der deutschen Kalisalzlagerstätten. - Kali, 2 (1908), S. 362–369, 387–392, 411–415; FULDA, E.: Salzspiegel und Salzhang. - Z. dt. geol. Ges., 75 (1923), S. 10–14; FULDA, E.: Handbuch der vergleichenden Stratigraphie Deutschlands: Zechstein. - Berlin, 1935; HARBORT, E.: Zur Geologie der nordhannoverschen Salzhorste. - Z. dt. geol. Ges., 62 (1910), S. 326–341; KIRSCHMANN, W.: Die Lagerungsverhältnisse des oberen Allertales zwischen Morsleben und Walbeck. - Z. prakt. Geol., 21 (1913), S. 1–27; KÜHN, R.: Zur Geschichte der Kalisalzforschung in Deutschland in den letzten 50 Jahren. - Heidelb. Geowiss. Abh., 6 (1986), S. 265–284; LACHMANN, R.: Über autoplaste (nicht tektonische) Formelemente im Bau der Salzlagerstätten Norddeutschlands. - Z. dt. geol. Ges., 62 (1910), S. 113–116; LACHMANN, R.: Der Salzauftrieb. - Halle, 1911/1912; RICHTER-BERNBURG, G.: Über salinare Sedimentation. - Z. dt. geol. Ges., 105 (1953), S. 593–645; RICHTER-BERNBURG, G.: Stratigraphische Gliederung des deutschen Zechsteins. - Z. dt. geol. Ges., 105 (1953). S. 843–854; RINNE, F.: Plastische Umformung von Steinsalz und Sylvin unter allseitigem Druck. - N. Jb. Min., 1904, 1, S. 114–122; RINNE, F.: Metamorphosen von Salzen und Silikatgesteinen. - Jahresber. nd.-sächs. geol. Ver. Hannover, 7 (1914), S. 252; STILLE, H.: Das Aufsteigen des Salzgebirges. - Kali, 5 (1911), S. 69–72; STILLE, H.: Injektivfaltung und damit zusammenhängende Erscheinungen. - Geol. Rundsch., 8 (1917), S. 89–142; STILLE, H.: Normaltektonik, Salztektonik und Vulkanismus. - Z. dt. geol. Ges., 74 (1922), S. 215–226; TRUSHEIM, F.: Über Halokinese und ihre Bedeutung für die strukturelle Entwicklung Norddeutschlands. - Z. dt. geol. Ges., 109 (1957), S.111–151; VAN'T HOFF, J.H.: Zur Bildung der ozeanischen Salzlagerstätten. - Braunschweig, 1905/09; WALTHER; J.: Lithogenesis der Gegenwart. - Jena, 1894; WALTHER; J.: Die Entstehung von Salz und Gips durch topographische und klimatische Ursachen. - Centralbl. Min., 1903, S. 211–217.

5.8.4 BÄRTLING, R.: Die Ergebnisse der neueren Tiefbohrungen nördlich der Lippe. - Glückauf, 45 (1909), S. 1173, 1209, 1249, 1289; BODE, H.: Die Pollenanalyse in der Braunkohle. - Z. dt. geol. Ges., 82 (1930), S. 534–535; FLIEGEL, G.: Die miozäne Braunkohlenformation am Niederrhein. - Abh. preuß. geol. L.-Anst., NF 61 (1910); GALLWITZ, H.: Die Ableitung der Bodenbewegungen aus der Feinstratigraphie der Braunkohle im mittleren Geiseltal. - Geologica, 11 (1952), S. 29–40; GOTHAN, W.: Weitere Untersuchungen über Bildung von Braunkohlen. - Braunkohle, 22 (1923), S. 49–53; GOTHAN, W.: Studien über die Bildung der Schwelkohle und des Pyropissits. - Abh. Brk. u. Kaliind., 6 (1925); GRAHMANN, R.: Über die Auslaugungstektonik im Meuselwitzer und Zeitzer Braunkohlengebirge. - Braunkohle, 30 (1931), S. 121–125; HERRMANN, R.: Salzauslaugung und Braunkohlenbildung im Geiseltal bei Merseburg. -Z. dt. geol. Ges., 82 (1930), S. 467–479; JURASKY, K.A.: Aufgaben und Ausblicke für die paläobotanische Erforschung der niederrheinischen Braunkohle. - Braunkohle, 27 (1928), S. 436; JURASKY, K.A.: Deutschlands Braunkohlen und ihre Entstehung. - Berlin, 1936; KNIBE, H.: Aufbau und Bildung der mitteleozänen Braunkohlenflöze in Mitteldeutschland. - Z. prakt. Geol., 45 (1937); KRÄUSEL, R.: Zur „Sumpfmoornatur" der mitteldeutschen Braunkohle. - Centralbl. Min., B, 1925, S. 146–155, 166–197; LANG, R.: Weiteres zur Sumpfmoornatur der Braunkohlen. - Braunkohle, 23 (1924), S. 493–498, 511–514; LEHMANN, H.: Leitfaden der Kohlengeologie. - Halle, 1953; OBERSTE-BRINK, K. & BÄRTLING, R.: Die Durchführung einer einheitlichen Gliederung und Flözbenennung für das Produktive Karbon des rheinisch-westfälischen Industriebezirks. - Z. dt. geol. Ges., 80 (1928), S. 165; POTONIÉ, H.: Die Tropen-Sumpfflachmoor-Natur der Moore des produktiven Karbons. - Jb. preuß. Geol. Landesanst., 30,1 (1909), S: 389–443; RAEFLER, F.: Gegen die Bodenfremdheit der sächsisch-thüringischen Braunkohlenlagerstätten. - Braunkohle, 19 (1920/21), S. 1–6, 20–23, 33–37; STACH, E.: Gleichzeitigkeit von Sedimentation und Faltung. - Z. dt. geol. Ges., 84 (1932), S. 607–618; TEUMER, TH.: Was beweisen die Stubbenhorizonte in den Braunkohlenflözen? - Jb. Hall. Verband, 3,3 (1922), S. 1–39; TILLE, W.: Die Braunkohlenformation im Herzogtum Sachsen-Altenburg und im südlichen Teil der Provinz Sachsen. - Arch. Lagerstätt., 21 (1915); VETTER, H.: Die Bedeutung der Schollentektonik Mitteldeutschlands für die Entstehung der eozänen Braunkohlenformation. - Jb. Hall. Verband, NF 11 (1932), S. 5–120; WAGENBRETH, O.: Zur Geschichte der geologischen Erforschung der mitteldeutschen Braunkohle. - Z. dt. geol. Ges., 144 (1993), S. 264–269; WALTHER, J.: Salzlagerstätten und Braunkohlenbecken in ihren genetischen Beziehungen. - Jb. Hall. Verband, 1 (1919), S. 11–15; WEIGELT, J.: Der geologische Bau des Geiseltales. . Z. dt. geol. Ges., 82 (1930), S. 507–518; WEISSERMEL, W.: Zur Genese des deutschen Braunkohlentertiärs. - Z. dt. geol. Ges., 75 (1923), S. 14–45.

5.8.5 BENTZ, A.: Der mesozoische Untergrund des Norddeutschen Flachlandes und seine Erdölhöffigkeit. - Dtsch. Erdöl, Schriften a.d. Gebiet d. Brennstoffgeol., 7 (1931); BENTZ, A.: Die Entwicklung der Erdölgeologie. - Z. dt. geol. Ges., 100 (1948), S. 188–197; BENTZ, A.: Zur Geschichte der Emsland-Ölfelder. - Z. dt. geol. Ges., 102 (1950), S: 1–7; FULDA, E.: Zur Entstehung des Erdöls in Thüringen. - Jb. Hall. Verband, 10 (1931), S. 113–116; HECHT, F.E.: Die Verwertbarkeit der Mikropaläontologie bei Erdölaufschlußarbeiten im norddeutschen Tertiär und Mesozoikum. - Senckenbergiana, 19 (1937), S. 200–225; HÖFER, H.: Das Erdöl und seine Verwandten. - Braunschweig, 1888; HÖFER, H.: Die Geologie, Gewinnung und der Transport des Erdöls. - Leipzig, 1909 (2. Aufl. 1922); OCHSENIUS,

K.: Die Bildung des Erdöls. - Z. prakt. Geol., 1896, S. 219; SCHWEYDAR, W.: Aufschlußmethode im Bergbau mit der Drehwaage. - Jb. Hall. Verband, 4,2 (1924), S. 352–379; STUTZER, O.: Erdöl, allgemeine Erdölgeologie und Überblick über die Erdölfelder Europas. - Berlin, 1931; ZUBER, R.: Kritische Bemerkungen über die modernen Petroleum-Entstehungs-Hypothesen. - Z. prakt. Geol., 1898, S. 84–94; v. ZWERGER, R.: Zum heutigen Stand der geophysikalischen Aufnahme Deutschlands. - Geol. Rundsch., 32 (1941), S. 6–52.

5.8.6   AMPFERER, O.: Geologische Probleme des Baues und der Erhaltung von Talsperren. - Wasserwirtschaft, Wien, 1933, S. 247–256; BOUÉ, A.: Der ganze Zweck und der hohe Nutzen der Geologie in allgemeiner und in spezieller Rücksicht auf die österreichischen Staaten und ihre Völker. - Wien, 1851; BREDDIN, H.: Ein neuartiges hydrogeologisches Kartenwerk für die südliche niederrheinische Bucht. - Z. dt. geol. Ges., 106 (1956), S. 94–112; CASAGRANDE, A.: Bodenuntersuchungen im Dienst des neuzeitlichen Straßenbaus. - Straßenbau, 25 (1934), H. 3; DIENEMANN, W. & BURRE, O. (Hrsg.): Die nutzbaren Gesteine Deutschlands. - 1928/29; DIENEMANN, W.: Geologische Beratungen im Dienste des modernen Straßenbaues. - Jb. preuß. Geol. Landesanst., 56 (1936), S. 137–167; HERRMANN, O.: Die Steinbruchindustrie auf dem Rochlitzer Berg in Sachsen. - Z. prakt. Geol., 1896, S. 442; HERRMANN, O.: Die Prüfung der natürlichen Baugesteine. - Z. prakt. Geol., 1900, S. 17–21; HERRMANN, O.: Steinbruchindustrie und Steinbruchgeologie. - Berlin, 1916; HOPPE; W.: Die hydrogeologischen Grundlagen der Wasserversorgung in Thüringen. - Jena, 1952; HOPPE; W.: Grundlagen, Auswirkungen und Aussichten der Kaliabwasserversenkung im Werra-Kaligebiet. - Geol., 11 (1962), S. 1059–1086; KARRENBERG, H.: Zur geschichtlichen Entwicklung von Baugrundplanungskarten in Westdeutschland. - Z. dt. geol. Ges., 114 (1962), S. 203–205; KEILHACK, K.: Aufgaben der praktischen Geologie. - Z. prakt. Geol., 1897; S. 1–5; KNETSCH, G.: Der Kölner Dom in der Geologie. - Kölner Geol. Hefte, 2 (1952); KÖGLER, F. & SCHEIDIG, A.: Baugrund und Bauwerk. (5. Aufl.) - Berlin, 1947; LEPPLA, A.: Die Prüfung der natürlichen Baugesteine. - In: Baumaterialienkunde, H. 3, Stuttgart, 1899; LEPPLA, A.: Über den sogenannten Sonnenbrand der Basalte. - Z. prakt. Geol., 1901, S. 171; LEPPLA, A.: Geologische Vorbedingungen der Staubecken. - 1908; NAUMANN, C.F.: Entwurf der Lithurgik oder ökonomischen Mineralogie. - Leipzig, 1826; REDLICH, K., v. TERZAGHI, K. & KAMPE, R.: Ingenieurgeologie. - Wien, 1929; RUSKE, W. u.a.: 125 Jahre Forschung und Entwicklung, Prüfung, Analyse, Zulassung, Beratung und Information in Chemie- und Materialtechnik. - Berlin, 1996; STAPFF, F.M.: Was kann das Studium der dynamischen Geologie im praktischen Leben nutzen, besonders in der Berufstätigkeit des Bauingenieurs? - Z. prakt. Geol., 1893; S. 445–466; v. TERZAGHI, K.: Erdbaumechanik auf bodenphysikalischer Grundlage. - 1925; UDLUFT, H.: Die petrographischen Grundlagen für die Verwitterbarkeit der im Hoch- und Tiefbau verwandten Sandsteine Nordwestdeutschland. - Jb. preuß. Geol. Landesanst., 50, 1 (1929), S. 437–503.

Bildquellenverzeichnis

Techn. Universität Bergakademie Freiberg, Medienzentrum, Repro Heinzig: 7 (Wilsdorf, Prälud. z. Agricola 1954, S. 127), 8 (Bauhinus), 13 (Knorr 1755), 14 (Schindewolf 1944), 15 (Guntau 1996), 16 (Gheyselinck, Die ruhelose Erde, 1938), 17 (Lesser 1732, 1751), 18 (Kircher 1664), 21 (v. Freyberg 1932), 26 (d'Aubuisson 1819), 28 (Voigt 1821), 29 (Köhlers bergmänn. Journ. 1789), 34 (Schindewolf 1944), 35 (v. Freyberg 1932), 36 (Langer F. Roemer 1994), 37 (v. Engelhardt u. Hölder, Univ. Tübingen, 1977), 38 (v. Freyberg 1932), 41 (Credner, Elem. d. Geol., 1902), 43 (Z.dt. geol. Ges. 144/ 1933), 48 (v. Buch, Min. Taschenb. 1824), 50 (Cotta, Dtschl. Boden 1858, Walther, Geol. Heimatkde. Thür. 1927), 54 (Sueß 1893), 55 (Hölder 1989), 56 (Voigt 1786, v. Hoff 1814), 57 (Schmidt 1823), 61 (Heim 1878), 64 (Fortschr. Geol. Rheinl u. Westf., Krefeld, 23/1973), 65 (Jb. Preuß. Geol. L.A., 17/1896), 66 (Prospekt f. Faksim.-Druck), 67 (Jb. Preuß. Geol. L.A., 14/1894), 68 (Vogelsang 1867), 69 (Z. dt. geol. Ges., 64/1912), 70 (Z. dt. geol. Ges., 66/1914), 72 (Naumann 1850), 73 (Cotta 1856), 74 (Steinmann 1903), 75 (Z. dt. geol. Ges., 2/1850), 76 (Uschmann o.J.), 77 (Z. dt. geol. Ges., 31/ 1879), 78 (Jb. Preuß. Geol. L.A. 40, 2/1922), 79 (Z. dt. geol. Ges. 31/1879), 80 (Z. dt. geol. Ges., 66/ 1914), 82 (Hoffmann 1959), 85 (Beck 1909), 86 (Beck 1909), 88 (Ber. Naturwiss. Ges. Chemnitz, 1931), 89 (Dtsch. Kaliind. Berlin 1902), 90 (Credner, Elem. d. Geol., 1902), 92 (Jb. Preuß. Geol, L.A , 34/1915), 93 (Jb. Preuß . Geol. L.A., 16/1896), 94 (Soergel, 1938), 95 (Kayser, Lehrb. Allg. Geol. 1922/23), 96 (Herrmann, Geol. Jb. Hann., 81/1864), 97 (v. Freyberg, Exk. in Thür., Thür. Geol. Ver. 1932), 98 (Kayser, Lehrb. geol. Form.-kde, 1913), 99 (Festschrift Stille 1936), 100 (Stille 1949), 101 (Kraus 1951), 102 (Peterm. geogr. Mitteil. 1982), 103 (Cloos 1936), 104 (Haarmann, 1930), 105 oben (Kayser. Abriß Allgem. Geol. 1925), 106 (Kayser Lehrb. Allg. Geol., 1918, Brinkmann, Abriß Geol., 1940), 107 (Becker 1928, Kraus 1951), 108 (Kayser-Brinkmann, Abriß d. Geol. 1940/ 1950), 110 (Cloos 1923), 112 (Sander, 1930), 113 (Bettenstaedt 1962), 114 (Woldstedt, 1929), 115 (Schulz, 1965), 116 (Woldstedt, 1929), 117 (Z. dt. geol. Ges., 84/1932), 118 (Schneiderhöhn u. Borchert, 1956), 119 (Kayser-Brinkmann, Abriß d. Geol. 1948), 120 (Z. dt. geol. Ges., 62/1910, Z. prakt. Geol., 19/1911, 21/1913), 121 (Z. dt. geol. Ges., 82/1930), 122 (Geol. Jb. Hann., 65/1951), 123 (Keilhack 1935).

TU Bergakademie Freiberg, Medienzentrum, Fotoarchiv: 12, 20, 23, 39, 63, 109.

Geol. Bundesanstalt, Wien: 53.

Archiv Wagenbreth: 9 (Koch u.a. 1983), 10, 11, 24, 31, 32, 33, 40, 45, 49, 51, 52, 59, 71, 84.

Zeichnungen Wagenbreth: 1, 2, 3, 4, 5, 6, 19, 22, 25, 27, 30, 42, 44, 46, 47, 58, 60, 62, 81, 83, 87, 91, 105 (unten), 111, 120b, 121 (unten).

Personenverzeichnis

Stichwortverzeichnis (Auswahl)